"十四五"职业教育国家规划教材

服装缝制工艺

（第四版）

主编　张明德

高等教育出版社·北京

内容简介

本书是"十四五"职业教育国家规划教材。为全面贯彻党的教育方针，落实立德树人根本任务，本书根据行业发展情况、人才培养需求及教学反馈信息在上一版教材的基础上做出了修订。

本书共分九章，内容包括服装缝制工艺基础知识和基本技能、裙装的缝制工艺、西裤的缝制工艺、衬衫的缝制工艺、春秋装的缝制工艺、西服的缝制工艺、中山服的缝制工艺、大衣的缝制工艺、旗袍的缝制工艺。

本书将第三版中服装成品常见缺陷分析一章内容已融合到各章中，不再单列为章。本书注重基础知识学习和基本技能的训练，书中所选服装品种的缝制工艺注重与市场接轨，并配以大量直观图示，使学生能够自主学习。

本书配套有 Abook 及二维码资源，更加有助于"教学做一体化"的实现。

本书为中等职业学校服装类专业教材，也可作为服装技术人员的技术培训用书，对于广大服装爱好者也是一本有益的自学用书。

图书在版编目（CIP）数据

服装缝制工艺 / 张明德主编 . -- 4版 . -- 北京 : 高等教育出版社，2022.2（2025.6重印）
ISBN 978-7-04-057151-6

Ⅰ . ①服… Ⅱ . ①张… Ⅲ . ①服装缝制 - 中等专业学校 - 教材 Ⅳ . ①TS941.63

中国版本图书馆 CIP 数据核字（2021）第 207148 号

服装缝制工艺（第四版）
FUZHUANG FENGZHI GONGYI

策划编辑	皇 源	责任编辑	皇 源	特约编辑	皇 源	封面设计	杨伟露
版式设计	张 杰	责任校对	胡美萍	责任印制	刘弘远		

出版发行	高等教育出版社	网 址	http://www.hep.edu.cn
社 址	北京市西城区德外大街 4 号		http://www.hep.com.cn
邮政编码	100120	网上订购	http://www.hepmall.com.cn
印 刷	天津鑫丰华印务有限公司		http://www.hepmall.com
开 本	889mm×1194mm 1/16		http://www.hepmall.cn
印 张	26.25	版 次	2005 年 6 月第 1 版
字 数	540 千字		2022 年 2 月第 4 版
购书热线	010-58581118	印 次	2025 年 6 月第 8 次印刷
咨询电话	400-810-0598	定 价	56.00 元

本书如有缺页、倒页、脱页等质量问题，请到所购图书销售部门联系调换
版权所有 侵权必究
物 料 号 57151-A0

第四版前言

　　"服装缝制工艺"是中等职业学校服装专业的一门主干课程。本书作为全面指导学生完成服装成衣制作任务的教学用书，必须适应当前经济发展和现代化建设的需要，培养知识、能力、素质兼备的技能型人才。

　　本书第三版自2005年修订出版以来，因其与相应的职业资格标准衔接，能满足职业岗位的需求，受到了广大师生的好评。为了落实立德树人根本任务，培养满足我国新时代高质量发展要求的服装行业人才，经过认真调研，作者在本书第三版的基础上进行了修订，具体调整如下：首先，删改了过时内容，补充了新内容，如在第二章裙装的缝制工艺中，更换了过时的款式案例，使得学生能学习到更加新颖的知识内容；其次，更新了部分图片，充实了教材内容，使得本书更加图文并茂，贴合教学实际；再次，在每一个具体的缝制工艺中都增加了相应的服装的款式变化内容，使得学生在学习中能有更强的拓展性和延伸性；最后，调整了个别章节的结构，如将原教材第十章服装成品常见缺陷分析的内容分散到西裤、西服、中山服三章中，加强了教材内容的内在有机联系。

　　修订后的教材以能力为本位，构建服装缝制工艺的知识体系。按能力发展的递进性把缝制工艺的学习分成三个层次，即基础性学习、拓展性学习和探究性学习。

　　基础性学习以要求理解、学会为主，使学生扎扎实实地掌握课程的基础知识和基本技能。因此书中基础知识、基本技能的内容比较全面，而且配有直观的操作步骤图示。

　　拓展性学习旨在拓宽学生的知识面，使学生善于进行知识迁移，对知识做发散性思维，让思维延伸拓展。在一些具体款式或款式变化部位中，同样部位采用不同的缝制工艺方法，有助于学生掌握多种工艺处理方法，相互借鉴，灵活运用。教材在基本品种的基础上增加对局部的变化，使学生学习后能方便地组合成新的款式，以应对当前服装款式的多变性，培养学生突破常规，活学活用，求新求变的意识和能力。

探究性学习旨在培养学生运用学过的知识分析问题、思考问题和解决问题的能力，为学生的可持续发展打下坚实基础。本书始终贯穿了理论指导实践，知识与技能的有机融合，引导学生学会独立分析、思考、解决问题，使学生的学习变得主动积极而富有创意。

　　同时，修订后的教材强调了对我国优秀服饰文化的学习，并将工匠精神融入了教学内容，如教材第一章体现了传统缝纫技法在服装缝制中的应用，讲述了传统服装"滚、嵌、镶、荡"的机缝技法，而第七章及第九章则分别详述了中山服及旗袍的工艺技巧。

　　本课程建议学时为724学时，各校可根据实际教学情况灵活安排。学时分配建议如下：

学时分配表

	章节		学时
第一章　服装缝制工艺基础知识和基本技能	第一节　手缝工艺基础与训练		12
	第二节　机缝工艺基础与训练		18
	第三节　熨烫工艺基础与训练		2
	第四节　服装缝制工艺基础知识与操作技巧		2
第二章　裙装的缝制工艺	第一节　西服裙的缝制工艺		70
	第二节　裙装局部变化与款式变化		2
第三章　西裤的缝制工艺	第一节　女西裤的缝制工艺		60
	第二节　男西裤的缝制工艺		80
	第三节　西裤常见缺陷分析		2
	第四节　西裤局部变化与款式变化		2

章节			学时
第四章　衬衫的缝制工艺	第一节	女衬衫的缝制工艺	46
	第二节	男衬衫的缝制工艺	60
	第三节	衬衫局部变化与款式变化	2
第五章　春秋装的缝制工艺	第一节	女两用衫的缝制工艺	60
	第二节	男夹克衫的缝制工艺	60
	第三节	春秋装局部变化与款式变化	2
第六章　西服的缝制工艺	第一节	女西服的缝制工艺	80
	第二节	男西服的缝制工艺	100
	第三节	西服常见缺陷分析	2
	第四节	西服局部变化与款式变化	2
	第五节	西服背心的缝制工艺与款式变化	30
第七章　中山服的缝制工艺（选修）	第一节	中山服的缝制工艺	70
	第二节	中山服常见缺陷分析	1
	第三节	中山服款式变化	1
第八章　大衣的缝制工艺（选修）	第一节	女大衣的缝制工艺	60
	第二节	男大衣的缝制工艺	60
	第三节	大衣款式变化	2
第九章　旗袍的缝制工艺（选修）	第一节	无夹里旗袍的缝制工艺	60
	第二节	旗袍款式变化	2
机动			30
总计			980

注：选修章节学时未计入总计

　　张明德担任了本书的主编工作；张琪担任了本书部分图稿的设计、绘制和部分文稿的修改、核对定稿，以及所有图稿、文稿的扫描、发送等后期工作。

　　由于作者水平有限，疏漏和不当之处在所难免，敬请有关专家和广大师生不吝指教，以便使本书至臻完善。

作者
2022年11月于上海

"服装缝制工艺"是中等职业学校服装专业的一门主干课程。《服装缝制工艺》作为全面指导学生完成服装成衣制作任务的教学用书，必须适应当前经济发展和现代化建设的需要，培养知识、能力、素质兼备的人才。本次修订是在对当前服装企业的缝制工序进行认真调研，以及长期在教学第一线的教学与研究的基础上进行的，力求创新，突出以能力为本位，努力构建本门课程的知识体系，其具体特色如下：

一、教材特别注重基础知识的学习和基本技能的训练。服装缝制工艺基础知识和基本技能是完成各款成衣缝制的基础，也就是说服装成衣的制作正是这些基础知识和基本技能的综合应用。因此教材中基础知识、基本技能的内容比较全面，而且配有直观的操作步骤图示，以帮助学生积极主动地学习。

二、教材充分揭示了共性和个性的操作原理和操作过程，注意挖掘知识之间的内在联系和内在规律，注意对知识的归纳和总结。如果服装缝制工艺的学习只停留在模仿性的操作上，很难提高学习的质量和效率。因此，本次修订特别将一些缝制中共性的操作原理和工艺进行归纳分析，而一些个性的操作原理和工艺则在品种缝制中体现，改变一对一的机械学习和模仿，使知识和技能有机融合、触类旁通。

三、教材积极引入新知识、新技术、新工艺和新方法。目前服装缝制中，黏合衬已逐步取代了传统的毛麻棉等衬料，成为服装的主要衬料。黏合衬的广泛应用，改变了传统的缝制工艺，并随之诞生了与之相适应的一系列缝制工艺的新工序。本次修订中，一些新工艺都在教材中有所体现。

四、本次修订对一些陈旧的款式、陈旧的工艺进行了大量的删除，一些重复的工艺也作了删除。同时教材增加了滚、嵌、镶、荡等特殊缝型工艺。教材在一些具体品种或品种的变化部位的缝制工艺中，采用不尽相同的工艺方法，有助于学生掌握多种工艺处理方法，相互借鉴，拓展知识和技能。

本教材旨在使学生扎扎实实掌握服装缝制的基础知识和基本技能，为学生的可持续发展打下坚实的基础。

　　由于作者水平有限，疏漏之处在所难免，敬请有关专家和广大师生提出宝贵意见，以便及时修正。

作者

2004年11月于上海

目　录

第一章

服装缝制工艺基础知识和

基本技能

第一节 手缝工艺基础与训练

制作舒适合体、美观大方的服装，需要准确的量体和裁剪，更需要精良的缝制工艺。作为一个服装技术人员，不仅要熟练地使用缝纫设备，还要熟练地掌握手缝工艺。手缝工艺是服装缝制工艺的基础，是现代工业化生产不可替代的传统工艺。当今，尤其是在加工制作一些高档服装时，有些工艺必须由手缝工艺来完成。因此，每个学生都必须勤学苦练各种手缝工艺技能。

一、针和线的选用

手缝针型号规格有1~15个号码，号码越小，针身越粗越长；号码越大，针身越细越短。有些型号的手缝针也有针身粗细相同而长短不一的，如长7号、长9号就比正常的7号、9号长，这是为了适应不同面料和针法的需要。针的选用与面料的厚薄、质地，以及线的粗细有不可分割的联系。一般的选用原则为料厚针粗，线粗针也粗；反之，料薄针细，线细针也细。

缝线的选用是根据面料的厚薄、工艺的需求而定。用线的长度应以右手拉线动作的幅度大小并结合实际需用的长度来定，一般控制在50 cm左右。有些缝线由于捻度较大，手缝时会产生拧绞打结现象，这就需要在手缝时经常将线顺其捻向捻几下。丝线还可在手缝前将其熨烫一下。

二、穿线与打线结

（一）穿线

左手拇指和食指捏针，中指把针抵住，露出针尾，右手拇指和食指拿线，线头伸出1.5 cm左右，穿入针眼中，线过针眼随即拉出，见图1-1。

（二）捏针

右手拇指和食指捏住缝针中段，中指中节套顶针箍抵住针尾，帮助手针运行，见图1-2。

（三）打线结

1. 打起针结　右手拿针，左手拇指和食指捏住线头，并将线在食指上绕一圈，将线头转入圈内，拉紧线圈即可。注意线结大小适中，以不会从衣料空隙中脱出为准，尽量少露线头，见图1-3。

2. 打止针结 左手拇指和食指在离开止针约3 cm左右，把线捏住，用右手将针套进缝线圈内，抽出针，把线圈打到止针处，左手按住线圈，右手拉紧线圈，使结正好扣紧在布面上，以免缝线松动，见图1-4。

三、各种手缝针法及其在服装上的运用

（一）缝针——针距相等的针法

缝针是手缝针法中最基本的针法，是其他各种手缝针法的基础，可用于缝袖子的山头吃势和收拢圆角内缝等。操作方法是：左手拇指和小指放在布料上面，食指、中指、无名指放在布料下面，拇指、食指捏住布料，无名指、小指夹住布料。右手无名指、小指也夹住布料，拇指、食指捏针，中指用顶针箍顶住针尾，先在布料上挑起一针，接着将食指移到布下隔布挟住针杆，一针一针按从右向左顺序向前缝，左手向后退，两手捏住的布应配合针的上下而有规律地移动。缝线的长度可根据需要而定，针距相等。在连续几针后，针杆上穿进布料较多时，运用顶针箍的推力，将针顶足，拔出针，如此循序渐进，见图1-5。

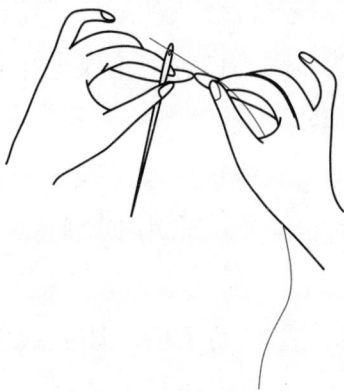

图1-1

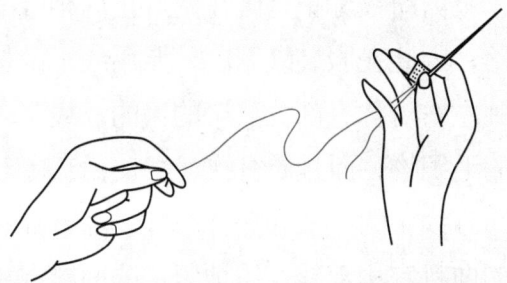

图1-3

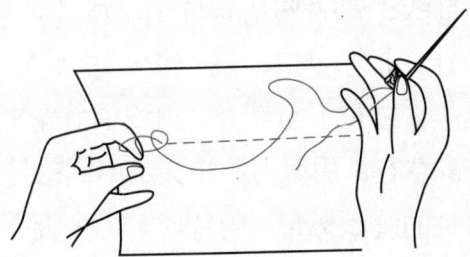

图1-4

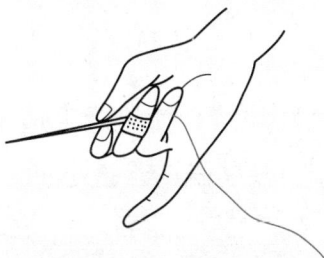

图1-2

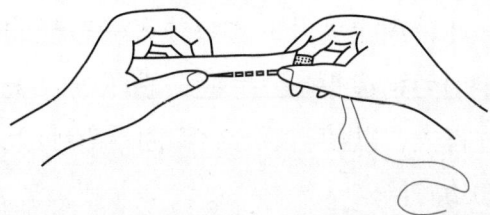

图1-5

初学手缝工艺一定要进行纳布头缝针的训练。纳布头时，手臂要悬空，手肘不能靠在桌面上，这样比较方便灵活。方法是：取两块长30 cm、宽15 cm的零料，上下重叠。选用6号针穿上线，线头不打结。缝针针距0.3 cm，在连续进针5或6针后拔针。如此反复练习，以达到手法敏捷，针迹均匀整齐，平服美观的要求。

（二）攘针——临时固定的针法

攘针用于两层或多层布料缝合工序前的定位，在缝合工序完成后可将攘线抽掉。一般用于攘底边、攘止口、攘袖子和缝合部位较长或不规则部位的定位，也可用于防止移位在内部定位。按工艺的不同要求有平、层、急三种攘法。一般平缝处需平攘，吃势处需层攘，归拢处需急攘。临时固定的攘线大多应攘在缉线的内侧，如缉坐倒缝则可攘在紧靠缉线的外侧，这样的攘线可以不拆除。攘针也在服装内部部件固定中运用，可使该部位的部件相对固定，不易移动。

攘针可分单针攘线和双针攘线两种，方向均从右往左向前攘。针距按缝制要求，可疏可密，攘针线迹形状一般为直向形，但也有斜向形的，见图1-6。

（三）打线丁——做缝制标记的针法

打线丁是在高档服装制作工艺中做缝制标记用的。服装的裁片多数是两片对称一致的，裁剪粉线标记是画在两片正面相叠的裁片反面上的，由于正面看不到而且粉迹容易脱落，因此在服装缝制前，要用线丁做标记，标出衣片各部位缝头和配件装置部位，以达到左右对称、部位准确的目的。线丁一般采用白棉线，因为白棉线不仅适用于各种色彩的毛织物，而且质料软、绒长，钉在毛织物上不易脱落。

打线丁的针法和攘针一样，分单针和双针两种，可用双线也可用单线，一般质地松弛的面料宜用双线，质地紧实的面料宜用单线。按面料松紧不同采用不同针法，其好处是既能钉牢，又不留针洞。

打线丁需将两层衣片上下放齐，如果是条格面料，要对准条格，按照裁剪粉印垂直下针，扎穿下层，挑一长一短针或一长二短针，长针距的留线长度要适宜，过长容易脱落，过短不易修剪。剪线丁前先将长针距线剪断，再把叠合的衣片线丁处缝线拉松0.6 cm左右，用剪刀头将夹层中间的缝线剪断，使上下两层衣片分离，并使两层衣片都有对称的缝制标记。剪线时剪刀要握平，防止剪破衣片。衣料反面的线丁如过长应修剪短，并用手掌按一下线丁，可防线丁脱落，见图1-7。

（四）环针——毛缝口环光的针法

环针用于剪开的省缝或容易散开的毛缝，用环形针法绕缝，使边缘毛边不易散开，其作用与锁边相同。毛缝一般环线0.5 cm左右，针距0.7 cm左右。省缝处注意环线不能超过省大，以使省缝合后正面不露纱线，见图1-8。

（五）缲针

1. 明缲针——线缝略露在外面的针法　用于服装的底边、袖口、袖窿、领里、裤底、膝盖绸等。可平缲，也可将缝合的边缘竖起来缲，衣片面、里均可露出细小针迹。正面只能缲1～2根纱丝，不可有明显针迹。缝线松紧适宜，针距0.3 cm左右，见图1-9（1）（2）。

2. 暗缲针——线缝在缝口内的针法　用于西服夹里的底边、袖口、毛呢服装底边的滚条贴边等。衣片正面只能缲牢1或2根纱丝，不可有明显针迹。夹里底边和贴边都不露针迹，线缝在折边内。缝线略松，针距0.5 cm左右，见图1-9（3）。

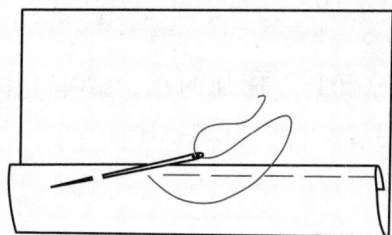

（1）

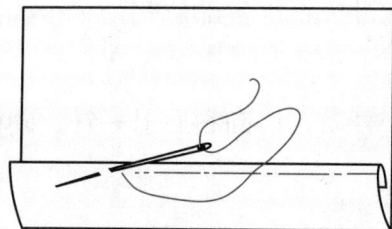

（2）

图1-6

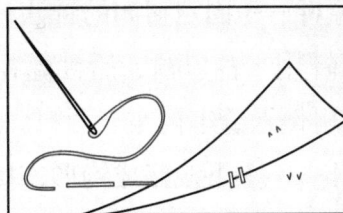

（1）

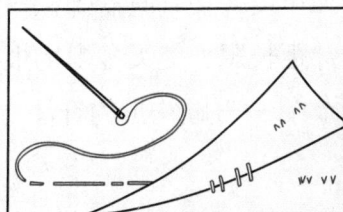

（2）

图1-7

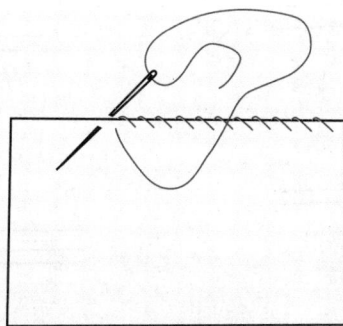

图1-8

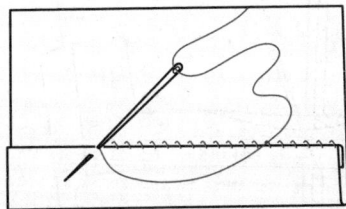

（1）

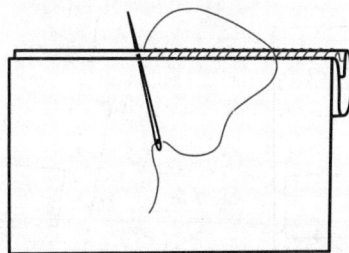

（2）

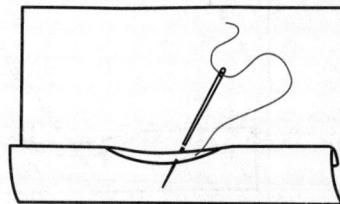

（3）

图1-9

（六）扳针——止口毛缝与衬布扳牢的针法

扳针用于固定西服、大衣等止口的毛缝。扳针针法与缲针针法相反，针由里向外斜入。缝线松紧适宜，针距0.8 cm左右，见图1-10。

（七）缲针——固定牵带的针法

缲针用于前衣片胸衬止口、驳口线处的牵带，或其他敷牵带部位，如背衩、底边处等。针由外向里斜入，针距0.8 cm左右，线要宽松。如果直接缲住面料，只能缝牢面料1或2根纱丝，见图1-11。

（八）反缲针——固定衬布的针法

反缲针用于袖口衬、后袖窿衬等处。线结缝在衬布上，翻开衬布，缝牢面料1～2根纱丝，再倒退缝牢衬布与面料。线要宽松，针距2 cm左右，见图1-12（1）（2）。

（九）钩针——上下线路成钩形连接的针法

钩针用于袖窿、领圈、裤裆等斜丝面料易还口的部位，能使斜丝部位不断线不拉宽，以加强牢度并使其具有弹性。每针缝线的松紧度可按衣片各部位归紧多少的需要灵活掌握，针距长短、交叉多少均根据需要而定。

1. 顺钩针——顺钩形的针法　针法自右向左缝一针后，再向右后退一针，向前缝针

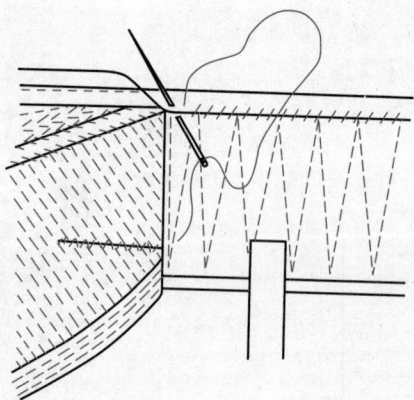

图1-10

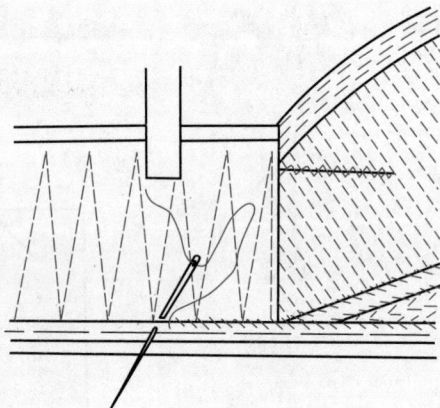

图1-11

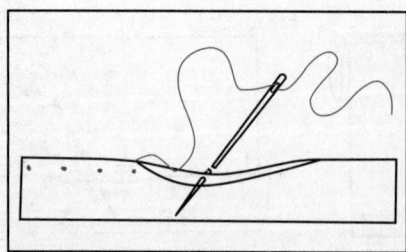

（1）

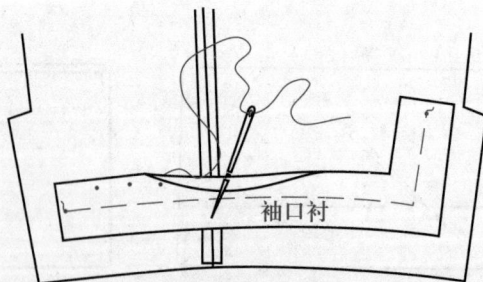

（2）

袖口衬

图1-12

长，向后退针短，底线长而交叉连续呈顺钩形，面线短，也可连续呈机缝外形。此针法是自右向左向前钩缝，见图1-13（1）。

2. 倒钩针——倒钩形的针法　针法是自右向左缝一针后，再向右后退一针，但向前缝针短，向后退针长，因而底线短，也可连续呈机缝形，面线则长而交叉连续呈倒钩形。此针法与顺钩针方向相反，是自左向右倒退钩缝，见图1-13（2）。

（十）纳针（扎针）——纳成里外匀窝势的针法

纳针用于传统西服纳驳头、领头、垫肩等，使之有里外匀窝势，并具有一定的弹性和硬挺度。纳驳头时左手将驳头驳转，驳头衬向上，左手中指顶足，大拇指将驳头衬向里推松。右手纳针时针脚缭牢面子1~2根纱丝，使反面见密点状针花，但不能见线迹，面料上不应有漏针和涟形。针距0.8 cm左右，行距0.5 cm。一针对一针横直对齐，形成"八"字形。采用纳针后，驳头自然卷起，驳转有弹性，见图1-14。

（十一）拱针——手工拱缝的针法

拱针用于西服驳头以下的反面止口处。现在也有作装饰用，拱满西服大身正面止口。拱针针法是暗针，微露小针迹。针迹离止口0.5 cm，针距0.6 cm左右，见图1-15。

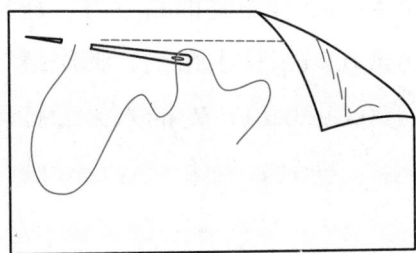

（1）

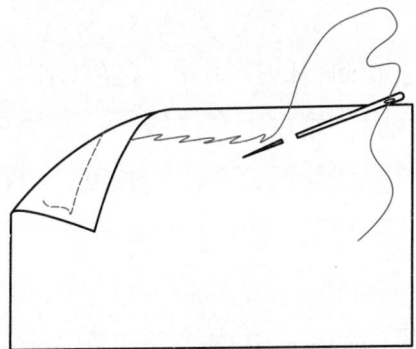

图1-14

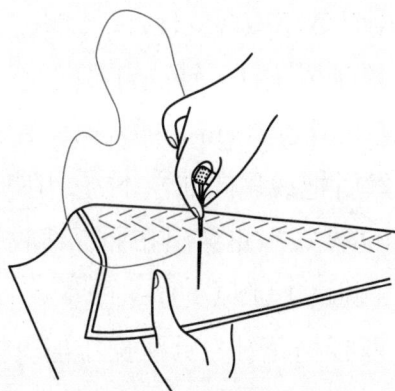

（2）

图1-13

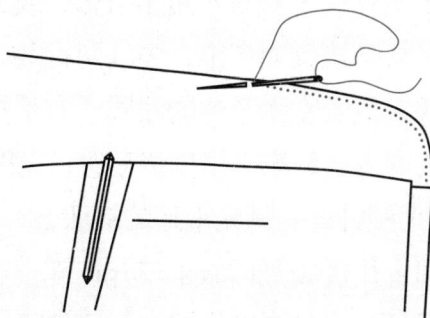

图1-15

（十二）贯针——缝份折光后对接的针法

贯针用于西服传统工艺中领与挂面串口处的缝合。针迹在缝子夹层内，上下对串，正面不露针迹。针脚0.3 cm左右。注意上下松紧适宜，不涟不涌，串口缝直。贯针缝合后能直观看到缝合部位，尤其适用于需要对格对条的部位，见图1-16。

（十三）滴针——暗针固定服装内藏部位的针法

滴针用于固定服装内部的袋布、垫肩、贴边和夹里等某些部位。每一滴针部位应连续滴3针左右，表面的线迹应尽量细小、集中。滴针的间距可根据需要而定，见图1-17。

（十四）三角针和花绷——三角形的针法

1. 三角针　用于贴边锁边后的固定，也可用作装饰。针法从左上到右下，里外交叉。上针缝在面料反面，离贴边边缘0.1 cm，只能缝1至2根纱丝，正面不能露针迹。下针缝在贴边正面，离贴边边缘0.5 cm处。针距0.8 cm左右，缝线不松不紧，针迹呈V形，见图1-18（1）。

2. 花绷　用途与三角针相同，还可用于固定商标。针法与三角针针法相同。针距小于三角针针距，下针缝针长，针迹呈X形，见图1-18（2）。

（十五）杨树花针——杨树花形的针法

杨树花针用于精做女式两用衫和大衣夹里的下摆贴边上，起缝合与装饰作用。此针法可根据针数增减而变化。

1. 单杨树花针　针法自右向左。起针从衣料反面穿出，线甩向前右上方。在起针的垂直上方0.6或0.7 cm处插入第一针，针水平向前0.6或0.7 cm穿出布面，抽出缝线把线收平。然后把线甩向前左下方，在垂直上一针的下方0.6或0.7 cm处插入第二针，针水平向前0.6或0.7 cm穿出布面，线收平。如此循环，向上一针，向下一针，针迹呈连续勾环状，见图1-19（1）。

2. 双杨树花针　针法操作与单杨树花针相同。向上两针，向下两针，针距直向0.3或0.4 cm，横向也是0.3至0.4 cm，见图1-19（2）。

（十六）拉线襻——钩针针法

拉线襻用于衣领下角作纽襻，或夹衣的夹里贴边和面料的摆缝处，起联结作用。第一针先从贴边反面穿出，先缝两行线，针穿过两行线内，用左手套住线圈，左手中指钩住缝线，放开左手套住的线圈，右手拉线，形成线襻。如此循环至需要长度，将针穿进末尾线圈内，缝牢夹里摆缝贴边，见图1-20。

（十七）锁针——锁光毛边的针法

锁针用于锁光西服袖口开衩部位、底边与挂面接口部位、扣眼等毛边处，下面介绍锁扣眼针法，其余部位锁针针法相同。

1. 锁圆头扣眼　用于面料较厚或纽扣较大的服装扣眼。锁扣眼用线根据面料而定。

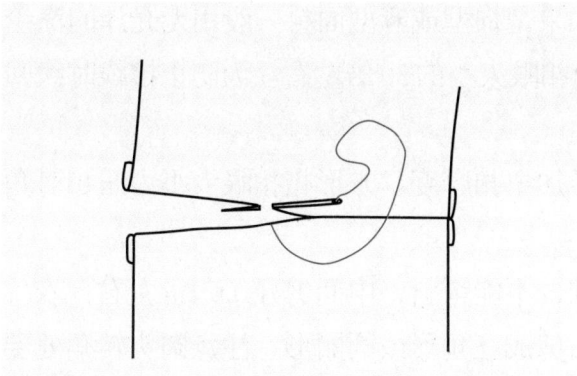

图1-16

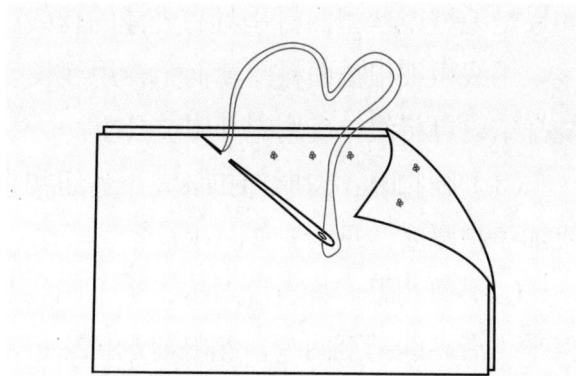

图1-17

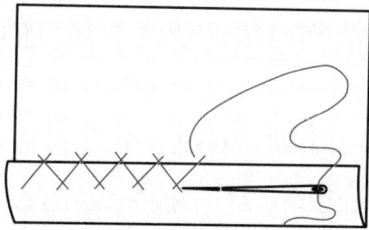

（1）

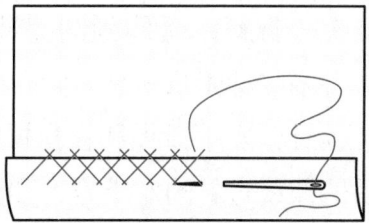

（2）

图1-18

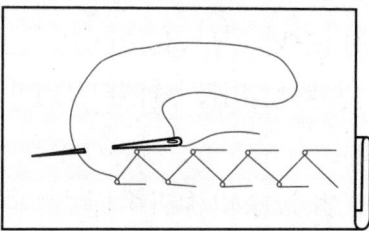

（1）

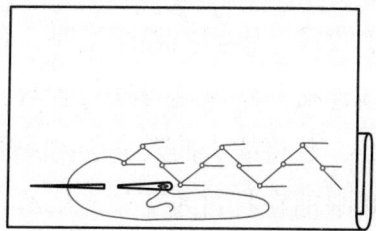

（2）

图1-19

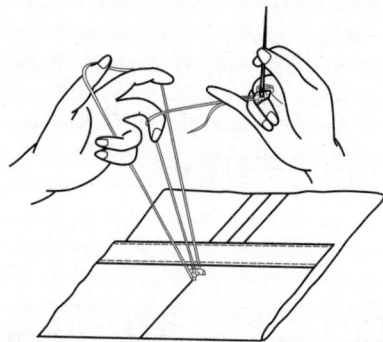

（1）

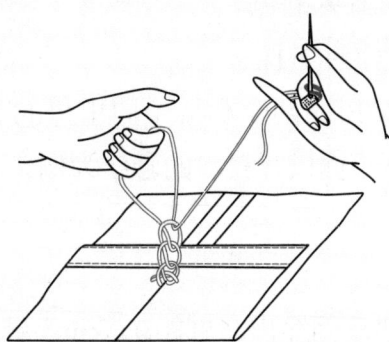

（2）

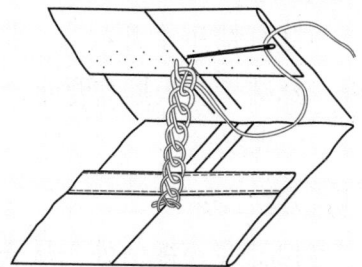

（3）

图1-20

如果是毛型或丝型面料用具有光泽的丝线，如果是棉型或麻型面料一般用无光泽的涤纶线。用线粗细根据面料厚薄而定，用线长度为扣眼大小的30倍左右。为防止拉线时线回绕打结，可将线拉直用熨斗熨烫几下。

（1）画扣眼：圆形扣扣眼大小为纽扣直径加纽扣厚度。方形扣扣眼大小为纽扣对角线加纽扣厚度，见图1-21（1）。

（2）剪扣眼：将衣片对折，上下画线对准，不能歪斜，中间剪开0.6 cm左右，衣片摊平，沿画线剪至两端，扣眼前端0.2 cm左右剪成三角形或圆圈形。注意圆头转角处要把布角略微剪去修顺，见图1-21（2）。

（3）打衬线：在扣眼周围0.3 cm左右打衬线。起针放在扣眼尾端左面夹层内，衬线打好从右面夹层内穿出。衬线松紧适度，太松则扣眼会还口，太紧则扣眼周围会起皱，见图1-21（3）。打衬线缝线到圆头部位可采用缝针针法打衬线，使圆头部位的锁边宽度更容易掌握，见图1-21（4）。

（4）锁针：左手拇指和食指捏牢扣眼左边，并将扣眼略微撑开，针从衬线旁穿出，将针尾后的线绕过针的左下方，抽出针，左手压住线迹根部，右手捏住线向右上方倾斜45°拉紧、拉整齐。锁针从扣眼左面里口经过圆头向右面里口锁，即由里向外，从左到右锁，针距0.15 cm左右，锁针线结不能重叠。锁圆头时针距适当放大，戳针与抽线必须对准圆心，拉线倾斜角度略大。拉线时用力均匀，倾斜度一致，使圆头整齐美观，见图1-21（5）（6）（7）。

（5）收尾：锁到扣眼尾端时，把针穿过左面第一针锁线圈内从右边衬线旁穿出，使尾端锁线连接并在尾端缝两行封线，然后从扣眼中间空隙处穿出，缝两针固定封线，在反面打结，并将线头抽入夹层内，见图1-21（8）。

剪扣眼前在打衬线部位光缉线一周或缉成锯齿形，此方法也称机缉埋线。这样可使布料不易变形，锁针拉线时布料也不会皱缩，锁针从缉线旁边拉出可使锁边宽度保持一致，有助于扣眼锁得更美观更牢固，见图1-21（9）。

2. 锁平头扣眼　用于锁衬衫和内衣的扣眼。平头扣眼不用剪圆头，不用打衬线，头尾两端都封线。其余锁法同锁圆头扣眼。

（十八）打套结——增强封口牢度的针法

打套结用于开衩口、插袋口的两端和裤子门里襟的封口，以增强牢度，并使之美观。套结长度根据需要而定。下面以开衩口的套结为例，介绍打套结的针法。

1. 假套结

方法一：

起针在开衩口处，从衣料反面穿出，针距0.6 cm，针穿出一头绕线，线绕满0.6 cm长度，将针拔出，再穿入另一针孔，在反面打结，见图1-22。

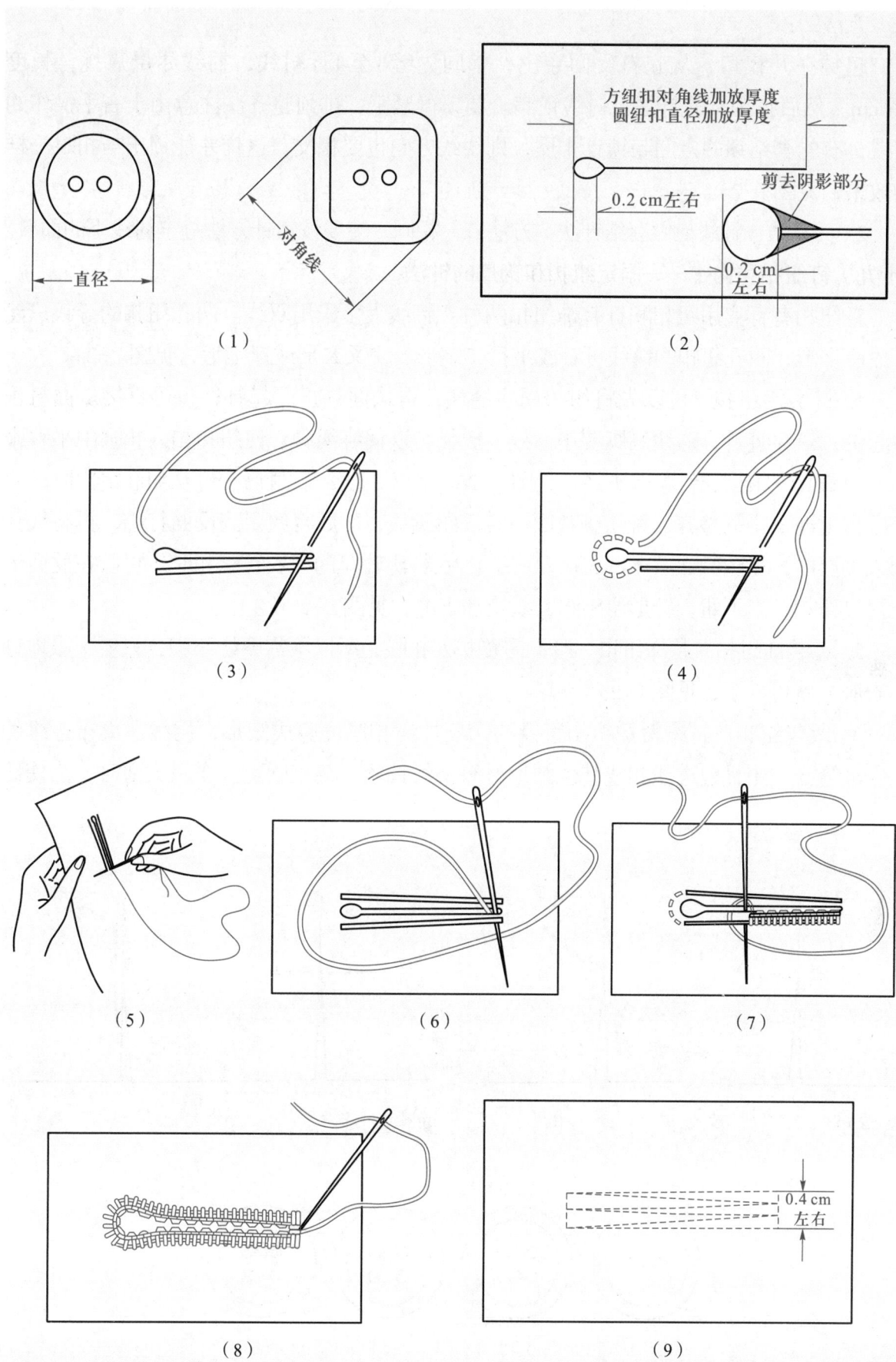

（1）

（2）

方纽扣对角线加放厚度
圆纽扣直径加放厚度
0.2 cm左右
剪去阴影部分
0.2 cm
左右

直径

对角线

（3）

（4）

（5）

（6）

（7）

（8）

（9）

0.4 cm
左右

图1-21

方法二：

起针在开衩口，从衣料反面穿出，横向先缝3至4行衬线，衬线尽量靠拢，长度0.6 cm。然后按锁针的针法将衬线锁满。要锁得紧密，排列整齐。注意由于右手操作的习惯，有的套结锁的方向与锁针相反，则绕线方向也要相反，这样才能锁出与扣眼一样的效果，见图1-23。

2. 真套结　针法与假套结针法"方法二"相同，还要按锁针方法缝牢衬线下的面料。

（十九）钉纽扣和钩襻——固定纽扣和钩襻的针法

钉纽扣有钉实用纽扣和钉装饰纽扣两种。钉线大多采用双线。两孔纽扣的缝线只能钉成一字形，四孔纽扣的缝线可钉成平行二字形、交叉X形或口字形，见图1-24。

1. 钉实用纽扣　可以先将纽扣用线缝住，再从面料正面起针；也可直接从面料正面起针，对穿缝针，缝线底脚要小，线要放松，以便绕纽脚，使纽扣扣入扣眼中平整服帖。纽脚高度根据衣料厚薄决定，见图1-25（1）（2）（3）。最后一针从纽孔穿出时，缝线应自上而下排列整齐，绕纽脚数圈，绕满纽脚线，然后将线引到反面打结，再将线头抽入夹层内，见图1-25（4）（5）（6）（7）。衣料比较厚的大衣钉纽扣时，可以在反面垫上衬垫纽扣，上下纽扣针形要相同，以增加牢度，见图1-25（8）。

2. 钉装饰纽扣　装饰纽扣一般不需要扣入扣眼，所以不需要绕纽脚，只要平服地钉在衣服上就可以了，见图1-25（9）。

3. 做包纽扣　将布料按纽扣直径的两倍加纽扣厚度剪成圆形，用线在离布边缘约0.3 cm缝针一周，包进纽扣或其他圆形材料将线抽紧后缝牢固定。布料太薄时，为使纽

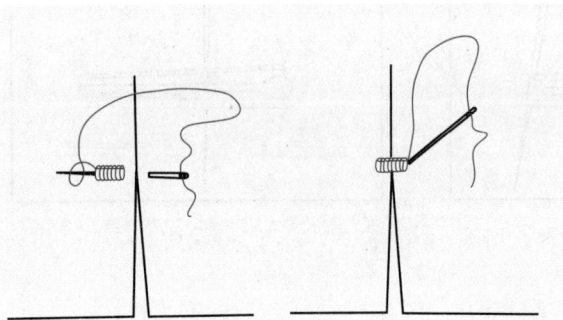

图1-22

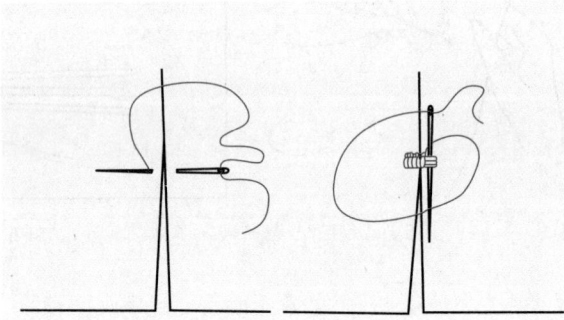

图1-23

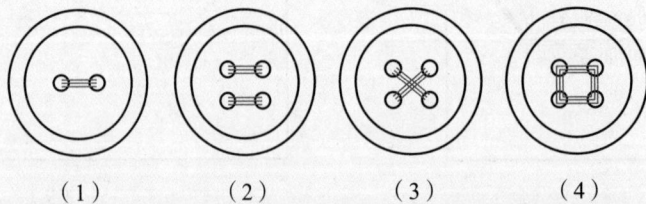

（1）　　（2）　　（3）　　（4）

图1-24

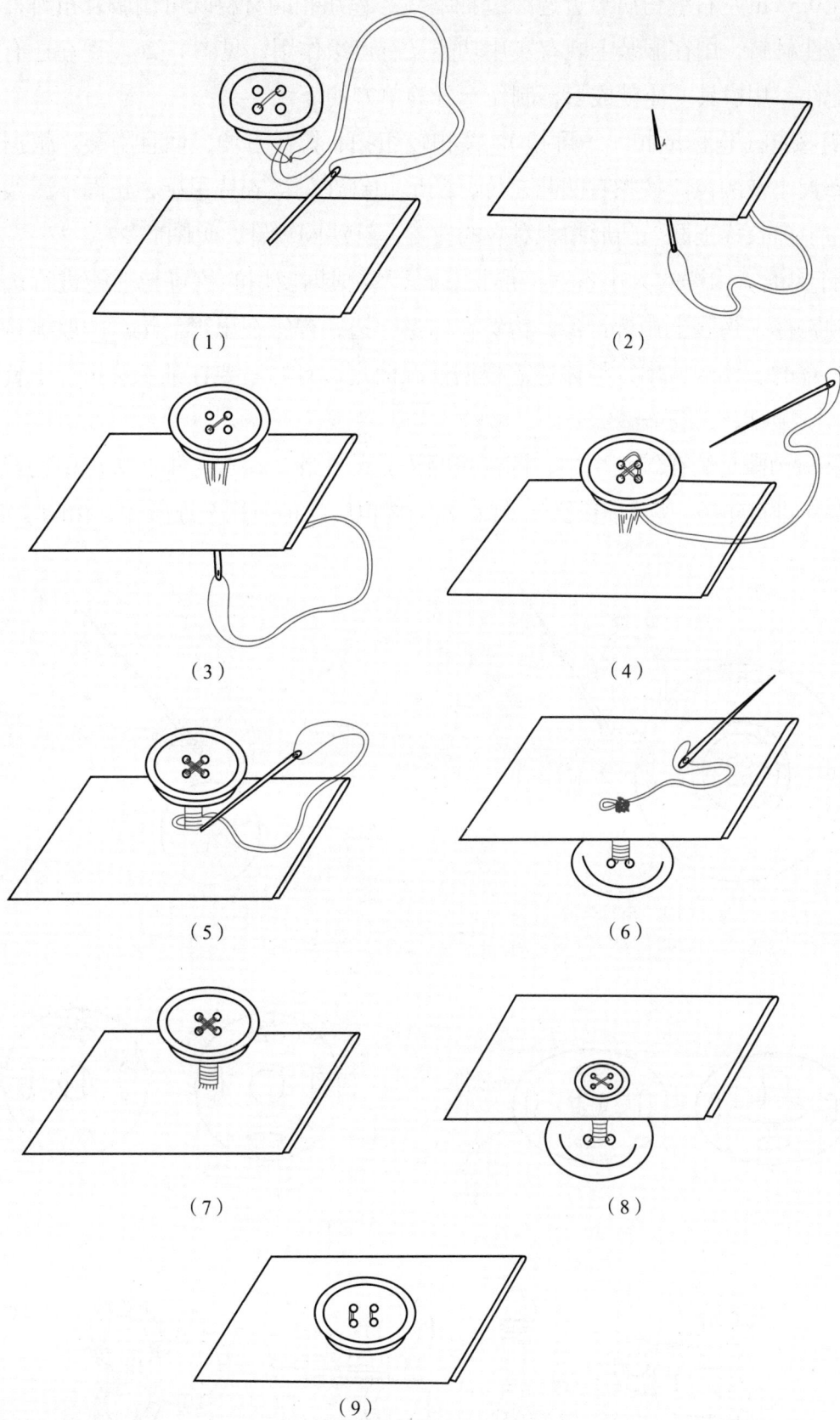

（1）

（2）

（3）

（4）

（5）

（6）

（7）

（8）

（9）

图1-25

扣显得饱满，可在中间再垫一层比外包纽扣布小一圈的布料。布料容易散丝时，可以在周边扣光0.5 cm左右缝份后靠近边缘缝抽缩线。包纽扣的材料既可用服装布料，也可用其他装饰性材料，用在服装上既有实用功能又有点缀作用，见图1-26。现在还有专门的包纽扣配件，用模具一压就成形，制作十分简单方便。

4. 钉按扣（也称揿扣、子母扣） 按扣较纽扣、拉链方便，而且隐蔽。根据使用的需要选择大小及颜色。按扣有凹凸二片，凸形扣钉在门襟衣片里层，正面不露线迹。凹形扣钉在里襟衣片正面与凸形扣相对应的位置，针法同锁针，见图1-27。

5. 钉钩襻 钩襻的大小不一、形状多样，要根据使用的位置与功能进行选择。衣领上用领钩襻，裤腰上用裤钩襻，钩钉在门襟一边，襻钉在里襟一边。一般钉钩的一侧要缩进，襻的一侧要放出，具体还需根据情况而定，钉好后要保证衣片按要求合拢无空隙，针法同锁针，见图1-28。

如果领钩襻是装在领夹层中，裤钩襻的钩是装在腰夹层中，那么夹层中钩襻的后端圆孔内要穿进直布条，与衬布缝牢。现在领钩襻也广泛地应用在连腰裤、裙的拉链上口。

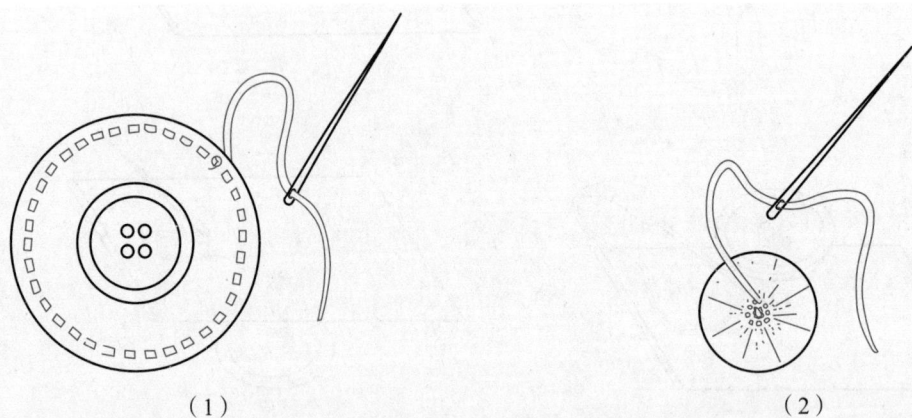

（1） （2）

图1-26

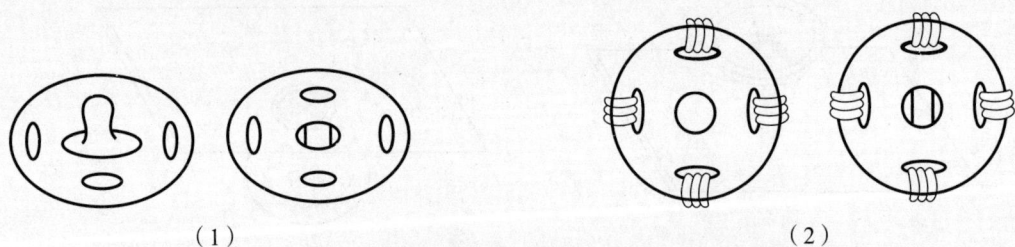

（1） （2）

图1-27

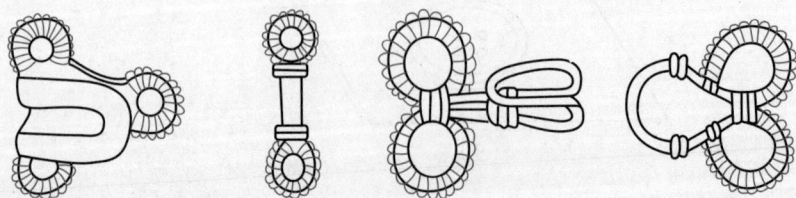

图1-28

第二节　机缝工艺基础与训练

使用缝纫机缝制服装，不但速度快，而且针迹整齐、美观。初学家用缝纫机，常因手、脚、眼的动作不协调，出现转速忽快忽慢，或机器突然倒转的情况，从而引起轧线、断线、断针等故障，甚至损坏机器。而电动缝纫机，它的离合器传动很灵敏，通过脚踏力的大小可以随意调整缝纫机的速度。为了做到能随意控制转速快慢，使机器正常运转，各种针迹符合工艺要求，初学者应该先进行空车缉纸训练。在空车缉纸比较熟练的基础上再做引线缉布练习，学习各种缝的缝制方法，达到掌握缉直线针迹顺直、沿边缉线针迹匀直、缉弧线针迹圆顺无棱角、缉转角针迹方正无缺口等要求。然后才能进入成衣缝制训练。

一、空车训练

（一）空车运转训练

空车运转前应扳起压紧杆扳手，避免压脚与送布牙相互磨损。然后坐正，把双脚放在缝纫机的踏板上，踏动缝纫机踏板，进行慢转、快转和随意停转的空车练习，直到操作自如。

（二）空车缉纸训练

在较好地掌握空车运转的基础上，进行不引线的缉纸练习。先缉直线，后缉弧线，然后进行不同距离的平行直线、弧线的练习，还可以练习不同形状的几何图形。使手、脚、眼协调配合，做到纸上的针孔整齐，直线不弯，弧线圆顺，短针迹或转弯不出头。

二、机缝前的准备

（一）针、线的选用

常用的机针型号规格有9号、11号、14号、16号、18号，号码越小针身越细，号码越大针身越粗。与手针型号规格正好相反，机针所有型号长短一致。机针选择的原则是，缝料越厚越硬，机针越粗；缝料越薄越软，机针越细。

缝线的选用原则是线的粗细上与机针的选用原则一样，还应注意选用成分与衣料基本相符，并且与工艺要求相符。

（二）针迹、针距的调节

针迹清晰、整齐，针距密度合适都是衡量缝纫质量的重要方面。针迹的调节一般是靠旋紧或旋松面线的夹线弹簧螺丝，有时也会调节放底线梭芯外梭子上梭皮的松紧，使底面线松紧适度，交接点在缝料中间不外露。针迹调节还应结合衣料的厚薄、松紧、软硬合理进行。缝薄、松、软的衣料时，底面线都应适当放松，压脚压力减小，送布牙也应适当放低，这样缝纫时可避免皱缩现象。表面起绒的衣料，为使线迹清晰，可以略将面线放松。卷缉贴边时，因是反缉可将底线略放松。缝厚、紧、硬的衣料时，底面线应适当紧些，压脚压力要加大，送布牙应适当抬高，以便于送布。

机缝前必须先将针距调好。缝纫针距要适当，针距过稀不美观，而且影响成衣牢度。针距过密也不好看，而且易损伤衣料。一般情况下，薄料、精纺料3 cm长度14～18针，厚料、粗纺料3 cm长度8～12针。

三、机缝的操作要领

（1）在衣片缝合无特殊要求的情况下，机缝时一般都要保持上下松紧一致，上下衣片的缝份宽窄一致。然而由于缝纫时下层衣片受到送布牙的直接推送作用走得较快，而上层衣片受到压脚的阻力和送布牙的间接推送而走得较慢，往往衣片缝合后会产生上层长下层短，或缝合的衣缝有松紧、皱缩等现象。因此，要针对机缝这一特点，采取相应的操作方法。在开始缝合时就要注意操作手势，左手向前稍推送上层衣片，右手把下层衣片稍带紧。有的缝不宜用手带松紧，可借助镊子钳来控制松紧。这样才能使上下衣片始终保持松紧一致、长短一致、不起涟形。这是机缝中最基本的操作要领，见图1-29。

（2）机缝的起落针根据需要可缉倒回针或打线结收牢，机缝断线一般可以重叠接线，但倒回针或断线交接均不能出现双轨。

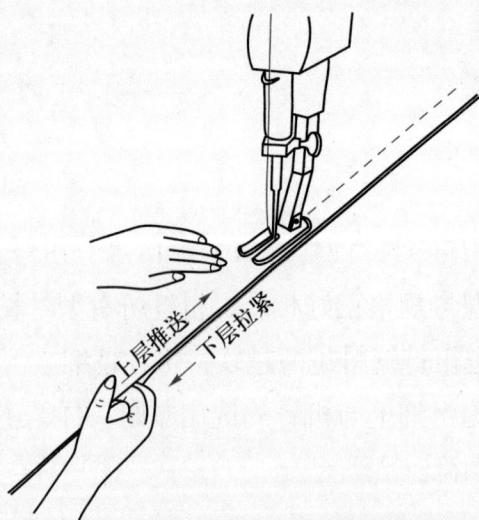

图1-29

　第一章　服装缝制工艺基础知识和基本技能

（3）各种机缝缝型沿缝迹分开或沿缝迹坐倒或翻转，无特殊要求均要沿缝迹分足，不要有虚缝。

（4）在卷边缝、压止口和各种包缝的第二道缉线也要注意上下层的松紧一致。如果上下层缝料错位，丝缕不正时，虽然不会导致长短不齐，但会形成斜纹的涟形。

四、机缝常用缝型及其在服装上的运用

机缝缝型的种类繁多，可根据服装的不同款式、部位和工艺要求进行选用。

（一）平缝

平缝是把两层衣片正面相叠，沿着所留缝头进行缝合，一般缝头宽为 1 cm 左右，用于衣片的拼接，见图1-30。

（二）分缝

分缝是两层衣片平缝后，毛缝向两边分开，一般用于衣片的拼接部位，见图1-31。

（三）分缉缝

分缉缝是两层衣片平缝后分缝，在衣片正面两边各压缉一道明线，常用于衣片拼接部位的装饰和加固，见图1-32。

（四）坐倒缝

坐倒缝是两层衣片平缝后，毛缝单边坐倒，常用于夹里的拼接部位，见图1-33。

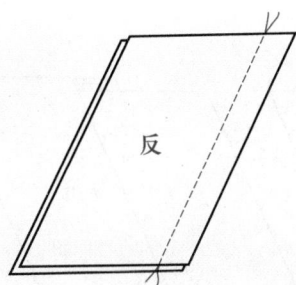

图1-30

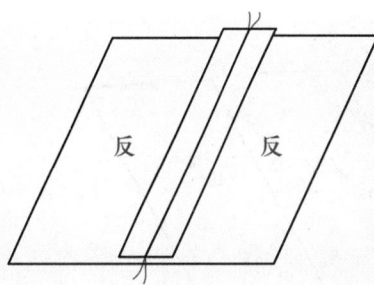

图1-31

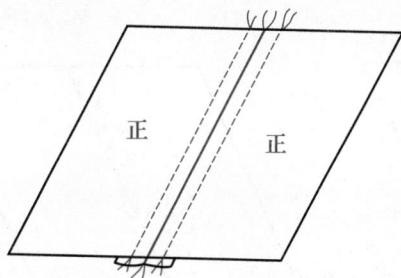

图1-32

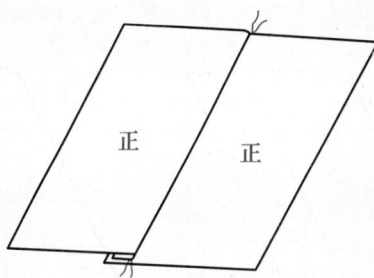

图1-33

（五）坐缉缝

坐缉缝是两层衣片平缝后，毛缝单边坐倒，正面压缉一道明线。也有为减少拼接厚度，平缝时放大小缝，即下层衣片缝头多放出0.4～0.6 cm，平缝后毛缝朝小缝方向坐倒，正面压缉一道明线，使小缝包在大缝内，常用于衣片拼接部位的装饰和加固，见图1-34。

（六）分坐缉缝

两层衣片平缝后，一层毛缝坐倒，缝口分开，在坐缝上离开原平缝线迹0.1～0.2 cm压缉一道线。用于增加牢度，如裤子后裆缝等，见图1-35。

（七）搭缝

搭缝是两层衣片缝头相搭1 cm，居中缝一道线，使缝子平薄，不起梗，用于衬布和某些需拼接又不显露在外面的部位，见图1-36。

（八）对拼缝

对拼缝是两层衣片不重合平接，用Z形线迹来回缝缉，此缝比搭缝更平薄，适用于衬布的拼接，见图1-37。

（九）压缉缝

压缉缝是把上层衣片缝口折光，盖住下层衣片缝头或对准下层衣片应缝的位置，正面压缉一道明线，常用于装袖衩、袖头、领头、裤腰和贴袋等，见图1-38。

（十）贴边缝（窄贴边也称卷边缝）

贴边缝是把衣片反面朝上，把缝头折光后再折转一定要求的宽度，沿贴边的边缘缉0.1 cm清止口。注意上下层松紧一致，防止起涟，见图1-39。

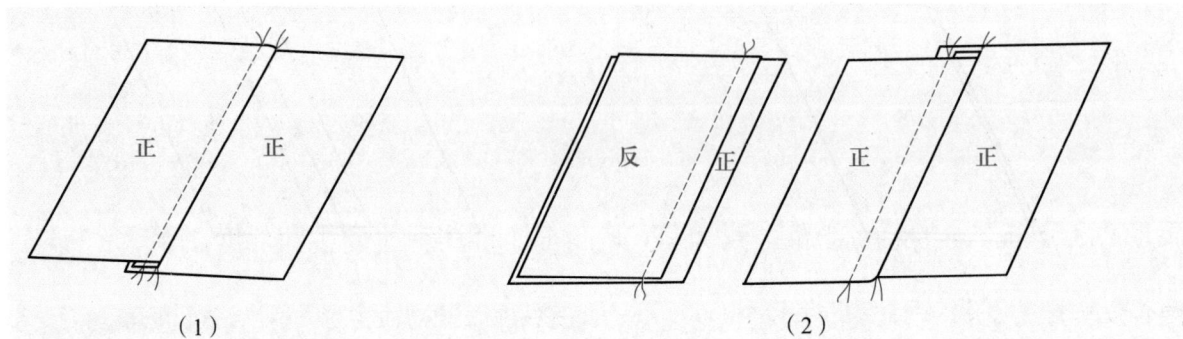

（1）　　　　　　　　　　　　（2）

图1-34

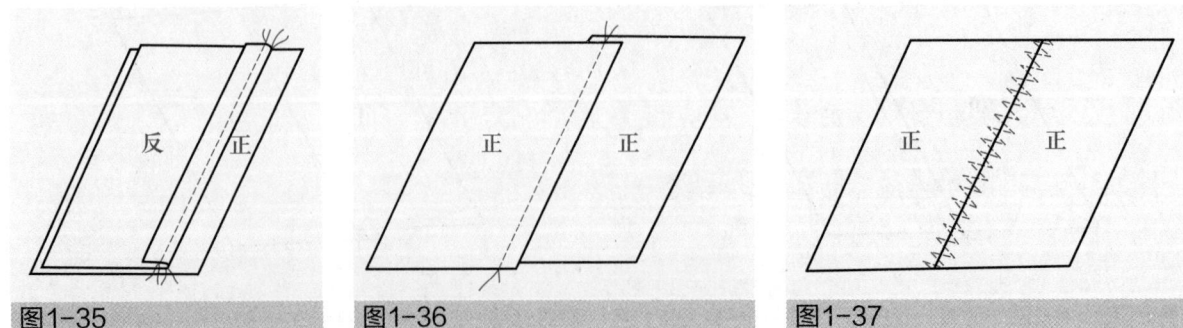

图1-35　　　　　　　图1-36　　　　　　　图1-37

（十一）闷缝（也称骑缝或咬缝）

闷缝是把面料两边折光，折烫成双层，下层略宽于上层，把衣片夹在中间，沿上层边缘缉0.1 cm清止口，把上、中、下三层一起缝牢。用于装袖衩、裤腰等，见图1-40。

（十二）别落缝与漏落缝

别落缝与漏落缝是明线缉在坐倒缝旁或分缝中，用于装裤腰、固定嵌线等的缝型，见图1-41。

（十三）来去缝

来去缝是把两层衣片反面相叠，平缝0.3 cm缝头后把毛丝修齐，翻转后，正面相叠合缉0.5或0.6 cm，把第一道毛缝包在里面。用于缝制薄料衬衫、衬裤等，见图1-42。

（十四）明包缝（也称外包缝）

明包明缉双线。

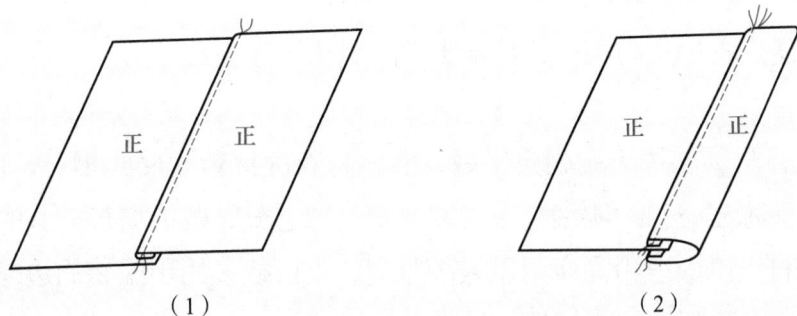

（1）　　　　（2）

图1-38

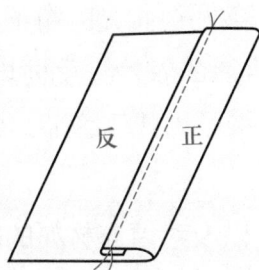

图1-39

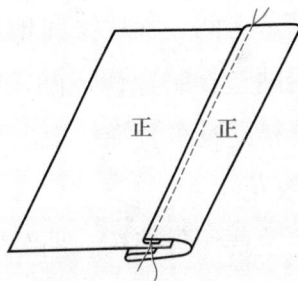

图1-40

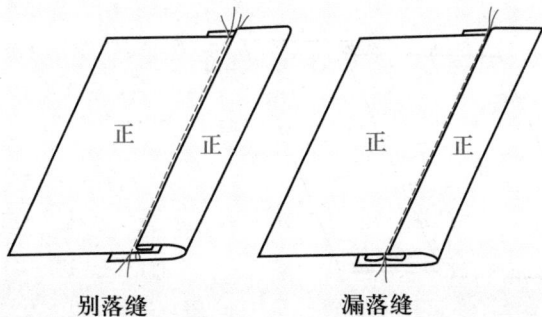

别落缝　　　漏落缝

图1-41

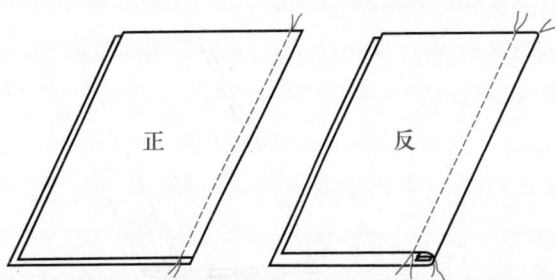

图1-42

方法一：两层衣片反面相叠，按包缝止口宽度需要，下层衣片缝头放出0.8～1.2 cm包转，为使包缝平薄，包转缝头缉住0.1 cm，再把下层衣片拉出放平，包缝向上层衣片正面坐倒缉0.1 cm止口，注意反面缝道要分足，无虚缝。用于缝制男两用衫、夹克衫等，见图1-43。

方法二：先将两层衣片反面相叠，下层留出较宽缝份，缝份宽度根据包缝止口宽度而定。平缝后将下层衣片拉出放平，下层衣片缝份边缘扣光后盖在上层衣片上缝缉。此方法使包缝平薄，适用于缝制厚布料，见图1-44。

（十五）暗包缝（也称内包缝）

暗包明缉单线。

方法一：两层衣片正面相叠，按包缝止口宽度需要，下层衣片缝头放出0.6～1.2 cm包转，为使包缝平薄，包转缝头缉住0.1 cm，再把上层衣片拉出放平，包缝向上层衣片反面坐倒，注意两层衣片正面缝道要分足、无虚缝，在靠包缝一边正面缉0.4～1.0 cm单止口。用于缝制夹克衫、平脚裤等，见图1-45。

方法二：将两层衣片正面相叠，其余步骤同明包缝方法二。

（十六）止口缝

止口缝是先将两层衣片正面相叠平缝，然后将衣片折转为反面相对，止口不倒吐，在正面缉上明线又称压止口。明线有单、双、窄、宽之分，既能增加缝头的牢度，又能起装饰作用。厚料止口内缝份需修剪以减少厚度，止口缝多用于服装的边缘，如门里襟止口、袋盖、袋口及领圈、领头等部位，见图1-46。

（十七）条饰缝

条饰缝是将两层衣片反面相叠平缝后缝头分开，用一条两边扣光的布条盖没分缝缝份，然后沿两边压缉止口以固定布条。这种方法可使缝合后的衣片正反面均不见毛缝。如布条用镶料则具有装饰作用，如上衣的开刀分割部位、裤子的外侧缝等，见图1-47。

（十八）云纹花

云纹花主要用于棉袄、羽绒服装、衬绒服装的装饰，以及对填充材料的固定。这类服装通过缉线以后，缝过线迹的部位凹进，其余部位向外凸出，形成凹凸的立体线迹花

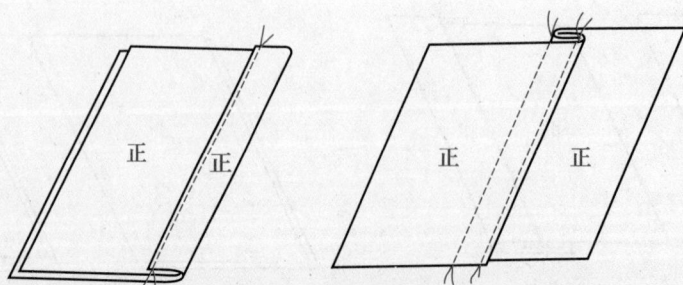

图1-43

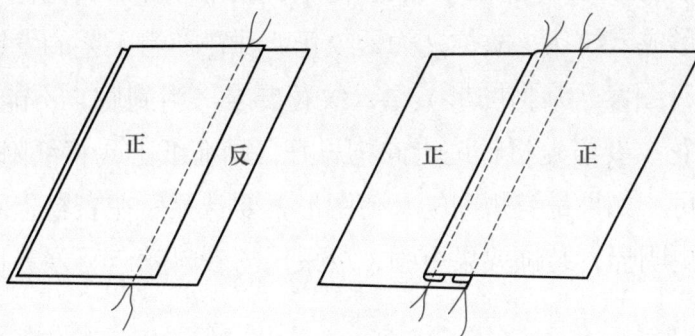

图1-44

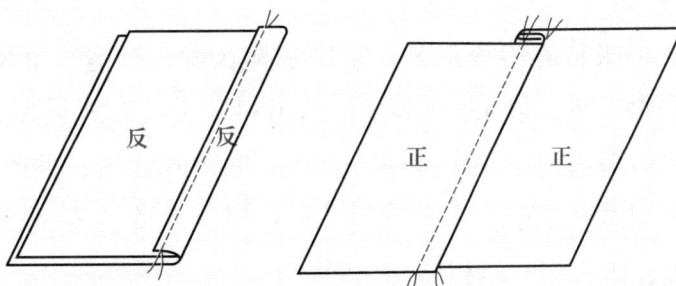

图1-45

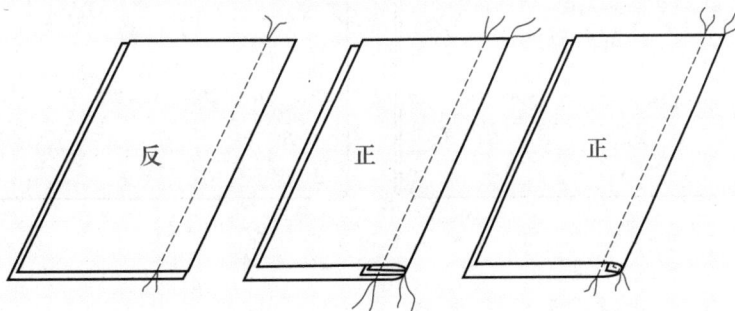

图1-46

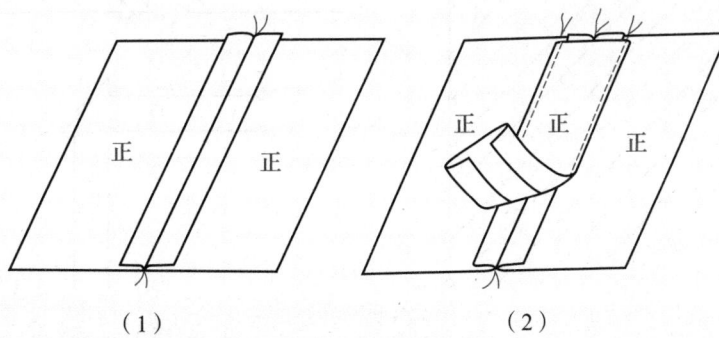

（1）   （2）

图1-47

纹，既有装饰性，又能固定腈纶棉、羽绒、驼绒、绒布等御寒填充材料。最初的缉线利用各种形状的弧线形成云纹状，故称之为云纹花。现在随着工艺的发展，可以随意设计缉成各种文字、花卉图案、几何图形。缉云纹花要求一缉到底，不能回针或重复叠针，因此缝纫前复杂的花纹要事先将针迹走向构思好，画在纸上，将纸附在衣料上再缉线，缉线后撕去纸样即可。如果是有规则的几何图形，要计算后在衣料上画上粉线标记后再缉。为使缉缝线迹更明显，装饰效果更强，可采用与衣料颜色反差大也较粗的缝线，见图1-48（1）（2）。

五、机缝特殊缝型及其在服装上的运用

滚、嵌、镶、荡是服装的传统工艺，常用于睡衣裤、旗袍、童装等服装。滚、嵌、镶、荡用料一般都取斜丝绺，以45°斜为最佳，取料、拼接方式见图1-49。当被装饰的边为直线形时，为省料考虑也可采用横料、直料。取料的宽窄、长短均根据工艺需求而定。滚、嵌的用料可用本色本料、本色异料或异色料等。镶、荡一般都用异色料。下面介绍一些最基本的滚、嵌、镶、荡机缝方法。

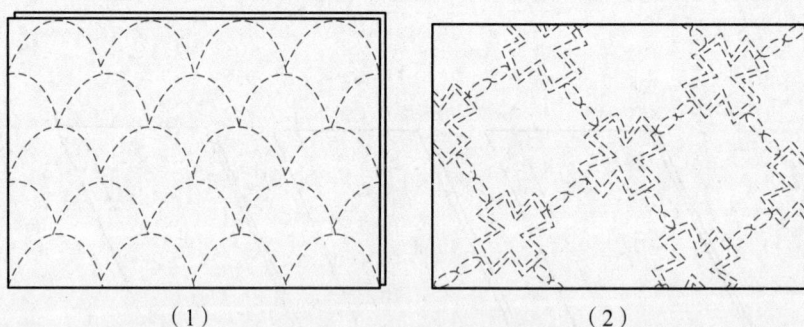

（1）　　　　　（2）

图1-48

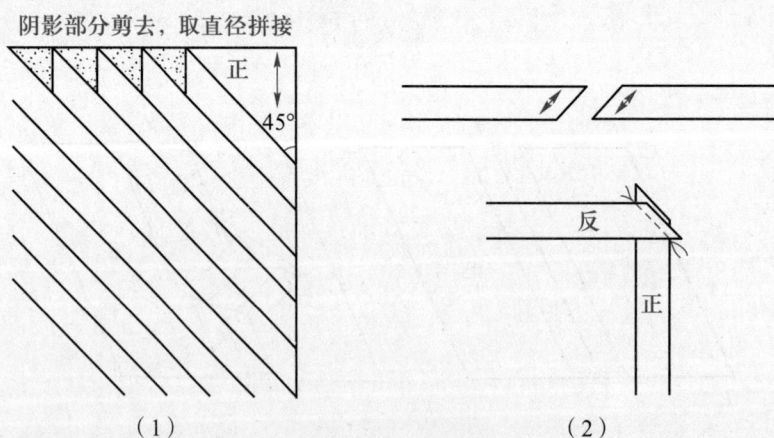

阴影部分剪去，取直径拼接

（1）　　　　　（2）

图1-49

（一）滚

滚就是通常所说的滚边。滚既是处理衣片边缘的一种方法，也是一种装饰工艺。

1. 按所用材料及颜色分类

（1）本色本料滚：用本身面料做滚条滚边的称为本色本料滚。

（2）本色他料滚：用与面料颜色相同的其他材料做滚条滚边的，称为本色他料滚。

（3）镶色滚：用与面料颜色不同的相同材料或其他材料做滚条滚边的，称为镶色滚。

2. 按宽窄及形状分类

（1）细香滚：是最窄的一种滚边，宽在0.2 cm左右，滚好后滚边呈圆形，像一根细香，所以称为细香滚。

（2）窄滚：滚边的宽在0.3 cm以上、1 cm以下的，通常都称为窄滚。

（3）宽滚：滚边的宽在1 cm以上的通常都称为宽滚。

3. 按缉缝层数分类

（1）二层滚：即普通滚法，滚条缉上面料时，面料与滚条均不扣转毛缝，只缉牢面料及滚条各一层，共二层，所以称为二层滚，见图1-50。

（2）三层滚：为了防止面料散丝，先把面料扣转毛缝后再缉上滚条，缉牢面料二层及滚条一层，共三层，所以称为三层滚。三层滚常用于细香滚及容易散丝的面料，见图1-51。

（3）四层滚：为了防止面料与滚条散丝，以及使滚边外观更厚实饱满，把面料和滚条都扣转毛缝后再缉合，缉面料及滚条各二层，共四层，所以称为四层滚。四层滚常用于细香滚及容易散丝的面料和薄滚条料，见图1-52。

4. 按工艺分类（图示以二层滚为例）

（1）明线滚

方法一：把滚条正面与衣片反面相叠，按滚边的宽度缝合，再翻转滚条，扣光滚条的另一边毛缝，将滚条包紧衣片边缘，盖住第一道缉线并沿滚条边缘缉0.1 cm止口，见图1-53。

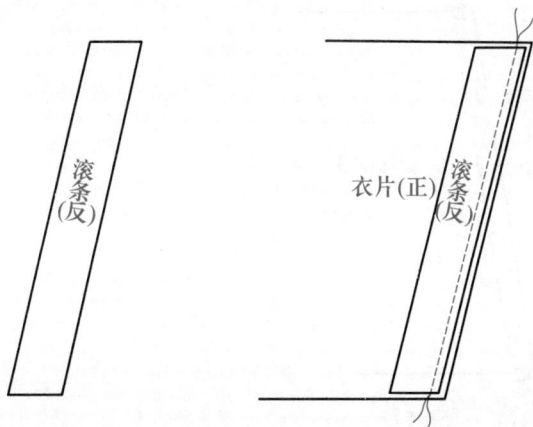

图1-50

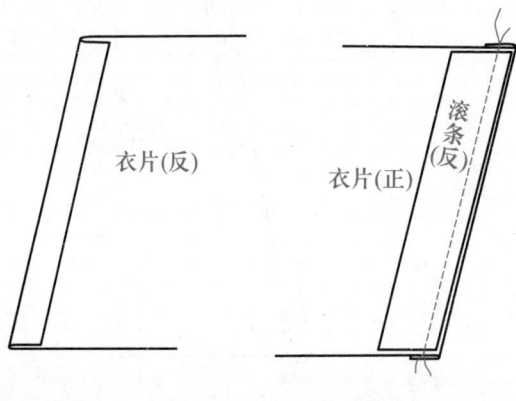

图1-51

方法二：把滚条正面与衣片正面相叠，按滚边的宽度缝合，滚条翻转，包紧衣片边缘，在正面滚边上缉0.1 cm止口，也可在滚边外口再缉0.1 cm，形成双止口。这种滚边常应用于大衣的底边滚边，见图1-54。

方法三：用专用滚边压脚，使滚条直接夹缉到衣片上，见图1-55。

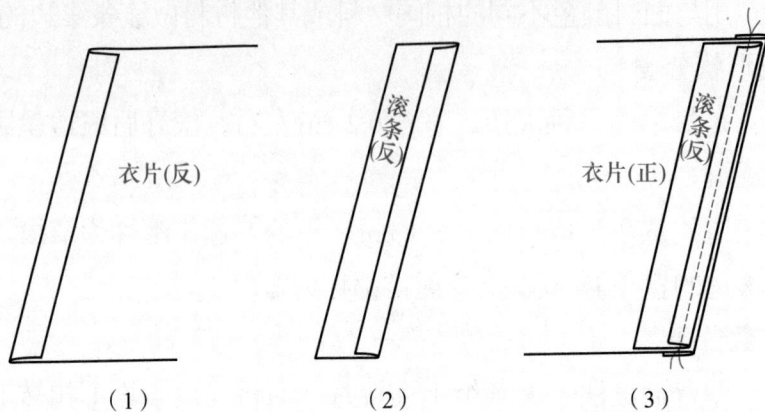

图1-52

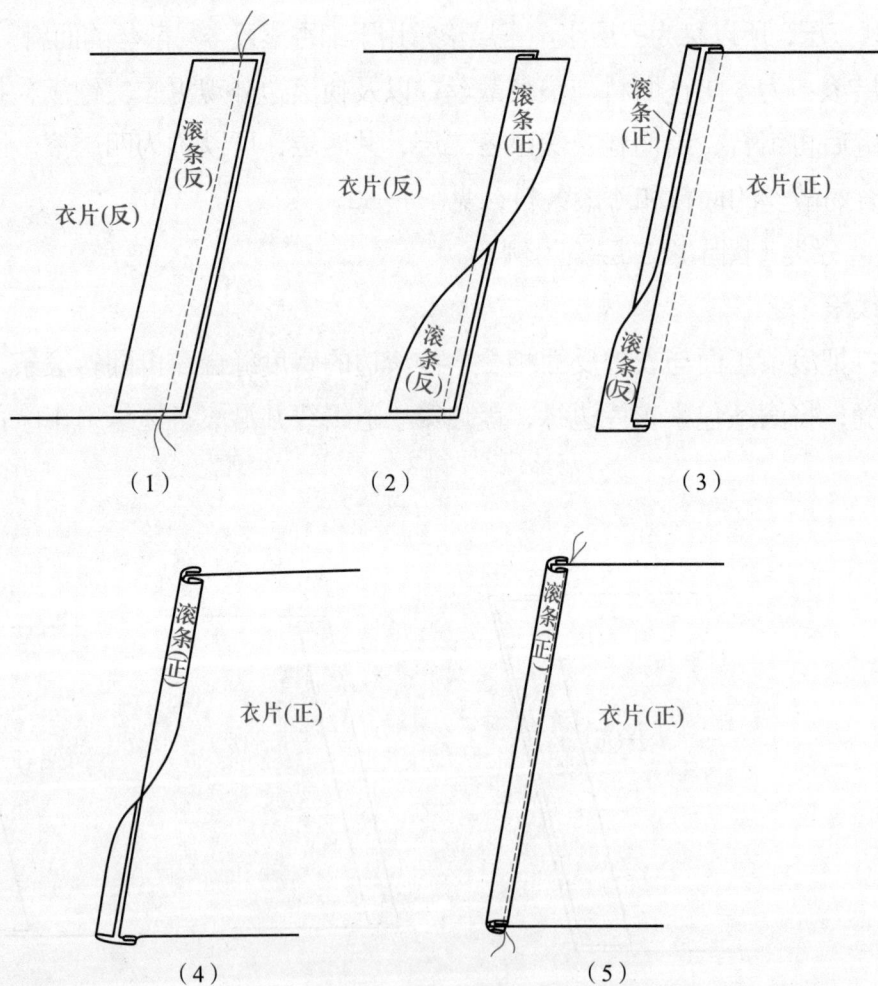

图1-53

（2）暗线滚

方法一：把滚条正面与衣片正面相叠后缝合，滚条翻转，包紧衣片边缘，滚条扣光毛缝后用手工缲牢在衣身上，正面不能有针迹，见图1-56。

方法二：滚条反面缝份扣光，扣光后要盖过第一道缉线0.15 cm，在衣片正面沿滚边缉别落缝，将反面滚条缉牢，见图1-57。

方法三：高档服装挂面、底边的毛口滚边和有夹里部位的滚边，反面滚条毛缝可以不扣光，根据具体情况分别可以用缉别落缝、拱针、攘针等方法固定滚条，见图1-58。

现在通常将滚条对折形成一边光边后滚边，使滚边的处理更为方便，见图1-59。

（二）嵌

嵌就是通常所说的嵌线，嵌是一种装饰工艺。

1. 按所用材料及颜色分类

（1）本色本料嵌：用本身面料做嵌线的，称为本色本料嵌。

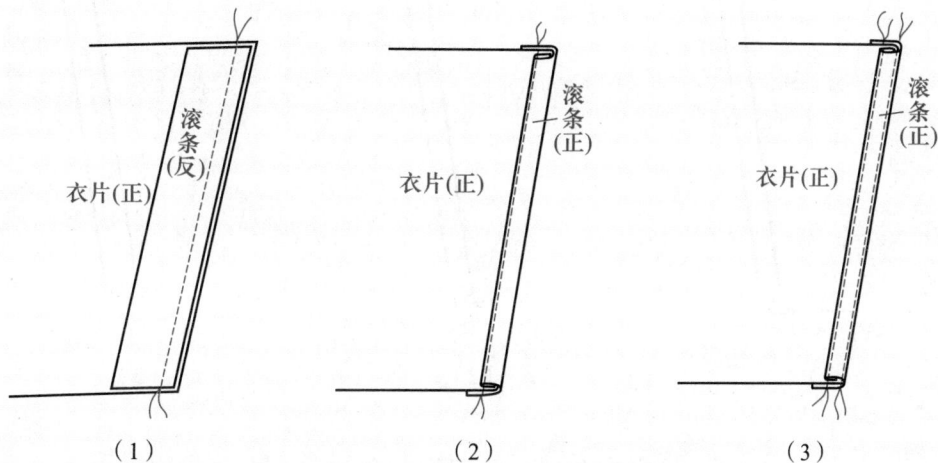

（1）　　　　　（2）　　　　　（3）

图1-54

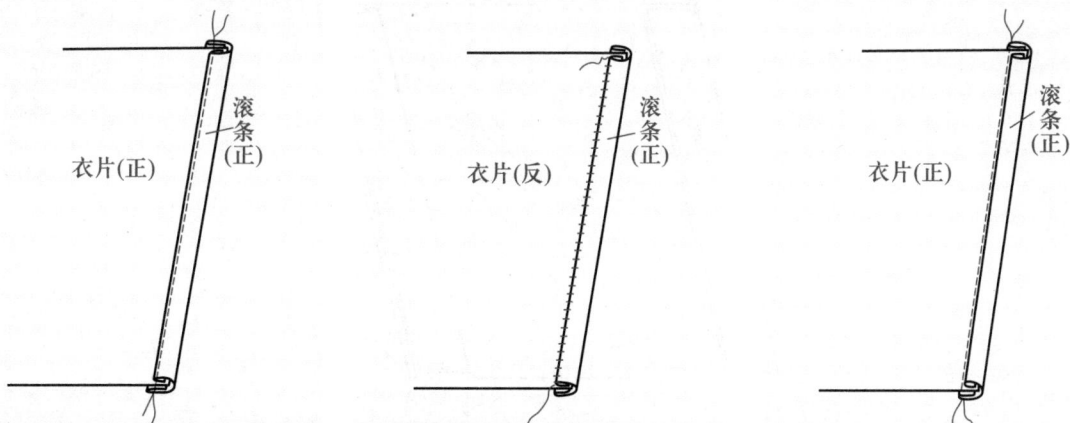

图1-55　　　　　图1-56　　　　　图1-57

（2）本色他料嵌：用与面料颜色相同的其他材料做嵌线的，称为本色他料嵌。

（3）镶色嵌：用与面料颜色不同的相同材料或其他材料做嵌线的，称为镶色嵌。

2. 按形状分类

（1）扁嵌：嵌线内不衬线、绳，嵌线呈扁形，称为扁嵌。

（2）圆嵌：嵌线内衬线、绳，嵌线呈圆形，称为圆嵌。

3. 按缝装的部位分类

（1）外嵌：装在止口外面的嵌线称外嵌。通常装在领头、门襟、袖口等止口外。方法是把嵌条朝里对折，与外层衣片外口正面相叠，按嵌线要求的宽度先缉上外层衣片固定，再与里层衣片正面相叠，紧沿第一道缉线里口缉线，将里外层衣片都翻到正面，外嵌就完成了，见图1-60。

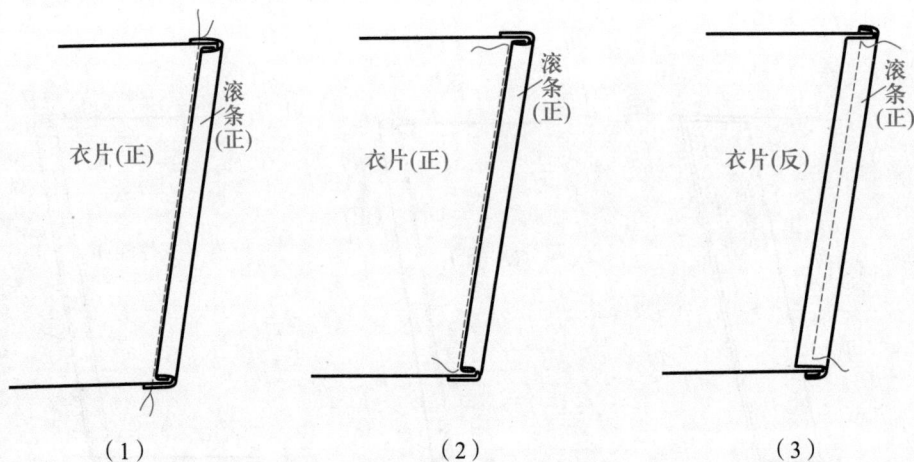

图1-58

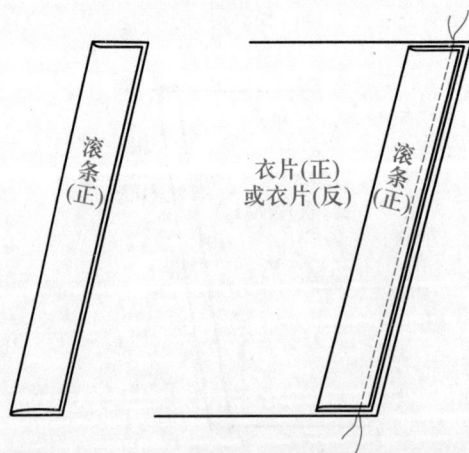

图1-59

（2）里嵌：装在滚边、镶边、荡条等里口或衣片分割缝中的嵌线。图1-60外嵌中的二层衣片是分割的外层衣片，所装嵌线就形成里嵌，见图1-61。滚边里口的嵌线，见图1-62。

（三）镶

镶就是通常所指的镶边、镶条。镶主要用于不同颜色的镶拼装饰，适用于衣身、领、袖、袋中间或边缘部位的装饰。镶边一般都比较宽，大都在2 cm以上。镶边正面可以根据需要缉明线。

（1）拼镶：衣片边缘镶边，见图1-63。

（2）嵌镶：衣片中间镶边，见图1-64。

（3）夹镶：夹在衣片缝份上的镶边，见图1-65。

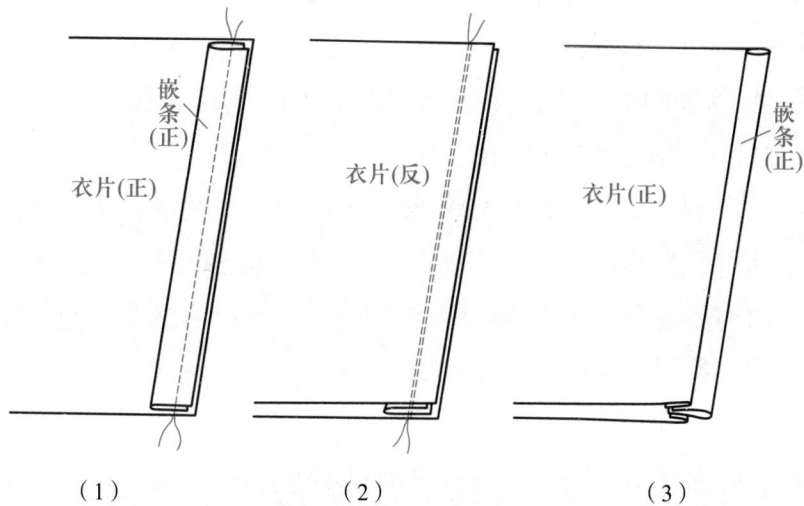

（1）　　　　　（2）　　　　　（3）

图1-60

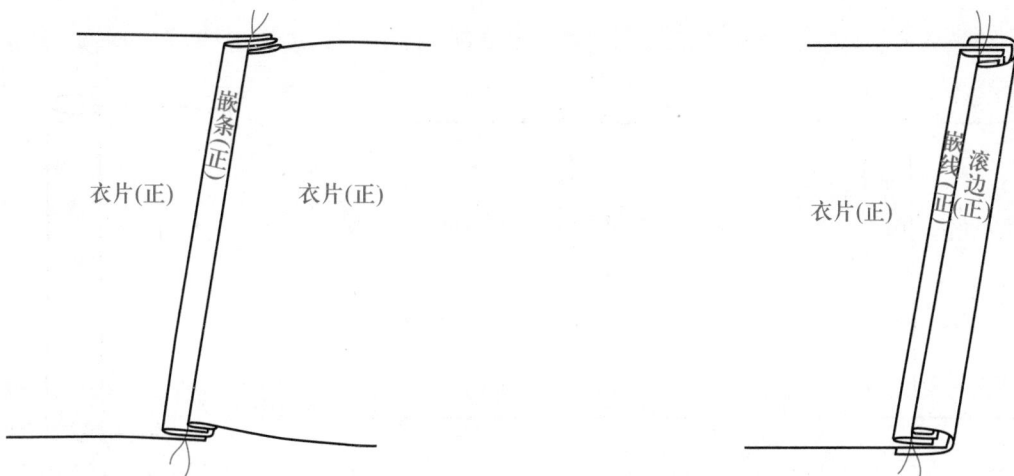

图1-61　　　　　　　　　图1-62

（四）荡

荡就是指荡条。荡是用装饰条悬荡于衣片中间的一种工艺。适用于衣身、领、袖、袋中间部位的装饰。荡条可宽可窄，并且可以一二条或三四条平行荡。荡的做法有单层荡、双层荡，荡条外观可以根据需要形成无明线、一边明线、两边明线等不同形式。如果需要形成的明线少，只需要在明缉部位改用手缝暗缲即可。荡条也可用织带、花边、扁形或圆形的丝带来做。

1. 单层荡

方法一：将荡条两边缝份折转，烫成所需宽度。可以借助硬纸条熨烫，考虑到硬纸条有厚度，所以其宽度应比衣片小0.1或0.2 cm，见图1-66（1）。将荡条压缉到所设计的部位，两边均缉0.1 cm止口，见图1-66（2）。

方法二：将荡条一边缝份折转烫倒，余下的宽度为荡条净宽加一缝份，荡条毛缝一边先缉上衣片，见图1-67（1）；再将荡条翻转到正面，压缉另一边止口0.1 cm，见图1-67（2）。

2. 双层荡　将荡条向里对折，荡条双层毛缝一边先缉上衣片，见图1-68（1），再将荡条翻转压缉对折一边的止口0.1 cm，见图1-68（2）。

3. 辫子荡　用斜料暗缉线后翻出成荡条，或用织带、丝带、花边作荡条荡在大身上称辫子荡。辫子荡可分为固定荡、活络荡两种。固定荡是将荡条直接缉在衣片上，可以缉成各种形状。窄的荡条只需居中缉线固定，见图1-69；活络荡是通过荡条的艺术编织对衣片起装饰作用，见图1-70。

（五）滚、嵌、镶、荡操作要领

（1）直、横丝处面料不能紧，弯斜丝处面料不能拉还。

（2）领头前部、驳头及其他折转部位不允许有接缝。

（3）滚、嵌、镶、荡均不能起涟形，宽窄要一致，荡条间距要一致。

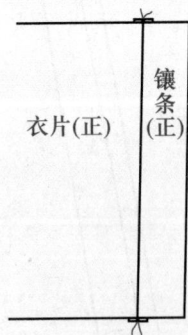

图1-63

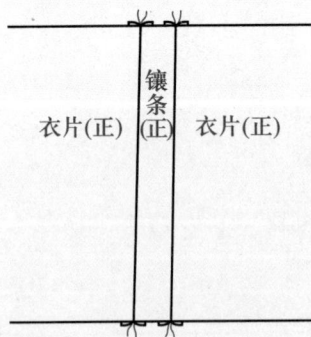

图1-64

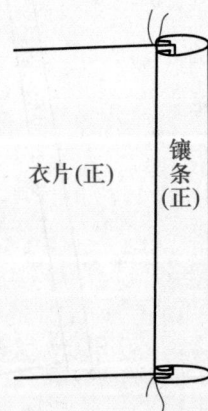

图1-65

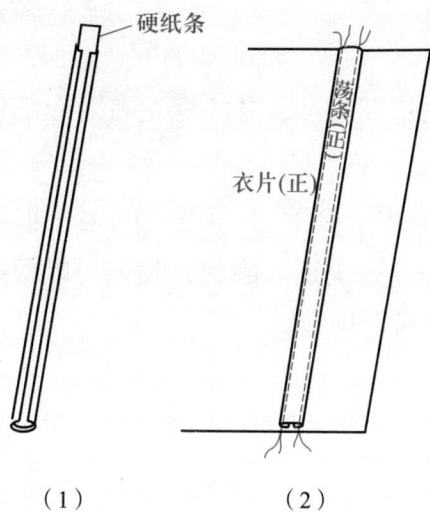

硬纸条

衣片(正)

荡条(正)

（1）　　　　　　（2）

图1-66

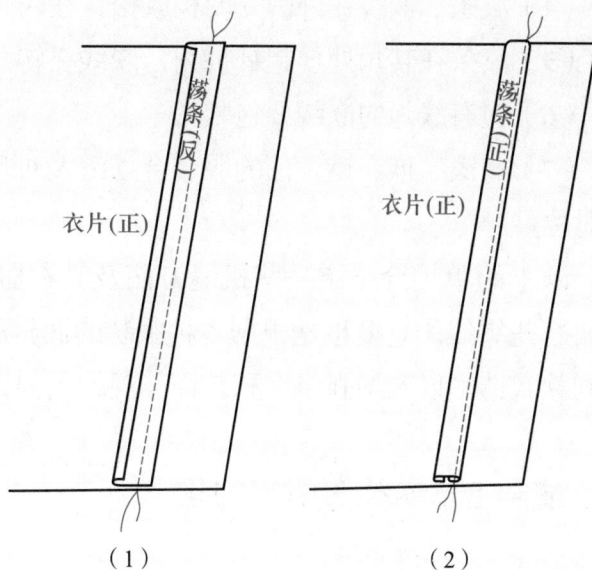

衣片(正)

荡条(反)

衣片(正)

荡条(正)

（1）　　　　　　（2）

图1-67

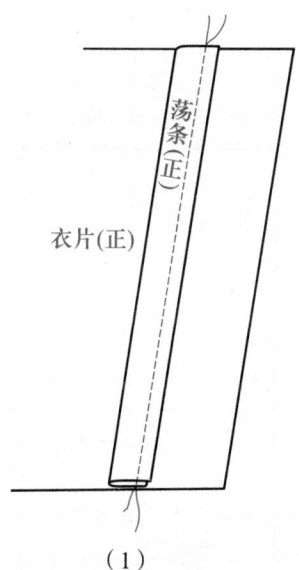

衣片(正)

荡条(正)

（1）

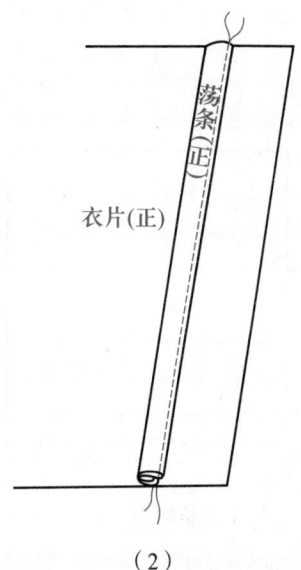

衣片(正)

荡条(正)

（2）

图1-68

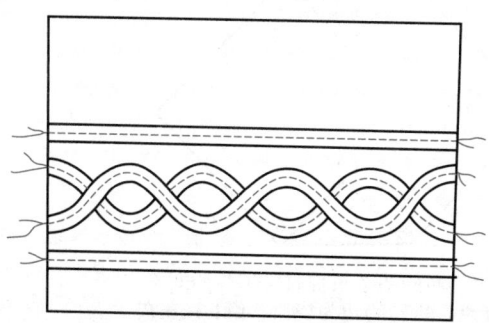

图1-69

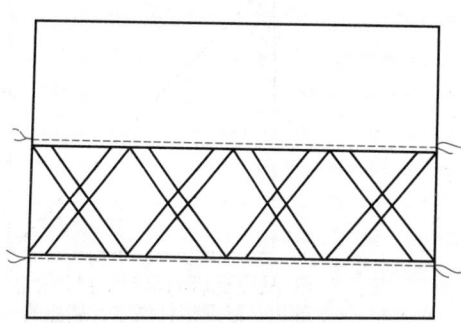

图1-70

（4）滚条、嵌线在外圆处要稍放松，在内圆处要稍拉紧。

（5）滚条在转角处要起针折角，嵌线在转角处要松一些。

（6）衬有线绳的嵌线要包紧。

（7）有滚、嵌、镶、荡的服装合摆缝及袖底缝时两边要对准，并注意左右对应部位的对称。

以上简单地介绍了一些机缝方法及其在服装上的运用。实际上有些缝的运用很广泛，有些缉线的宽度也是根据各种服装的面料和造型需要来决定。因此，我们可以根据不同款式造型以及增强牢度和装饰美观的需要，加以灵活运用。

六、缝制工艺基本技能综合训练

（一）训练品种

1. 锦囊袋　锦囊袋缝制步骤，见图1-71
2. 手袋　手袋缝制步骤，见图1-72

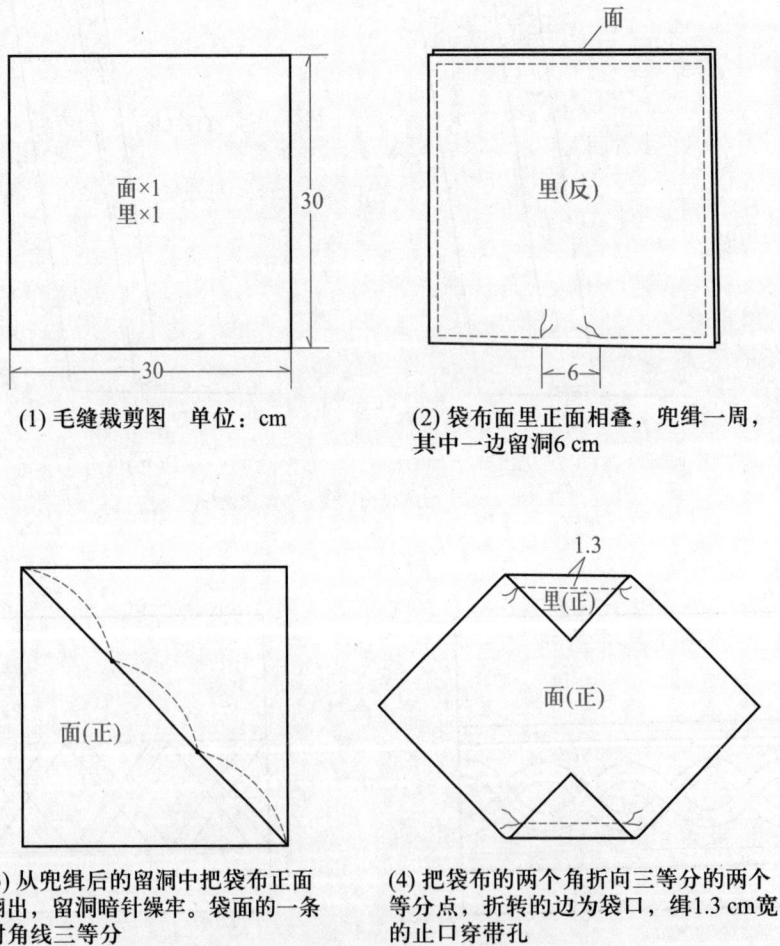

(1) 毛缝裁剪图　单位：cm

(2) 袋布面里正面相叠，兜缉一周，其中一边留洞6 cm

(3) 从兜缉后的留洞中把袋布正面翻出，留洞暗针缲牢。袋面的一条对角线三等分

(4) 把袋布的两个角折向三等分的两个等分点，折转的边为袋口，缉1.3 cm宽的止口穿带孔

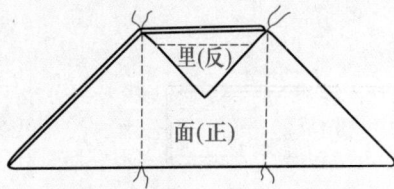

(5) 沿正方形袋布另一条对角线对折,
再沿袋口大两端垂直向袋底缉线

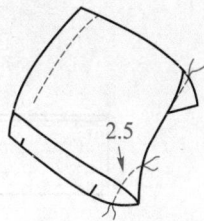

(6) 翻到袋反面,袋底两角放平缉袋底
宽2.5 cm（取等腰三角形底边宽2.5 cm）

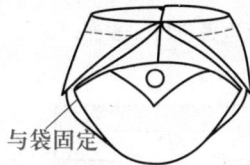

(7) 袋口大两边的袋布,沿袋口大两边缉线
分开放平,两端里层与袋滴针固定,两角翻
下一部分并钉上装饰布包纽

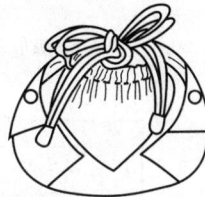

(8) 在袋口两侧穿带孔内分别穿进一
根丝带,丝带长约50 cm,两端装上
装饰珠或锁绳扣

与袋固定

注:锦囊袋可大可小,根据大小选择正方形的边长,留洞口、穿带孔、
封袋底三角宽度、纽扣等的大小,以及收袋口丝带的粗细和长短

图1-71 锦囊袋缝制步骤图

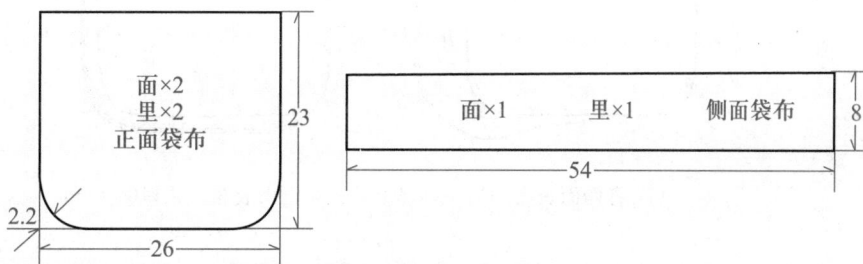

面×2
里×2
正面袋布

23

2.2

26

面×1   里×1   侧面袋布

8

54

(1) 毛缝裁剪图   单位:cm

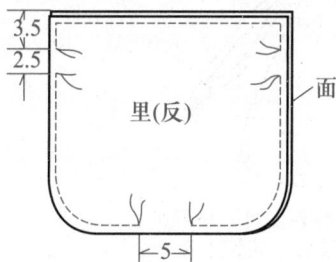

3.5
2.5

里(反)

面

5

(2) 正面袋布面、里正面相叠,兜缉一周,
其中袋口两边毛缝向下3.5 cm开始留穿带
孔2.5 cm,袋底留洞5 cm

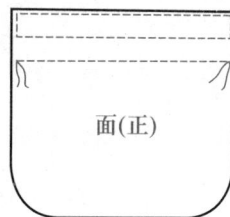

面(正)

(3) 从留洞处把袋布翻正,缉穿带部位
和袋口止口0.15 cm

里(反)

|←5→|

(4) 侧面袋布面、里正面相叠兜缉一周，留洞5 cm

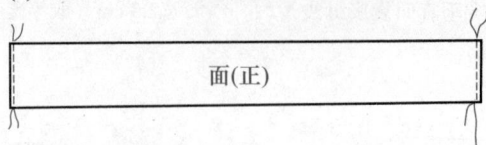

面(正)

(5) 从留洞处将侧面袋布翻正，并在两边缉止口0.15 cm

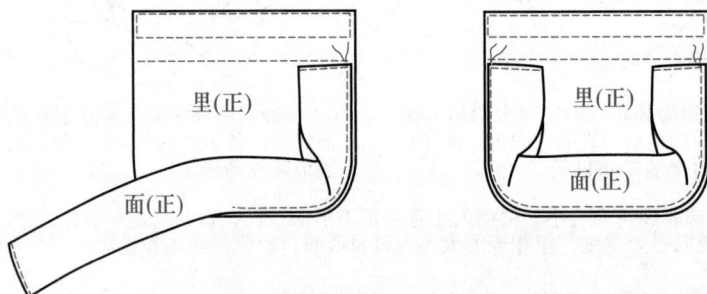

里(正)

面(正)

里(正)

面(正)

(6) 将侧面袋布的一侧缉上一块正面袋布，止口0.15 cm

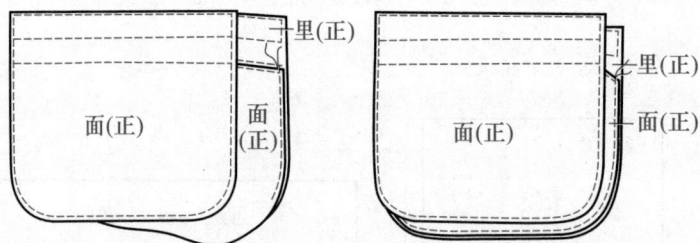

里(正)

面(正)

面(正)

里(正)

面(正)

(7) 将侧面袋布的另一侧缉上另一块正面袋布，止口0.15 cm

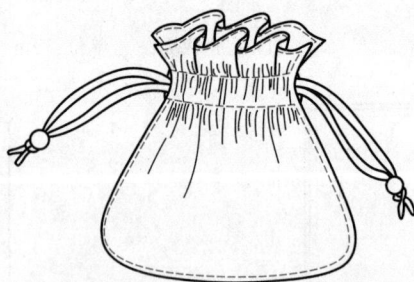

(8) 在袋口两侧穿带孔内分别穿进一根丝带，
丝带毛长62 cm左右，两端装上装饰木珠

图1-72 手袋缝制步骤图

3. 壁挂　壁挂缝制步骤，见图1-73

壁挂

面×1
里×1
底布
52
0.7
18

面×3
里×3　袋布
13
26

斜条×1
122

斜条×2
18
3.6

斜条×3
26
5.6

5.6

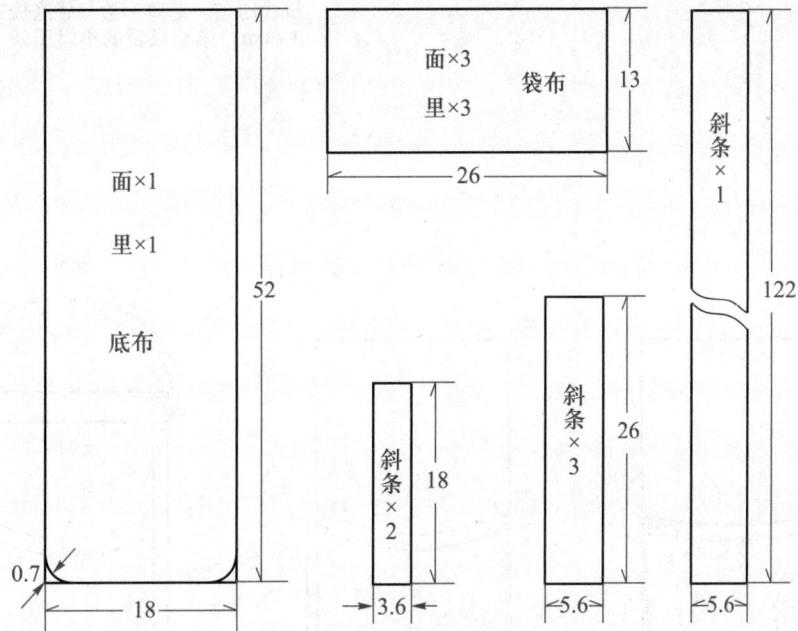

(1) 毛缝裁剪图　单位：cm

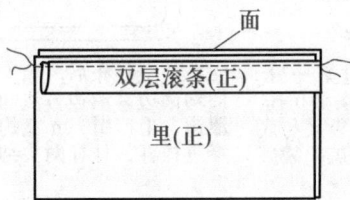

面
双层滚条(正)
里(正)

(2) 把袋布面、里反面相对叠齐固定，把长26 cm、宽5.6 cm的斜条对折成滚条，毛口一边与里布向上的袋口一边放齐缉0.7 cm

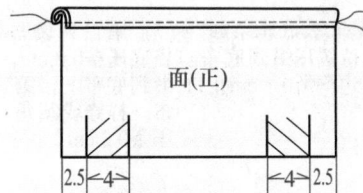

面(正)
2.5　4　4　2.5

(3) 滚条翻到正面缉0.1 cm止口。袋底做好两边打裥位置标记

面(正)

面(正)

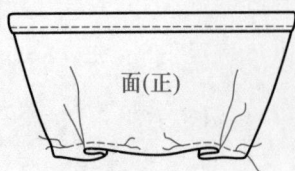

(4) 袋底向两边打裥固定

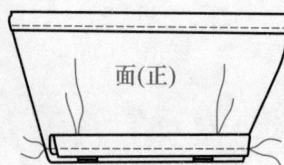

(5) 把长18 cm、宽3.6 cm的斜条对折成压条，毛口一边与袋底放齐绱0.7 cm，第三只袋底不绱压条

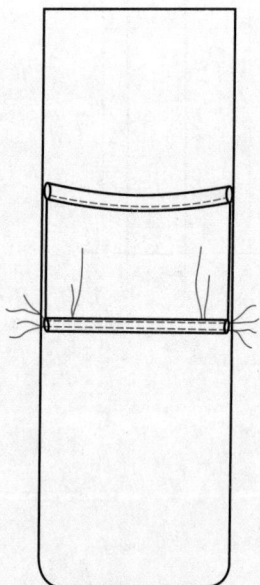

(6) 第一只袋布袋底压条翻正，按装配位置压绱到底布上。压条两边均绱0.1 cm止口

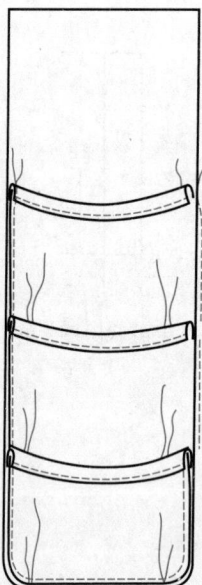

(7) 第二只袋布袋口盖过第一只袋底压条0.2 cm，同样压条翻正压绱到底布上，第三只袋布袋底与底布一样修成圆角，袋口也盖上袋底压条0.2 cm

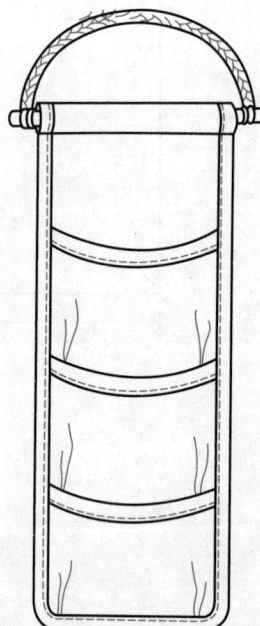

(8) 装上袋布后，除上口其余三周均滚边，滚边方法同袋布袋口滚边，上口绱3 cm宽的孔，孔内穿进挂杆，挂杆两头结上粗丝带

图1-73 壁挂缝制步骤图

4. 地毯鞋 地毯鞋缝制步骤，见图1-74

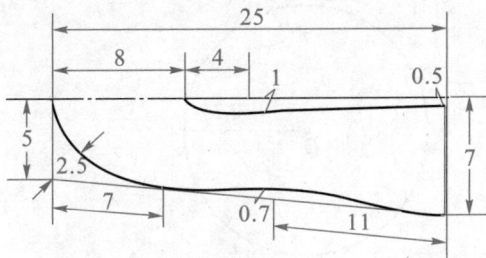

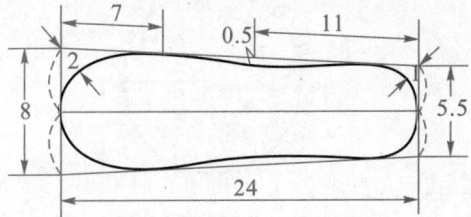

① 鞋帮面两片、里两片，腈纶定型棉两片，注意鞋帮上口滚边处不放缝，其余部位均放缝0.8 cm

② 鞋底面两片、里两片，腈纶定型棉两片，注意周围均放缝0.8 cm

(1) 净缝裁剪图

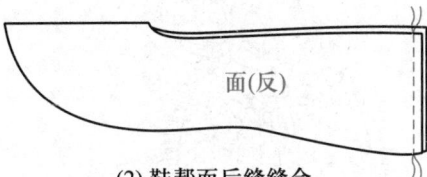

(2) 鞋帮面后缝缝合

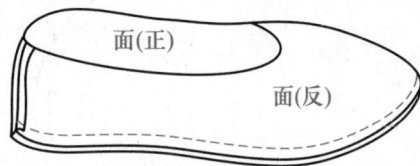

(3) 鞋帮面与鞋底面缝合

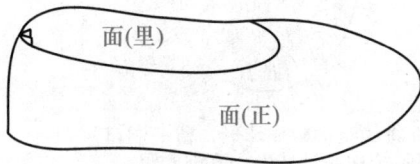

(4) 将鞋面翻到正面

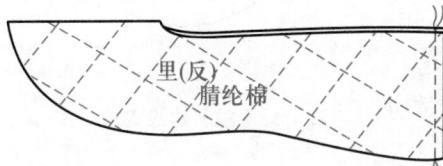

(5) 鞋帮里用菱形绗上腈纶棉，并将后缝缝合

(6) 鞋底里用菱形绗上腈纶棉

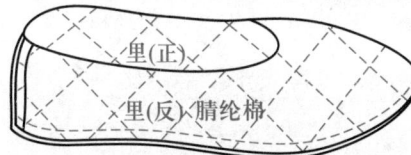

(7) 鞋帮里与鞋底里缝合

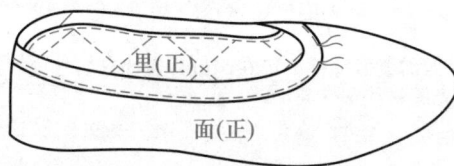

(8) 鞋里装进鞋面，反面相对，并将面、里缝份以适当间距固定几针，鞋口滚边宽1 cm，前居中留孔1 cm

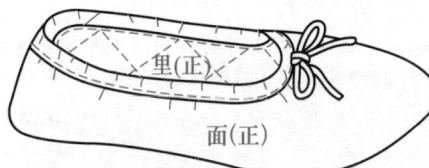

(9) 滚边留孔中穿进丝带略收紧鞋口，并打成蝴蝶结

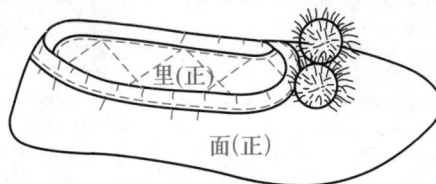

(10) 也可以做两个毛绒小球钉在鞋口前中央作为装饰

图1-74 地毯鞋缝制步骤图

5. 球饰　球饰缝制步骤，见图 1-75

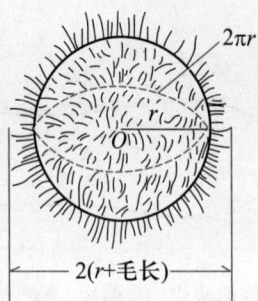

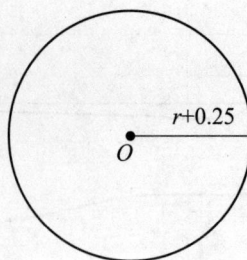

(1) 根据球的大小，裁剪一片半径为 $r+0.25$ 的长毛绒料 单位：cm

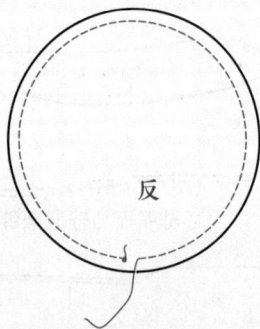

(2) 沿长毛绒料边缘缝线一周

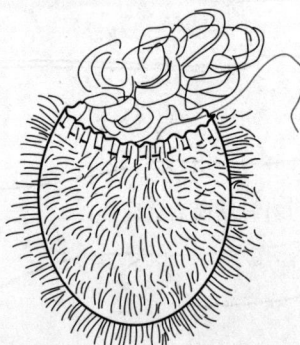

(3) 将线略抽紧成球形，留一洞口。将腈纶棉塞进球内，填满塞紧

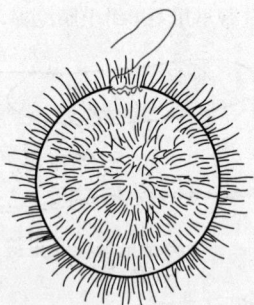

(4) 将线抽紧，并缝合洞口，再将球缝在所需安装饰的部位上

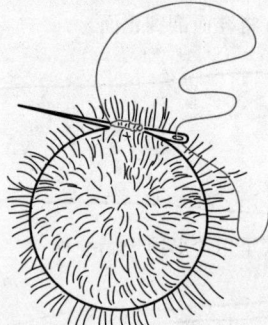

(5) 如需要做挂件，可在洞口处做线环，需先缝衬线

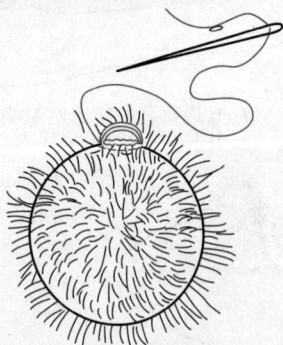

(6) 按所需线环的大小缝三四道衬线

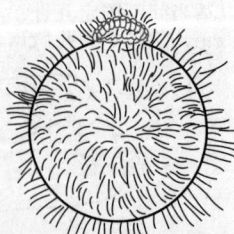

(7) 在衬线上锁针，锁满线环即可，其他饰品需做挂件均可用此方法做线环

图1-75　球饰缝制步骤图

6. 围裙 围裙缝制步骤，见图1-76

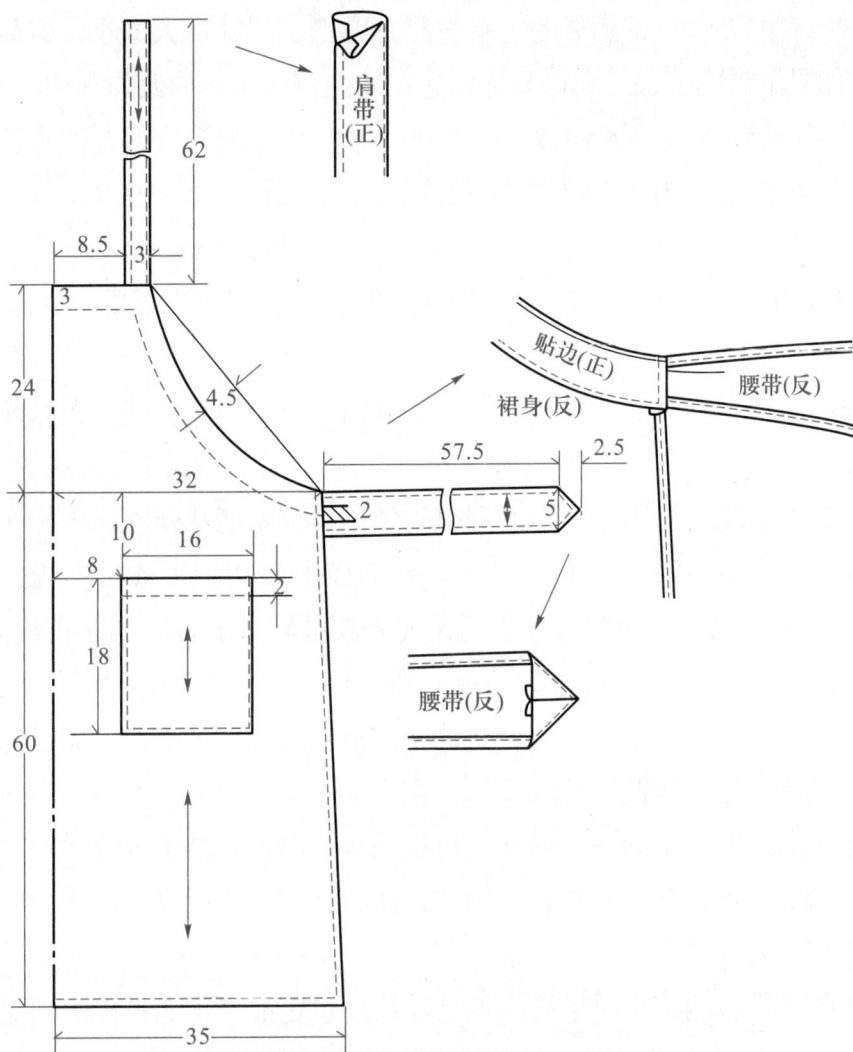

肩带(正)

62

8.5 3

3

24

4.5

32

10 16

8 2

18

60

贴边(正)

裙身(反)

腰带(反)

57.5 2.5

2 5

腰带(反)

35

(1)净缝裁剪图：裙身一片、袋布两片、护胸贴边一片、
腰带两片、肩带一片(去掉护胸可制成
腰下段围裙)

(2)制作提示：裙身下段卷边，上段护胸装贴边，腰带
卷边装袋压缉缝，肩带、腰带头和装腰带
见示意图

单位：cm

图1-76 围裙缝制步骤图

（二）品种训练小结

1. 基础技能的训练　以上布艺品种运用了手缝、机缝的常用缝型。有搀针、暗缲针、滴针、包布纽扣、钉纽、平缝、止口缝、倒回针、滚边等。

2. 处理方法的思考　在解决一些缝制过程中出现的问题时，要分析为什么会出现问题。学会正确的分析问题的方法，才会独立灵活地作出相应的解决和处理。布艺问题的处理方法同样适用于服装缝制过程中。

（1）主辅材料的处理：锦囊袋的主材料是正方形，尺寸可大可小，但最小边长不要小于18 cm。如果做得比较大，则钉装饰布包纽的两侧还可作为侧袋利用。

壁挂做了三个袋，根据需要可以设计成四个袋、五个袋等。壁挂的形状、大小均可以随意变化。当壁挂袋面为一色料时，在袋面上可以设计钉上一些装饰物，使壁挂更加美观诱人。

包袋收口丝带的长短粗细、装饰纽装饰珠的大小，取决于袋的大小和设计效果的要求。

面料与里料、面里料与线的色调选择，通常情况下用同色调或同色系来配置但有时为了装饰需要也可采用反差大的搭配。

（2）留洞口的处理：缝制工艺中留洞口的作用其一是能从留洞口中把布面翻正；其二是填充物能从留洞口中塞入。最后还是需要将留洞口用手工或机器缝好。因此，决定留洞大小、位置的原则是既要减少手工又要方便翻转和缝合。如果布料大或布料厚，就要适当增加洞口尺寸。条件许可的情况下洞口尽量选择在隐蔽部位、直缝部位、不易变形的部位，有时还可考虑在里布合适的部位分割处理后留洞口。留洞口的丝缕先考虑直丝缕，再考虑横丝缕和斜丝缕。

（3）线结头的处理：手缝一般起针容易藏结头，但收针结头也要尽量放在隐蔽处或夹层内。结构松的布料，缝线在收针打结后，在收针旁将线引进布内用力一抽，结头会通过布缝拉进夹层内。

（4）平缝的处理：两层布料平缝应该是最简单也是最基本的技能。但是初学者仍不容易掌握，容易产生缉线不顺直，上下层松紧不一导致的不平整、长短不一致等现象。初学者可以采用一些辅助方法，如缝份用画粉画出缉线位置，两层布料用搀针或大头针固定后再缉线，帮助缉线达到缝制要求。

（5）止口的处理：止口一般都要做出里外匀，使止口不倒吐。但有时反差大的面料、里料可以特地将里料略倒吐一点做装饰性处理。翻止口、搀止口也可以运用熨烫工艺来完成，以减少手缝操作，提高缝制效率。

（6）滚边的处理：斜料滚条有伸缩性，滚边缉线时如不注意松紧一致，很容易导致滚边起涟不平，或者影响滚边宽度。当滚边部位有弧形时，滚条必须采用斜料才能使滚边平服。弧形向外凸出时，由于内弧长度小于外弧长度，滚条沿外弧缉第一道线要拉紧缉，这是为了第二道滚缉线时滚条能减少长度。弧形向内凹进时，由于外弧长度大于内弧长度，滚条沿内弧缉第一道线要有吃势用镊子钳推送缉，这是为了第二道滚缉线时滚条能增加长度，这样第二道滚条缉线才容易缉平整。

因为滚边有二次折转产生折转率损耗，烫、缉滚条又会使滚条长度略增，宽度略缩，所以裁配斜条宽度会适当配宽0.3 cm左右。

第三节　熨烫工艺基础与训练

熨烫是服装缝制工艺中的重要组成部分。服装行业常用"三分缝七分烫"来强调熨烫的重要性。熨烫贯穿于缝制工艺的始终。裁剪前，通过喷水熨烫或盖湿布起水熨烫，使衣料缩水，烫平皱褶，以便画线裁剪。缝制前，高档工艺先把衣片热塑变形，即推、归、拔工艺。利用衣料纤维的可塑性，改变纤维的伸缩度，以及织物经纬组织的密度和方向，塑造服装的立体造型，以适应人体体形和活动的需要，弥补裁剪的不足，使服装达到外形美观、穿着舒服的目的。在缝制过程中，很多部位都需要边熨烫、边缝制。由于有熨烫的辅助，既方便了操作，又提高了质量。缝制完成后，对整件衣服的熨烫称为整烫，通过整烫处理，使服装平挺、整齐、美观。

一、熨烫工具

1. 电熨斗　电熨斗是熨烫的主要工具。随着服装品种、面料的多样化，电熨斗也由单一功能变为多种功能，既能控温，又有蒸汽，还能喷水，使操作更为方便，熨烫效果也更好。日常使用的电熨斗功率有500 W、700 W、1 000 W等区分，功率小的适用于熨烫薄料服装，功率大的适用于熨烫厚料服装，见图1-77。

2. 喷水壶　能把水均匀地呈雾状喷洒在需要熨烫的部位，使熨烫效果更佳，由于多功能电熨斗已具备了喷水壶的功能，现在较少使用到喷水壶了，见图1-78。

3. 烫布　采用洗净浆水的全棉本白细布。熨烫时可用干、湿烫布，一层或两层覆盖在衣料上，以保护衣料。烫布多用于毛呢料服装的熨烫。

4. 垫呢　一般采用一至两层毛毯或棉毯，上面包一层白粗布，熨烫时垫在桌板上。垫呢厚度要适当，垫呢厚了，太软；垫呢薄了，太硬，都会影响熨烫质量。

5. 圆烫凳　传统圆烫凳用铁制成，俗称铁凳，凳面铺棉花，外包白棉布，扎紧。主要用于熨烫呈弧形或不能放平的服装部位。如烫西裤的裆、裆缝，烫上衣的肩缝、袖山头等，见图1-79（1）。

现在改良后的圆烫凳，用木料制成，凳面也要用垫衬外包，见图1-79（2）（3）。

6. 布馒头　用粗白布内包木屑制成，有大小不同的尺寸。用于熨烫衣服上的胖势和弯势等部位。如熨烫袋位、驳头、领头、胸部等，见图1-80。

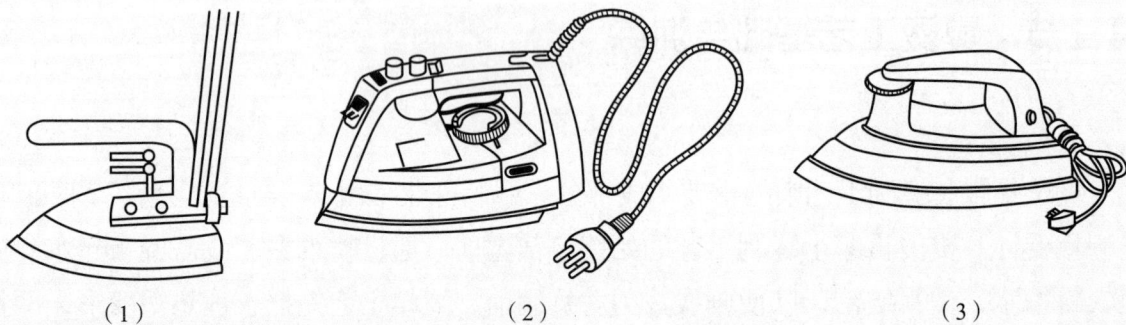

（1）　　　　　　　　　　（2）　　　　　　　　　　（3）

图1-77

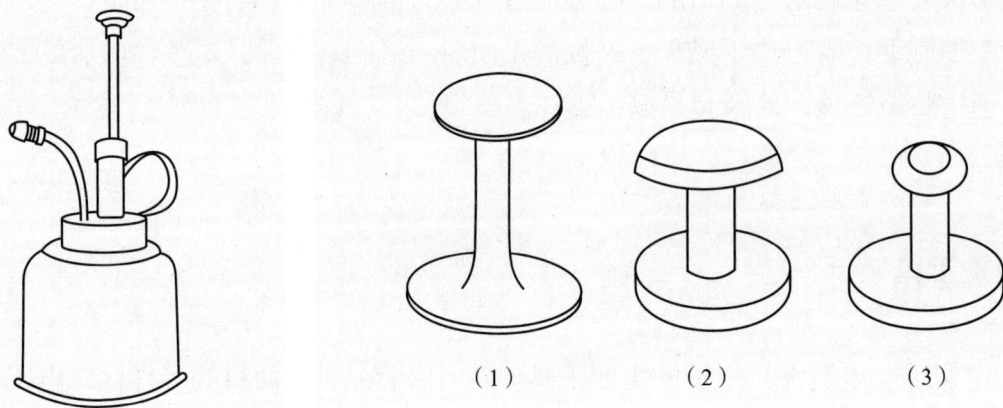

（1）　　　（2）　　　（3）

图1-78　　　　　　图1-79

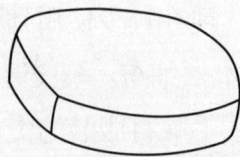

图1-80

7. 长烫凳　用木料制成，上层板面上铺少许棉花，中央稍厚，四周略薄，用白布包紧。用于熨烫已缝制成圆筒形的缝子，如女裙折裥、裤子侧袋缝、上衣袖缝等，见图1-81（1）。改良后的长烫凳见图1-81（2）。

8. 弓形烫板　用木料制成，两头低，中间拱起成弓形，底面为平面。用于垫烫半成品的袖缝和其他一些弧形缝，见图1-82。

现在的熨烫工具在外观选型上更美观轻便，与传统熨烫工具的功能相同。

二、熨烫定型五要素

1. 熨烫温度　温度的作用是使织物分子链产生相对运动从而变得柔软，并能够按要求变形。

2. 熨烫湿度　湿度的作用是使织物纤维湿润、膨胀伸展、弹性降低，增强织物的可塑性，使织物柔软易变形。

3. 熨烫压力　压力超过织物纤维的屈服应力点时，能使织物变形。

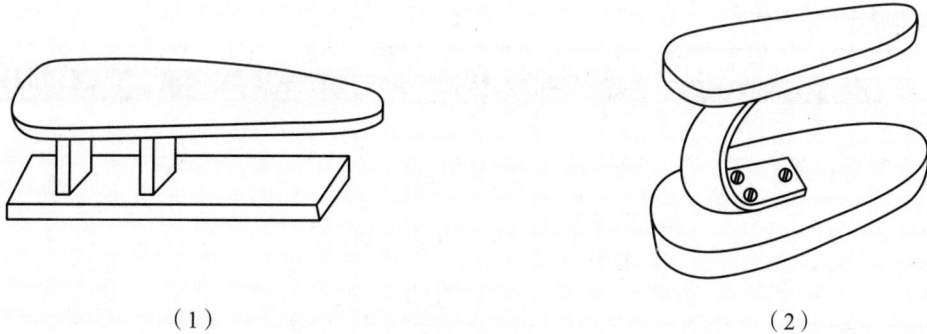

（1）　　　　　　　　　　　　　（2）

图1-81

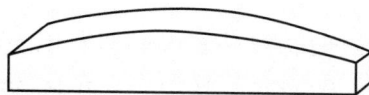

图1-82

4. 熨烫时间　由于织物导热性差，时间能使热量得到充分传递，织物受热达到一定的要求后，能够使其变形。延长加温时间，将织物的水分完全烫干、蒸发，才能使织物变形后不还原。

5. 熨烫后的冷却　温度、湿度、压力、时间等条件使织物达到预期的变形。但定型不能在加热过程中产生，而是在冷却后实现，手工熨烫一般使用自然冷却。

三、熨烫的基本要领

（一）正确掌握熨烫温度

服装衣料的品种很多，性能各异。不同的织物，对熨烫温度有不同的要求。如果温度过高，衣料会烫焦、变色、软化以至熔融；温度过低，达不到预期的熨烫效果。因此既要了解各种织物所能承受的最高温度，即耐热度，又要控制好熨斗温度。

1. 掌握织物耐热度　在熨烫之前，首先要了解衣料织物的耐热度，还要了解熨斗在原位允许停留的最长时间。熨烫温度的选择不仅与织物的厚薄有关，还与使用的熨烫方式有关，所以在正式熨烫前可用衣料织物的边角料试烫一下，以决定熨烫温度，此种形式对于一些新颖的衣料织物尤为重要。下面列出部分常见织物熨烫温度和时间参数，见表1-1。

表1-1　织物耐热范围和熨烫时间

序号	织物名称	耐热范围/℃	原位熨烫时间/s
1	棉	150～170	3～5
2	毛	150～170	3～5
3	麻	180～200	4～6
4	丝	110～130	3～4
5	黏纤	110～150	3～4
6	尼丝纺	80～100	2～3
7	混纺	100～150	3～4

注：棉、毛、麻、丝均为纯天然纤维织物，黏纤指人造棉、人造丝、人造毛，混纺指不同纤维的混合织物。由于不同纤维的耐热温度差距很大，熨烫时应以织物耐热范围最低值起烫

2. 掌握熨斗温度　必须学会控制熨斗温度。有些电熨斗有调温装置，可根据织物熨烫温度的要求进行调节。电熨斗如无调温装置，可用滴水法测定熨斗的温度。把水滴在熨斗的底面，听声音，看水滴变化，以鉴别熨斗温度，见表1-2。

表1-2　熨斗温度测定表

熨斗温度	100℃以下	100℃~120℃	120℃~140℃	140℃~170℃	170℃~200℃	200℃以上
水滴声音	无声	长的"哧哧"声	略短"哧"声	短的"扑哧"声	短促的"扑哧"声	极短促的"扑哧"声或无声
水滴形状	水滴不易散开	水滴散开，周围起水泡	水滴扩散成小水珠	水滴迅速扩散成小水珠	水滴散开，蒸发成水汽	水滴迅速蒸发成水汽消失
水滴图示						

（二）正确掌握电熨斗各部位的应用

电熨斗底部分熨斗尖、左右两侧、中间和后座五部分，熨烫时一定要正确掌握熨斗各部位的应用。比较平整的大面积部位可以用熨斗中间和后座力量较大的部位去熨烫。有窝势的部位则要用熨斗左侧、右侧或熨斗尖去熨烫。不能将熨斗全部盖没熨烫部位，否则会把形成的窝势烫平，使其消失。有些不能放平的部位，如袖窿、领圈等边缘，也要用熨斗的左侧或右侧并配合使用布馒头、圆烫凳等熨烫工具辅助熨烫。

（三）熨烫的基本操作方法及注意事项

（1）熨烫有干烫、湿烫、蒸汽烫、盖布干烫、盖布湿烫和先盖湿布烫后盖干布烫等多种形式。可以根据织物的不同性能需要和熨烫的部位，选择合适的方式进行熨烫。熨烫前要将衣服上的攥线拆除，线头、污渍等清除干净。

（2）熨烫时需在桌面上铺上垫呢，熨烫应有顺序，先烫里，后烫外；先烫零部件，后烫大身。熨烫尽可能在衣料反面进行。需要在衣料正面熨烫时，则应在衣料上面盖布熨烫。最后必须烫干，以保持服装造型。

（3）熨烫时熨斗应沿衣料的经向不停地移动，不要故意拉伸衣料，用力要均匀，移动要有规律。因为无规律的推来推去，不但达不到熨烫效果，还会破坏衣料的经、纬丝缕。服装的许多部位光用平烫是不行的，必须按人体体型要求，借助熨烫工具，烫出立体形状。熨烫时要双手配合，不握熨斗的手，要配合熨斗走向帮助拉动衣料或理齐衣缝。操作时，一般左手按住被烫物，右手握住熨斗。

（4）熨烫时，厚料或质地紧密的衣料，熨斗的压力宜重不宜轻，移动速度稍慢些。尤其对缝合后层较多的部位如止口、领角等需用熨斗用力压实、压薄。但要注意在硬缝上少磨，多磨会产生极光和磨伤的现象。薄料或质地疏松的衣料，熨斗的压力宜轻不宜重，移动速度稍快些。平绒、灯芯绒类的衣料不宜重压，否则会使衣料绒毛倒伏，失去光泽。但任何衣料在熨烫时熨斗都不宜长时间停留或重压衣料的某一部位，否则，会留下熨斗的印痕，甚至烫焦、烫坏衣料。拉链装好后也不宜熨烫，轻者面料会留"牙"印，重者会破损，尼龙拉链还会烫坏。

（5）熨烫时的压力应根据不同部位有轻有重，烫出服装款式的造型。圆要烫圆，尖要烫尖，烫煞部位要烫煞，烫活部位要烫活。根据各部位不同的需要烫平服、烫圆顺、烫出坐势、烫出窝势。

（6）手工熨烫的熨烫温度、湿度、压力和时间与织物的性能、熨烫方式有关，这四个因素是相辅相成的，即它们可以相互弥补、相互调节。

四、几种最基本的熨烫技法

1. 平烫分缝　在熨烫分缝时，不捏熨斗的一只手把缝头边分开、边后退，熨斗向前烫平，达到分缝不伸、不缩、平挺的要求。

2. 拔烫分缝　在熨烫分缝时，不捏熨斗的一只手拉住缝头，熨斗往返用力烫，使分缝伸长而不起吊。主要用于熨烫衣服拔开的部位，如袖底缝、裤子下裆缝等部位，见图1-83。

3. 归烫分缝　在熨烫分缝时，不捏熨斗的一只手将熨斗前方的衣缝略向熨斗推送，熨斗前进时稍提起熨斗前部，用力压烫，防止衣缝拉宽、斜丝伸长。主要用于熨烫衣服斜丝和归拢部位，如喇叭裙拼缝、袖背缝等部位，见图1-84。

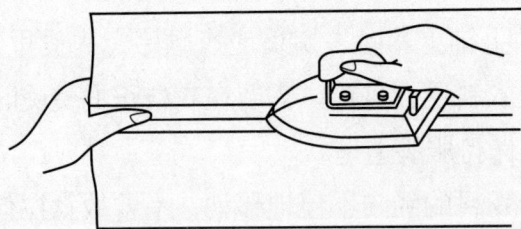

图1-83

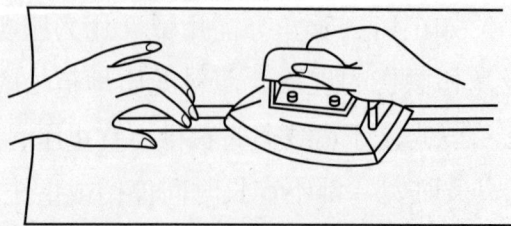

图1-84

4. 烫扣缝

（1）直扣缝：用左手把所需扣烫的衣缝边折转、边后退，同时熨斗尖跟着折转的缝头向前移动，然后将熨斗底部稍用力来回熨烫。用于烫裤腰、贴边、夹里摆缝和需要折转定型的部位等，见图1-85。

（2）弧形扣缝：用左手手指按住缝头，右手用熨斗尖先在折转缝头处熨烫，熨斗右侧再压住贴边上口，使上口弧形归缩。用于熨衣、裙下摆，见图1-86。

（3）圆形扣缝：在熨烫前先用缝纫机在圆形周围长针脚机缉一道，或用缝针法缝一道，然后把线抽紧，使圆角处收拢，缝头自然折转。扣烫时先把直丝烫煞，再扣烫圆角。用熨斗尖的侧面，把圆角处的缝头逐渐往里归拢，熨烫平服。用于烫圆角贴袋，见图1-87。

5. 平烫　熨斗应沿着衣料的经向，即直丝绺方向，不停地移动，用力要均匀，移动要有规律，不要使衣料拉长或归拢。

6. 压烫　厚料服装的止口、领角等部位，如不用重力紧压就达不到平薄要求。由于熨斗不宜长时间重压，在熨斗离开后，习惯借助竹尺的拱形面或长条形的大理石用力再压，既增大压强，又快速冷却，使其平薄定型。

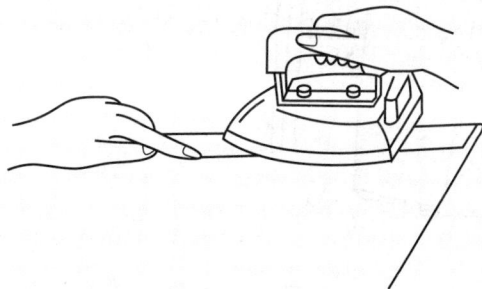

图1-85

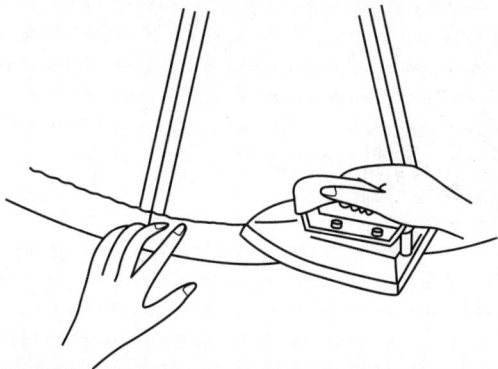

图1-86

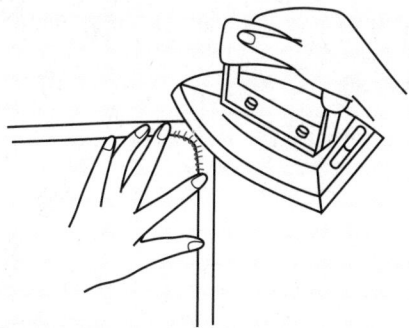

图1-87

7. 轧烫　西裤前后裆缝和袖窿圆势整形所采用的熨烫方法称轧烫。

（1）轧烫前后裆缝：在西裤反面把前、后裆缝凹势的缝份朝相反方向拔弯、烫还口。再把前、后裆缝放在圆烫凳上，用熨斗尖或两侧边缘将缝份逐段烫分开，使圆弧形裆不走样。最后把前后窿门部位沿缝道折转合并后轧平、烫煞、烫圆顺，使缝份与裤身面料紧贴，穿着更平服更舒适。在裆底十字缝处有时还将分开的裆缝用手缝缏牢，见图1-88。

（2）轧烫袖窿：袖窿缉线后将定撬线抽去，袖窿翻转放在圆烫凳上，在袖子反面按装袖缉线喷水轧烫一周，轧烫时要用熨斗尖与侧部熨烫，袖窿弯势要摆顺。轧烫袖山头时熨斗不可超过缉线，以免袖山变形或产生泡影，影响外观。轧烫后袖的直丝部位至袖底，熨斗可略超过缉线，使后袖靠紧，袖底平服，不吊缩起涌，见图1-89。

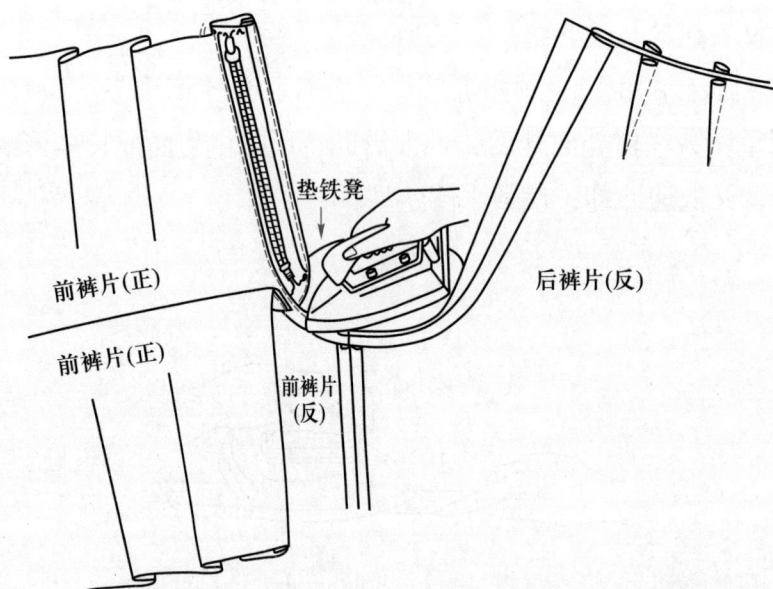

图1-88

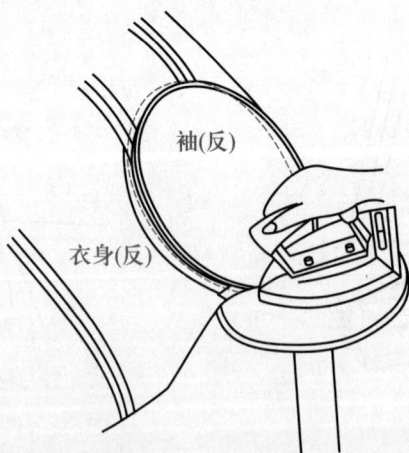

图1-89

8. 推、归、拔熨烫　推、归、拔是对织物热塑变形的熨烫工艺。推，就是推移，把衣片某一部位的胖势向预定方向推移。归，就是归拢，把衣片某一部位按预定要求缩短。拔，就是拔开，把衣片某一部位按预定要求伸长。推、归、拔三者相辅相成，操作时往往是同时进行的，可谓归中有拔，拔中有归。推又是辅助归拔实现变形的目的。通过推、归、拔工艺，能使制成的服装更加符合人体，主要用于毛呢类服装。归、拔应在衣片的反面进行。归拔前应喷上水花，要往返熨烫，直至丝缕变形，烫开，定型。但是推、归、拔的变形也是有限的，过度归拔会损伤织物纤维的强度。所以进行推、归、拔工艺也要适度。由于推是辅助归、拔实现变形的，所以推、归、拔又常简称为"归、拔"工艺。

（1）归烫：一手握住熨斗，一手把衣片归拢的部位推进，用力将熨斗由里逐步向外做弧形运行，归量渐增，从而形成表面呈纵向的凸形，经归烫后衣片某部位的织物收归缩短，见图1-90。如前胸袖窿、臀部的侧缝等。

（2）拔烫：一手握住熨斗，一手拉住衣片拔开的部位，用力将熨斗由外逐步向里做弧形运行，拔量渐减，从而形成表面呈纵向的凹形。经拔烫后衣片某部位的织物伸展拉长，见图1-91。如衣片的腰节、裤片的中裆、后窿门横丝等。

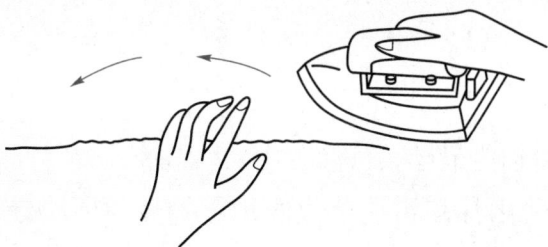

图1-90

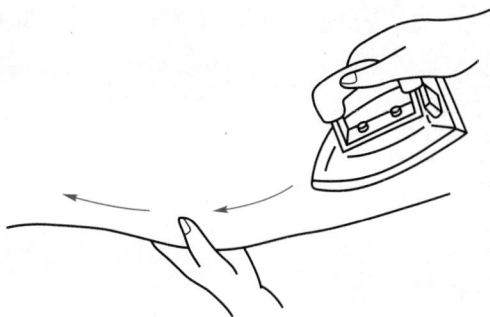

图1-91

（3）推烫：将衣片归烫后的胖势推向中间所需部位，是归的继续。如西服前片中将各方向归烫出现的松势都推向前胸中心位置，形成凸起的胸部，西裤后片臀部周围归烫的松势都推向臀部等。

9. 起烫　衣料表面出现水花、亮光、烙印或绒毛倒伏时，先在衣料上盖一块较湿的水布，再用熨斗轻轻熨烫。注意不要用力压，使水蒸气充分渗入衣料，并反复擦动，使织物纤维恢复原状，达到除去水花、亮光、烙印和绒毛倒伏的效果。

五、黏合衬的熨烫工艺

目前在大多数服装中，黏合衬已逐步取代了传统的毛、麻、棉等衬布，成为服装的主要衬料。黏合衬的应用，改变了传统的缝制观念，并随之诞生了与之相适应的一套缝制工艺的新体系。优质的黏合衬能使服装具有轻、薄、软、挺、易洗、造型性能好的优点，而且还有使用方便、工艺简单等优点。由于黏合衬的广泛运用，掌握好黏合衬在服装工艺中的使用，对服装的质量起着关键的作用。

（一）黏合衬的选用

黏合衬可分为织造黏合衬（俗称有纺衬）和非织造黏合衬（俗称无纺衬）两大类，它是在织造和非织造的基布上通过专用设备均匀地涂附一层热熔树脂胶制成的。附在基布上的热熔胶，按其表面形状不同可以分为点状、条状、粉状、片状、网状及薄膜状等若干类型。

织造黏合衬又可分为机织和针织两种，织造黏合衬的厚薄主要由基布的纱支高低所决定。一般粗支织造黏合衬为最厚，其次为中支、高支。

非织造黏合衬的厚薄由其基布在单位面积上的克重所决定。常见的有10 g、20 g、30 g三种，克重越大的黏合衬越厚、越坚硬；反之，则越薄、越柔软。

除黏合衬的基布外，黏合衬的厚薄还与热熔胶的表面形态有关。一般同样的基布，点状黏合衬为最厚，其次为条状、粉状、片状、网状黏合衬。织造黏合衬耐洗、耐热、保型性能好，但成本较高，一般有条件都用黏合机粘合。非织造黏合衬熔点低，粘合快，成本低，无经纬向，因此使用方便。选择服装黏合衬的原则有以下几点：

（1）与面料的厚薄相宜。

（2）与面料的色泽相配。

（3）与面料的耐热性能相应。

（4）与面料缩水率相近。

（5）与面料风格、手感相符。

（6）与面料的价值相当。

（二）黏合衬粘合三要素

1. 粘合温度　正确掌握粘合温度，才能取得最佳粘合效果。温度太高，会造成热熔树脂胶熔融流失，或渗透织物程度过大，粘合强度下降。温度太低，则不会发生热熔粘合。

2. 粘合压力　在热熔粘合过程中，正确的压力可以使面料与黏合衬之间有紧密的接触，使热熔树脂胶能够均匀地渗入面料纤维中。

3. 粘合时间　温度和压力都需要在合理的时间作用下，才能对黏合衬上的热熔树脂胶发挥作用。

综上所述，在热熔粘合过程中，正确的温度、压力和时间是保证粘合质量的重要因素，否则就会导致脱胶或起泡等严重质量问题。如果用专用设备黏合机粘衬，要将正确的粘合工艺参数对黏合机进行调整。为可靠起见，有时还应用黏合衬配合面料进行小样压烫试验，从中选择最佳的粘合工艺参数，以确保粘合的质量。如果用手工粘合，则更需要进行小样压烫试验。

（三）黏合衬熨烫的基本要领

（1）黏合衬与衣片在高温热熔过程中会有热缩现象，尤其是缩率大的面料，裁剪时衣片尺寸四周应略放大 1 cm 左右。

（2）毛样黏合衬裁片四周应略小于衣片 0.4 cm 左右，防止粘衬超出衣片而粘在黏合机上或烫桌上，致使黏合机传送衣片不畅，严重的会使衣片产生无法处理掉的皱褶。

（3）粘合前，衣片位置一定要放正，尤其一些轻薄衣料要把丝绺归正，衣片按样板形状放端正，不然粘上黏合衬后衣片造型会完全走样。

（4）手工粘烫宜选用蒸汽熨斗，是因为湿热传导比干热传导要快，而且粘烫更充分、全面、彻底。湿热粘烫后的黏合力要强于干热粘烫。粘烫台板必须平整，台面上垫 3～4 层布，四周绷紧，使台面软硬适中。

（5）粘合温度根据各类黏合衬上的热熔胶熔点不同，掌握在 120 ℃～160 ℃。毛料、厚料温度略高，混纺、薄料温度略低。

（6）熨烫时不要将熨斗在黏合衬上移来移去，要用力垂直向下压烫，而熨斗每压烫一次在所接触部位停留时间控制在 4～10 秒，根据面料与黏合衬的情况而定。

（7）粘衬时要有序，以防漏烫。可用蒸汽调温熨斗给予极少量蒸汽进行粘合。注意熨斗底部蒸汽眼没有烫到的地方，还应反复换位进行补烫。

（8）粘衬时，熨斗走向可以从一端走向另一端，粘合面积较大的黏合衬时，应持熨斗从中间开始依次向四周粘合，不能由两端向中间粘合，以免产生四周固定，而中间面与衬大小不符的弊病。

（9）手工熨烫有窝势的部位，可以借助于工具熨烫，使其效果更佳。

（10）粘衬完成后，待彻底冷却后才能进行下一道工序的操作。因为没有冷却，黏合衬基布上的热熔胶还呈熔融状态，操作的活动会使黏合衬基布与衣片分开，产生脱胶现象。

（11）有绒毛的面料如灯芯绒，压衬时易把毛压倒，与其他裁片会产生明显的色差，解决的方法是：① 在保证其粘合质量的前提下，测试其最小的粘合压力进行粘合；② 把所有不需粘衬的主附件全部在黏合机中走一遍或用熨斗烫一遍，以减少色差。

（12）如遇到黏合衬粘错而非揭不可时，试用熨斗重新在粘合部位熨烫一遍，趁热将衬揭下来。部位大的一边熨烫，一边剥离。

（13）以后各道工序中的熨烫温度均不应超过粘合温度；否则，原先的粘合质量会受到影响。

（四）粘贴黏合衬时常见的质量问题和解决方法

粘贴黏合衬常见的质量问题和解决方法见表1-3。

表1-3　粘贴黏合衬常见的质量问题和解决方法

质量问题	主要原因	解决方法
衣片正面可见粘衬部位或有粘痕线	1. 相对于面料的厚度，黏合衬基布偏厚了 2. 在一块衣片中存在局部粘合，而且面料呈透明或半透明状，致使粘与不粘部位之间形成分界线	1. 选择与面料厚度相适应的黏合衬 2. 对于透明或半透明的面积，不适宜局部粘合
衣片正面渗胶或从衣片正面可见粘合胶粒凸起	1. 压力过大、温度过高 2. 面料过薄、黏合衬选用不当 3. 黏合衬含胶量过多，点状粒子过大过密	1. 减小压力、降低温度 2. 改用网状高支机织黏合衬或片状10 g非机织黏合衬 3. 选用含胶量较少，点状粒子较小的黏合衬
粘烫后衣片正面起泡	1. 黏合衬的热缩率大于面料 2. 热熔胶涂层不均匀，有漏烫 3. 起泡部位漏烫 4. 粘烫后未冷却，就将衣片移动、卷曲或折叠	1. 改用热缩率相同或小于面料的黏合衬 2. 改用质量过关的黏合衬 3. 粘烫部位不能有遗漏 4. 衣片粘衬后要充分冷却后才能移动，避免不必要的卷曲或折叠
洗涤后衣片正面起泡	1. 黏合衬和面料的缩水率不一致 2. 粘烫三要素掌握不当，造成耐洗性能下降	1. 改用缩水率同面料一致的黏合衬 2. 必须严格掌握控制粘烫三要素
衣片脱胶	1. 粘烫温度过高引起黏合衬热缩过大，使其与衣片大面积脱胶 2. 出现重复粘烫，并且后一次粘烫温度远高于前一次粘烫温度，从而引起黏合衬进一步热缩，造成衣片脱胶	1. 降低粘烫温度，适当增加压力，延长时间 2. 尽量不要重复粘烫，若以后工序中难以避免，熨烫的温度必须低于第一次的粘烫温度

第四节　服装缝制工艺基础知识与操作技巧

服装缝制是实现各项设计和裁片组合的具体实施阶段，主要是研究服装缝制成型工艺的加工线路和操作技术。由于服装的品种繁多、结构各异、款型多变、档次不等，因此工艺要求不同。缝制工艺的合理性直接关系到缝制效率和缝制质量，这就要求缝制者必须具备服装缝制工艺的系统技术知识和掌握各种服装缝制工艺的操作技能。

服装的加工形式有两种：单件缝制和流水生产。集体流水生产是在个体单件缝制的基础上发展起来的，由于形式不同，其要求和学习内容也会不同。但是个体单件服装的缝制是从事服装生产的专业人员所必须学习的课程，也是进一步研究和探讨服装生产技术的基础。本书以介绍单件服装缝制为主，学习相关的缝制工艺知识和操作技能。

学习服装缝制工艺是个较艰苦的过程，只有经过反复实践，反复总结经验，才能正确熟练地掌握缝制技能。在学习的过程中，有些部位直接机缉不能保证质量，不妨多一些临时固定的步骤，或者多做些对档记号。一些复杂的部位，如装拉链、开衩等部位，在没有充分了解部位结构及缝合原理的情况下，增加一些手工撩针固定和手工缲针等工艺，能使这些部位做到后平服。在操作熟练以后，可以简化或省略一些缝制方法和步骤。在学习过程中不能一味地模仿，而要真正地了解缝制原理、合理的缝制方法、缝制步骤等。每次完成一个品种的缝制后，都要对产品进行检验，对产品质量作出鉴定，这样不仅能对本款式的缝制起到复习巩固的作用，又能对自己操作方法欠妥的方面予以分析和改进，使自己学习的知识和技能融会贯通、运用自如。

一、服装缝制工艺基础知识

（一）服装缝制工艺的基本依据和要素

1. 服装款式图与外形概述　服装款式图是以线条来描绘服装款式的外形，对服装造型结构、工艺的外观细节，都要在画面上严谨求实地反映出来。它直观、简明，突出服装工艺特征，是指导服装工艺的依据。

服装款式图一般包括正视图和背视图，根据需要还可增加侧视图和局部图，所以它的直观和简明远比用文字和语言表达准确得多。在服装生产过程中，技术文件上一定要附以服装款式图作为指导生产和保证产品质量的形象说明。

服装外形概述是针对款式外形特征所进行的简要文字说明，以帮助缝制者对款式图的理解。所以在缝制前一定要先对款式图进行仔细观察，参照外形概述了解所缝制服装的工艺特征、基本方法，逐步形成根据款式图和外形概述所描绘的服装来组织工艺方案，选择工艺方法，独立进行缝制的能力。

2. 服装规格　服装规格是由服装成品规格和部分部位与部件的小规格所组成的。服装成品规格是服装主要部位的规格，如上装有衣长、胸围、领围、肩宽、袖长、袖口大等；下装有裤（裙）长、腰围、臀围、上裆、脚口大等。服装小规格是指开袋的袋口大、嵌线宽、贴袋的袋口大、袋口深、腰头宽、袖头长、缉止口宽等一系列数据。这些都是缝制者在操作过程中要严格遵守的，只有这样才能保证服装各部件的组合装配尺寸吻合，使各部位尺寸符合成品规格。

3. 服装质量要求　服装缝制的质量要求主要是对规格质量、外观质量、缝纫质量、熨烫质量等几个方面提出的要求。在具体的质量标准细则中对于各方面的要求都有严格的规定。所以，在服装缝制过程中必须按照质量标准进行。

4. 工艺流程　工艺流程就是服装缝制过程中所经过的一道道程序。工艺流程必须依据服装的款式结构、方便操作、减少重复劳动等要求进行安排。工艺流程的安排是否合理对产品加工质量和效率起重要作用。

5. 操作技术　服装缝制过程是在一定的技术标准和技术规程的控制下进行的。在服装缝制基础工艺中，手缝工艺、机缝工艺和熨烫工艺都是必须熟练掌握的技术，任何一件服装的缝制都是基础工艺各种技法的综合运用。只有用规范的技术指导服装缝制，用熟练的操作技术进行缝制，服装质量才能得到保证。

6. 服装缝制设备　服装生产中运用最广泛的缝纫设备是普通型工业缝纫机。但现今在普通型号的基础上又开发衍生出许多满足专门工艺加工要求的缝纫机。这些缝纫机的自动化程度高，生产效率高，缝制质量好，而且劳动强度相对较低。有许多专用机还应用电脑控制，使操作更为快捷方便，如自动开袋机、自动上袖机、上拉链机、上裤腰机等。在熨烫设备中也开发了各种类型的专用吸风烫台和熨烫机，以机械化、自动化操作取代了大部分复杂繁重的手工作业，如裤腰裤腿熨烫机、领圈立体熨烫机、衬衫翻领机、圆领机和装有各种烫模的真空抽湿吹风烫台等。

服装设备的发展为服装缝制工艺提供了用途更为广泛、结构更趋合理、操作更为方便的各种性能特殊的专用设备，大幅度提高了缝制工艺的质量和效率。服装缝制的过程也成了科学技术综合应用的过程，在服装缝制过程中一定要充分发挥设备的先进作用。随着高新技术的开发，服装加工业的设备还将逐渐步入计算机网络化时代。

在大批量的工业化生产中，先进的设备固然能给服装生产带来质和量的飞跃，但是设备的操作和使用都必须建立在服装缝制的基本原理和要求的基础上。并且现在许多高级定制、私人定制仍在追求一些手工工艺，传统的缝制工艺仍需传承。所以学习服装缝制的基础方法仍非常重要。学习阶段可以利用一些简单的缝纫辅助设备来增加缝纫机的功能，这对改善产品质量、提高效率也是行之有效的。例如，可以利用各种类型的压脚替代普通压脚，如卷边压脚、嵌线压脚、起皱压脚、导向压脚等，完成不同的缝制工艺。

（二）服装缝制工艺的组合方式

1. 裁片的组合方式　任何一件服装都是由形状各异的裁片组成的。如上衣一般由前后衣片、袖片、领片等主要部件和一些零部件组成，有的还分面、里、衬等，它们之间依照一定的规律进行装配缝合，最终缝制成衣。

（1）部件自身的组合：前、后衣片开刀部位的组合；各种镶拼部位的组合等。

（2）主要部件的组合：前、后衣片的组合；两片袖的大小袖片的组合；袖与衣片的组合等。

（3）零部件与主要部件的组合：领与衣片的组合；袋与衣片的组合；袖衩与袖片的组合；袖头与袖片的组合；扣襻与衣片的组合等。

（4）衬与部件的组合：大身衬与前衣片的组合；领衬与领片的组合；袖头衬与袖头的组合等。

（5）里与面的组合：领里与领面的组合；袖头里与袖头面的组合；里与面在袖口、底边、门里襟止口、领圈等部位的组合等。

2. 缝纫的组合方式　服装裁片的组合是靠缝纫工艺来完成的，裁片缝合的方式很多，可以由各种不同的缝型来完成，但是在缝合过程中并不能简单地将衣片缝在一起，而要考虑到根据特定的工艺要求进行缝纫组合，才能使缝制的部位达到预期的效果。

（1）平缝组合：平缝组合是缝纫工艺中最基本、应用最广泛的组合形式，是指由长短完全一致的上下两层或多层衣片按规定的缝型要求缝合后，衣片两端仍保持长短一致，缝合处上下层平整、松紧一致，无起涟现象。

（2）吃势组合：吃势又称曲势、层势。吃势是指将衣片某部位稍做收缩，形成胖形，产生窝势。为符合人体和适应人体活动规律的需要，使制成的服装有更好的立体效果，就需要在组合缝制过程中借助吃势组合的工艺来实现。吃势组合与平缝组合要求相反，它是将原来长短不齐的两层衣片，在缝合过程中，短的一片稍拉紧，长的一片稍放松，使长的一片有所收缩，经过缝合后平齐一致。

上衣的装袖、合肩缝工序就是运用吃势组合进行缝制的。吃势量的多少根据服装部位、造型的不同需要和面料质地的松紧、厚薄等来决定。比如装袖部位，同样的圆袖造型面料厚的比薄的吃势量要大。如果吃势量大，光靠缝合过程完全吃拢是比较困难的，可以采用抽线收拢吃势后整理均匀再进行缝合。吃势组合要注意放吃势的位置要正确，而且要注意吃势均匀，不能有细褶似的重叠。服装左右对称部位的吃势也要对称。

（3）里外匀组合：里外匀是指缝合的两层衣片，外层衣片比里层衣片均匀的长或宽出一些，形成止口处里层衣片略缩进的状态。里外匀组合也是服装缝制中的重要组合形式之一。配置的外层衣片比里层衣片要均匀的长或宽出一些，在缝合双层衣片的部件时，一定要面料较宽松，夹里较紧，在缝到转角部位时，夹里更要拉紧一些，使缝合后的两层衣片相贴成自然卷曲状态，翻出止口后，止口不能反吐、外露，也就是从止口正面看，只能看到上层正面的衣片，看不到下层夹里和衣缝。服装质量要求中规定，所有的服装止口部位都要做出里外匀。

服装的衣领、驳头、门里襟止口、袋盖等都是里外匀组合的重要部位。里外匀外层衣片长和宽的放松量，也应根据面料质地的松紧、厚薄来考虑。里外匀的组合，除了靠缝纫时用手将衣片放松和拉紧以外，还要借助熨斗使衣缝略向夹里部位缩进定位后定型。

（4）归拔组合：归拔组合是指在服装缝制过程中，利用归拔熨烫工艺对衣片进行符合人体造型的塑形后再缝纫组合。在毛呢类高档服装缝制中，经常运用归拔组合。

（5）省褶组合：省褶的设置主要是解决人体的胸腰、臀腰之差和满足人体活动规律的需要，并兼有美化服装造型的一种组合方式。

为解决人体腰臀之差，在裤片、裙片的腰口处收省或打褶，使腰口尺寸与腰头尺寸吻合后组合。裤、裙打褶的形式多样，主要起到增强美观的作用。为了手肘关节活动的方便，有的一片袖在肘部袖底收省，大多数一片袖在袖口也常用抽细褶或打折褶的方式与袖头组合。在收省、打褶时要注意按规定的位置和量进行，使组合完全吻合，抽细褶还要注意褶面均匀。

二、服装缝制工艺操作技巧

（一）做缝制标记

缝制标记能使缝制操作更准确方便。根据面料、工艺的不同需要，做缝制标记的方法有画粉线、剪刀眼、钻眼、打线丁等方法。通常都采用比较简单的画粉线、剪刀眼的方法，而对于工艺要求比较高的服装则可采用打线丁的方法。

1. 画粉线　用画粉画粉线是做缝制标记最常用的方法，其方法简单，但不能保持持久清晰，对于及时操作的部位，用画粉线比较适宜。有的画粉线会弄污衣料，特别是浅色衣料、透明衣料的画粉线部位一定要注意不影响外观，而且粉线的颜色一定要淡。对于对称部位的标记，常常先画在一片衣料上，然后与对称的一片对合后，轻轻拍击，使粉印印在对称部位，这种方法为合粉印。粉印在衣片上一般画在反面，但有的需要画在正面，所以画粉应尽可能与衣片颜色相近。

2. 剪刀眼　剪刀眼方法也很方便，但不是所有部位都需要，只有在衣片毛缝边缘处才能剪刀眼，如省位、褶位、袖窿对档位、袖山、腰节等。特别易败丝或易松散的衣料不宜剪刀眼。剪刀眼不能剪得太深、太大，以免影响缝份。

3. 钻眼　钻眼是工厂成批生产中常用的方法，用在不能剪刀眼的部位，如装袋、开袋的位置和大小、省的大小长短位置等。但钻眼必须钻在内侧隐蔽部位。还要注意面料是否适合钻眼。

4. 打线丁　用打线丁的方法做缝制标记，既清楚又能保持长久，对衣料也不会产生不良影响。打线丁方法在手缝工艺中已做过介绍，比较费时，所以一般用于较高档的服装制作。

5. 工艺样板　工艺样板适用于工厂的成批生产，用样板来定位、定量，对于高档服装也省去了打线丁等比较耗时的工序，而且精确程度较高，操作也更灵活方便。当然在单件操作时就不必去制一副完整的工艺样板，仍利用传统的做标记方法。

对于初学者，除必须要做的缝制标记外，还可以在不容易操作的部位多做些缝制对档标记，如缝合部位比较长的可以分段做几次对档标记。缝合部位形状呈弧线形的，如弯刀背的开刀缝、挂面和夹里的拼缝等都可以做几处对档标记，使缝合位置准确无误。

（二）临时固定的新方法

服装制作过程中，有些部位需要进行临时固定后再缝合，尤其是对于初学者，这样会使缝纫操作更方便，而且缝合的效果也更好。传统的临时固定方法是使用手缝攥针进行固定，缉线缝合后，大多要再将攥线拆掉，效果虽好，但很费时间。如果用大头针来代替手缝攥针，虽然不是所有部位都可以替代，但大多数部位是可行的。如前后侧缝、袖缝、门里襟止口、摆缝、衣片开刀、装袖里等。别大头针的方向与缝合方向垂直或平行，以垂直较好，这样不易引起上下衣片移位，取针也方便顺手。

（1）喇叭裙片的拼缝，见图1-92。

（2）门里襟处上挂面，见图1-93。

（3）手工缲袖夹里处，见图1-94。

（三）拼接的处理

服装除了一些必要的组合拼接，有时也会由于排料的关系，从节约面料着想，在一些较隐蔽的零部件夹里部位可以拼拼接接，但是拼接的部位，拼接的丝缕，都有一定要求，必须使拼接不影响服装的缝制质量。

1. 拼接缝要遵守的原则

（1）拼接缝的两侧要选用同样的丝缕，使拼接后的部位容易平服。

（2）拼接缝的位置要尽量选择斜方向，使拼接好的零部件再缝合折转后缝份能错开不重叠。

（3）拼接缝的位置要避开一些缝份会交叉重叠的部位和一些重要部位。

2. 拼接错误分析

（1）挂面拼接，见图1-95。

① 驳头翻到正面的部位不允许拼接。

② 拼接部位丝缕不符。

③ 直向拼接缝份折转后重叠。

④ 拼接部位为门里襟底角部位，缝合后缝份会交叉重叠。

（2）领里拼接，见图1-96。

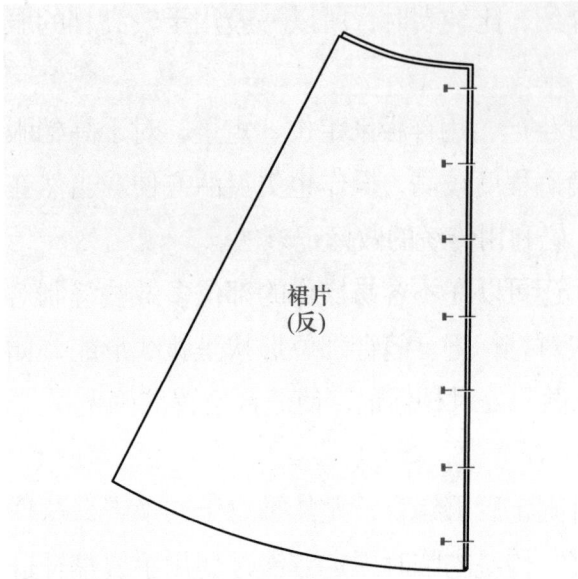

图1-92

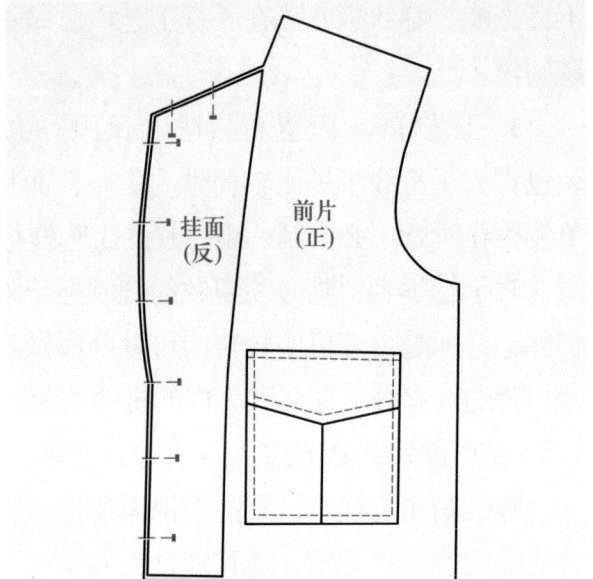

挂面
(反)

前片
(正)

图1-93

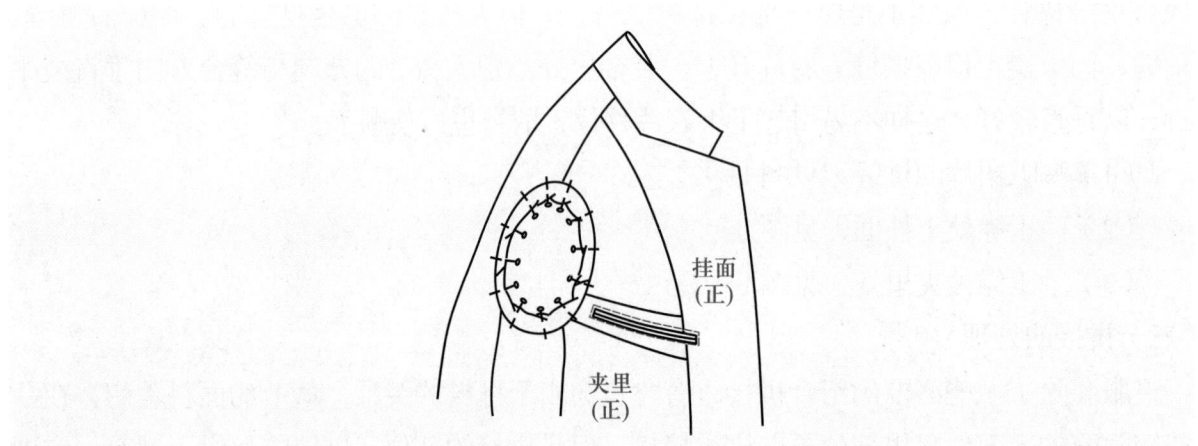

挂面
(正)

夹里
(正)

图1-94

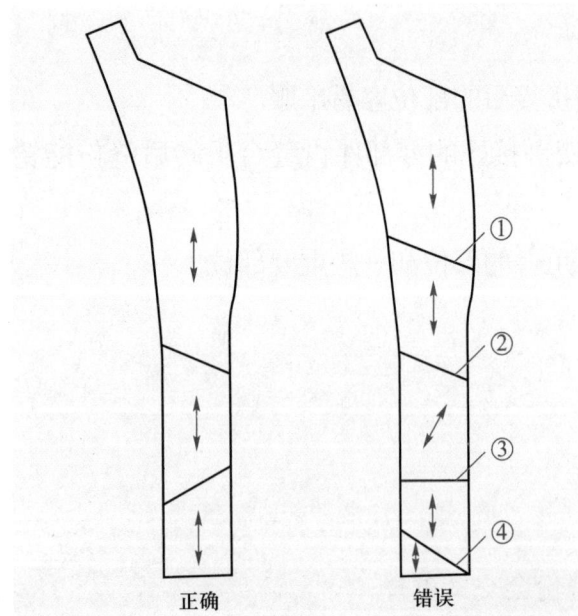

①
②
③
④

正确　　　　　错误

图1-95

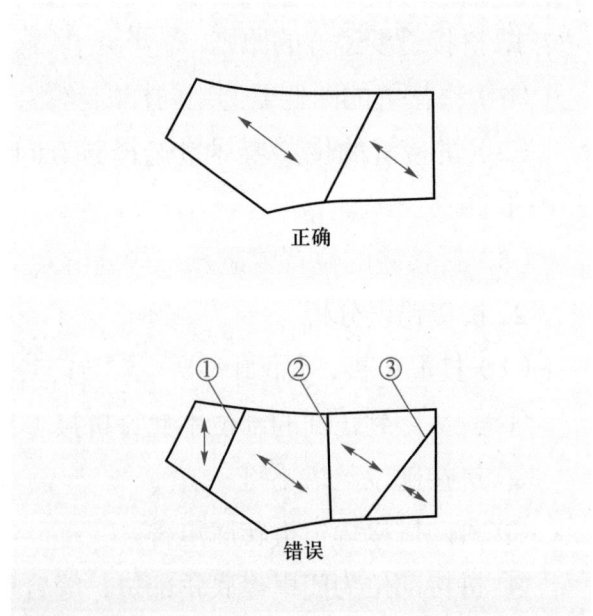

正确

①　②　③

错误

图1-96

① 拼接部位丝绺不符，会影响串口顺直。

② 直向拼接缝份折转后重叠。

③ 拼接部位为领里中缝部位，缝合后缝份会交叉重叠。

（四）缝份的处理

1. 缝份的倒向　缝份的倒向在没有特定的工艺要求的情况下，一般的处理方法如下：

（1）较薄衣料的单衣，缝合后的外露缝份可以双层锁边后倒向一侧。如衬衫的肩缝、摆缝、袖底缝、袖窿装袖缝等。较厚衣料的单衣，外露的缝份可以先锁边再缝合，缝合后缝份分开。

（2）里料与里料缝合的缝份倒向一侧，并可以方便地留出坐势。如夹里的肩缝、摆缝向后身倒，前、后袖缝向大袖倒，背缝向背衩门襟倒。

（3）面料与里料缝合的缝份一般总是倒向里料一侧，如挂面、领贴与前后片夹里的缝合部位或领面直接与夹里在领圈的缝合部位，衩与夹里的缝合部位，西服里袋耳朵皮与上下夹里的缝合部位。

（4）有里料的夹衣，如没有缝型的特殊要求，为了平薄，面料缝份均可以分开处理。

2. 缝份的修剪　为使缝纫组合后的服装缝份处平薄、美观，有必要对有些缝份进行正确的修剪处理，缝份修剪的多少与缝份所处的部位、衣料质地有关。这里介绍处理的缝份，主要是指服装缝合后藏在内部不外露的缝份和有里子服装的缝份。

（1）对于倒向一侧的缝份，应依次修剪成梯形，即所称的大、小缝份，对于止口缉线要求压住的大缝份，其宽度应大于止口宽度。对于较薄的衣料可以不做梯形修剪。修剪的部位大致有门里襟止口、领止口、袋盖止口；衣片分割开刀缝合后，缝份坐倒缉线的止口等。

① 领头止口修梯形缝，见图1-97。

② 后衣片分割开刀缝合后，缝份向过肩方向坐倒缉1 cm宽止口，见图1-98。

（2）缝份重叠交合部位应将重叠缝份多修剪一些。如圆角尖角的部位，有省、裥的部位，门里襟底边部位等。

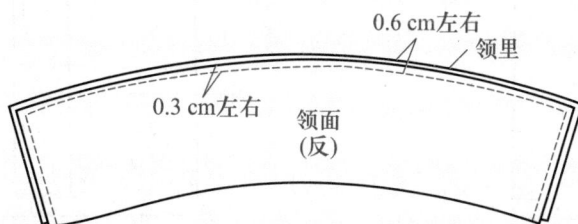

0.6 cm左右
领里
0.3 cm左右　领面
（反）

图1-97

① 领尖角部位，尖角修掉后领尖角附近两边缝份也可以修去些，见图1-99。

② 袋暗裆部位，见图1-100。

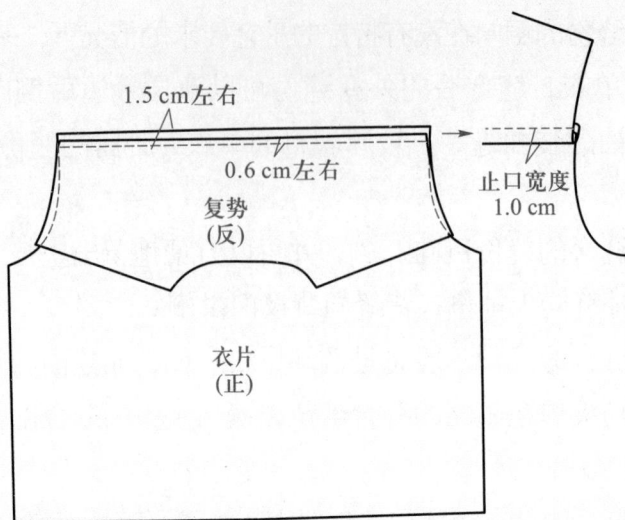

图1-98

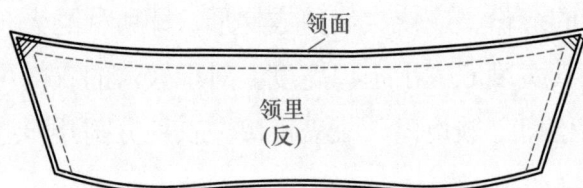

图1-99

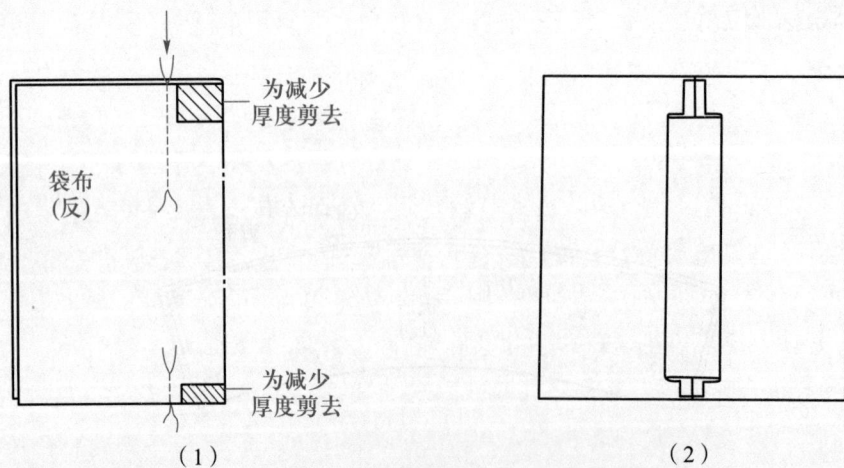

图1-100

③ 门里襟底边部位，见图1-101。

（3）衬布与缝份重叠的部位，要使衬布缝份略小于面料缝份，特别是面料缝份本身就重叠交合部位，衬布略小于面料净缝，以减少缝份厚度，见图1-102、图1-103。

（4）凡是有凹角或弧度部位的衣料缝合后，可以通过剪刀眼使缝份平服。如领口、袖窿、腰节等部位的刀眼可以加长或缩短缝份外口的长度，一般刀眼不可剪得太深，不得超过缝份宽的2/3。但当凹角需折转的缝份处，刀眼要打到离缉线0.1～0.2 cm才能平服。若是容易败丝的衣料可以在缝份下粘上黏合衬，然后再剪刀眼。剪刀眼一般只要剪一刀即可，只有当需要缩短外口长度的缝份重叠过多时，才剪成缺口形。例图的刀眼都是需要加长缝份外口的，只需剪一刀即可，为了表达清楚例图上用缺口表示。

① 尖领圈部位。弧度部位刀眼略浅，尖角部位刀眼深到离缉线0.1～0.2 cm，见图1-104。

② 方领圈部位。方角部位刀眼深到离缉线0.1～0.2 cm，见图1-105。

③ 腰节部位。有里料的服装，当腰节收腰量特别大，光靠拔开量还不能满足需要量的时候，可通过剪刀眼来解决，见图1-106。

如果衣料本身结构比较松散，或者缝份较窄，不影响缝份的平服，就不需要剪刀眼。

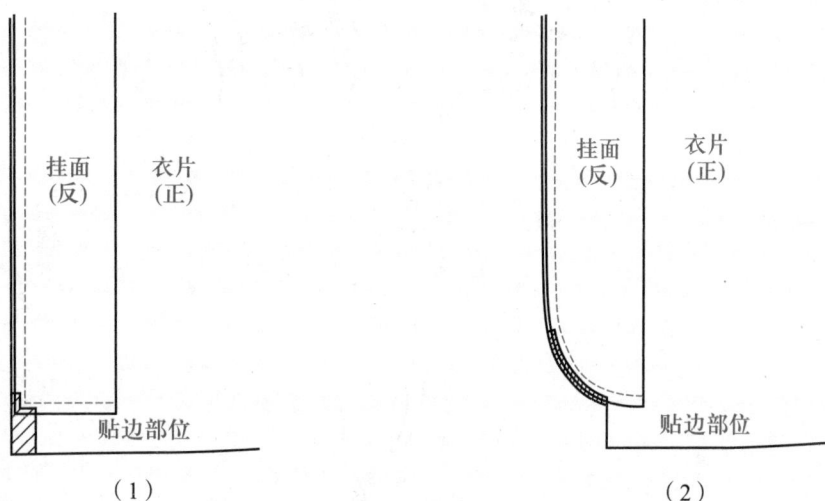

图1-101

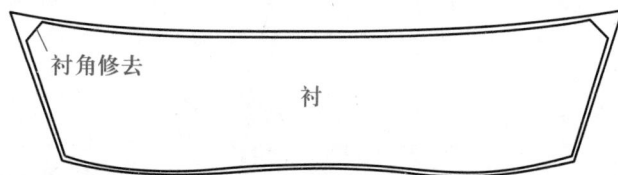

图1-102

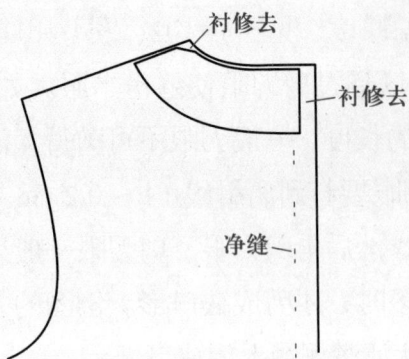

图1-103

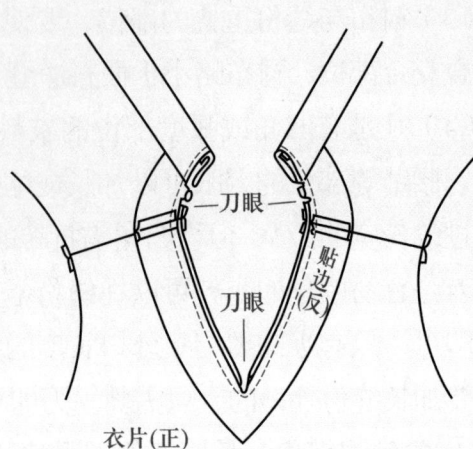

图1-104

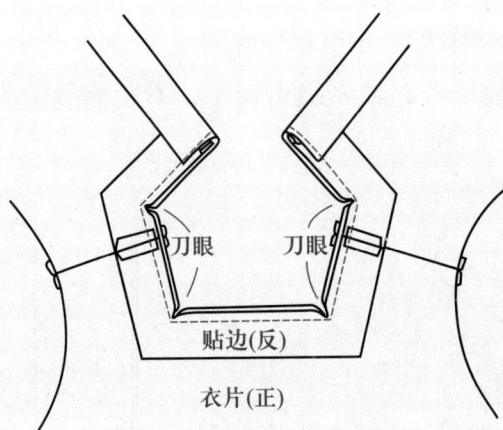

图1-105

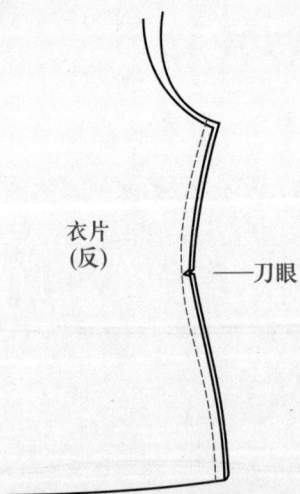

图1-106

（五）省缝工艺的处理

省缝工艺是服装造型的一个主要方式，省的形状可分为锥形、椭圆形、平头形和各种弧形等，见图1-107。

看似简单的收省，要达到收省后的衣片正面平薄、顺直、无牵吊、省尖处无凹陷的质量效果还是不容易的。需要根据面料的质地、性能、省缝的位置、省量的大小，采取不同的处理方法。

1. 缉省

（1）省长、省大要符合规格，省缝要符合设计造型。缉省时注意省缝丝绺较直的一边在上，较斜的一边在下，可防止缉后产生涟形。

（2）不管何种形状的省，大多数至少一端要缉成尖形，在缉向尖形时要逐步收针，把省尖缉尖，使正面省尖无凹陷。缉到省尖后要空缉3~5针，避免缝线松动，省尖处线头留长一些，用手工打止针结。如从省尖处起针缉省时，也要空缉3~5针再缉到省尖上去。

（3）缉锥形省或其他省形接近省尖一段时，可借助双层纸片，沿纸片的折边缘缉省，可使省缝顺直，省尖缉尖，见图1-108。

（4）薄料或要分缝的省，省尖部位不能缉倒回针。厚料或坐倒的省可考虑缉倒回针，但要注意回针不超过原缉线。省根处起针或收针均缉倒回针。

2. 省缝的倒向

（1）无夹里的衣片省缝根据需要可一边坐倒，也可居中坐倒，中间用手针固定，见图1-109。

（2）有夹里的中、厚料衣片如不易败丝，省缝可以剪开一段分缝处理，省尖部位居中坐倒，省缝中心剪开离省尖3.0 cm左右，可在缉省前剪开，也可在缉省后剪开。在缉省前剪开更容易使省缝丝绺缉准，见图1-110。

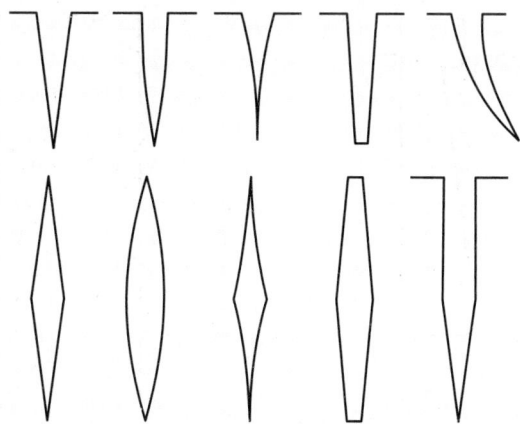

图1-107

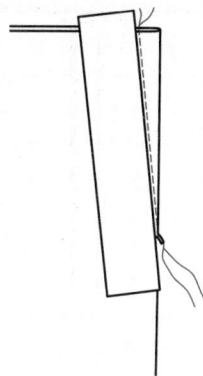

图1-108

（3）有夹里的中厚料衣片如易败丝，可在缉省缝时垫上本色直斜丝绺的布条，布条长出省尖1.5 cm，省与布条分缝处理，可使衣片表面平服，见图1-111。

3. 省缝的熨烫

（1）薄型面料熨烫省缝时，应在省缝与衣片间夹进纸片，避免衣片正面留下省缝痕迹，见图1-112。

（2）分缝处理的省，烫省尖时要将一根手缝针插在省尖位，使省尖缝不单边坐倒，使丝绺顺直。

（3）衣片两端呈尖形的腰省，收省后避免引起衣服牵吊的处理方法：

① 无夹里的衣片应在收省处将省缝拔开，见图1-113（1）。

② 有夹里的衣片，如不易败丝在拔开量不够的情况下，还可考虑在收省的最大部位剪上一处或几处刀眼后再拔开，见图1-113（2）。

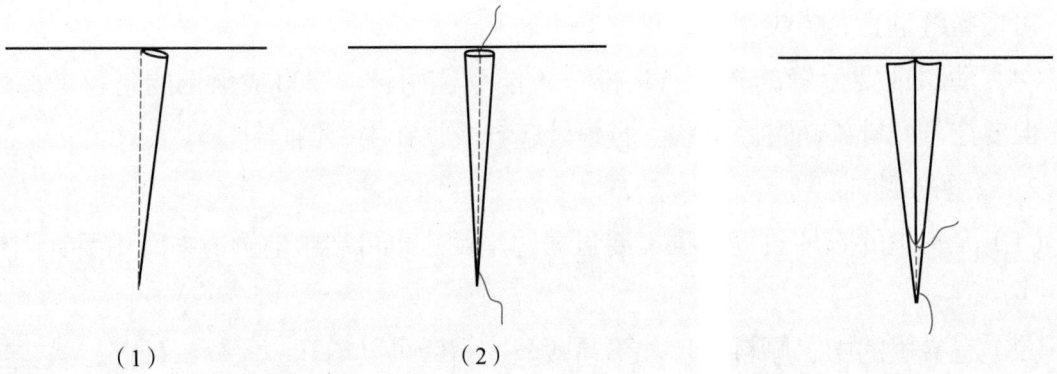

（1）　　　　（2）

图1-109　　　　　　　　　　　　　　图1-110

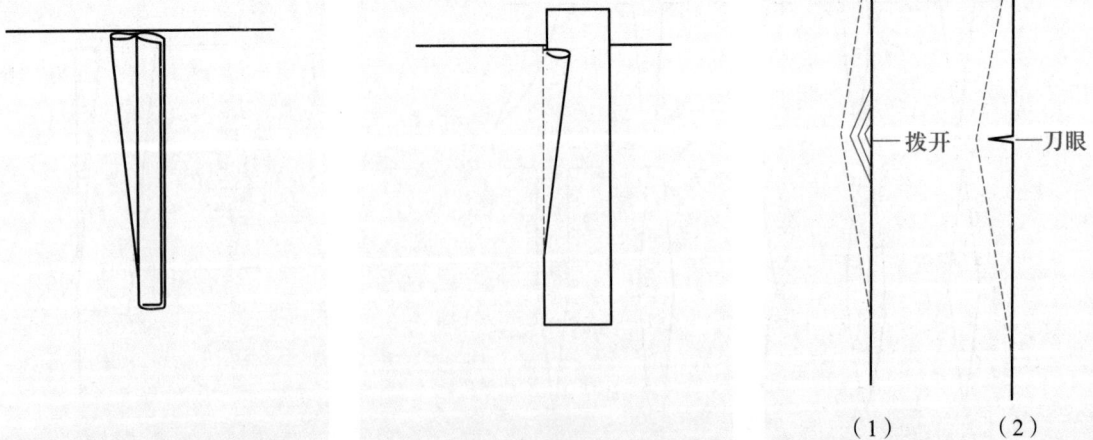

（1）　　（2）

图1-111　　　　图1-112　　　　图1-113

拔量和刀眼的大小，均可根据面料的松紧和省量的大小而定。

（4）所有省缝熨烫时都要将省尖处胖势烫散、烫圆顺。

（六）处理吃势和里外匀的技巧

1. 处理吃势的技巧　当两片衣料缝合在一起时，将需要放吃势、归拢的一片放在下层，将需要带紧拔开的一片放在上层进行缝合，可以利用缝纫机缉线时上层易赶、下层易吃的特性来缝合，这有利于窝势的形成。如缉衬衫袖时，袖片山头有吃势，所以衣片在上，袖片在下；而落肩袖要求衣身略有缩缝，所以正好相反，将衣袖放在上层，衣片放在下层；前后肩缝缝合时，后肩放吃势，所以前衣片在上，后衣片在下。当吃势量较大时，需要对吃势进行观察和适当整理，而且还需借助镊子向前推送，应将放吃势的一片放在上层，如缉西服袖、大衣袖、西服肩缝、大衣肩缝等。

2. 处理里外匀的技巧　处理里外匀也可以利用缝纫机缉线的特性，处理好衣片的上下层关系。如处理领子，领里放上，领面放下；袋盖，袋盖里放上，袋盖面放下；门里襟挂面放上，衣片放下等。但是有的部件采用净衬，要沿净衬缉线。有些高档工艺，用手工先撩线固定后再缉线。为了看到里外匀或吃势的分布，使缉线位置更准确，也常常采用面在上里在下的缉线方式，所以在实际操作时，还应灵活对待。以上这些要做出里外匀的止口部位，在翻出止口前，正确的熨烫方法，可以帮助止口翻出后的外轮廓线清晰，使翻转的止口里外匀熨烫定型更为方便。

方法一：将里子缝份向里子方向分开烫倒，见图1-114。

方法二：将面、里缝份均向面子方向超过缉线0.1 cm左右（即缉线坐进0.1 cm左右）扣转烫倒，见图1-115。

方法三：将面、里缝份均向里子方向沿缉线扣转烫倒，见图1-116。

通过以上的熨烫，再翻出止口，里外匀熨烫就方便多了。另外还可以在里层止口处缉0.1 cm止口，缉止口时将里外层缝份均向里层坐倒，可形成良好的里外匀效果。这种方法运用最多的是在上衣的门里襟挂面部位；西裤的连腰裤腰贴边部位和门里襟部位，见图1-117。

3. 袖山头收吃势方法

（1）手缝收吃势方法：缝针后将缝线抽缩使吃势均匀，根据需要布局。适用于呢类高档服装装袖。

（2）机缝收吃势方法：

① 先调稀针距，在装袖缝头外侧0.2 cm和0.5 cm处各缉线一道，然后用手工抽线形成吃势。一般用于薄料服装装袖，此方法也适用于袖口或裙腰抽缩。缉两道线形成的吃势比较固定，不易移动。

② 先调稀针距，用右手食指轻轻地抵住压脚后端的袖片（有些料可不用线），使布料向前移动不畅快，就会起皱，收拢，使之形成袖山头吃势，再根据需要用手调节一下

各部位吃势的分布。适用于化纤、棉布类服装装袖，见图1-118。

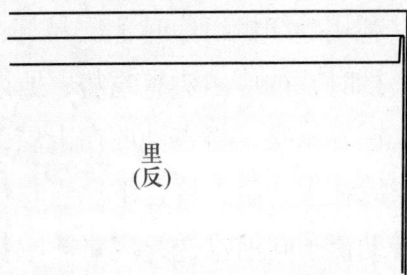

里
（反）

图1-114

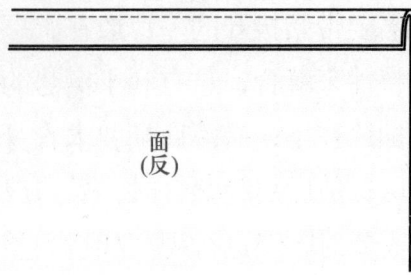

面
（反）

图1-115

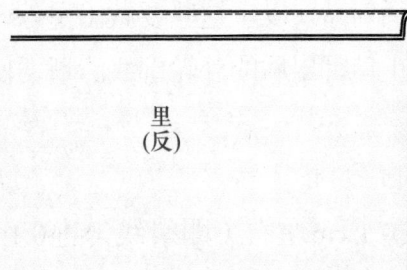

里
（反）

图1-116

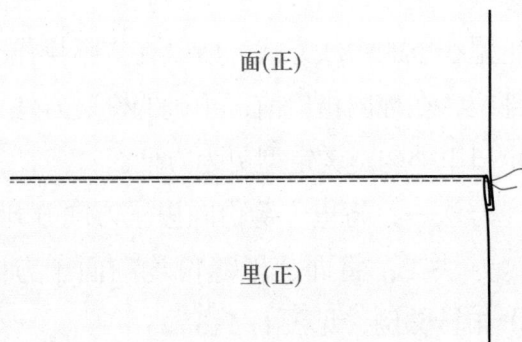

面（正）

里（正）

图1-117

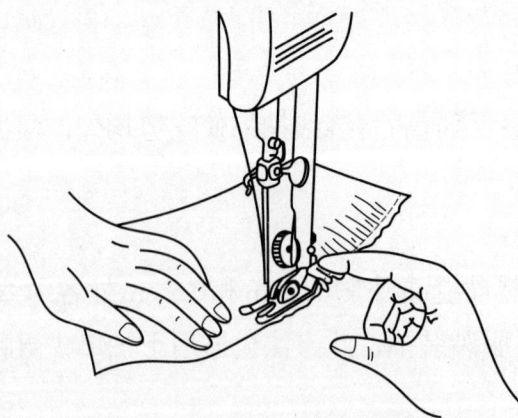

图1-118

（3）机拉吃势方法是先调稀针距，用右手拉住装袖斜条，左手推送袖子山头，拉吃位置应在装袖缝头外侧0.3 cm处，边缉边将下层推送，将上层斜条拉紧，使袖山头产生吃势，适用于简做工艺的装袖，见图1-119。

不管何种方法，都要达到吃势适宜、均匀、圆顺的效果。

（七）黏合衬的运用

随着黏合衬性能的不断完善，黏合衬以其使用方便、穿着舒适等优势越来越广泛地运用在各类服装上。服装的粘衬部位分两大类：一类是一般粘合部位，主要是增加被粘合部位的平挺度和增强定型作用；另一类是牵带粘合部位，其作用与传统敷牵带一样，牵带的合理运用能防止服装内部或边缘受力后或遇高温后拉伸变形，起到固定形状的作用。其次牵带还起到服装立体塑型的作用，能把需要归缩的部位进行归缩，使平面的裁剪处理成立体的效果。

1. 一般粘合

（1）粘衬部位：

① 贴边部位：上下装的门里襟、袖口、衩、袋口、领口、底边等处的贴边部位。当贴边连着衣片时，若衬布不影响面料外观时，衬可以配宽些，在贴边部位并超过衣身1 cm粘衬。这样配衬有利于贴边的折烫平整。

② 翻边部位：门襟、袖口、领口、袋口等外翻边部位。

③ 零部件部位：领、驳头、袖口、腰头、袋盖、嵌线、贴袋等部位。零部件大多数由面、里两层布料组成，在实际粘合时，既可单粘面料，也可单粘里料，或面料、里料都粘，均根据具体情况而定。

④ 开袋部位：袋口需要剪开的部位，在开袋大身的反面袋口处粘衬。黏合衬四周应超出袋口线2 cm左右。

⑤ 上衣前片部位：主要指毛呢衣料或其他较考究的衣料所制作的服装。如西服、大衣、女时装等的前身部位是粘衬的主要部位。一般情况下由轻薄料制作的上衣不宜粘衬，因为粘衬反而会破坏其质感、悬垂感和整体感。但有时也根据特殊情况作粘衬处理，其粘衬的选择也特别重要。上衣前片如果纵向分割，前半部全部粘贴，后半部上段粘贴，如果前片完整不分割或分割形式不同的，则参照分割衣片的部位粘贴。

⑥ 上衣后片部位：在后片上段可粘贴较大面积的黏合衬，也可以在领圈部位粘贴一小段黏合衬，或敷上牵带即可。

⑦ 插肩袖袖片部位：袖片上段粘衬，也可以不粘衬。

（2）增加衬料部位：有些衣款在需要增加挺度的部位增加衬料。如上衣前片胸部增加挺胸衬，驳头驳角部位增加驳角衬，领头部位增加底领衬。

（3）黏合衬丝缕：对于机织黏合衬，丝缕的取向有两种，有与被粘部位衣片丝缕完全一致的，也有与被粘部位衣片经向丝缕构成45°夹角的，有时某些部位也有用横丝缕替代斜丝绺的，要根据具体需要而定。

（4）黏合衬厚硬度：一般情况下上衣前片用与面料性能相当的黏合衬，比较受力部位如腰头、袋片、男式衬衫领头等要用厚型硬性黏合衬，其余部位均用薄型软性黏合衬。

2. 牵带粘合

（1）牵带分类

① 按材料分类：有无纺、涤棉、双面胶、棉纱带、里子绸等各种材质的牵带。

② 按宽度分类：最常见的牵带宽度为0.8～1.6 cm不等，也有最窄的0.3 cm，最宽的4～5 cm。

③ 按丝绺分类：黏合衬牵带按丝绺区别有直料黏合衬牵带、直斜料黏合衬牵带和正斜料黏合衬牵带三种。直料黏合衬牵带其长度方向与经向平行，常用于不允许伸长但可略微收缩的边缝部位和其他部位。直斜料黏合衬牵带其长度方向与经向构成5°～10°的夹角，常用于不允许伸缩的止口部位。正斜料黏合衬牵带其长度方向与经向成45°的夹角，并在一边敷上窄的直斜牵带，由缉线固定，常用于圆弧形边缝部位，见图1-120。

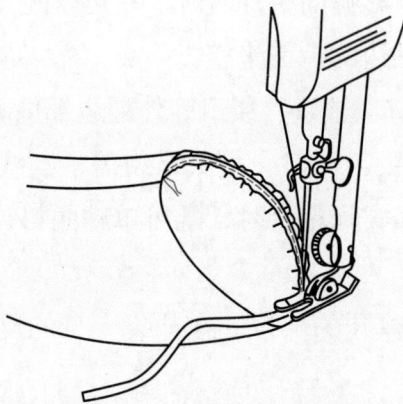

图1-119

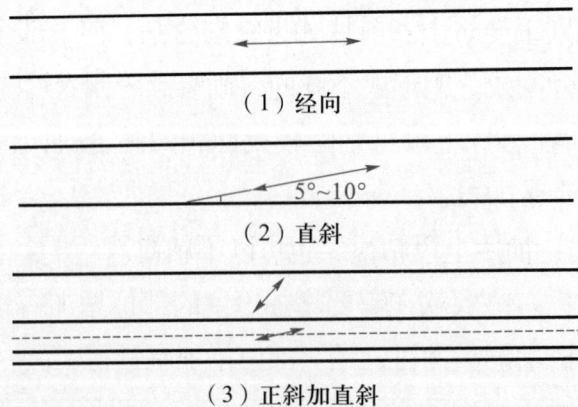

（1）经向

5°～10°

（2）直斜

（3）正斜加直斜

图1-120

（2）牵带粘合部位

①止口部位，斜门襟、驳头、西裤斜袋、上衣圆斜下摆等止口部位宜选择直斜料黏合衬牵带。若止口部位已有一般粘合或面料较厚实黏合衬牵带可粘合在净线内侧衣片上，离净线0.2 cm左右；若止口部位没有一般粘合，而且面料又薄透，黏合衬牵带可粘合在净线外侧的缝份上，离净线0.2 cm左右。如果考虑牵带在湿洗后容易脱落，则可将牵带盖过止口净线0.1 ~ 0.2 cm，使牵带在缉止口时一起缉牢或用手工缭针将其带牢。

②容易伸长的斜向或圆弧形边缝部位，如前后圆袖袖窿、套肩袖袖窿等部位。

③双层斜向连口部位，如驳头翻折处、领头翻折处等部位。

（3）牵带质地。大多面料一般选用质地松弛的薄型软性机织黏合衬牵带。但如果面料厚、沉重，则要适当选择厚实、粘力强的牵带。

（八）服装排料注意事项

（1）缩水率大的布料要进行预缩。变形的布料要进行整理矫正。容易散丝、厚实的布料要多放缝份。

（2）布料的常见门幅有90 cm、113 cm、144 cm、150 cm等。门幅不同排料布局也不同。

（3）有倒顺、条格、对花的特殊面料，排料的布局也不同。

（4）服装规格不同也可能改变排料布局。有时规格过大，可在一些隐蔽部位如领里、挂面、腰里、西裤的后裆处进行拼接，西裤的腰头、门、里襟的里料可用羽纱、尼丝纺、塔夫绸等织物替代。

（5）布料的布边应根据具体情况确定避开程度。

（6）排料时先排主部件，在主部件的空位处合理安放零部件。排料时注意丝缕要求。如果有无法避让的瑕疵，尽量放在隐蔽部位。

（7）有方向性和有一定规则排列的花型图案面料，如人物、动植物、静物、山水等要顺向排料。

（8）绒毛有方向性倒伏的倒顺毛面料，如灯芯绒、长毛绒、人造皮毛等。绒毛短的如灯芯绒，为使色泽鲜艳，采取倒毛排料。绒毛长的应采取顺毛排料。绒毛倒顺不太明显的，同一件服装的所有部件倒顺应一致。

（9）条格面料的排料要达到条格对称吻合。对于上下不对称格子面料，在同一件服装要保证一个方向排料。

（10）对花面料是指面料上有花型图案，缝制成服装后，明显的主要部位组合处花型仍要保持完整。对花的花型一般都是属于丝织品上较大的团花，如龙、凤、福、禄、寿等不可分割的花型。

（11）等级规定中评为合格的两边有色差的面料，排料时把主部件需要组合、主部件与零部件需要组合的边道尽量排在一起，使缝合的部位避免明显色差。如前后裤片外侧缝、左右衣片门里襟、上衣背缝等。

（12）服装用料多少受到许多因素的影响。如对条格、对花、有倒顺、有方向性的面料都会增加用料量，档次高的服装对丝绺的要求也很严格，不允许有丝毫偏差，次要部位也不允许拼接也会增加用料量，面料的门幅、规格的大小、排料的件数（件数多可以套排）也影响用料的多少，而且以上因素还会影响排料的常规布局，因此后面的排料图仅供参考，在实际排料中要根据具体情况酌情处理。

（九）正确选择合适的缝制工艺方法

在以下的学习中，配衬、做装腰、做装领、做装袖、覆夹里等同样部位的缝制，特意采用了不同的工艺，是为了有助于学习者掌握多种工艺处理方法。实际上各种不同的工艺是可以互相借鉴的。对于某款服装缝制工艺的选择应根据具体情况，如产品档次、工艺要求、面料性能、缝制部位、裁片造型、缝纫设备、操作者水平等因素，选择学习过的工艺方法中适宜的进行缝制。

思考题

1. 手缝工艺的作用和意义有哪些？

2. 熟悉手缝针、线的选用方法。

3. 举例介绍一些常用的手缝针法，并实际运用。

4. 钉实用纽扣为什么要绕纽脚？怎样绕才能符合要求？

5. 服装上常见的有哪两种扣眼？怎样锁好扣眼？

6. 通过机缝训练要达到什么目的？

7. 熟悉机缝针、线的选用方法和针迹针距的合理调节。

8. 机缝中最基本的操作要领是什么？

9. 简单介绍机缝中的滚、嵌、镶、荡四种工艺的方法。

10. 基本的熨烫技法有哪些？

11. 为什么说熨烫贯穿服装缝制工艺的始终？

12. 熨烫中推、归、拔工艺起什么作用？

13. 熨烫有哪几种常用工具？它们各有什么用途？

14. 怎样才能保证熨烫质量？

15. 熨烫定型五要素是什么？

16. 怎样去除衣料上的亮光和绒毛倒伏？

17. 如何选择黏合衬？

18. 黏合衬的粘合三要素是什么？

19. 黏合衬熨烫工艺的基本要领是什么？

20. 举例说明黏合衬常见的质量问题和解决方法。

21. 服装缝制的基本依据和要素是什么？

22. 举例说明服装裁片的组合方式和种类。

23. 缝纫的组合方式有哪几种？

24. 举例说明平缝组合、吃势组合和里外匀组合。

25. 做缝制标记的方式有哪几种？

26. 拼接的处理要遵守哪些原则？

27. 缝份处理有哪些技巧？

28. 处理里外匀的技巧有哪些？

29. 袖山头收吃势的方法有哪几种？

30. 服装排料应注意哪些问题？

31. 以一款服装为例，介绍一般粘合和牵带粘合的部位。

32. 介绍粘衬部位的基本处理方法和对黏合衬丝缕、质地选用的一般方法。

第二章

裙装的缝制工艺

第一节　西服裙的缝制工艺

一、西服裙的外形概述

装腰头，前、后裙片各收四个腰省，后中缝处开门、装拉链、开后衩。见图2-1。

二、西服裙的成品规格

单位：cm

号型	裙长	腰围	臀围
160/68A	56	68	96

三、西服裙的质量要求

（1）符合成品规格。
（2）腰头宽窄顺直一致，无涟形，腰上口不豁开。
（3）门里襟长短一致，拉链不外露，开门下端封口处平服。
（4）后衩平服，不能豁开或搅拢。
（5）整烫要烫平、烫煞，切不可烫黄、烫焦。

四、西服裙的部件

前裙片一片，后裙片两片，腰面、里连口一片，腰衬一片，里襟一片，里襟黏合衬一片，开衩门襟黏合衬一片，开衩里襟粘牵带一根，拉链一根，裤钩襻一副。西服裙排料见图2-2。

如需省料，腰片可在侧缝处拼接，用料只需以裙片长度计算。

五、西服裙的工艺流程

做缝制标记→锁边→裙片收省→做后衩→装拉链→缝合侧缝→做腰头→装腰头→底边绷三角针→整烫

六、西服裙的缝制

西服裙缝制的重点难点是做后衩、装拉链和装腰头。

（一）做缝制标记

    1. 前裙片　省位、底边贴边。

    2. 后裙片　省位、后缝、拉链位、后衩位、底边贴边。

（二）锁边

    （1）前、后裙片除腰节外，其余三边都锁边。

    （2）里襟反面粘上薄黏合衬，对折后，里口、下口双层一起锁边。

    （3）腰头做腰里一边下口锁边。如果腰里一边下口做光，就不用锁边。

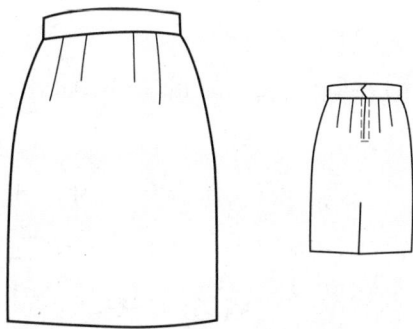

图2-1

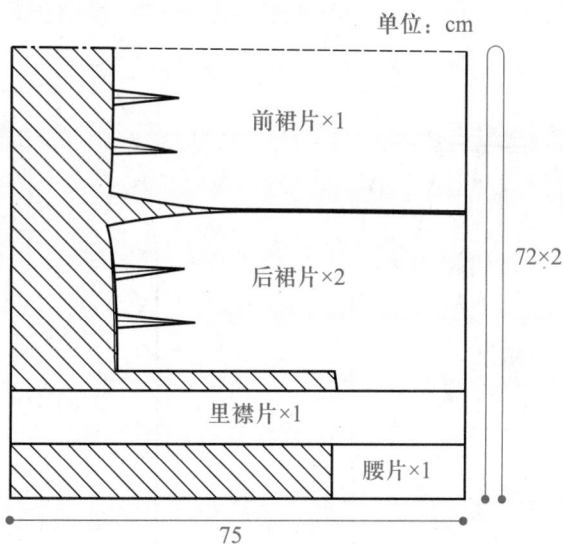

图2-2

（三）裙片收省

省大小、长短、位置要符合规格。缉省后，前后省缝分别向前后中心烫倒，见图2-3（1）（2）。

（四）做后衩

（1）在门襟贴边反面粘上黏合衬，里襟反面边缘粘上牵带，见图2-4（1）。

（2）把里襟格底边贴边向正面折转，里襟外口贴边处缉0.8～1.0 cm缝头，见图2-4（2）。

（3）把里襟格底边贴边翻正，里襟外口缝头扣转，用手工缲牢或机缉。后裙片从装拉链止点封口处缝至开衩止点，同时封牢门里襟，见图2-4（3）。

（4）把门襟贴边向正面折转，门襟贴边处沿底边净缝缉线，见图2-4（4）。

（5）把门襟贴边翻正，手工缲牢，与底边贴边交叉处用锁针锁牢。里襟放平，开衩以上裙片分缝烫平，需把分缝烫到不能分为止，见图2-4（5）。

（五）装拉链

1. 装拉链的操作要领

（1）在裙片没缝成圆筒形前先装拉链，可使装拉链的两片后裙片能分开放平，便于拉链的安装。

（2）拉链装在门里襟上的长短要一致，位置要相符，才能使拉链部位平服贴身，拉链齿不外露。初学者可在装拉链时，多用手工搋针方法将拉链的位置临时固定好，这样可以帮助缉好拉链。也可以用画粉做好拉链在门里襟上的高低、进出位置记号，在操作时严格按对档位置进行缉缝，这样才能保证装拉链的质量。

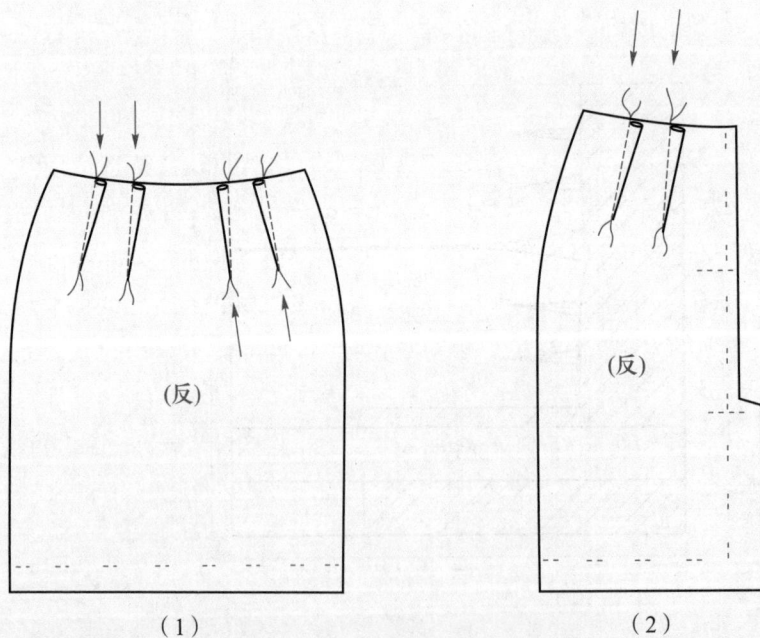

（反）　　　　（反）

（1）　　　　（2）

图2-3

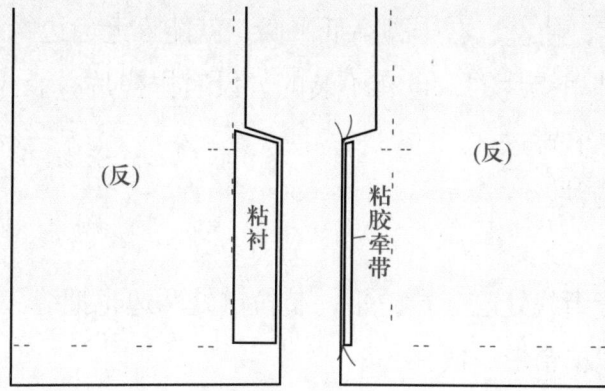

（1）

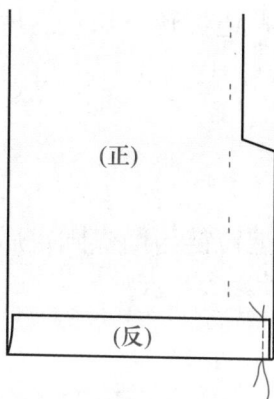

（2）

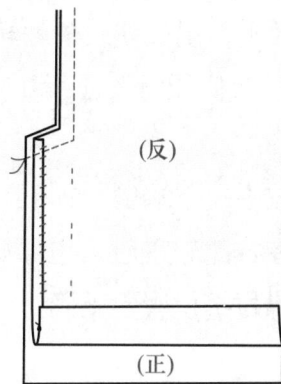

（3）

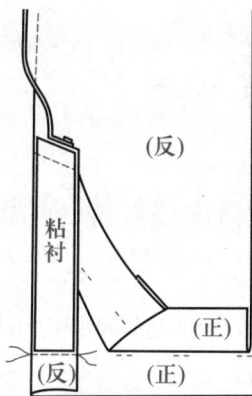

（4）

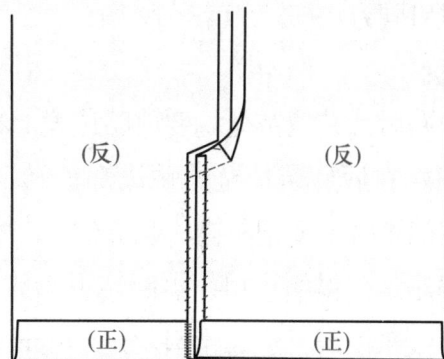

（5）

图2-4

（3）由于拉链齿凸起，当需要靠近拉链齿缉线时，由于压脚的阻挡，造成操作困难，这时可借助专用压脚或单边压脚进行缉线，也可以在普通压脚的一边填上厚纸，帮助形成与齿相近的高度，使左、右压脚高低平衡，就能靠近齿边缉线了。

（4）里襟一边有装里襟片的，也有不装的，没有里襟片，装拉链操作起来更容易，但是拉链的质量一定要牢固。

2. 装拉链的操作方法

方法一：

（1）做后衩时后缝缉线处已分开烫平，装拉链处两边也把缝头扣转烫平，为防止门襟格还口，可沿贴边线粘牵带一根。

（2）把拉链定位在里襟上。

（3）把左后片装拉链处缝头折转，离开拉链齿边约0.2 cm，压缉0.1 cm止口。可先用撬线定好后再缉线，见图2-5（1）。如果门襟要将左后片固定拉链的0.1 cm止口缉线盖过，则左后片装拉链处缝头少折转0.2 cm左右，压缉0.1 cm止口，见图2-5（2）。

（4）把拉链拉上，里襟朝后片翻转。右后片装拉链处贴边折转，与左后片上下对齐放平，止口并拢，盖住拉链，压缉0.8～1.0 cm止口。可先用撬线定好后再缉线，见图2-5（3）。

（5）把里襟放平，下端倒回针4至5道封口，见图2-5（4）。

当面料比较厚或比较硬时，里襟后片不宜反转，可先把拉链与门襟固定后，再装里襟拉链。注意门襟拉链位置要正确。

方法二：

（1）（2）（3）同方法一。

（4）把右后片装拉链处贴边折转缉止口0.8～1 cm，拉链拉上后与左后片止口并拢，用撬线在右后片止口处与拉链缝住，但不要把里襟一起缝住。然后里襟朝左后片翻转，再把右后片翻到反面，右后片贴边与拉链缝合，见图2-6。

（5）封口同方法一。

方法三：

（1）左右后片装拉链处均要放贴边宽1.2 cm。

（2）把左右后片装拉链的贴边都折转，止口均对准拉链中线并拢，用撬线缝住拉链。注意撬门襟时不要把里襟一起缝住。

（3）先压缉门襟格止口，再翻转里襟放平，压缉里襟格止口，缉到开门下端转折缉封口，封口线来回缉三道，止口均是0.6 cm左右，见图2-7。

（六）缝合侧缝

缝合左右侧缝，缝头分开烫平。

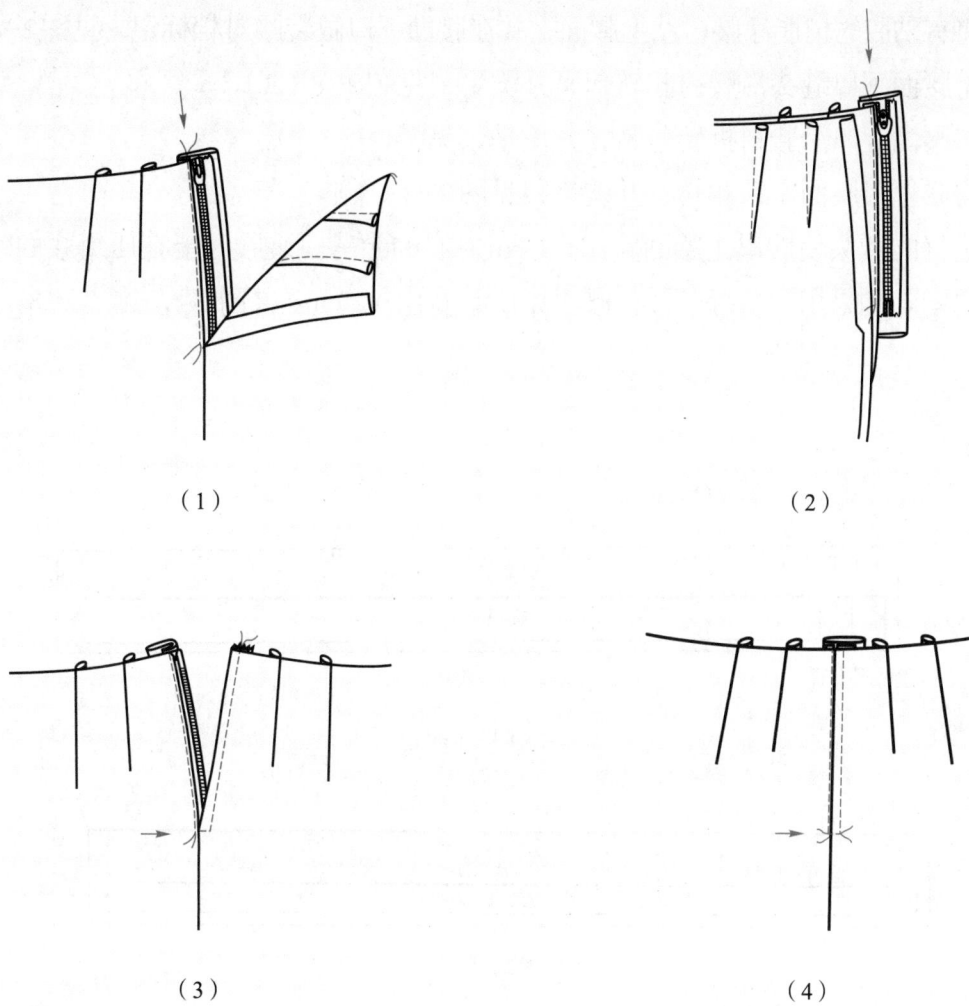

（1）   （2）

（3）   （4）

图2-5

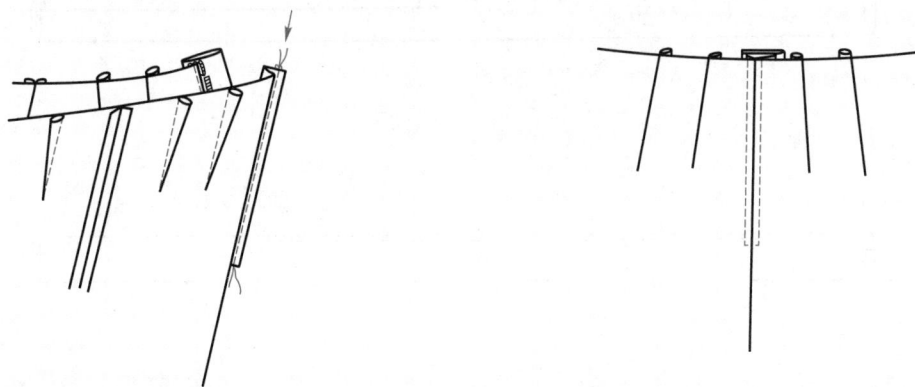

图2-6   图2-7

（七）做腰头

方法一：

（1）将有黏胶的树脂净腰衬粘上腰面，并在腰面下口做装腰对档标记，见图2-8（1）。

（2）将腰面下口缝头沿腰衬扣转包紧并烫平，见图2-8（2）。

（3）将腰面上口沿腰衬折转包紧，并烫平，见图2-8（3）。

（4）将腰里沿腰面下口扣转，并烫平，见图2-8（4）。

（5）烫好的腰头使腰里比腰面宽出0.1 cm左右的余势。装腰时能在压缉腰面时腰里也能同时缉牢。如果用别落缝装腰，腰里则应该宽出0.2 cm左右余势，见图2-8（5）。

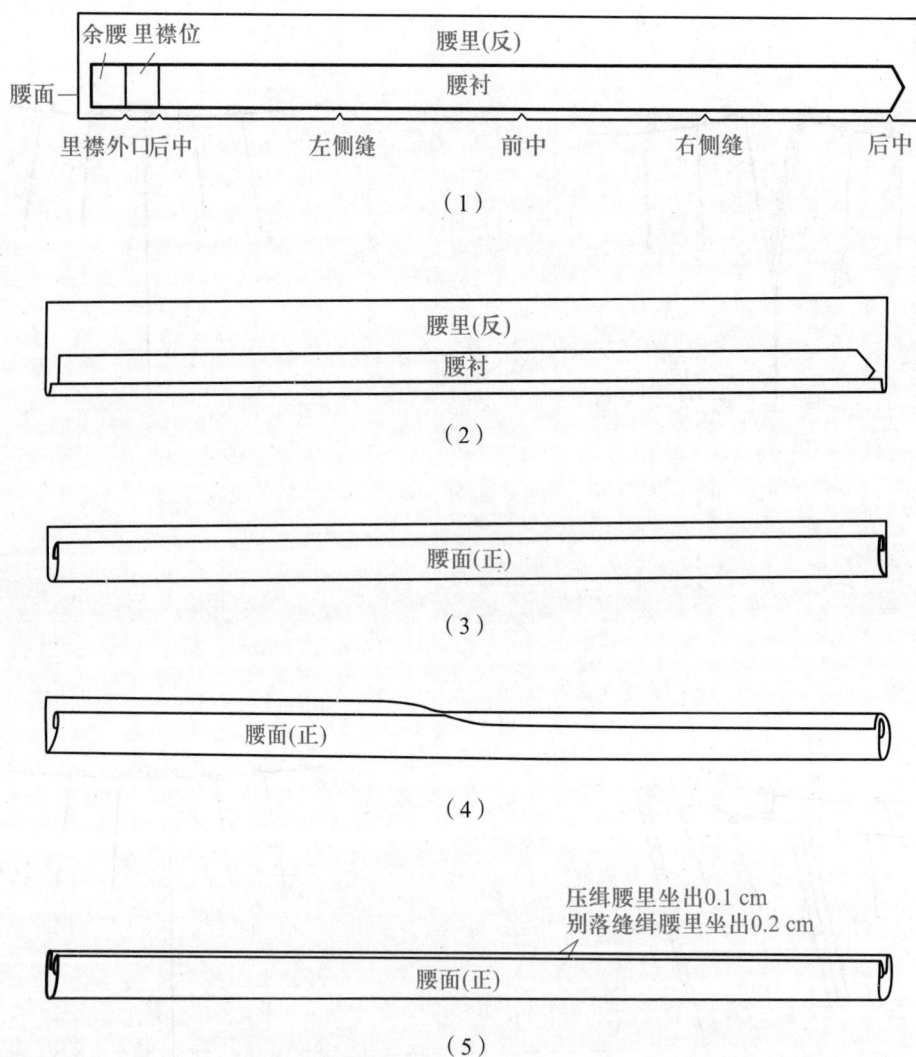

余腰　里襟位　　　　腰里(反)
腰面　　　　　　　　　腰衬
里襟外口后中　　左侧缝　　前中　　右侧缝　　后中

（1）

腰里(反)
腰衬

（2）

腰面(正)

（3）

腰面(正)

（4）

压缉腰里坐出0.1 cm
别落缝缉腰里坐出0.2 cm

腰面(正)

（5）

图2-8

方法二：

腰面、里反面均粘上黏合衬，腰里一边的下口锁边。腰面下口做装腰对档标记。然后反面朝里对折烫平、烫煞，见图2-9。

两头封口可以先封，也可以在装腰时再缝。腰头根据需要可适当放出余量，也可不放。

（八）装腰头

1. 装腰头的操作要领

（1）装腰头前，腰头一定要做装腰对档标记。对裙片腰口的尺寸也要核对一下，看是否符合要求。

（2）腰两头的封口要缉出里外匀，否则会使止口倒吐，或角倒翘。

（3）装腰头的第二道压缉或别落缉都要把腰里带紧，腰面略推送，腰面推送可借助镊子钳，一定要保持上下松紧一致。否则，装的腰头会出现涟形，严重的装到一半就无法再装下去。

（4）做腰头方法一的腰头，由于腰里做光，余势较小，在正面压缉时一定要注意腰里是否压缉到，要做到腰面腰里绝对放平整，就不会产生腰里漏缉的现象。做腰头方法二的腰头，尽管余势较多，但如果腰面、腰里不放平整，也会造成腰里的缉缝时宽时窄，甚至漏缉等现象。

2. 装腰头的操作方法

（1）腰面的对档标记对准裙腰口对应位置，腰头在上，裙身在下，正面相叠，缝头对齐，从门襟开始向里襟方向沿腰面净缝缉线。腰头可略紧些，以防还口，见图2-10（1）。

（2）腰面装上后，腰面腰里正面相叠，两头封口，注意里外匀，见图2-10（2）。如腰头有余量放在里襟一头。封口时在腰头余量处下口也要做光，见图2-10（3）。

（3）腰面翻正，腰里放平，在正面兜缉0.1～0.15 cm止口，压缉腰下止口时，注意下层腰里带紧，防止起涟，见图2-10（4）。也可在腰下口缉别落缝，就不需要兜缉腰面其他三周。

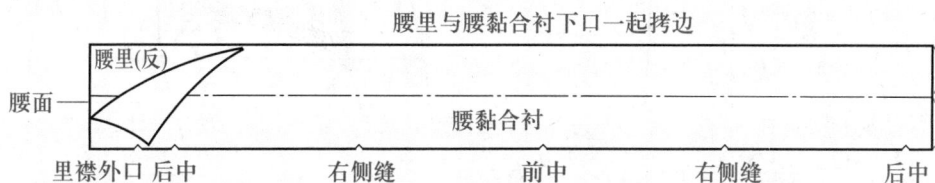

腰里与腰黏合衬下口一起拷边

腰里（反）

腰面——

腰黏合衬

里襟外口　后中　　　右侧缝　　　前中　　　右侧缝　　　后中

图2-9

（九）手工

（1）在腰头门里襟处装上裤钩绊。裤钩装在门襟腰头居中，平齐门襟止口，裤襻装在里襟腰头居中，平齐里襟里口，见图2-10（4）。

（2）底边贴边绷三角针。

（十）整烫

（1）烫平、压薄裙贴边。熨烫时熨斗不要超过贴边宽，以免正面出现贴边印痕。

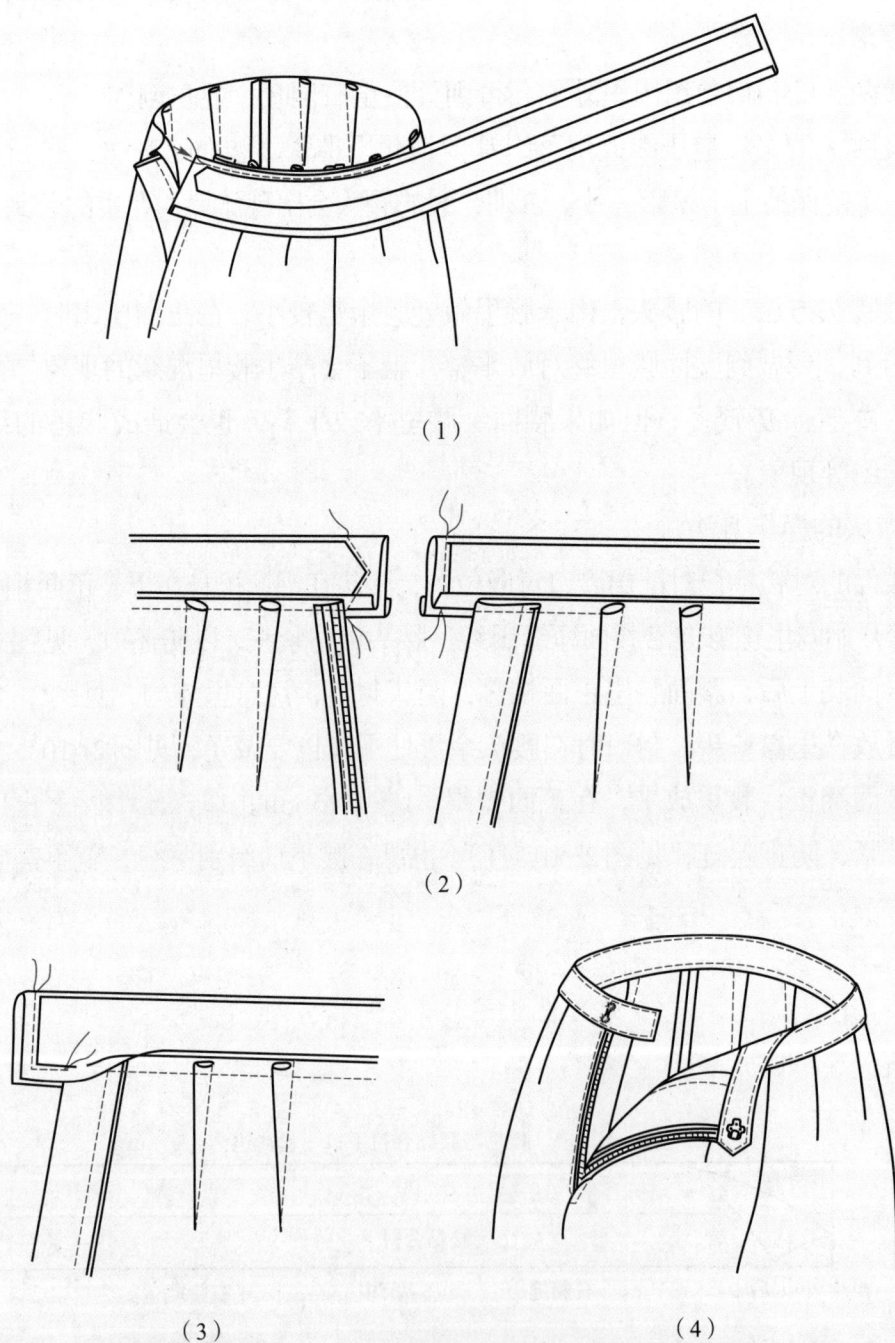

（1）

（2）

（3）　　　　　　　　　　（4）

图2-10

（2）烫平侧缝、省、后衩、腰面腰里。

（3）把裙子摆平、前后裙片都烫一遍。

第二节　裙装局部变化与款式变化

一、裙身的变化

（一）斜裙

斜裙款式很多，喇叭裙是最常见的一种斜裙，裙身有独片或多片组成，可长可短，裙摆可大可小。这里介绍四片喇叭裙缝制要点，见图2-11。

（1）缝合前后缝和侧缝，缝合时斜势不能有层势和拉还，否则会产生吊起现象。

（2）装腰头方法参照西服裙。但喇叭裙的波浪与装腰头密切相关，在腰口处向上拎一点，就会出现波浪。所以上腰前，在腰口处等距离做好提峰标记，将有提峰标记的部位稍微拉开，在装腰时拎上多缝进一些，这样会使波浪均匀。缝制时向上提的略多，则波浪更明显，见图2-12。

（3）为方便吊挂，上腰时可以在裙腰两侧缝处反面分别装进0.7 cm左右宽的丝带做吊挂襻。

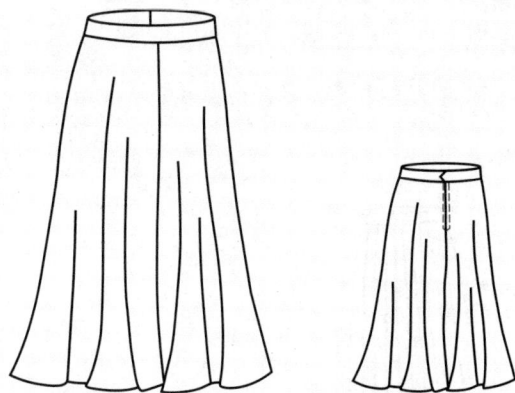

图2-11

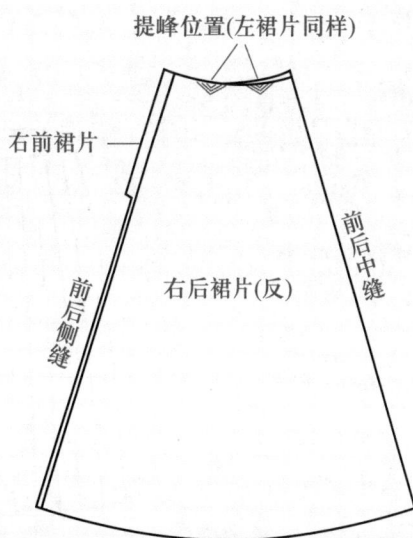

提峰位置(左裙片同样)

右前裙片

前后中缝

前后侧缝

右后裙片(反)

图2-12

（4）底边绷三角针或底边缉线。由于喇叭裙下摆大，底边呈弧形，所以贴边不能太宽。用归烫扣缝方法将贴边上口弧形归缩烫平，用三角针绷住。如果用机缉，注意不要起涟，缉时用镊子把归缩部位推进。

（二）褶裥裙

褶裥是裙装运用最多的一种装饰方式。褶裥的形式多种多样，有向一个方向折叠的顺裥，有从两边向中间折叠的暗裥，或向两边折叠的明裥，也有规则的大、小间隔裥，还有抽拢的细裥，细裥可以用线收拢，也可以用橡筋收拢，见图2-13。

这些裥可以运用在整个裙身，也可以运用在局部。褶裥不仅能起到美化装饰作用，同时也给活动带来了方便。这里介绍百裥裙缝制要点，见图2-14。

（1）根据要求在裙片上画出折裥的部位。两块裙片拼接，应将两边的拼接部位均放在裥底拼接处，正好是一个裥的大小，再放一个缝，见图2-15（1）。

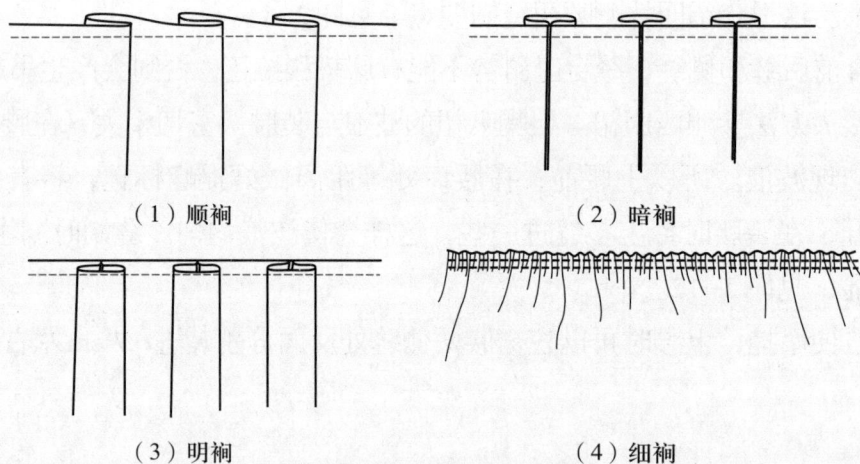

（1）顺裥　　　　　　　　　　　（2）暗裥

（3）明裥　　　　　　　　　　　（4）细裥

图2-13

图2-14

（2）下摆贴边折转，用攥线固定，熨斗烫平，再用手工暗针缲牢或绷三角针，在下摆两端稍空开一段，以便缝合。

（3）按折裥画线将一道道折裥用手工攥线固定后，烫平定型。注意臀围到腰围之间的折裥要按线丁或画线烫成斜形，使臀围、腰围符合要求。为使裥在洗涤后容易整理定型，可在裙反面每个裥底缉0.1 cm止口固定，见图2-15（2）。

（4）将裙片翻到正面用手工将折裥与折裥攥牢，使裥面固定。臀围上部放在布馒头上，盖水布烫出胖势，见图2-15（3）。

（5）右侧摆缝缝到开门止点，装上拉链。由于有裥，所以拉链要装得比较靠里些，见图2-15（4）。

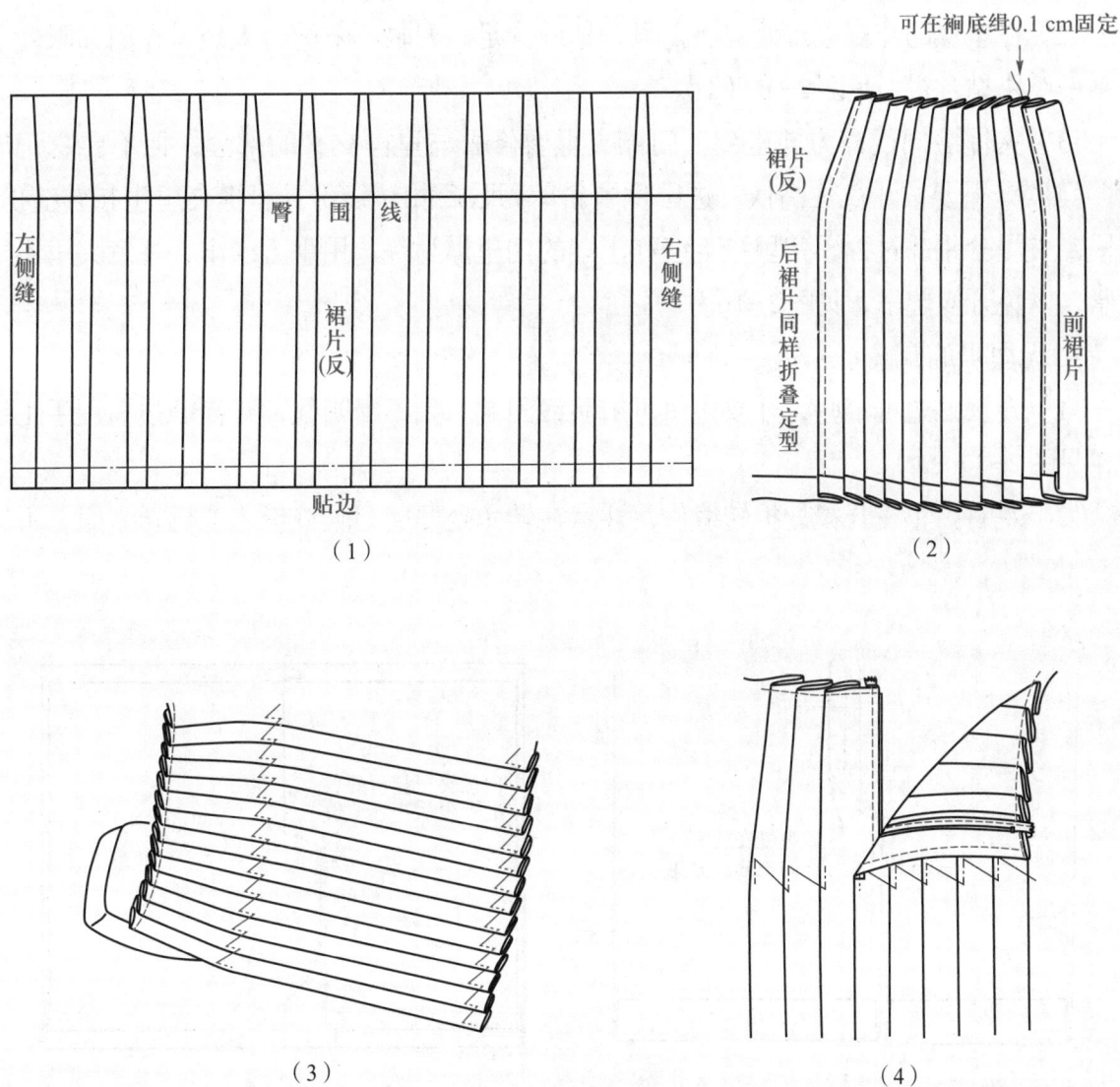

图2-15

二、开衩及装夹里

下摆小的裙子通过开衩可以满足活动量的需要。开衩的高度根据审美与活动的需要决定，开衩位置可放在后中，也可放在侧缝。

服装配上夹里，使服装穿着滑爽，防止变形，能遮住缝合的毛缝，增加美观，可减少某些衣料的透明度，增强保温作用等。

裙子配夹里，全夹配到遮过底边贴边的一半，半夹配到膝盖至横裆的一半。长裙配全夹要考虑下摆大小应满足活动需要，在裁配和缝制上做相应的处理。短的夹里不影响活动则不需要做任何处理。

（一）开衩及开衩处的夹里处理

1. 有里襟的开衩

（1）开衩方法已在西服裙中详细介绍，在此不赘述。

（2）在里襟的开衩止点处剪一刀眼，把缝分足，刀眼不要剪得太足，在剪刀眼处可先粘一小块黏合衬，见图2-16（1）。

（3）夹里缝向门襟方向坐到。门襟夹里要修去与里襟交叉的部分，但不要忘记放缝，门襟夹里要按开衩位高低及进出位置斜剪刀眼后扣转缝份，里襟夹里也扣转缝份，门里襟夹里分别盖过面子门里襟毛缝和上端的门里襟封线，用手工缲牢，注意夹里不能太紧，以免开衩起吊，见图2-16（2）。

2. 无里襟的开衩

（1）开衩贴边可窄些，开衩止口可缉明线固定。如不缉明线，开衩贴边需用手工缲牢，见图2-17（1）。

（2）左右夹里在开衩处折转缝份，注意在转角处要剪刀眼缝份才能折转平服。折转

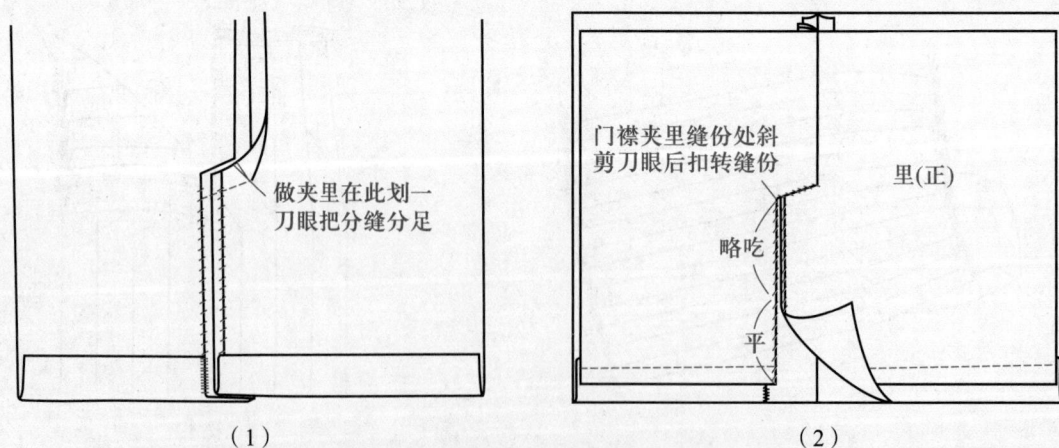

做夹里在此划一刀眼把分缝分足

门襟夹里缝份处斜剪刀眼后扣转缝份

略吃

平

里(正)

（1）　　　　　　（2）

图2-16

缝份后分别盖住左右面子开衩贴边的毛缝，用手工缲牢，见图2-17（2）。

（二）斜裙、褶裥裙的夹里处理

1. 斜裙的夹里处理　下摆小的斜裙，夹里的下摆与面料相同。下摆大的斜裙，夹里的下摆比面料收小，只要臀围处满足人体臀围规格，下摆能满足活动需要即可，见图2-18（1）（2）。

2. 褶裥裙的夹里处理　按照直裙的裁配，腰口收省，在摆缝的两边开衩，衩长20～25 cm。见图2-19（1）（2）。或者在摆缝两边打活裥，裥长20～25 cm，裥宽5～7 cm，见图2-20（1）（2）。

3. 其他部位的夹里处理

（1）腰节处的夹里与面料腰节放齐，一起上腰。

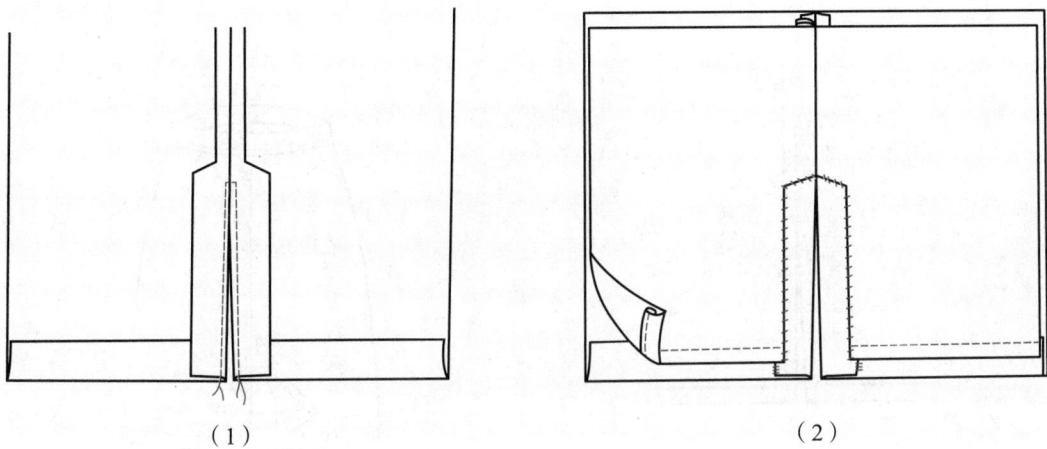

（1）　　　　　　　　　　　　　　　（2）

图2-17

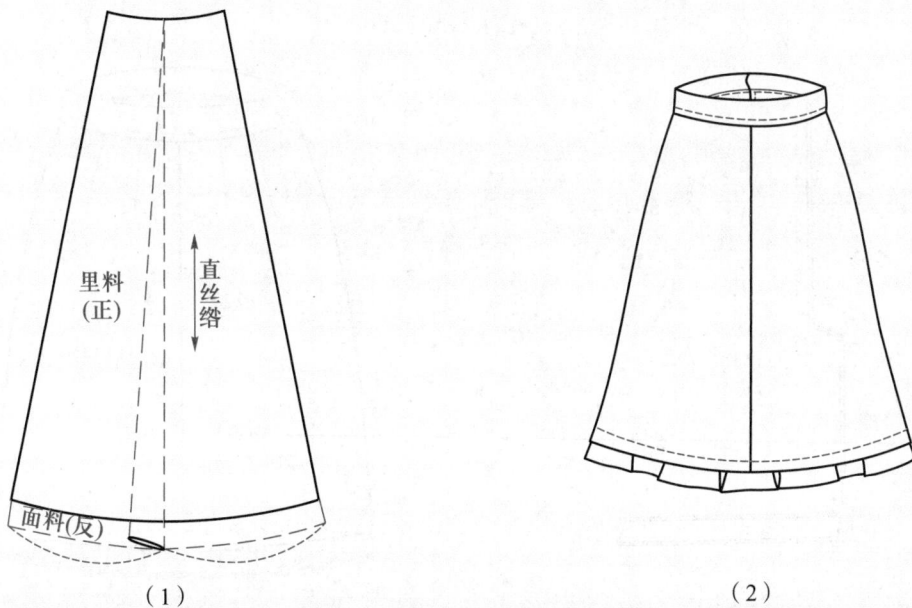

里料
（正）

直丝绺

面料(反)

（1）　　　　　　　　　　　　　　　（2）

图2-18

（2）拉链处的夹里扣转缝份，盖住面子装拉链的缉线，手工缲牢。

三、装隐形拉链

开门处装隐形拉链的服装很多，一般都不装里襟，而且裤、裙款式大多是连腰的。装上隐形拉链后在腰上口钉一副小的领钩扣，帮助把左右腰扣住。隐形拉链需用专用压脚或单边压脚进行操作。

（1）在装拉链的贴边部位反面粘上黏合衬，衬比开门止点伸下1 cm，裙片正面相叠，用长针迹沿开门止口边缉线，缉到开门止点下2 cm后用正常针迹缉线，见图2-21（1）。

（2）缝份分开烫倒，隐形拉链反面向上居中放在贴边上，贴边内垫上厚纸，用手工攘针将拉链固定在贴边上，见图2-21（2）。

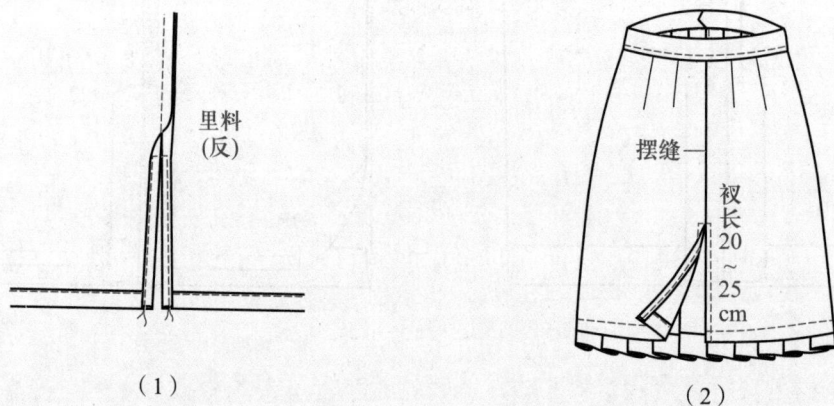

里料（反）

摆缝

衩长
20～25
cm

（1）　　　　　（2）

图2-19

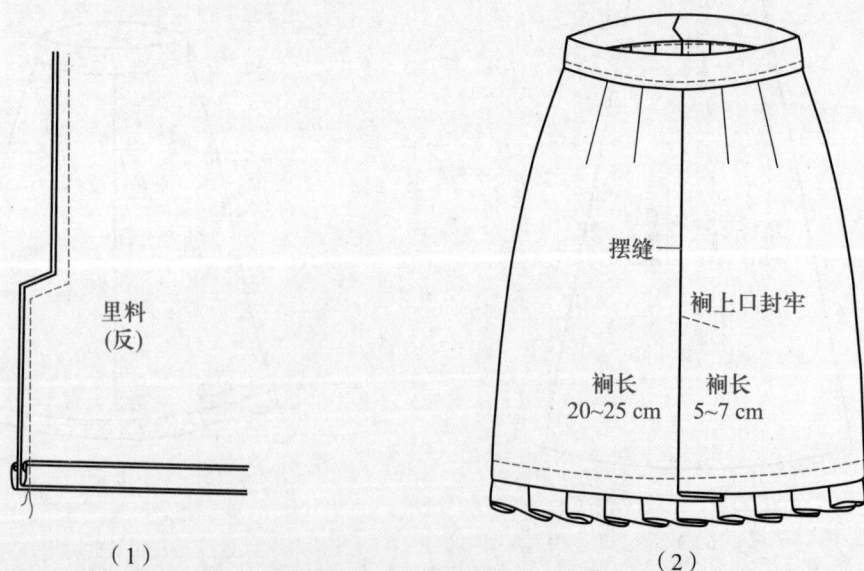

里料（反）

摆缝

裥上口封牢

裥长
20～25 cm

裥长
5～7 cm

（1）　　　　　（2）

图2-20

（3）把长针迹固定的开门止口缉线拆除，并将拉链拉开，见图2-21（3）。

（4）翻开拉链卷曲的齿，沿齿边缉线将拉链固定到贴边上，见图2-21（4）。

（5）拉链拉上，翻到反面，把开门止点下的2 cm空缺缉线补上。如果裙片不在开门止点外多开2 cm，那么在缉接近开门止点一段时，拉链会受到裙片的阻挡难以缉到位，而缉线位置移动就会产生拉链拉上后拉链齿外露或不平服等现象，见图2-21（5）。

（6）把固定拉链的攥线拆除，装好隐形拉链的后开门连腰裙片，见图2-21（6）。

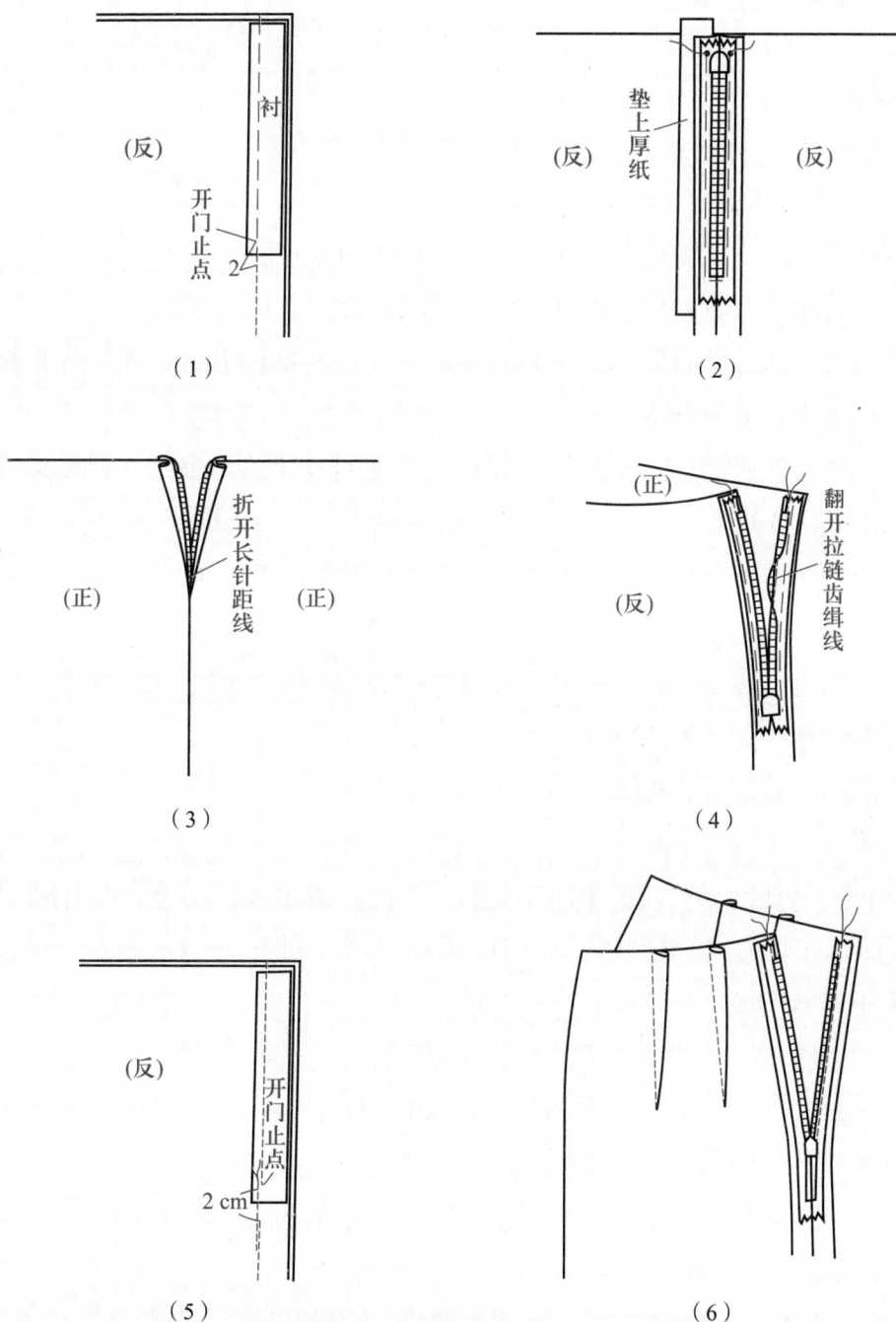

图2-21

（7）熟练以后，可以简化工艺，方法如下：

① 裙片正面相叠，开门止点以下缉线。

② 缉缝烫分开缝，开门处也将缝份烫倒。

③ 在拉链两边做好开门止点对档标记。

④ 拉链头拉到开门止点以下，拉链齿边沿裙片开门止口烫迹放齐，用专用压脚缉上裙片，并缉到开门止点以下1.5 cm左右，止点以下1.5 cm缉线略离开齿边，不然拉链头拉不出来。注意拉链两边不能缉错位。

⑤ 拉链头拉上，装拉链完成。

四、腰部的变化

（一）连腰裙

连腰裙是把腰的部位直接连在裙片上，只要在腰口装上腰贴边即可。

（1）腰贴边反面粘上黏合衬，拼好侧缝，见图2-22（1）。

（2）腰贴边两头在裁配时就缩进0.5 cm，由装拉链的贴边借进，所以先把腰贴边两头与装拉链贴边缝合，见图2-22（2）。

（3）装拉链贴边借进的0.5 cm翻转，腰贴边侧缝对齐裙腰口侧缝，腰贴边与裙腰上口缝合，见图2-22（3）。

（4）缝头向腰贴边方向坐到，在腰贴边上口缉0.1 cm止口。两头分别缉到不能缉为止，见图2-22（4）。

（5）腰贴边翻进，烫出里外匀，并在省和侧缝部位用缉线或手工固定。在腰上口两端分别钉上衣领钩襻，见图2-22（5）。

（6）制成后的连腰部位背视图。见图2-22（6）。

（7）装夹里

① 夹里缉省，缝合侧缝，缝份倒向后身，缝合后缝中段，上至开门止点，下至开衩止点，缝份倒向门襟，卷缉底边。夹里后缝开门可多向下开1 cm左右，可使拉链拉开拉足时，夹里自然形成斜势开口，比较平服。

② 夹里缉上腰贴边，并把吊挂襻在侧缝处夹进，缝份倒向夹里。

③ 裙面拉链拉开，右后片面、里在装拉链止点下1.5 cm左右开始，夹里在上与面子正面相叠缝头对齐，兜缉右装拉链处，腰上口直至左装拉链处止点下1.5 cm左右。

④ 裙里翻到正面，里料翻开，腰贴边下口与裙面料腰省、侧缝处暗缉一小段固定，吊挂襻处要缉牢固。

⑤ 夹里开衩处修准，分别与裙面开衩贴边缝合，夹里开衩止点部位剪三角与开衩面料封口。

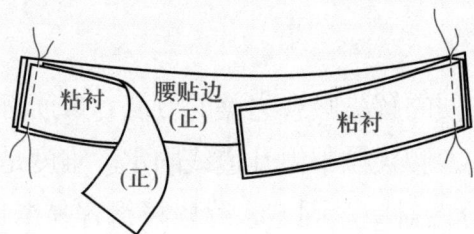

（1）

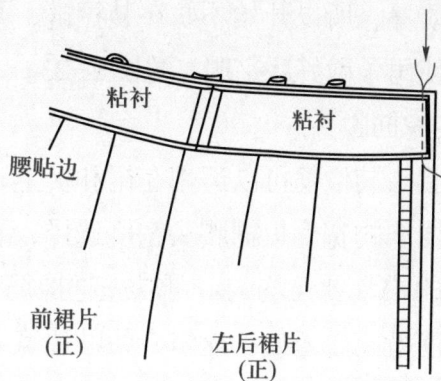

（2）

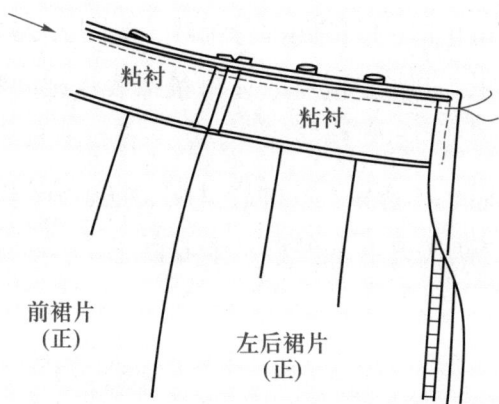

（3）

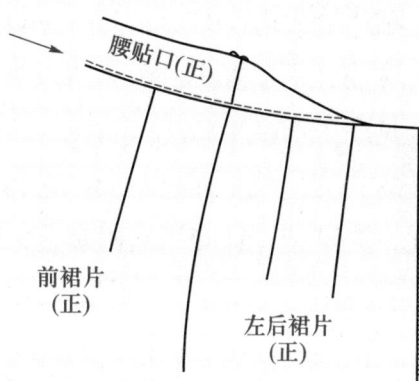

（4）

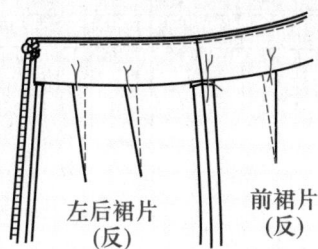

（5）

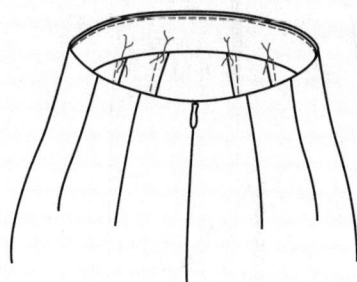

（6）

图2-22

⑥ 夹里与裙面摆缝下端用线襻牵住。

上述装夹里均采用了快捷方便的机缉方法，但是有些部位初学者用机缉，掌握不好会影响质量，所以开始不妨在装拉链、开衩部位，使用手工撬针和手工缲针等固定，这样容易使裙子做好后平服，见图2-23。

（二）装橡筋腰头

全腰头装橡筋可以运用在裙和裤上，是最方便的解决腰臀之差的方法。橡筋有宽有窄，宽橡筋的宽度根据腰头宽度选择，装进腰头，腰头拉平缉几道线固定。难度是缉线时橡筋的松紧要拉均匀。可以先把橡筋与腰头分段对应点固定，分段拉缉容易缉均匀。装细橡筋就比较方便。这里介绍贴边宽（含扣转缝头）5 cm，穿两根0.5 cm宽的细橡筋腰头，见图2-24。

（1）裙子的一条拼缝缝合，贴边上口缉1 cm，下口缉1 cm，中间留穿橡筋洞，见图2-25（1）。

（2）缝头分开，穿橡筋洞处两边缝头缉牢，见图2-25（2）。

（3）贴边缝头扣转0.7 cm，贴边折转缉0.1 cm止口，中间四等分缉线，见图2-25（3）。

（4）橡筋分别穿入第二、第四道缉线走廊内，如需要也可以在每条缉线走廊内都穿入橡筋，见图2-25（4）。

裙装款式变化就是通过对局部进行变化实现的，学习了各种袋、腰、摆、开门等的局部变化，必然能设计应用到裙装上，使裙装的款式更丰富多彩、千姿百态。

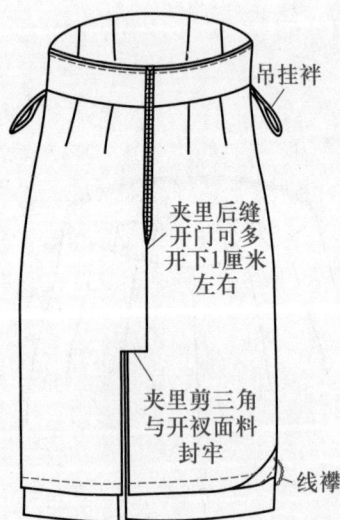

图2-23

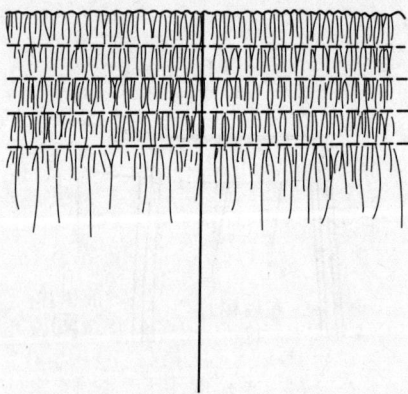

图2-24

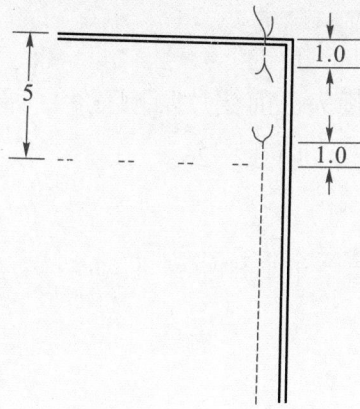

（1）

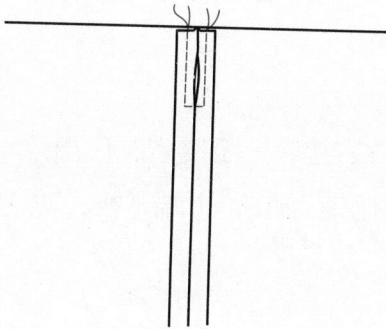

（2）

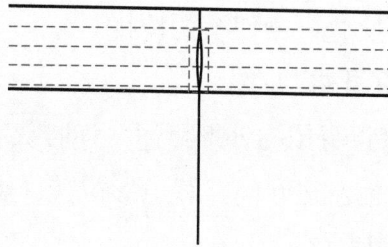

（3）

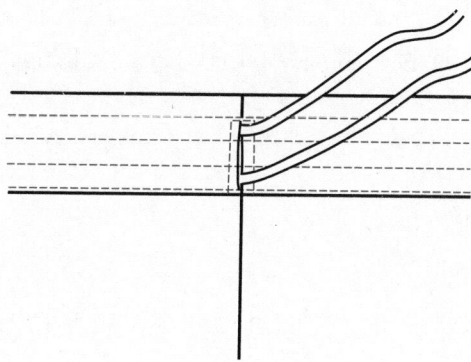

（4）

图2-25

五、裙装款式变化

（一）暗裥裙

1. 暗裥裙的外形概述　装腰头，前裙片暗裥三个，暗裥上部缉明线，后裙片左右各收两个腰省，右侧缝开门装拉链，见图2-26。

2. 缝制提示

（1）前裙片腰省量分散收在三个暗裥中。

（2）拉链一边缉宽止口。

（3）腰头造型尖角

（4）压缉缝装腰。

（5）有裥的裙在静态时裥底是不外露的，要达到这样的效果，必须注意装腰时裥面、裥底的松紧和缝份都要一致，上段封裥线时上下层松紧也要一致。如果装腰时裥面紧了或裥面缝份中间向下呈弧形，即缝份少了，又或封裥缉线使裥面吊起，都会使裥面豁开，反之则会使裥面搅拢。

（二）连腰直身裙

1. 连腰直身裙的外形概述　连腰头，前裙片右边收一个腰省，后裙片左右各收一个腰省，前身偏左边开门、装隐形拉链，中间钉四粒装饰扣，下端开衩，见图2-27。

2. 缝制提示

（1）前身左边省量处理在开门处。

（2）开衩处无里襟。

（3）装夹里。

（4）夹里与裙面在左右侧缝底摆处用线襻牵住。

（三）细裥裙

1. 细裥裙的外形概述　连腰，腰口缉四道明线，装橡筋，裙底边装双层荷叶边，见图2-28。

2. 缝制提示

（1）宜用丝绸类薄料制作。

（2）腰部可穿几道细橡筋。

（3）裙身部位处理也不要太大，只要满足裙子下摆部位行走方便即可。裙身太大会使荷叶边用量大，且不美观。

（4）荷叶边太长可分段抽细裥，也可做单层。

（四）高腰细裥裙

1. 高腰细裥裙的外形概述　连腰后开门，装隐形拉链，前后各收两个省，串带襻四根，裙身圆弧形上下开刀，开刀以下收细裥，腰头上口、开刀部位、底边均缉明线，见

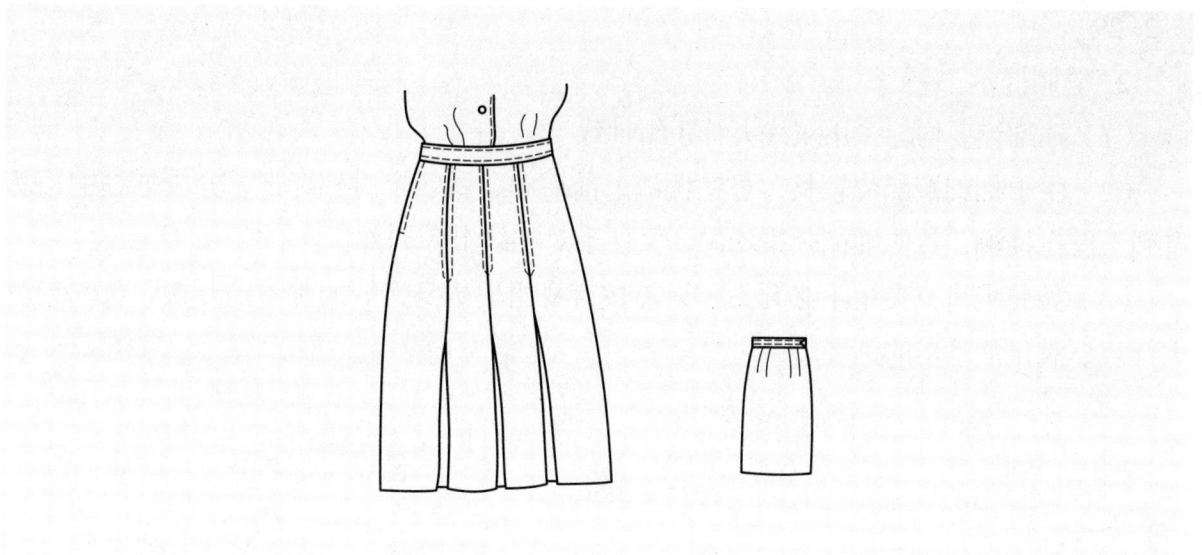

图2-26

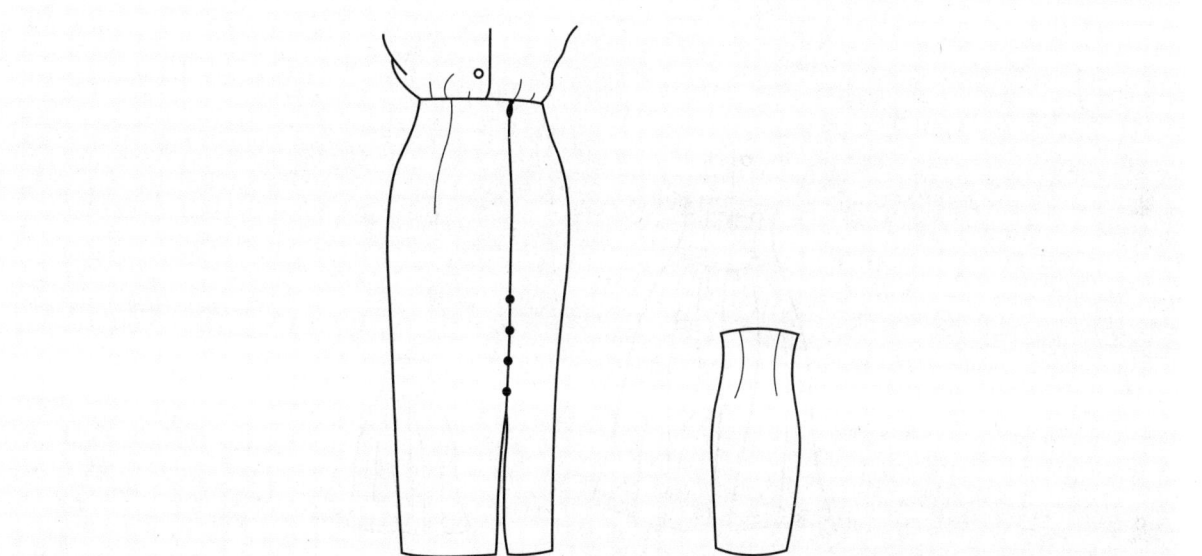

图2-27

图2-28

图2-29。

2. 缝制提示

（1）抽细裥要均匀，用双线大针距缉抽线。

（2）由于抽细裥部位较长，可在侧缝、前后中缝做四个对档标记，分段抽细裥，既有利于操作抽裥，并使细裥分布均匀，又便于对档缝上开刀部位。

（3）如装夹里，夹里不必开刀，只需按直身裙配裙身，短的都不需开衩，长的夹里需开衩、满足活动量的需要。

图2-29

思考题

1. 写出西服裙的工艺流程。

2. 西服裙的质量要求是什么？

3. 装拉链的操作要领是什么？

4. 装腰头要注意些什么？

5. 怎样整烫西服裙？

6. 怎样使斜裙有波浪，并且波浪均匀？

7. 缉斜裙拼缝要注意什么？

8. 百褶裙的褶裥如何定型？

9. 直身裙下摆开衩的目的是什么？

10. 简要介绍直身裙开后衩的方法。

11. 服装配夹里的目的是什么？

12. 开后衩直身裙、斜裙、褶裥裙的夹里如何处理？

13. 怎样装隐形拉链？

14. 如何处理连腰部位？如何装连腰夹里？

15. 试针对裙装的变化款式编写工艺流程。

16. 试针对裙装的变化款式选择一例独立缝制。

17. 试设计几例裙装款式并编写工艺流程及设计工艺方案。

第三章

西裤的缝制工艺

第一节　女西裤的缝制工艺

一、女西裤的外形概述

装全根腰头，右侧开门，前裤片左右反折裥各两个，侧缝直袋各一个，后省左右各两个，平脚口，见图3-1。

二、女西裤的成品规格

单位：cm

号型	裤长	腰围	臀围	上裆	脚口
160/66 A	98	67	97	29	40

三、女西裤的质量要求

（1）符合成品规格。
（2）外形美观，内外无线头。
（3）腰头顺直，宽窄一致，明缉线宽窄一致，面、里平服，不涟、不皱、不反吐。
（4）直袋袋布和袋口平服，高低一致。
（5）门里襟长短一致。

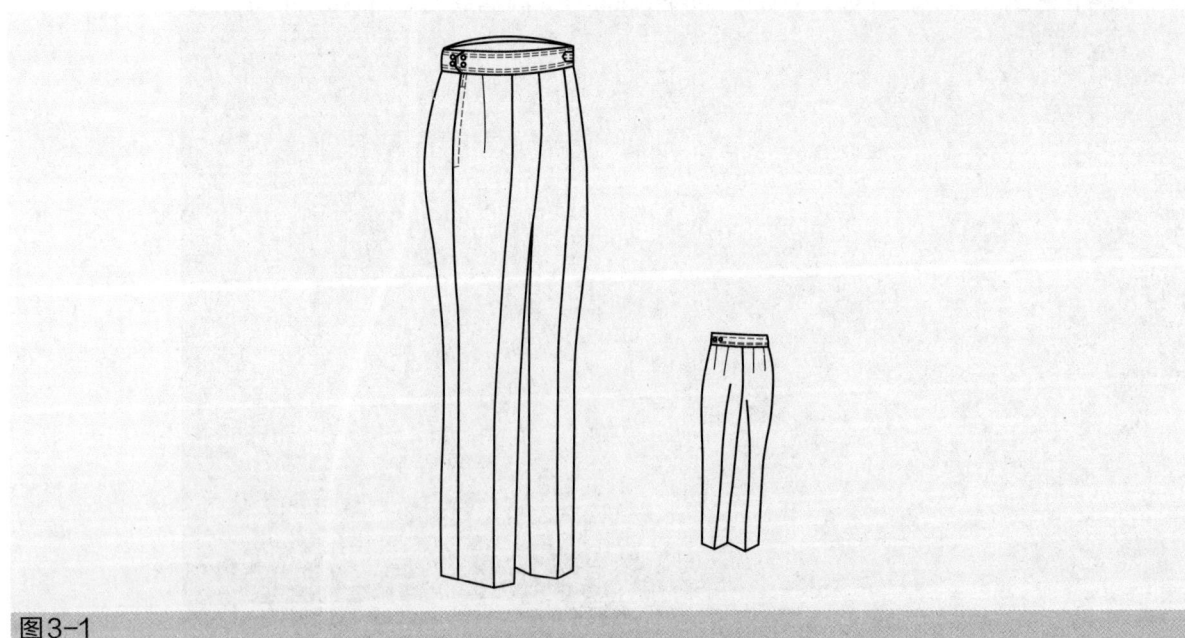

图3-1

（6）前后裆缝、下裆缝无双轨线，十字缝对齐。

（7）锁扣眼、钉纽符合要求。

（8）整烫平挺，无焦、无黄、无极光、无污渍。

四、女西裤的部件

前裤片两片，后裤片两片，腰面里连口一片，腰衬一片，里襟一片，直袋布两片，袋垫布两片，袋口牵带两根，纽扣6粒。女西裤排料图见图3-2。

五、女西裤的工艺流程

做缝制标记→锁边→缉后省、缝合侧缝→做侧缝直袋→装侧缝直袋、装里襟→缝合下裆缝→缝合前、后裆缝→做腰头→装腰头→卷脚口贴边→锁扣眼→整烫→钉纽

六、女西裤的缝制

女西裤缝制中的重点和难点是装侧缝直袋、装腰头。

（一）做缝制标记

1. 前片　侧袋位、裥位、中裆位、脚口贴边。
2. 后片　省位、后缝、中裆位、脚口贴边。

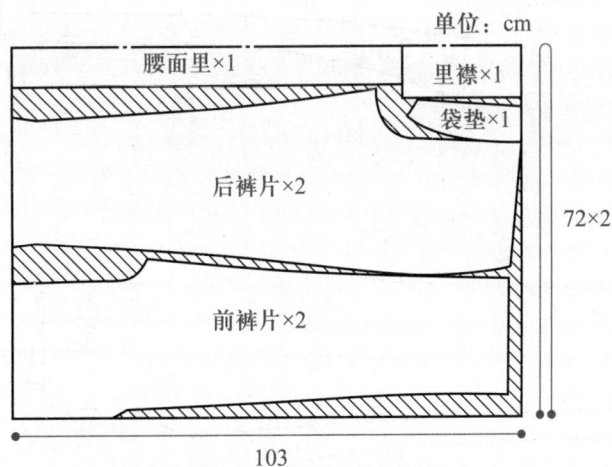

图3-2

（二）锁边

1. 前后裤片　侧缝、下裆缝、前后裆缝、脚口。

2. 袋垫、里襟　里口与下口。

（三）缉后省、缝合侧缝

1. 缉后省　省缝向后缝坐倒，见图3-3。

2. 缝合侧缝　后裤片放在下层，前裤片放在上层。右裤片从侧缝袋下封口开始向脚口缉线，左裤片从脚口开始向侧缝袋下封口缉线，缉线毛缝0.8 cm。前片袋口贴边处按贴边缝头。缉线时注意平缝的上下层松紧一致，见图3-4。

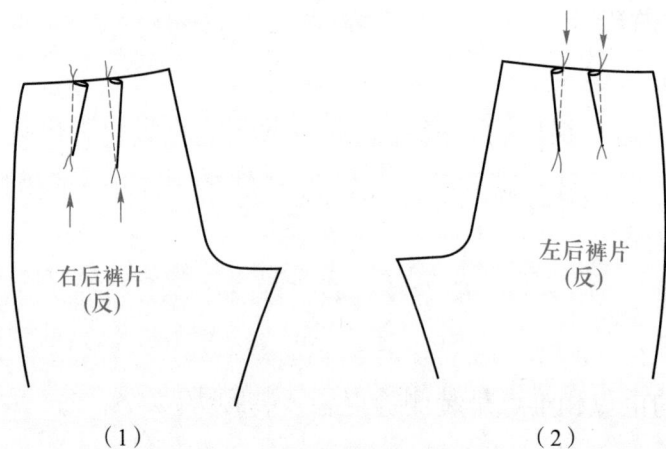

（1）　　　　　　　　　　　（2）

图3-3

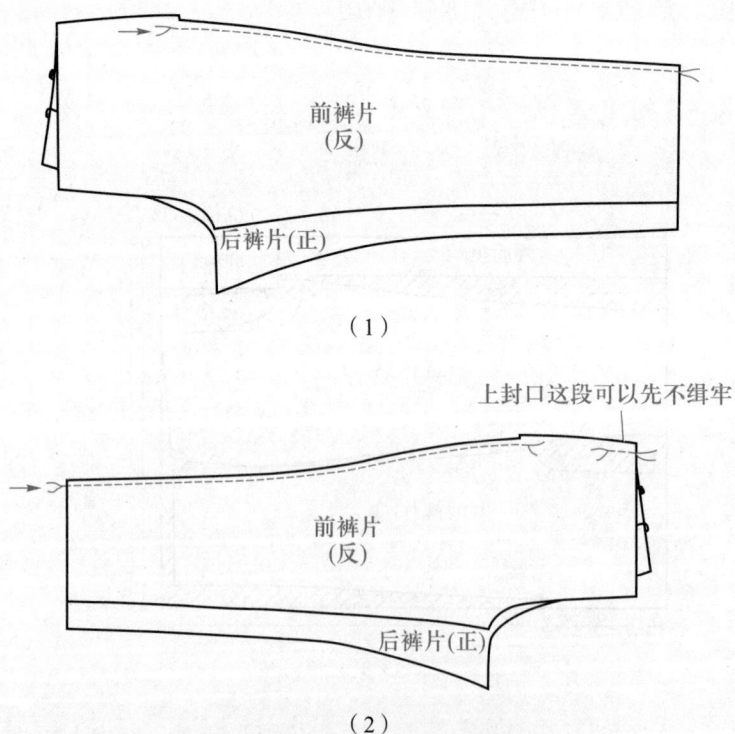

（1）

（2）

图3-4

（四）做侧缝直袋

（1）左袋布下层比上层放出 1.5 cm，右袋布下层比上层放出 0.7 cm，见图 3-5。

（2）在左、右袋布正面或反面沿小半爿袋口处缉牵带一根。在左袋布正面大半爿袋口处，袋垫布缩进 0.7 cm 放齐，里口沿锁边线缉一道。在右袋布反面大半爿袋口处，袋垫布正面与袋布反面相叠，外口放齐，缉 0.8 cm 缝头。翻转袋垫布，止口坐出 0.1 cm 刮平或烫平，里口沿锁边线缉一道，见图 3-6。

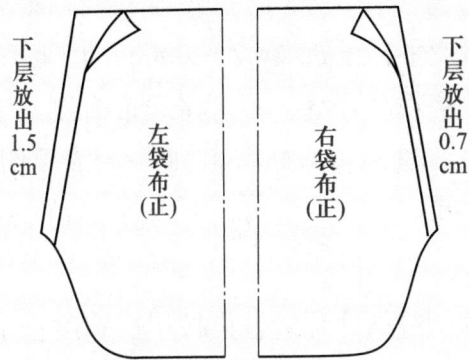

图3-5

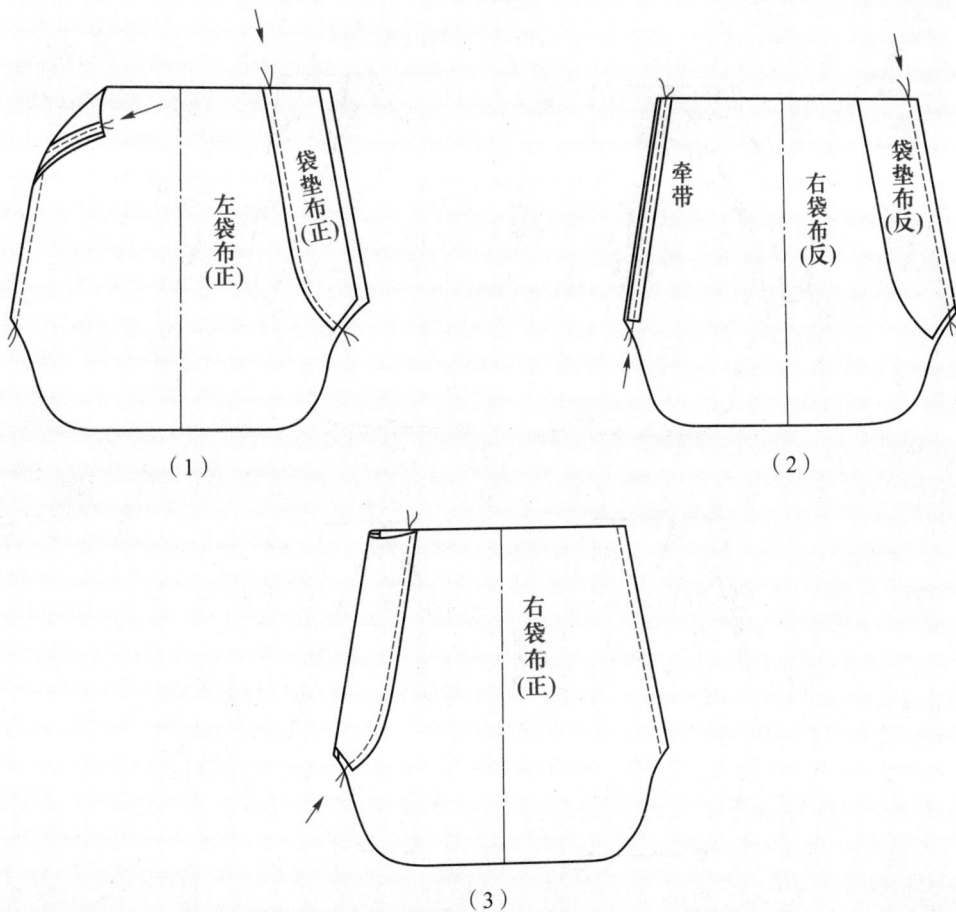

图3-6

（3）沿左、右袋布袋底兜缉来去缝。第一道缉线0.3 cm左右，缉到距离小半爿袋口1.5 cm处，不要缉到头。第二道缉线0.5 cm左右，缉到距离袋口1.5 cm处，把小袋布拉开，毛缝扣光，单独缉到头。第二道缉线也可以暂不缉，在装上侧缝后再兜缉，这样可以使第二道缉线尽量缉近袋口，见图3-7。

（五）装侧缝直袋、装里襟

女西裤右侧开门，左、右两侧装袋的方法不完全相同。

（1）把左、右袋布的小半爿袋口与前裤片侧缝袋口净线放齐，沿前裤片袋口锁边线搭缉一道，见图3-8。

（2）把左、右两侧袋口烫平，正面缉0.7～0.8 cm止口直线，见图3-9。

（3）袋垫布与后裤片侧缝缉分开缝，不可将袋布缉住。与袋口下封口侧缝缉线交接后，要紧靠缝道边上缉线，不要出现双轨；否则，分缝不平服。再把后袋布袋口扣光，覆盖在后裤片与袋垫布的分开缝上，沿袋布扣光的边缉0.1 cm止口，见图3-10。

（4）右侧装里襟。

方法一：里襟与后裤片侧缝缉分开缝。再按里襟宽度把里襟夹里部分翻进，沿分缝靠里襟一边缉0.1 cm止口（即单边分缉缝）固定里襟。可沿分缝缉漏落针，也可将后裤

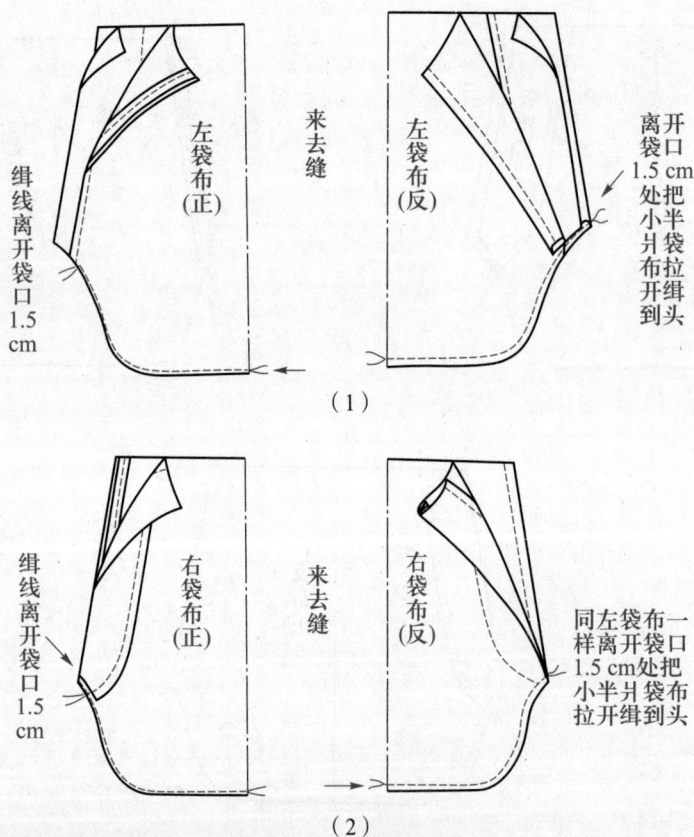

（1）

（2）

图3-7

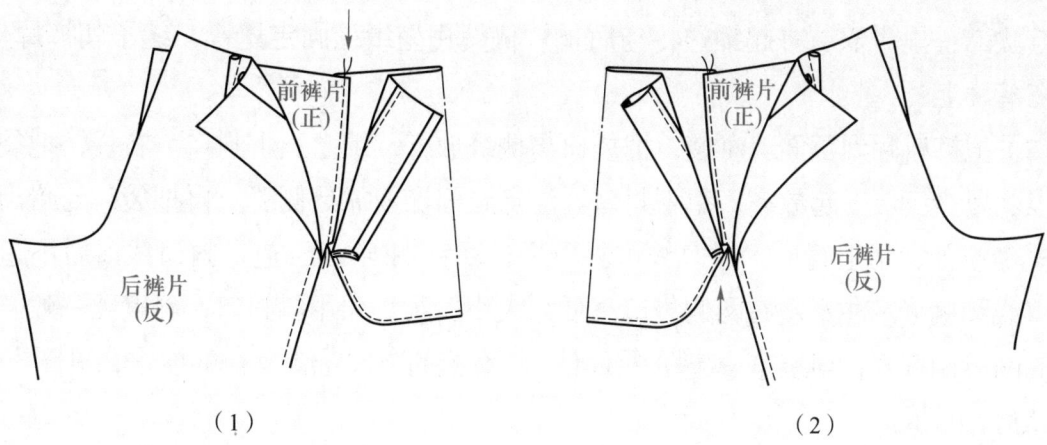

前裤片
(正)

后裤片
(反)

（1）

前裤片
(正)

后裤片
(反)

（2）

图3-8

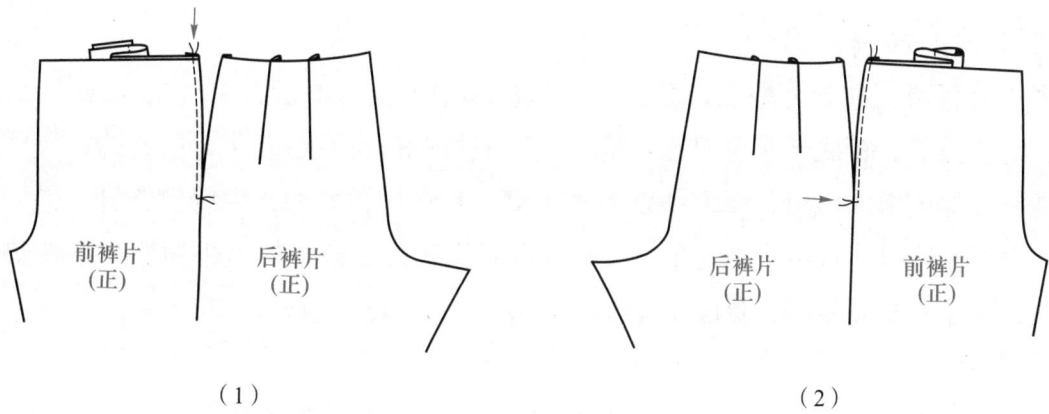

前裤片
(正)

后裤片
(正)

（1）

后裤片
(正)

前裤片
(正)

（2）

图3-9

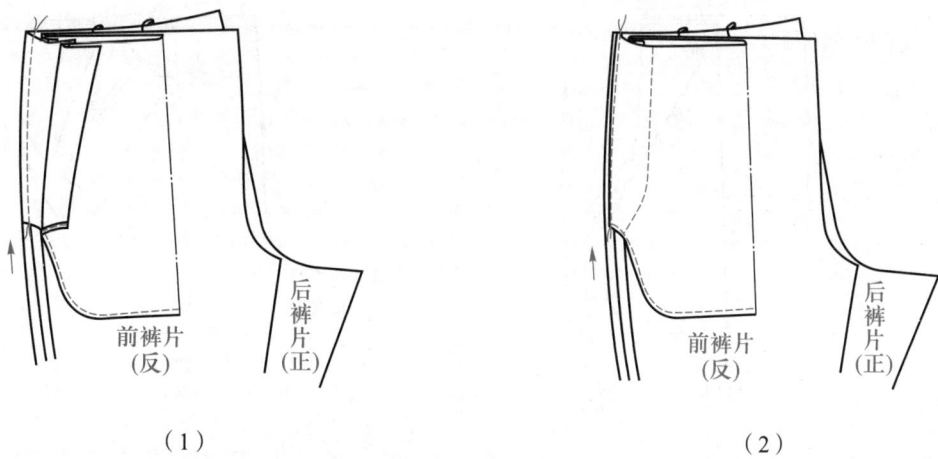

前裤片
(反)

后裤片
(正)

（1）

前裤片
(反)

后裤片
(正)

（2）

图3-10

片翻起缉暗针，都能起到固定里襟的作用，见图3-11。

方法二：里襟双层一起锁边，与后裤片侧缝用坐缉缝固定里襟，缝子朝裤片坐倒，缉线在裤片上。

（5）把裤料翻到正面。左袋，把袋口与侧缝放齐，缉上、下封口。右袋，把袋口与暗门襟、里襟三层一起放齐，缉下封口。注意暗门襟要靠足侧缝。再把袋口与暗门襟放齐，里襟拉开，缉上封口。封口线可斜可平，回针加固3至4道，封口线前后不超过袋口止口线和侧缝。注意左右两侧袋口高低、大小一致。如用斜封口，斜度要一致。把前腰口的两只裥打好，与袋布一起摆平缉牢。注意裥的方向符合反裥的要求，见图3-12。

（六）缝合下裆缝

后裤片放在下层，前裤片放在上层。右裤片从脚口开始向裆底缉线，左裤片从裆底开始向脚口缉线。后裆底下10 cm左右一段略放层势，其余缝子松紧适当，缉线0.8 cm。中裆至裆底处可以缉双线，以增加牢度，见图3-13。

（七）缝合前、后裆缝

将一只裤脚正面朝外翻出，套入另一只裤脚中（也可不套入）。左、右裤片前后缝合拢，缝头摆齐，裆底十字缝对准。前裆缝一般按0.8 cm左右缝头，后裆缝按尺寸大小或裁剪时安排的缝头做缝，缉双线以增加牢度。也可用粗丝线，手缝倒钩针一道，手缝位置在后缝腰节下10 cm至裆底前10 cm左右。注意：后裆弯势上下拉紧，把弯势处拔开缉线，防止一拉就暴线，见图3-14。

（八）做腰头

可以用裙装做腰头的各种方法，也可以采用以下做腰头的方法：

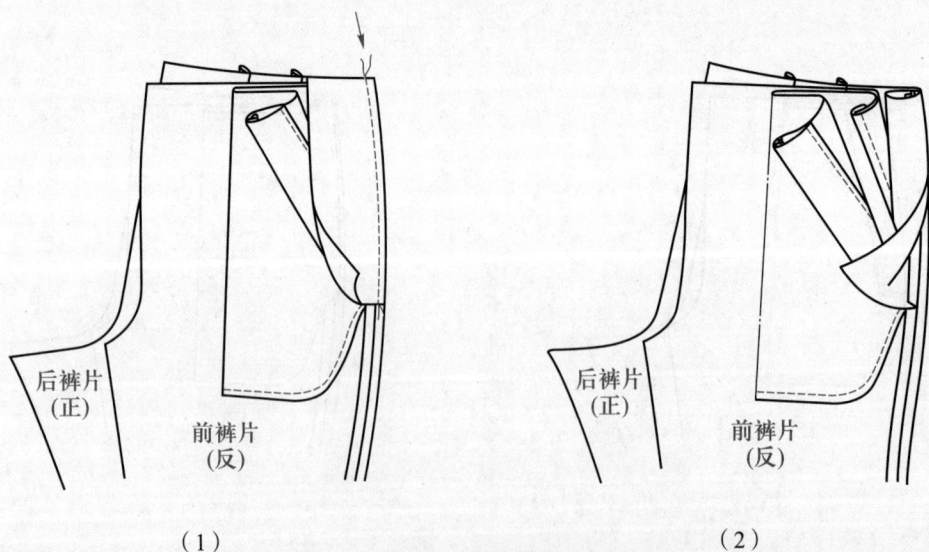

图3-11

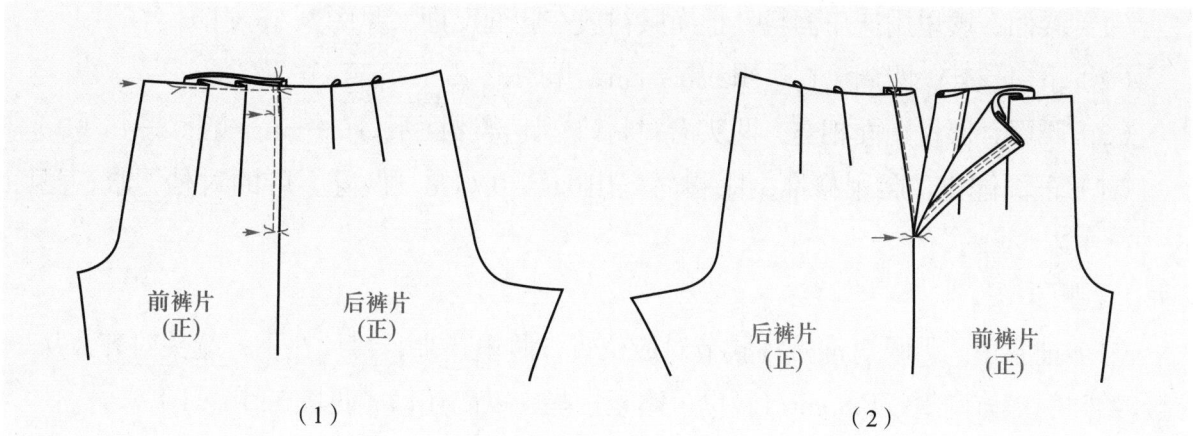

前裤片
(正)　　　后裤片
(正)

（1）

后裤片
(正)　　　前裤片
(正)

（2）

图3-12

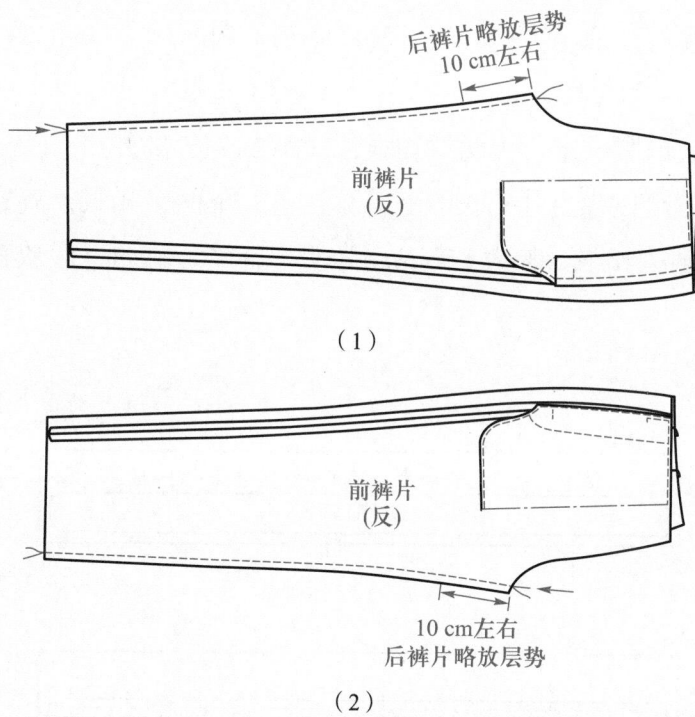

后裤片略放层势
10 cm左右

前裤片
(反)

（1）

前裤片
(反)

10 cm左右
后裤片略放层势

（2）

图3-13

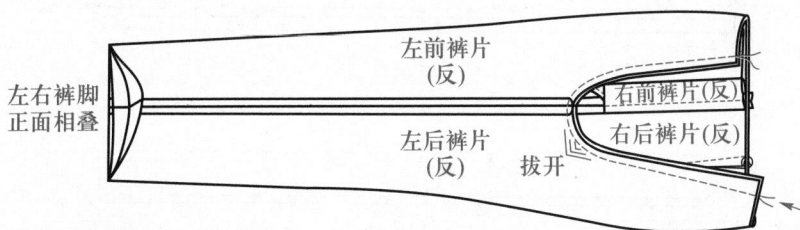

左右裤脚
正面相叠

左前裤片
(反)

右前裤片(反)

左后裤片
(反)　　　拔开　　　右后裤片(反)

图3-14

（1）腰面、腰里用连口面料，把净腰衬放在腰面反面，见图3-15（1）。

（2）下口包转，四周沿衬边缉线0.7 cm，见图3-15（2）。

（3）腰面、腰里正面相叠，两头沿衬封口，距离腰面下口0.1 cm，见图3-15（3）。

（4）正面翻出，腰里修准，比腰面宽出0.6至0.7 cm，做好上腰的对档刀眼，见图3-15（4）。

（九）装腰头

（1）把腰里的刀眼对准裤片腰节对应位置，腰里在上，裤片在下，缝头对齐，从里襟开始向门襟方向缉线0.8 cm。腰里可略紧一些，以防还口，见图3-16（1）。

（2）腰头装上后，翻过来。腰面四周压缉0.1～0.15 cm止口。腰面要盖过装腰缉线。下层略带紧，避免产生涟形，缉线不能缉牢腰里，见图3-16（2）。

（十）卷脚口贴边

脚口贴边绷三角针。或由下裆缝起针脚口兜缉一周。

（十一）锁扣眼

（1）右侧开门，前腰头上、下两只扣眼，间距2 cm，离外口1 cm。

（2）右侧开门，暗门襟上开门长的三等分，上、下两个扣眼，离袋止口1 cm。锁眼以袋布为正。均锁圆头扣眼，眼大1.5 cm。为便于整烫，钉纽一般放在整烫后完成，见图3-16（2）。

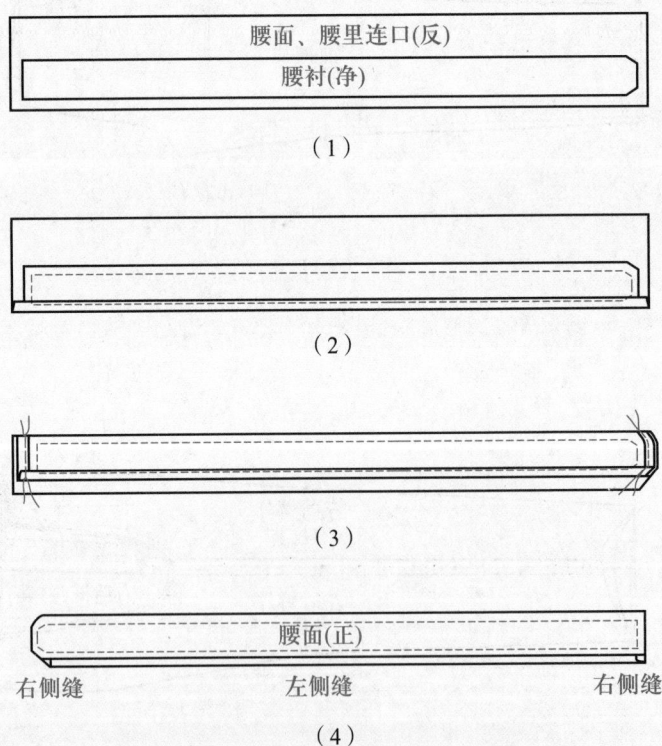

图3-15

（十二）整烫

1. 烫分开缝　在裤子反面将侧缝和下裆缝稍拉伸，不使缝子皱缩，用熨斗的前部把缝子分开初烫一下，然后熨斗底部放平加压，将缝子烫煞。

2. 轧烫前后裆缝　把前后裆缝烫分开，裆底窿门轧平，烫煞。

3. 烫裤子上部　在裤子反面和正面将省缝、折裥、袋口、袋布、腰面、腰里、门里襟等烫好。有的部位可以放在布馒头、圆烫凳上熨烫。

4. 烫下裆缝和前、后烫迹线　把下裆缝和侧缝对准摆平，一只裤脚翻起，先烫下裆缝。前裤烫迹线上端与前折裥连接，连接部位略归直，使烫迹线向前登直。后裤烫迹线的臀部部位要推出胖势，横裆以下部位需要归拢，使横裆收小。裆底烫平。上端烫至距离腰口10 cm左右。后烫迹线烫成人体的曲线形状，这样穿着舒适合体。再把另一只裤脚用同样的方法烫好，见图3-17。

5. 烫侧缝　把两格裤脚对齐，四缝对齐，前身摆直，按照烫下裆缝的方法熨烫。熨烫中若呈现亮光，可用半湿布以轻快的速度去掉，留下的水花用湿布烫吸，见图3-18。

（十三）钉纽

（1）在右侧开门处，袋口与里襟里口线对齐。在前腰头扣眼位置对应的后腰头上钉纽两粒。为使腰围大小可以伸缩，在离开2 cm处再钉纽两粒。

（2）在暗门襟扣眼位置对应的里襟上钉纽两粒，均采用实用纽扣钉法。

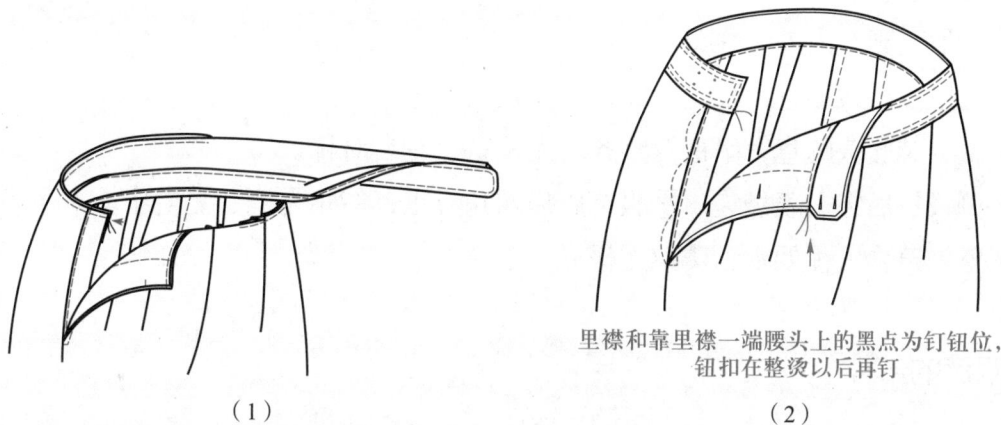

（1）　　　　　　　　　　　　　　（2）

里襟和靠里襟一端腰头上的黑点为钉纽位，
纽扣在整烫以后再钉

图3-16

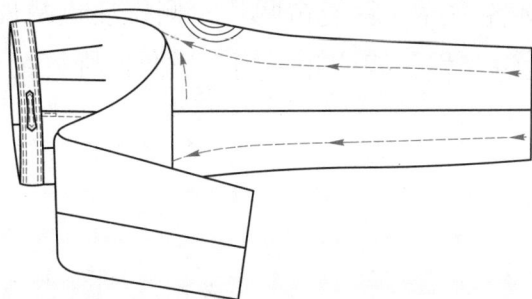

图3-17

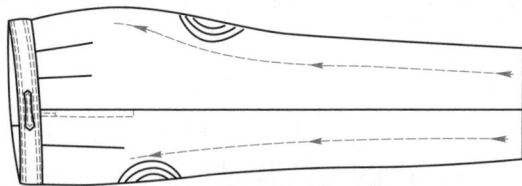

图3-18

第二节　男西裤的缝制工艺

一、男西裤的外形概述

装腰头，串带襻七根，前开门，门襟装拉链，前裤片左、右正裥各两个，侧缝袋各一只，右前裤片腰节装表袋一只，后裤片左、右省各两个，右后裤片开一字嵌线后袋一只，平脚口，见图3-19。

二、男西裤的成品规格

单位：cm

号型	裤长	腰围	臀围	上裆	中裆	脚口
170/74 A	103	76	104	30	46	44

三、男西裤的质量要求

（1）符合成品规格。
（2）外形美观，内外无线头。
（3）门里襟缉线顺直，长短一致，封口处无起吊。
（4）做、装腰头顺直，串带襻整齐、无歪斜，左右对称。
（5）侧袋、后袋、表袋袋口平服，后袋四角方正，袋角无裥、无毛出。
（6）整烫符合人体要求，烫煞无极光。

四、男西裤的部件

前裤片两片，后裤片两片，腰面、里、衬各一片，串带襻七根，门襟面、衬各一片，里襟面、里、衬各一片，后袋嵌线，袋垫各一片，后袋布两片，侧袋袋垫两片，侧袋布两片，表袋袋垫一片，表袋布一片，拉链一根，四件扣一副。男西裤排料图见图3-20。

五、男西裤的工艺流程

做缝制标记→锁边→收省、归拔裤片→做、装表袋→开后袋→缝合侧缝，做、装侧

缝直袋→缝合下裆缝→缝合前后裆缝，做、装门里襟和拉链→做串带襻和腰头→装串带襻和腰头→门襟缉线、封小裆→手工→整烫

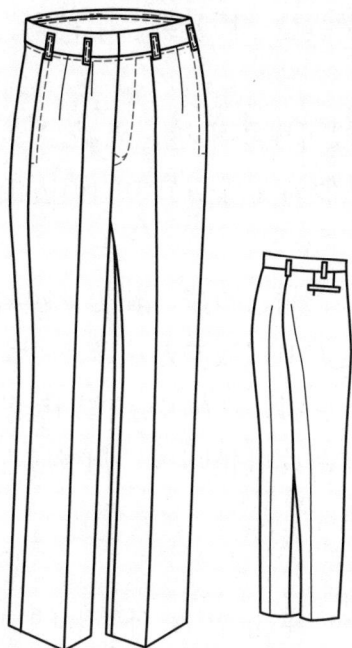

图3-19

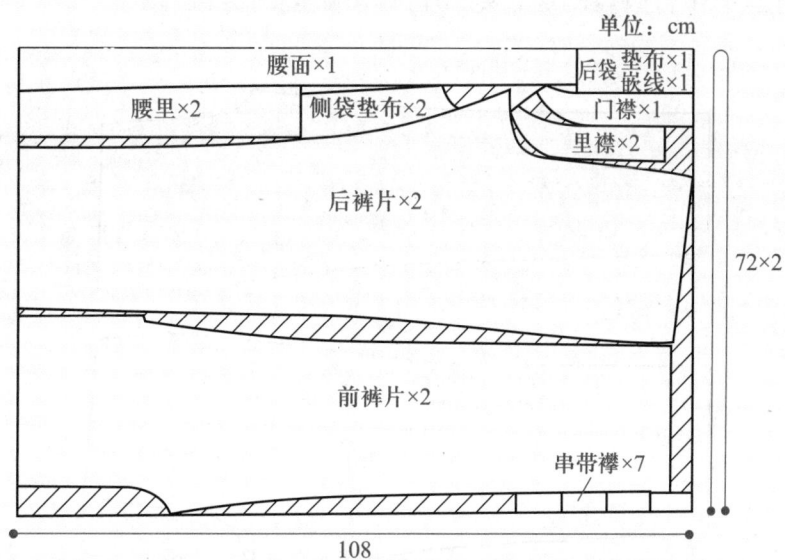

图3-20

六、男西裤的缝制

男西裤缝制中的重点和难点是开后袋、装门里襟和拉链。

（一）做缝制标记

1. 前片　裥位、烫迹线、侧袋位、封小裆高、中裆高、脚口贴边，见图3-21（1）。
2. 后片　省位、烫迹线、后袋位、后裆缝、中裆高、脚口贴边，见图3-21（2）。

（二）锁边

前裤片装门襟处的裆缝一段可以不锁边，以减少厚度。里襟做好后，两层一起锁边。腰里全部包光，不锁边。其他与女裤一节中的锁边相同。

（三）收省、归拔裤片

平面造型的裤片，采用了省、裥、凹势、胖势、倾斜度等处理方法，但是还不能符合人体曲线形状。必须再采取熨烫中归拔的方法，改变织物丝缕，以达到与人体体型相吻合的目的。如在臀围部位拔出胖势，在横裆部位归拢凹势等，使线的造型变为面的造型。一般以归拔后裤片为主，前裤片可稍归拔。归拔应在裤片的反面进行，在归拔前要喷水，然后进行往返熨烫，直至丝缕变形，烫定型。

1. 前裤片归拔

（1）将侧袋口胖势推进归直，在侧缝中裆处，将凹势略微拔开，把侧缝烫成直线。

（2）将前裆缝胖势推进归直，在下裆缝中裆处，将凹势略微拔开，把下裆缝烫成直线。

（3）在中裆拔开的同时，在烫迹线相应部位，即膝盖处适当归拢，这样可使烫迹线保持挺直。

（4）平面造型中如有脚口凹势，则要将脚口贴边凹势拔开。

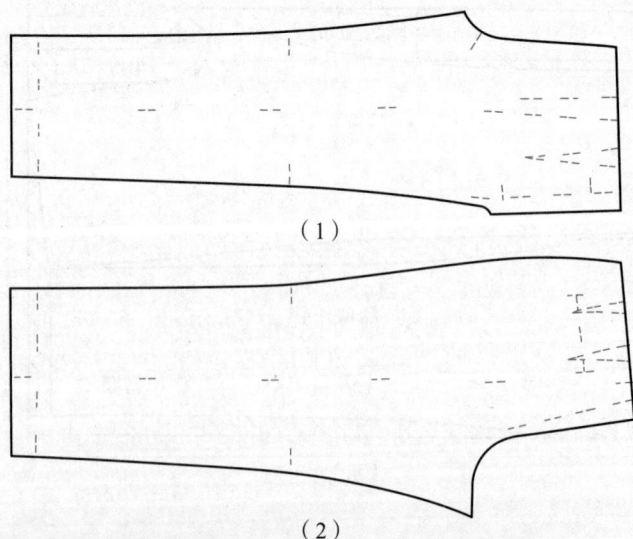

（1）

（2）

图3-21

（5）将前后裆按线钉标记撬线、撬牢，在正面盖水布喷水烫平，见图3-22（1）（2）。

（6）以烫迹线线钉标记为界，将下裆缝侧缝折叠平齐，在裤片正面盖水布，喷水烫平烫迹线。要按归拔要求折烫，见图3-23。

2. 后裤片归拔

（1）收省后，裤片反面省缝均朝后裆缝烫倒，并把省尖胖势向腰口方向推匀，袋口位横丝呈上拱形，见图3-24。

（2）后缝中段略归拢，形成臀部胖势。后窿门横丝绺处拔开，后窿门以下10 cm要归拢。中裆部位上、下用力拔烫。中裆里口归拢，归至烫迹线。中裆以下略归，使小腿部位略呈胖势。平面造型脚口如有低落，则要将其归直，见图3-25。

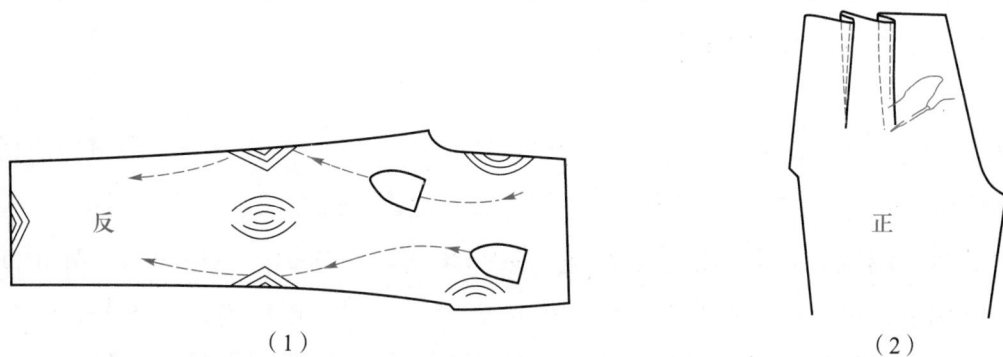

（1）

（2）

图3-22

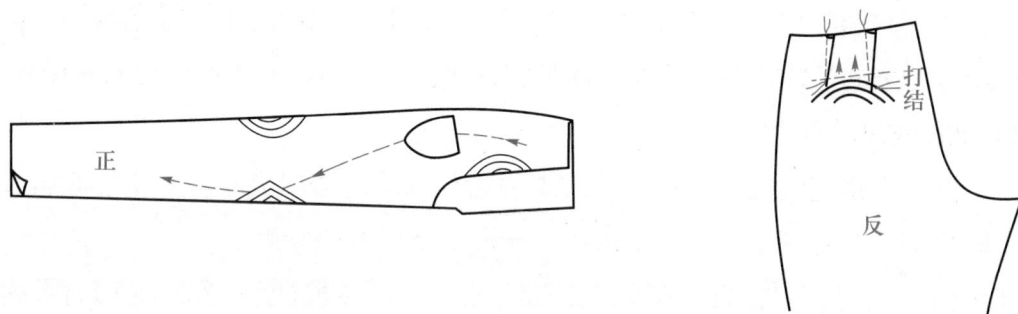

图3-23

图3-24

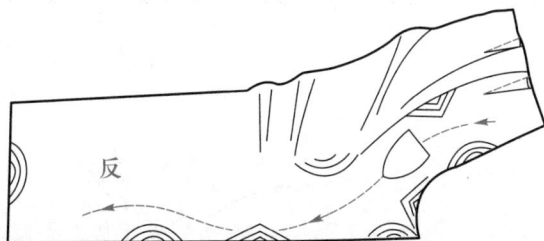

图3-25

（3）侧袋口胖势归直至臀部。中裆凹势略拔开。中裆里口归拢至烫迹线。中裆以下略归，使小腿部位略呈胖势，见图3-26。

（4）以烫迹线标记为界，将下裆缝侧缝折叠平齐，在裤片反面按归拔要求折烫，见图3-27。

（四）做、装表袋

1. 做表袋

方法一：

将袋垫布缉在表袋布上。然后把表袋布对折转，袋垫布一头略放长0.3 cm，兜缉三边，上口离开1.2 cm。三边毛缝可在装好表袋后锁边，见图3-28。

方法二：

用来去缝兜缉三边，不用锁边。来去缝第一道缉线时垫头修窄，不要缉进，以减少厚度；而第二道缉线要把垫布毛缝缉进。

2. 装表袋

（1）表袋做在右前裤片，以后裥为中线的位置。把无袋垫的一面袋布与前裤片正面相叠，按0.7 cm缝头缉线。袋口大小按规格做，见图3-29。

（2）缉线两端剪刀眼，把袋布翻进，袋布坐进，正面缉0.1 cm止口。如正面不要明止口，可用坐缉缝方法，在袋布上缉0.1 cm止口，再把袋布翻进，见图3-30。

（3）把有袋垫的一面袋布放平，与裤片腰口固定。袋口要平服，见图3-31。

（五）开后袋

开后袋是男西裤工艺中难度较大的工序之一。后袋式样有单嵌线、双嵌线、一字嵌线、装袋盖与装扣襻等。但各款后袋的工艺要求基本相同。下面以精做一字嵌线袋为例，介绍开后袋的工艺方法。掌握这种开袋方法，可以为学习各种形式的开袋打下基础。

1. 开后袋的操作要领

（1）嵌线上确定的袋口大小在完成缉线后与裤片的袋口大小位置仍要吻合，可以在袋口中间增加一个对档记号，便于缉线时掌握上下层的松紧度。

（2）剪三角前，要检查所缉的嵌线走廊是否与嵌线宽度一致，走廊的缉线长短上下是否一致。

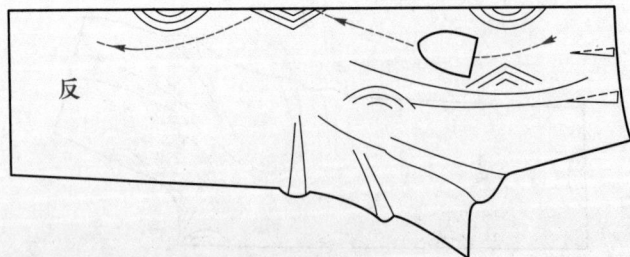

一字嵌袋

图3-26

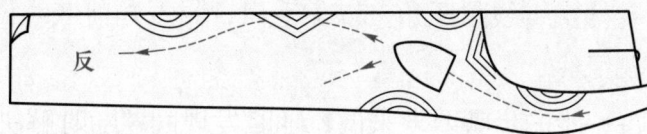

图3-27

（1）　　　　　　　　　　　　　（2）

图3-28

前裤片
（正）

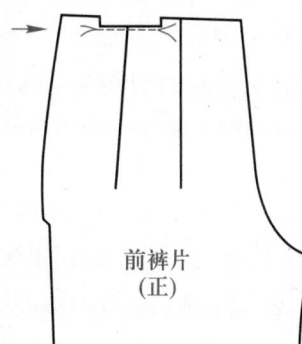

前裤片
（正）

图3-29　　图3-30

前裤片
（正）

图3-31

（3）剪三角的剪刀一定要锋利，剪口一剪到位，不易毛口。

（4）三角剪好后要马上缉线封三角，以免毛口，封三角前嵌线位置要放正，三角放平要紧靠三角底边根部缉线。

（5）要严格按照每一步的步骤要求来做，随时发现问题随时解决。

2. 开后袋的方法

（1）开袋位粘衬：在后裤片反面袋位处粘上黏合衬，如开一只后袋，则开在右后裤片，见图3-32。

（2）固定下袋布（小）：在后裤片反面，把下袋布伸上袋口线2 cm，袋布两端进出距离一致，用大头针固定或用长针距缉线固定，见图3-33。注意袋布斜势与裤片腰口起翘斜势相符。

（3）缉袋嵌线、袋垫布：嵌线一边粘上黏合衬，粘衬一边与后裤片正面相叠，与袋上口位置放齐，左右居中，离开袋上口0.8 cm缉线一道。因省缝上大下小，缉下嵌线时比缉袋垫要略带紧，使袋角上下丝缕一致，袋角才能方正。

袋垫与后裤片正面相叠，一边塞进嵌线的0.8 cm缝头下面，与嵌线缉线平齐。然后沿嵌线边缉线一道，两缉线距离为两头0.8 cm，中间0.7 cm，以免嵌线袋口豁口。缉线时注意上、下层松紧一致，缉线两端与袋位两端位置相符，前后袋口丝缕要直，否则在翻出时不方正，见图3-34。

（4）固定嵌线：将嵌线与后裤片分缝折转0.8 cm，嵌线宽窄要一致，然后烫平，见图3-35（1）。

在后裤片反面将下袋布翻起，在袋布边缉线一道，固定嵌线。注意起落针离进袋口两端一针；否则，会影响剪三角，见图3-35（2）。

（5）开袋口：沿袋口缉线中间剪开，离开两端0.6 cm剪三角，不能剪断缉线，并要离开缉线1至2根丝缕。离开太多，袋角打褶会不平服；剪开太足，会产生袋角毛出，见图3-36。

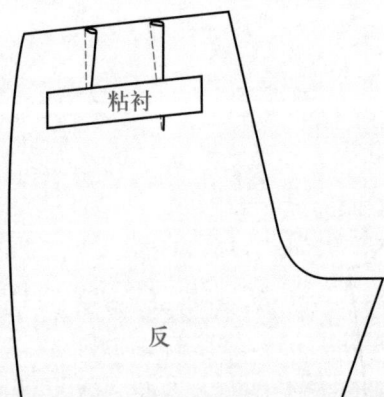

图3-32

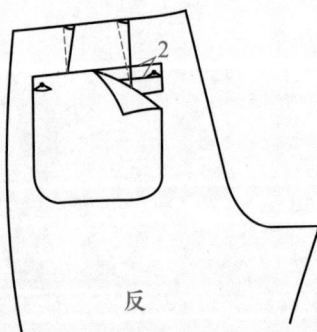

图3-33

（6）封三角：将嵌线与垫布翻进，两边裤片、袋布翻起封三角，缉来回针3至4道。封三角时嵌线要正，在前袋上口略紧0.1 cm，见图3-37。

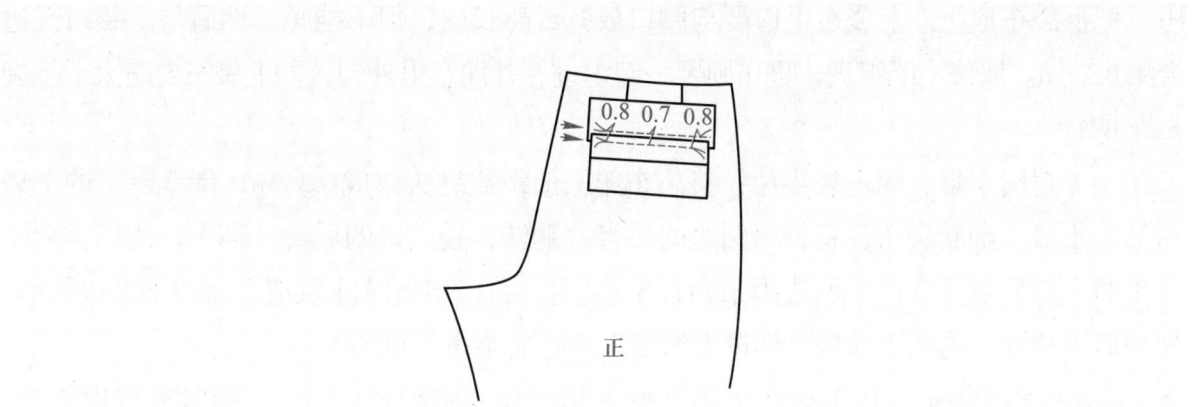

正

图3-34

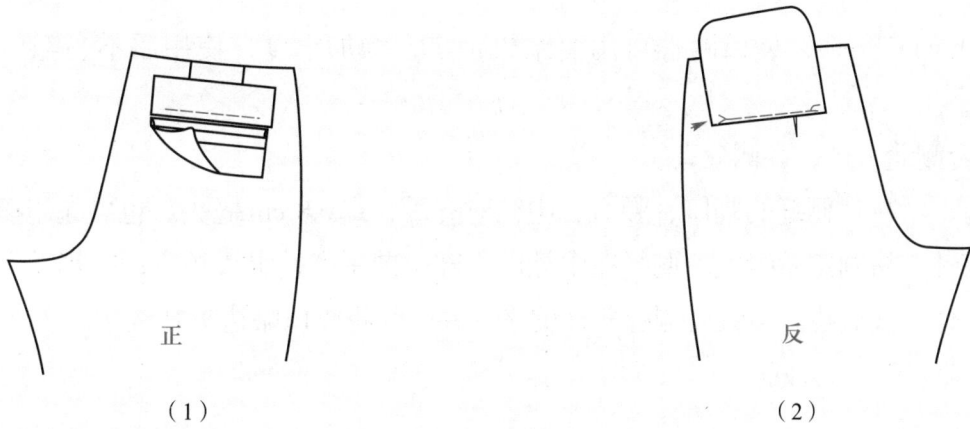

正

（1）

正

（2）

图3-35

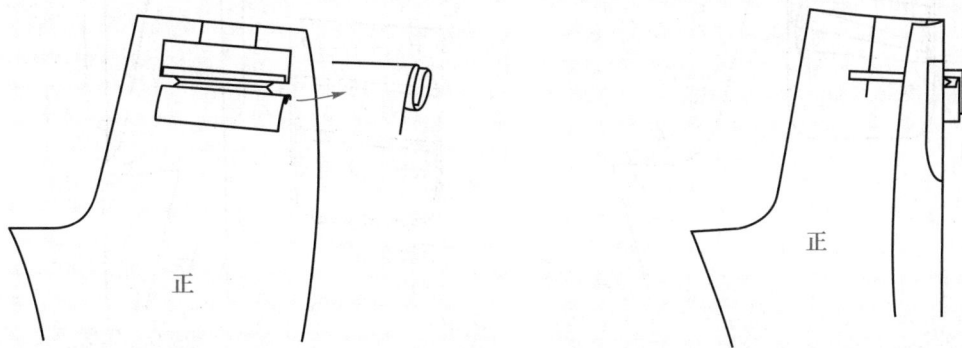

正

图3-36

正

图3-37

（7）固定嵌线与下袋布（小）：把垫布翻开，嵌线比袋布修进0.5 cm，与袋布缉牢，见图3-38。

（8）装上袋布（大）：将裤片向中央折叠，袋布以下裤片向上折叠，使下袋布三边露出，把上袋布放上。上袋布上口要与腰口放齐或略长出，但不能短。然后与上袋布三边合缉0.5 cm。嵌线不能缉进，垫布则要一起缉进，并注意里外匀，即上袋布要略大于下袋布，见图3-39。

（9）封门字形、固定袋垫片：将袋布第一道缉线缝头修成0.3 cm，缉线以上的上袋布缝头不修。翻转袋布，将袋口两边的后裤片翻转，袋上口的后裤片翻下，用门字形固定上袋布与后裤片，门字两边缉来回针3至4道。封门字形时注意把上口向下推成弧形，使袋口不豁开。再从正面袋口伸进去缉线，固定袋垫布，见图3-40。

（10）兜缉袋布：从上袋布上口开始兜缉一周，缉线宽0.5 cm。缉时注意里外匀，注意袋布平服，见图3-40。

（11）固定袋布上口：把袋布与裤片放平，上口与腰口缉线固定，修剪上口袋布，与腰口平齐，见图3-41。

（12）如有条件，袋口两端可用套结机锁牢，增加牢度，使用后不易毛口，见图3-42。

（六）缝合侧缝，做、装侧缝直袋

将前、后裤片侧缝的脚口、腰口、中裆对齐后，缉0.8 cm缝头。也可先用攥线沿侧缝边用攥针方法固定后缉线。侧缝在中裆以下部位要平齐，缉线顺直，中裆以上归拔部位要防止伸开或皱拢。缉线后侧缝分开烫平，并同时将脚口贴边折转烫平。

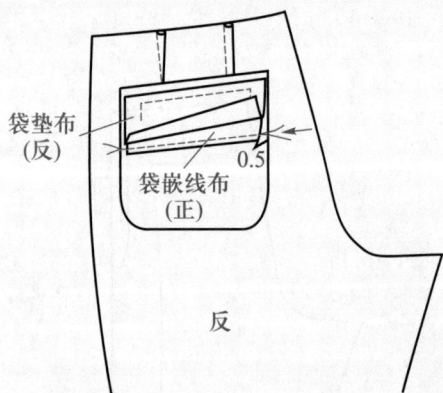

图3-38

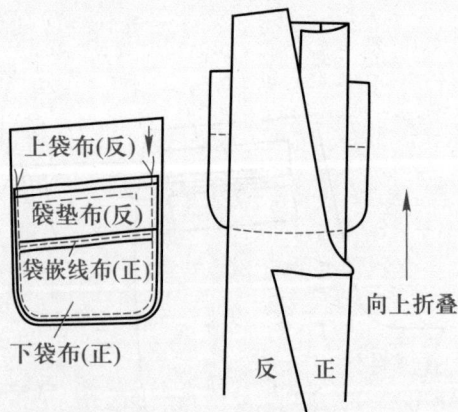

图3-39

男裤做、装侧缝直袋同女裤一节中做、装左面侧缝直袋方法相同。

（七）缝合下裆缝

侧缝下裆缝的缝合是裤子定型的关键，缝得不好会产生涟形吊紧、挺缝不正等弊病。缝合下裆缝同缝合侧缝的方法一样。缉线要符合归拔要求，中裆以上缉双线加固。下裆缝分开烫煞，分烫时要把中裆处拔长，中裆偏上的后烫迹线处归平，臀部推圆顺，脚口平齐。实际上这是进行第二次归拔。

然后将裤脚翻到正面，把前后烫迹线烫煞。因为前、后裆缝还未缉合，侧缝下裆缝容易对齐，便于熨烫。

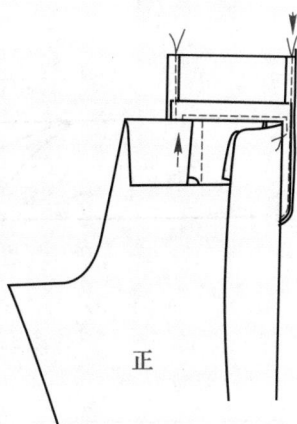

图3-40

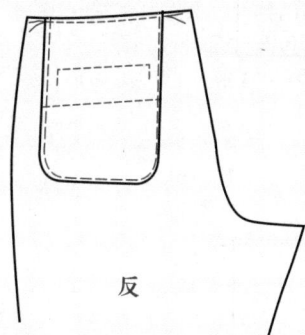

图3-41

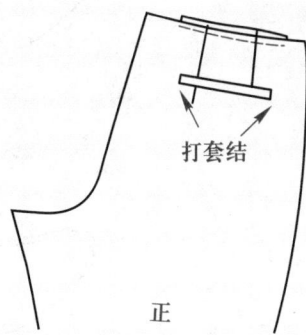

图3-42

（八）缝合前后裆缝，做、装门里襟和拉链

1. 做门、里襟

（1）门、里襟面反面粘衬，门襟外口锁边，见图3-43（1）（2）。

（2）把里襟面里正面相叠，在外口缉线0.6 cm一道，见图3-43（3）。

（3）把止口毛缝扣转、烫平，再翻出，外口夹里坐进0.1 cm，也可在外口缉0.1至0.2 cm止口。然后里面一起锁边，见图3-43（4）。

2. 装门襟　将门襟贴边正面与左前裤片门襟正面相叠，缉线0.6至0.7 cm。缝头向门襟贴边方向坐倒，压缉0.1 cm止口。将门襟贴边翻进，门襟止口贴边坐进0.1 cm，喷水烫煞，见图3-44。

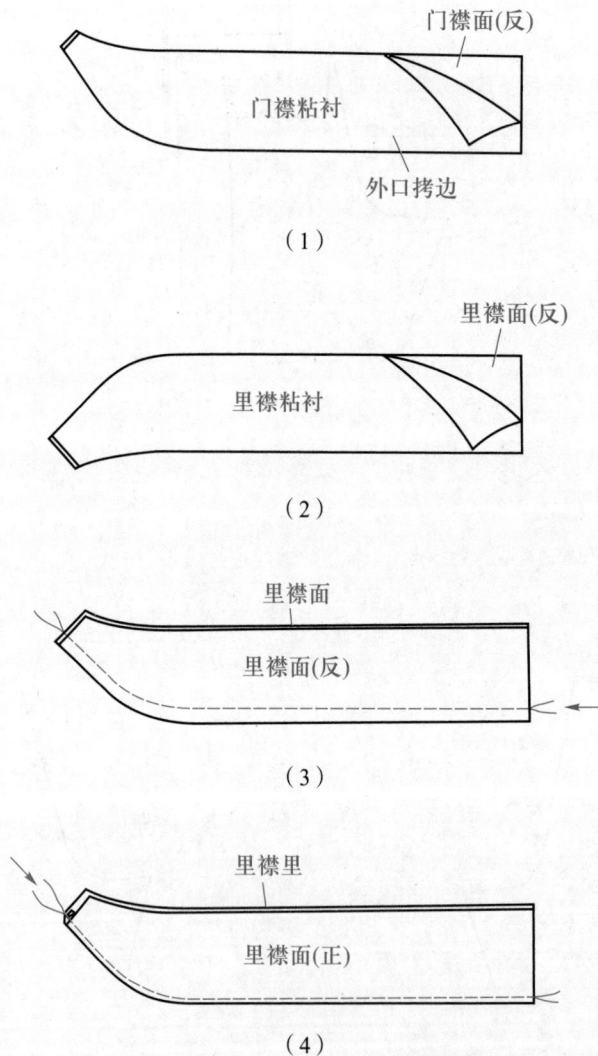

门襟面(反)

门襟粘衬

外口拷边

（1）

里襟面(反)

里襟粘衬

（2）

里襟面

里襟面(反)

（3）

里襟里

里襟面(正)

（4）

图3-43

3. 缝合前后裆缝　将左右两格裤片裆缝对齐，拉链下端铁封口以下 0.5 cm 为小裆封口位置，向后缝方向缉线 0.8 cm。注意十字缝对齐，后缝缝头根据规格要求，后裆弯度部位拉急、拉直、缉顺，见图 3-45。裆缝要缉双线加固，最好再用粗丝线紧靠缉线外口倒钩针一道。裆底放在圆烫凳上，分开、喷水、烫平。分开的小裆缝可用手工针缲牢，这样裆底就能平服。

4. 装里襟拉链　将右面拉链的反面与里襟正面相叠，平齐锁边里口，离开拉链布边 0.3 cm 缉线，将拉链固定在里襟上。如在里襟下口弯度部位，要稍微带松，使齿牙平服，见图 3-46。

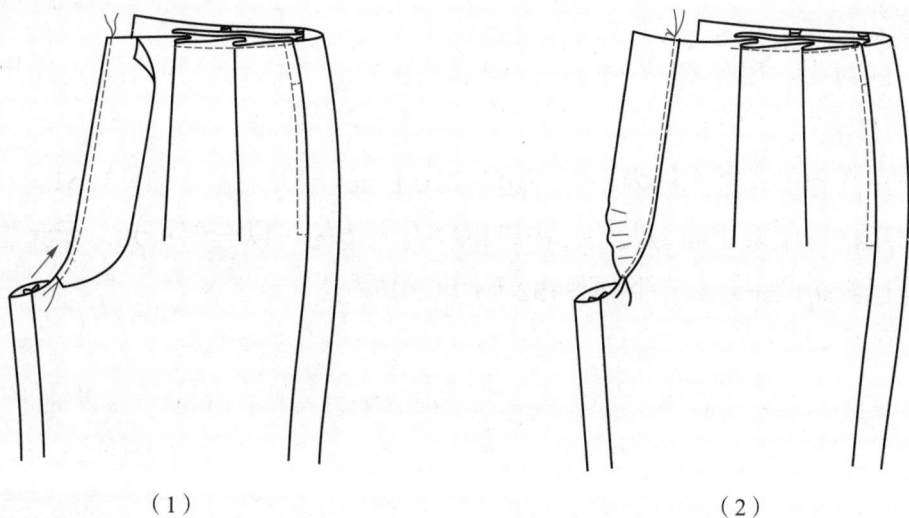

（1）　　　　　　　　　　　　　　　　　　　（2）

图 3-44

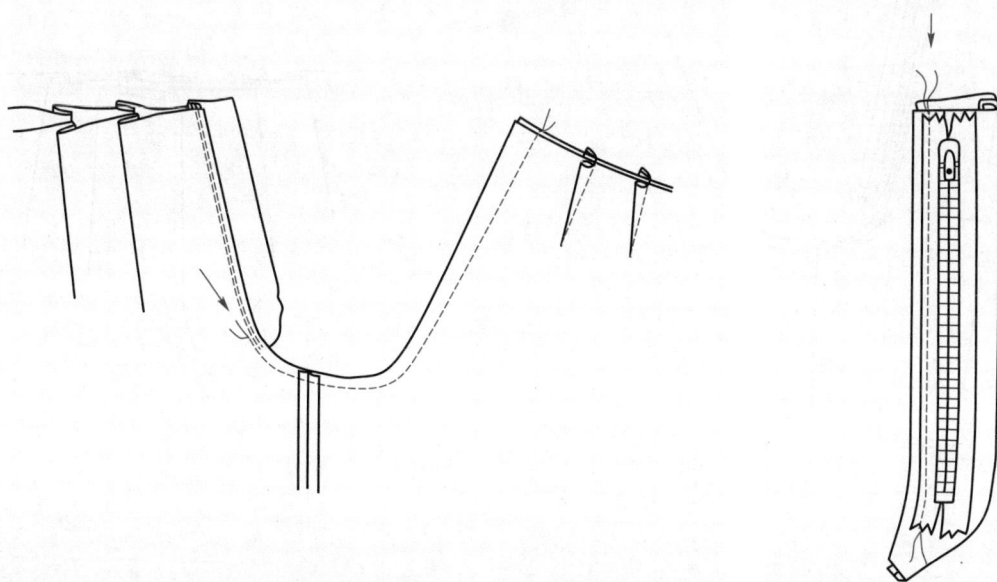

图 3-45

图 3-46

5. 装里襟　将右裤片里襟处的毛缝稍折转0.2～0.3 cm，折转后烫平，盖过原来固定里襟拉链的缉线，从腰口向下缉0.1 cm清止口，见图3-47。

6. 装门襟拉链　将拉链拉合，门襟止口盖过里襟处缉线，上口0.3 cm，下口0.1 cm，用搛线固定，见图3-48。或翻到反面，将拉链在门襟贴边的进出高低位置做好标记。按拉链在门襟的正确位置缉线1～2道，将拉链固定到门襟贴边上，见图3-49。如拉链装到小裆弯势处，拉链下口边道拔弯，以符合小裆弯度。装拔弯部位时，要稍微带紧，使齿牙平服。

7. 装好拉链后的门里襟　为了使缉线能靠近拉链齿，可用半爿压脚进行缝缉。半爿压脚有左右之分，适用于不同方向的需要，见图3-50。

（九）做串带襻和腰头

1. 做串带襻

（1）正面对折，串带襻宽0.8 cm，缉缝头0.3至0.35 cm，并将缝头分开烫平，见图3-51。

（2）将正面翻出，缝头居中，沿两边各缉0.1 cm止口一道，见图3-51。

（3）串带襻可以采用简易做法。串带襻料有光边的可以三层折光，无光边的可以四层折光，两边缉0.1 cm止口，见图3-52（1）（2）。

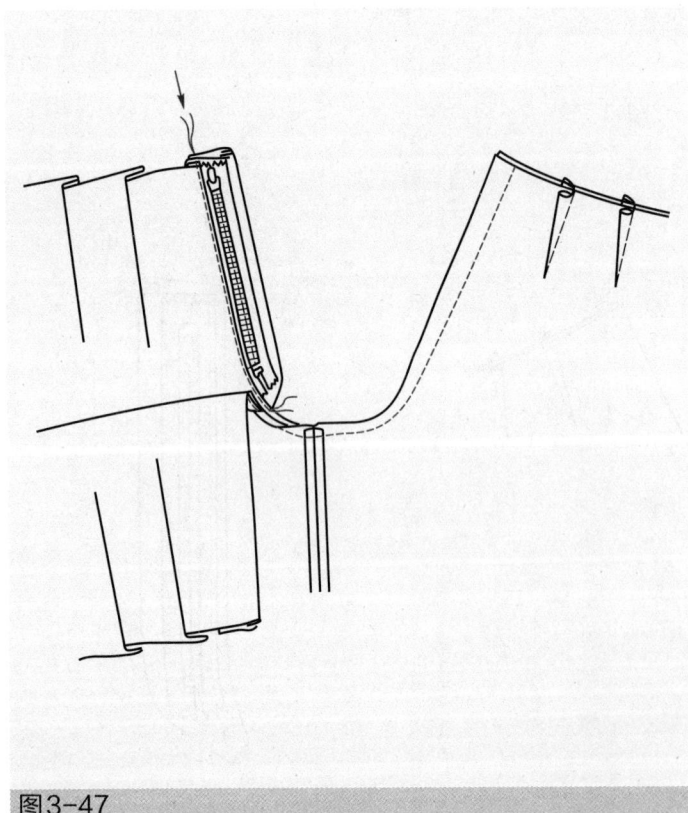

图3-47

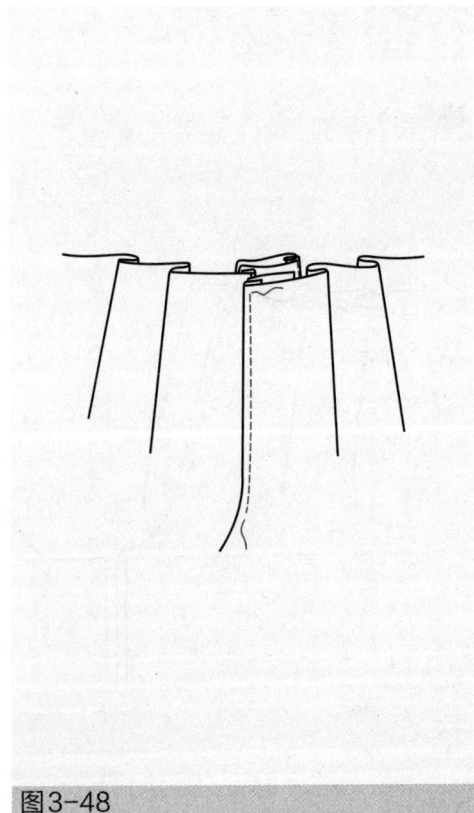

图3-48

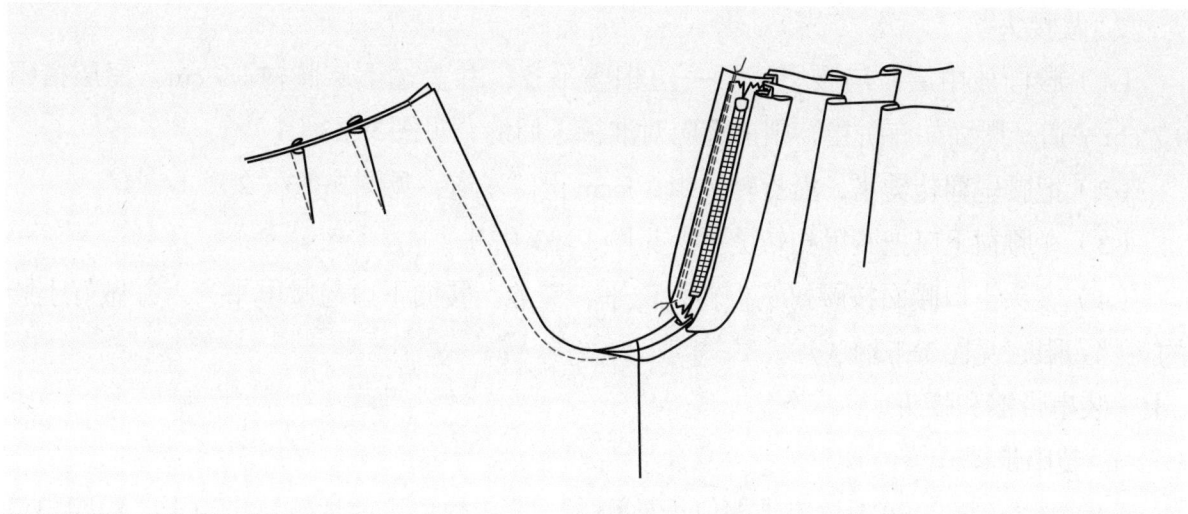

图3-49

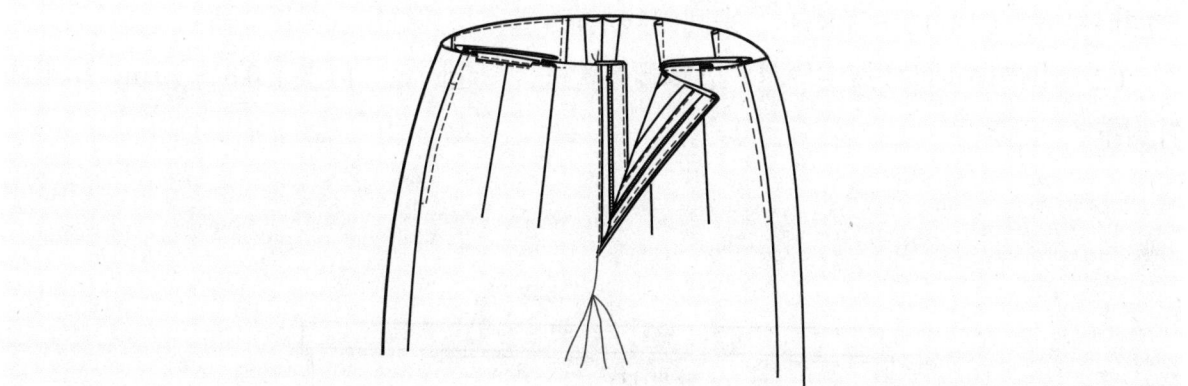

图3-50

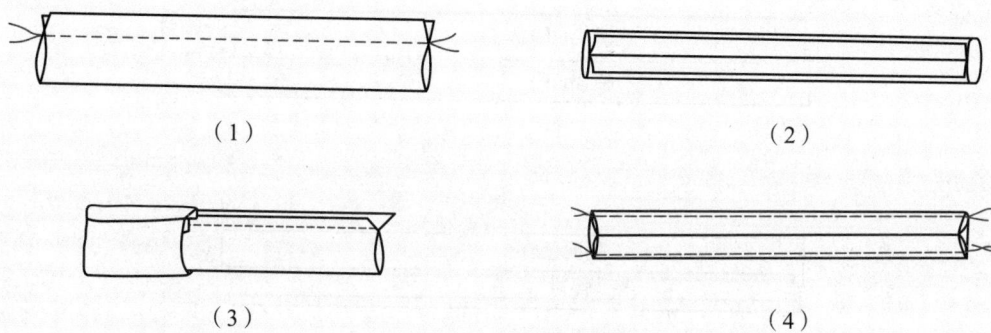

（1）

（2）

（3）

（4）

图3-51

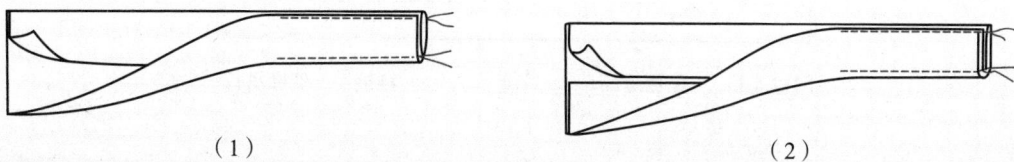

（1）

（2）

图3-52

2. 做腰头

（1）腰面放中层，与腰里正面一边相叠平齐，并盖过下层腰衬1.5 cm。三层搭缉0.7 cm一道。腰面如有拼接，则拼缝应对准裤子后缝，见图3-53（1）。

（2）把腰里翻转烫平，沿折转边缉0.1 cm止口一道，见图3-53（2）。

（3）在腰衬下口把腰里扣转烫平，见图3-53（3）。

（4）腰头上口腰面按腰衬宽折转，烫平、烫煞。腰面下口与腰里平齐，并做好上腰的对档刀眼，见图3-53（4）。

（十）装串带襻和腰头

1. 装串带襻

（1）从左到右，第一根串带襻位于前裥上，第二根位于前片侧缝止口上，第四根位于后缝居中，第三根位于第二根和第四根中间，其余三根与左面位置对称。串带襻一端与腰口平齐，向下1.6～1.8 cm，来回缉线4至5道，将其缝牢，见图3-54。

（2）串带襻也可按规定位置，边装腰边塞进，一起固定。再坐下0.8～1 cm，缉来回针封牢。

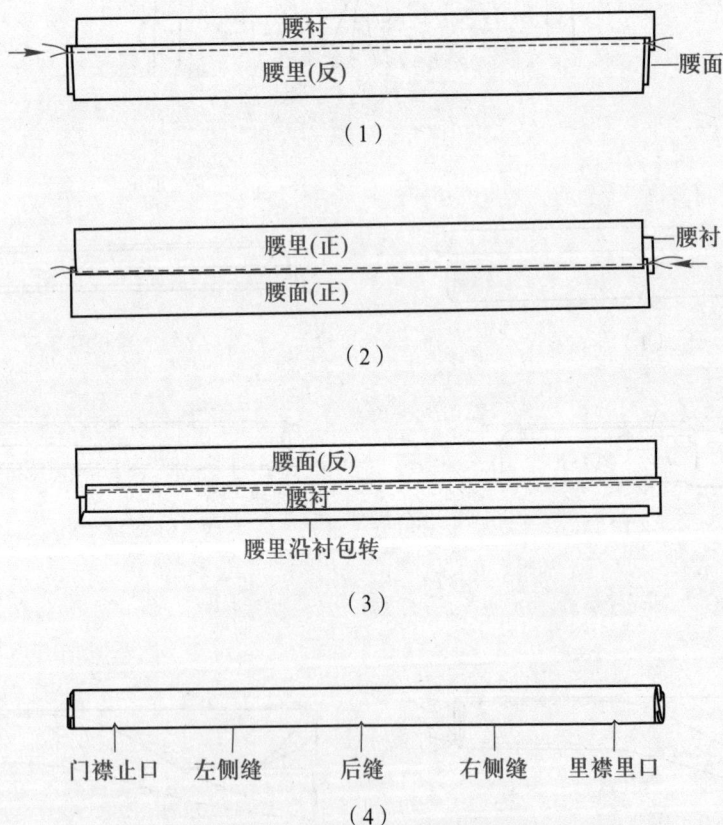

图3-53

2. 装腰头

（1）装腰头时，前平、中（侧缝左、右各1 cm）微松，后（臀部上口）稍紧，使腰头上口顺直，前后平服，臀部饱满。

（2）腰头里襟一端，装好四件扣裤襻后，再封口翻转。裤襻位置居中在腰面，平齐里襟里口线，在安装位置反面垫好衬头。

（3）腰头门襟一端，将夹里和衬头修成与门襟止口平齐，上口留腰面缝头，同样垫衬头，装好四件扣裤钩。裤钩位置居中在腰面，离开止口0.8 cm左右，见图3-55。

男西裤也可以采用普通的裤钩襻，但现在男西裤大多用的是四件扣，钩、襻均配上相应的固定片，把钩、襻插进固定片上进行固定，无须缝针，简化了工艺。

3. 压腰头　在压腰头之前可先将腰头撩好，然后从门襟开始向里襟方向用别落缝将夹里固定。压腰头时，下层夹里要稍拉紧，面子用镊子钳推一把，防止产生涟形。既不可将腰面缉牢，又不能离开腰面太开。反面腰里余势顺直，见图3-56。

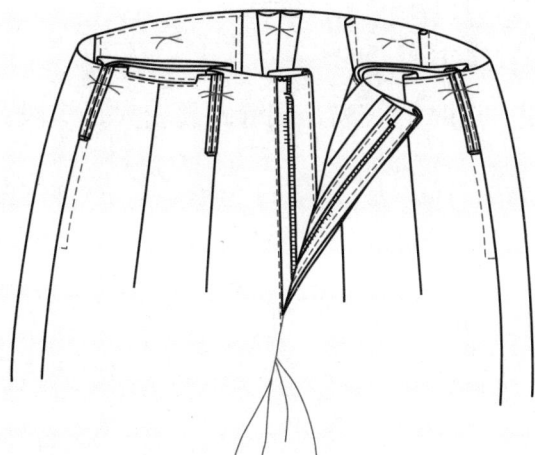

图3-54

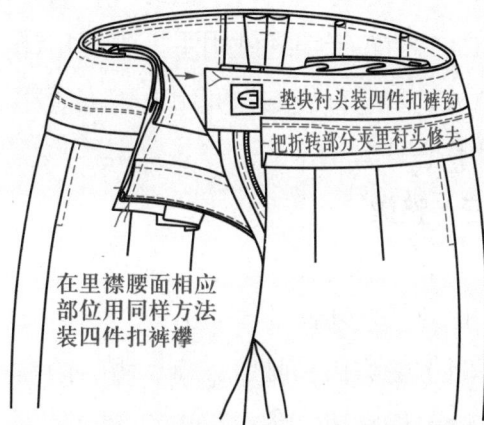

图3-55
一垫块衬头装四件扣裤钩
把折转部分夹里衬头修去
在里襟腰面相应部位用同样方法装四件扣裤襻

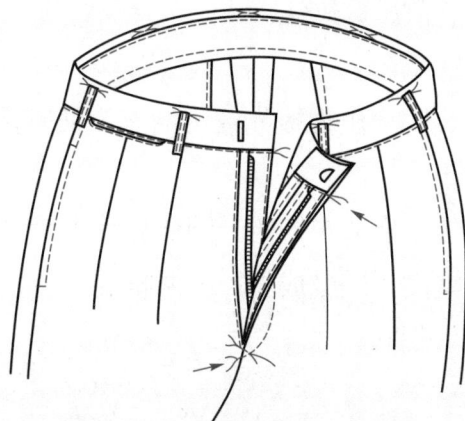

图3-56

4. 压串带襻　将串带襻向上翻平、放正，在离开裤腰上口0.6 cm处，将串带襻缝子折转，压缉0.1 cm止口，来回缉线4至5道，将串带襻上口封牢。缉线反面正好在腰面面料坐向腰里0.8 cm的里侧，紧靠夹里止口，但不能缉到夹里。串带襻长短要一致，见图3-56。

（十一）门襟缉线、封小裆

1. 门襟缉线　门襟贴边处腰头毛缝折光，与门襟贴边宽度平齐，沿裤片门襟止口将门襟贴边翻进，里襟拉开，从小裆封口位置以下0.8 cm开始，按门襟造型向上缉至腰口或腰节。如缉至腰节，裤腰部分用手工缲牢。

2. 封小裆　里襟放平，门襟略盖过里襟里口直线，校准门里襟长度，门襟应比里襟长0.15 cm。在小裆封口位置来回缉线4至5道封牢，也可以打套结封牢，见图3-56。

（十二）手工

（1）根据裤长规格，即脚口贴边线钉位置，把贴边翻上，先用攥线定位，然后绷三角针。

（2）裤腰门襟上口、里口用手工缲牢。

（3）后袋口两端、小裆封口、侧缝直袋上下封口可用手工打套结。

（4）裆底十字缝可用手工绷三角针，或用缲针缲牢。

（5）侧缝直袋如先兜缉好来去缝第二道缉线，这时缝线离开侧缝距离较大，这段空当用手工缲牢。

（十三）整烫

烫前把所有线头剪净，攥线拆干净。

1. 熨烫步骤

（1）烫袋口、腰口、裥、省、门襟、里襟、小裆。

（2）烫腰里、袋布。

（3）烫裤脚。

（4）烫下裆缝、前后烫迹线。

（5）两格合齐，烫侧缝、前后烫迹线。

2. 整烫方法

（1）正面熨烫要盖水布，防止出现极光或污渍。为使熨烫部位尽快烫干、烫煞，用水布烫定型后可换用干布烫干。

（2）根据不同部位的需要，借助布馒头、圆烫凳等工具进行熨烫。

（3）严格按照归拔要求熨烫。熨烫成型后，两格要对称，并与人体形状相符。

其他方法与女裤整烫方法相同。

第三节　西裤常见缺陷分析

一、腰头还口

腰头上口向外松开，不贴身，见图3-57。

1. 产生原因

（1）腰口尺寸做小了，装腰时腰口拉还。

（2）腰头尺寸配大了，按腰急领怠原则就是腰口总是略配大于腰头，领口总是略配小于领头。

2. 修正方法

（1）腰口有左右侧缝、前后裆缝、省裥缝合后组成。每个缝合部位都要严格按照裁配时所配置的缝份进行缝合，不能把腰口尺寸做小了。

（2）腰头尺寸略配小于腰口尺寸，这样装腰时腰头略带紧一些使腰口有层势，腰头装好后自然向里倾斜而能贴身。

二、腰头起涟

腰面不平整，有起涟的斜纹，见图3-58。

1. 产生原因

（1）装腰时腰面腰里松紧不一致。

（2）腰面、腰里、腰衬取材丝绺不匹配。

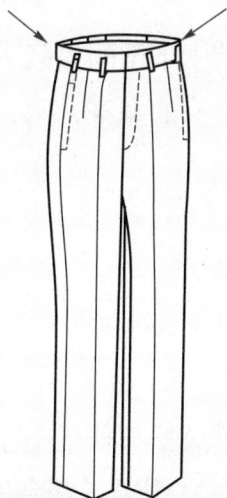

图3-57

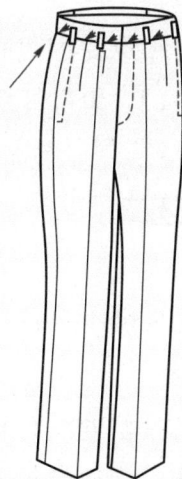

图3-58

2. 修正方法

（1）装腰里时腰面在上无论压缉或漏落缉都用镊子钳辅助推送上层，使上下层松紧达到一致，就能防止起涟。

（2）裁配时腰面用直料，腰里合适用横料或斜料，衬如是有纺衬与装腰里一致。

三、腰左右大小

腰头前后不居中，左右不对称。

1. 产生原因

（1）左右省裥大小、左右侧缝和门里襟缉缝大小不一致。

（2）装腰时左右松紧不一致。

2. 修正方法

（1）所有缝份、省裥大小都要严格按照裁配的设置进行缝合。

（2）装腰前检查腰头与腰口是否相配，并且腰头做好对档标记，这样装腰头容易掌握松紧，就能避免出现此类缺陷。

四、门、里襟有长短

门、里襟一长一短，见图3-59（此图显示的是门襟长于里襟）。

1. 产生原因

（1）装门里襟时有松紧，装门里襟拉链时有松紧，侧开门时缝缉侧缝或装袋时有松紧。前开门缉前后裆缝时上下层有松紧，十字缝未对齐。

（2）装腰时门、里襟处缝份有大小，腰头有宽窄。

2. 修正方法

（1）在没有特殊要求的情况下，注意在缉缝时都要保持上下层的松紧一致。

（2）装腰时门、里襟处缝份大小要一致。装腰前检查腰头的宽窄，两头是否一致。

五、侧袋袋口还口

袋口松，与侧缝不吻合，袋垫外露，见图3-60。

1. 产生原因

（1）前裤片袋位处没有归直或袋布牵带未敷紧，袋口就会松与侧缝不吻合。

（2）袋垫布与后侧缝缉合时松紧不一致。只要有其中一片缉紧了都会使侧缝长度短于袋口长度，袋口就会还口。

2. 修正方法

（1）前裤片袋位处归直定型，袋布牵带用直丝并要敷紧。

（2）袋垫布与后侧缝缉合时松紧一致。

六、后袋豁口

后嵌线不平，后袋口露出袋垫布，见图3-61。

1. 产生原因

（1）缉嵌线和垫布时走廊未按两头宽，中间窄的要求缉线。

（2）缉门字暗线时，袋上口未向中间推弯。

（3）嵌线还口。

（4）袋布上层紧下层松。上层袋布紧了影响到裤片袋口带紧，后嵌线就不平豁开。

2. 修正方法

（1）缉嵌线和垫布的袋口走廊在两头按嵌线宽，中间则要比嵌线窄0.1 cm左右。

（2）缉门字暗线时，袋上口中间向下推弯，袋上口中间到两端呈弧形向下，与袋下口嵌线中间会交错0.3 cm左右，但当裤子垂直提起或穿着后，袋上口会略微向上，这样就能达到与袋嵌线吻合不豁开的效果。如果没有在袋口走廊中间缉线0.1 cm和袋上口中间向下推弯的处理，袋口中间就没有交错的量，后袋口就会豁开。

（3）嵌线料取直丝并粘牵带，封袋口两边三角时嵌线宜适当拉紧些。

（4）兜缉袋布要放平整，使上下层袋布松紧一致。

图3-59

图3-60

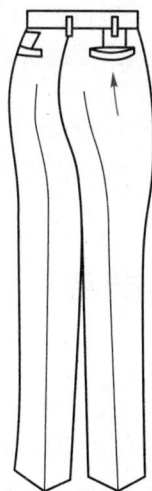

图3-61

七、省缝不平

省缝起涟或不顺，省尖起泡。

1. 产生原因

（1）缉省缝时，横直丝绺未放正。

（2）缉省不顺，省头未缉尖。

（3）熨烫省缝时，省尖没烫散、烫匀。

2. 修正方法

（1）省缝横直丝绺要归正放平缉准。

（2）缉省要顺直，省头要缉尖。

（3）省缝要烫平，省尖要烫散、烫匀、烫煞。

八、夹裆

裆部不平服、起皱，见图3-62。

1. 产生原因

（1）后裆横丝绺未拔开，臀部未推胖。

（2）后裆缝裆部缝份过大，后裆缝裆部一段是凹势大的弧形，放缝多了，内弧毛缝长度远短于外弧净缝长度，这样会使裆缝吊紧不平。裆部缝份未拔宽，缝份分烫后也会吊住。

2. 修正方法

（1）要注重对后裤片的归拔，尤其是合体的西裤，后裆横丝拔开能使裆缝适当增长，臀部推胖就不会对后裆产生牵拉。

（2）把后裆缝裆部缝份修小，在分烫缝份前，裆部缝份外口先拔宽。缝份只有在直缝处能多放，比如在西裤后裆缝上端往往会放2.5 cm左右，而在后裆缝裆部弧线开始就只能放0.8 cm左右，后裆缝从2.5 cm斜向0.8 cm逐步减少。后裆缝上端多放，是为了腰围不够时能有调节放大的余地。

九、下裆起吊

下裆缝吊紧，两边起涟形，见图3-63。

1. 产生原因

（1）中裆凹势没有拔直，烫迹线没有归拢。

（2）下裆缝缝份太宽，缝份外端靠拔烫在分缝后仍达不到与裤片长度贴合的效果，所以会起吊紧的作用。在一些服装的内缝中，在有凹势的部位缝份常常剪刀眼，是为了刀眼处能拉开以减少牵吊。在有凸势的部位缝份也常常剪刀眼，是为了刀眼处能交叉以减少折叠厚度。这些处理都是为使服装造型更加平服。当然不是内做缝、没里子、面料易散丝的情况下则不适宜剪刀眼，就要用归拔或减小缝份量的方式来解决处理。

（3）下裆缝缉线紧，实际上就是缩短了下裆缝的长度，使下裆缝起吊，又使两边起涟形。

2. 修正方法

（1）加强裤片归拔使归拔到位定型。

（2）减少下裆缝缝份，就不会产生对下裆的牵吊。

（3）下裆缝缉线调松，调节到与布料松度一致。在没有特殊要求的情况下，缉线前都应该做好这样的处理，使缉线松紧适度。

十、烫迹线外撇

裤脚不顺直，向外偏斜，见图3-64。

1. 产生原因

（1）合缉侧缝有松紧，后片松于前片。合缉下裆缝有松紧，前片松于后片。

（2）下裆缝拔得太宽。

（3）装腰时侧缝处缝份过大，腰口侧缝处缝份大了与喇叭裙提峰原理一样，等于在侧缝处设了一个提峰点，使烫迹线受到牵拉而向侧缝方向偏移。

2. 修正方法

（1）合缉侧缝、下裆缝应该松紧一致。

图3-62

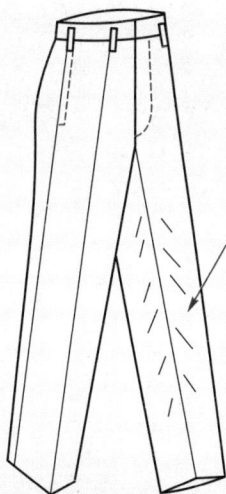

图3-63

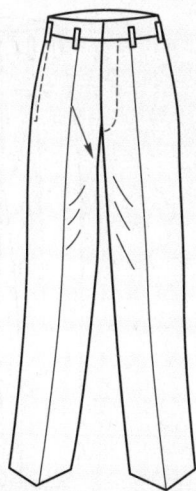

图3-64

（2）下裆缝拔量要适度。拔量大了会使烫迹线向侧缝方向偏移。

（3）装腰时腰头腰口都要按裁配时的缝份进行缝合。

十一、烫迹线内撇

裤脚不顺直，向内偏移，见图3-65。

1. 产生原因

（1）合缉侧缝有松紧，前片松于后片。合缉下裆缝有松紧，后片松于前片。

（2）下裆缝未拔开。

（3）装腰时门里襟处缝份多，侧缝处缝份少。

2. 修正方法

（1）合缉侧缝、下裆缝应该松紧一致。

（2）下裆缝要拔开，不拔开会使烫迹线向下裆缝方向偏移。

（3）装腰时腰头腰口缝份放齐，缝合时整个腰围缝份大小都要一致。

十二、裤脚前后（亦称跑路）

裤子垂直提起，两裤脚一前一后，见图3-66。

1. 产生原因

（1）裤片拔裆不一致，产生后烫迹线有长短。

（2）缉前后裆缝时，上下两片有松紧，下裆十字缝未对齐，误差过大。

（3）装腰时，前后腰口烫迹线处缝份有大小。

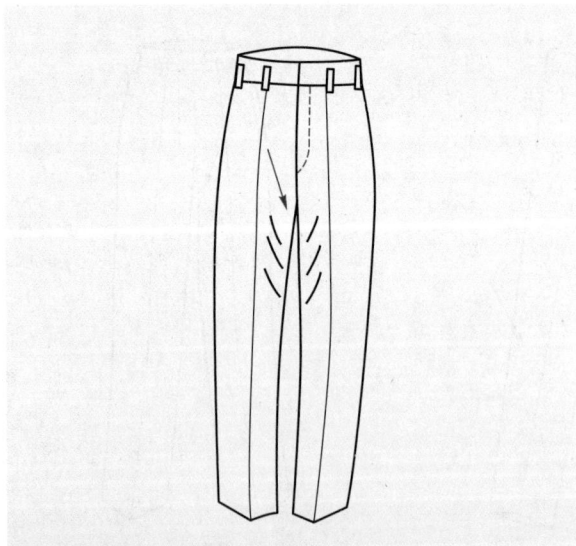

图3-65

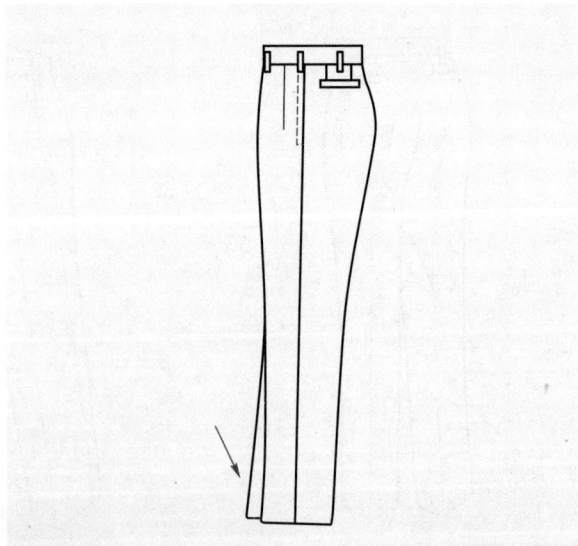

图3-66

2. 修正方法

（1）裤片归拔时，通常是对称两片合在一起归拔的，要防止在归拔时上下两片移动，而且两面都要归拔，防止有松紧，归拔后两片仍保持对称性。

（2）缉前后裆缝时，上下两片松紧必须一致。下裆十字缝对齐，不能错位。

（3）装腰时，要注意腰口前后烫迹线处缝份大小一致。

第四节　西裤局部变化与款式变化

一、斜插袋

前开门西裤左、右袋操作方法一样，图示以左袋为例。装斜袋与装直袋方法不同，侧缝不要先缝合。

方法一：

（1）斜袋布做法与直袋布一样。但是要在袋垫上口做好斜袋斜度大小的标记，即袋口位置，见图3-67。

（2）裤片袋口下封口处剪一刀眼，刀眼向下斜剪，以便封下袋口时能封牢贴边。把袋布的斜袋口与前裤片侧缝袋口净线放齐，沿前裤片袋口锁边线搭缉一道，见图3-68。

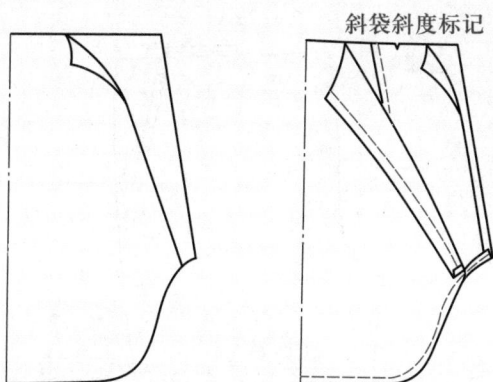

斜袋斜度标记

图3-67

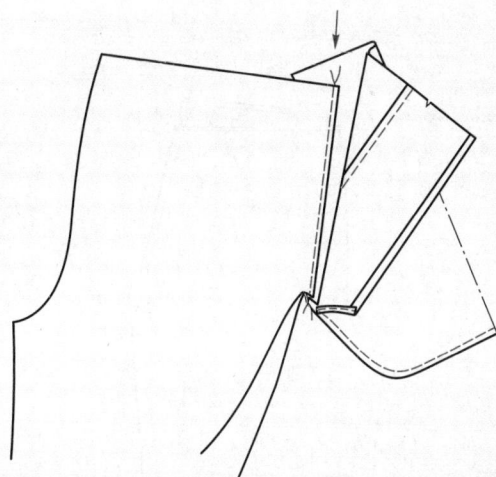

图3-68

（3）把袋口烫平，正面缉0.7~0.8 cm止口直线，缉至袋下封口处。可以一直斜缉下去，也可以直角转弯缉线。由于袋口处是斜料，注意防止缉线后袋口起涟形，见图3-69。

（4）把袋垫布放平，上袋口按斜袋位置放正，把后袋布拉开，袋垫布与下袋角侧缝固定。并做好缉侧缝的标记线，使下袋角不露毛口，见图3-70。

（5）缝合侧缝时，注意拉开后袋布。缉线缉在紧靠前面做的侧缝标记线的里侧，见图3-71。

（6）侧缝烫分开，后袋布袋口扣光，覆盖在后裤片与袋垫布的分开缝上，沿袋口扣光的边上缉0.1 cm止口。方法同直插袋。

（7）翻到正面，把袋口与袋垫布上的斜度标记放齐，缉上、下封口。

方法二：

有的斜插袋，可在前片斜袋口装贴边，并形成一条嵌线状，以增加装饰感。

（1）因袋口装出嵌线，所以裤片斜袋口位置比实际袋口位置缩进0.4 cm（嵌线宽度取0.4 cm）并放出1 cm缝份，其余部分修去。同时前袋布袋口也放出0.6 cm。见图3-72（1）。

（2）把后袋布拉开，前袋布与裤片反面相叠，袋口贴边与裤片正面相叠，都平齐裤片袋外口，三层一起缝合，在贴边嵌线部位可粘上粘胶牵条，以增加嵌线的饱满度。见图3-72（2）。

（3）缝份均向裤片坐倒，如要减少厚度，可把袋布一层缝份留0.15 cm后其余修去或袋布直接与贴边拼接。袋口贴边折转坐出嵌线宽度0.4 cm后烫平。并在正面袋口位置缉0.1 cm止口，同时把嵌线固定。见图3-72（3）。

其他步骤均同方法一。

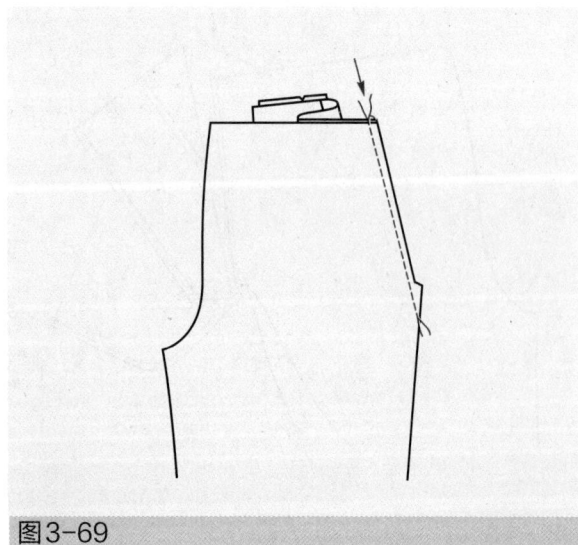

图3-69

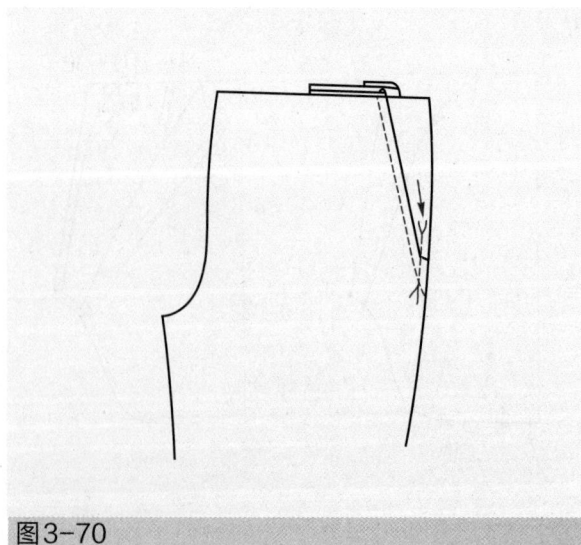

图3-70

二、后袋

（一）有袋盖的后袋

1. 做袋盖

（1）袋盖里比袋盖面少许配小一些，袋盖面、里正面相叠放齐，三面兜缉0.8 cm。两端圆角层势一定要放好，以防袋盖翻翘。夹里在上缉线，层势不易移动。缉好后可根据面料厚薄、松紧性能，将缝头再修剪到0.5 cm左右，圆角处缝头只要0.3 cm左右，见图3-73（1）。

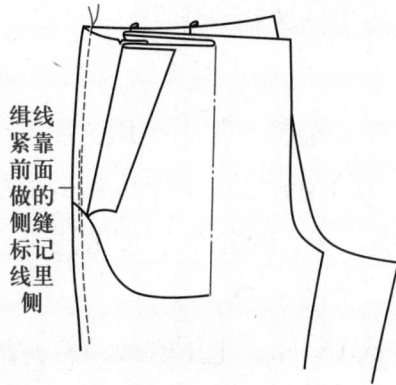

图3-71

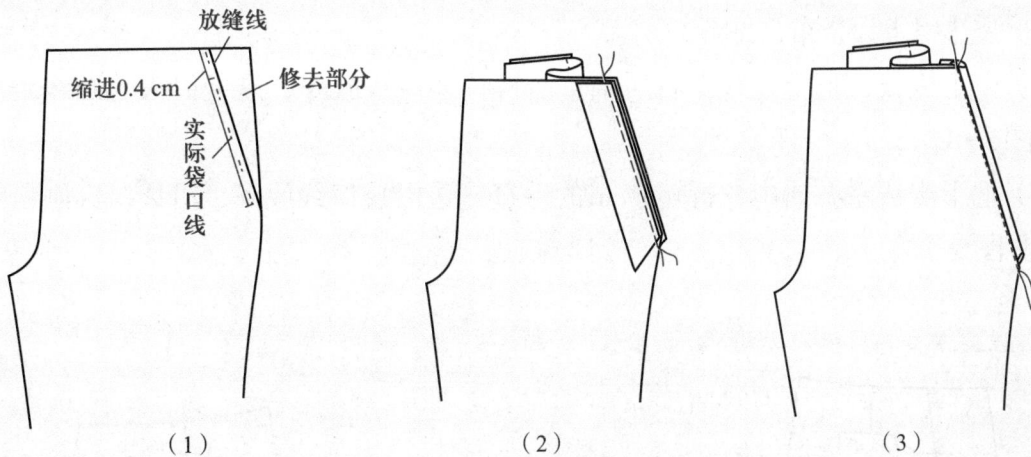

（1）　　　　（2）　　　　（3）

图3-72

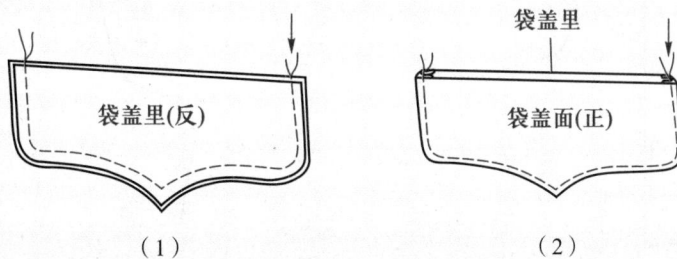

（1）　　　　　　（2）

图3-73

（2）袋盖翻到正面，夹里坐进0.1 cm，烫平。三周也可缉止口，见图3-73（2）。

2. 开后袋

（1）将袋垫布先固定在袋布应有的位置，见图3-74。

（2）将袋盖代替原袋垫的位置缉线，见图3-75。

（3）袋布如用简便方法闷缉，可用一连口袋布，袋布两边毛缝折光合拢，折缝0.8 cm，闷缝0.3 cm。闷缉时下层袋布要拉紧，防止上紧下松。可不用来去缝，见图3-76。

（4）门字形封口可用暗缉，也可用明缉。后袋盖尖角中间锁扣眼一只，离尖角0.8 cm，眼大1.5 cm。在袋的相应位置钉纽扣一粒，见图3-77。

其他步骤的方法同一字嵌线袋的缝制方法。

（二）双嵌线后袋

双嵌线袋运用很广泛，在裤装裙装上常常运用，在上装上也有运用，嵌线的宽窄根据需要而定，嵌线的做法可以如前面介绍的一字嵌线的分缝做法，也可以用简易的坐倒做法。下面以嵌线坐倒做法为例，介绍双嵌线后袋做法：

（1）上下嵌线各粘衬2 cm，见图3-78。

（2）双嵌线后袋每边嵌线宽0.5 cm。上下嵌线布粘衬部位分别折转1 cm，烫平，上嵌线双层1 cm，修齐，并在上下嵌线1 cm居中画好袋口线，见图3-79。

（3）裤片反面开袋位粘衬，并且固定下袋布（小），见图3-80。

（4）袋垫缉上大袋布，见图3-81。

（5）缉上嵌线，把上嵌线左右居中，沿裤片袋口线放齐，沿袋口大的画线缉上裤片，见图3-82。

（6）把下嵌线左右居中，折转1 cm的毛缝一边沿袋口线放齐，沿袋口大画线缉上裤片，见图3-83。

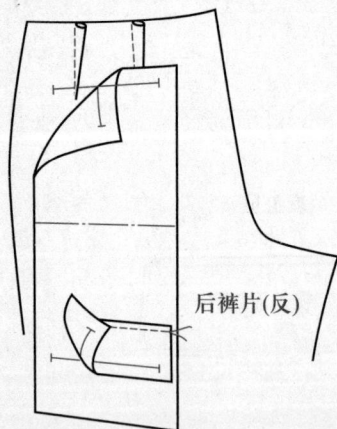

图3-74

后裤片(反)

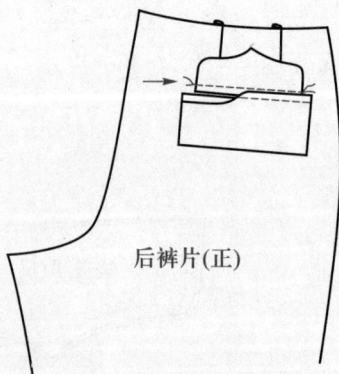

图3-75

后裤片(正)

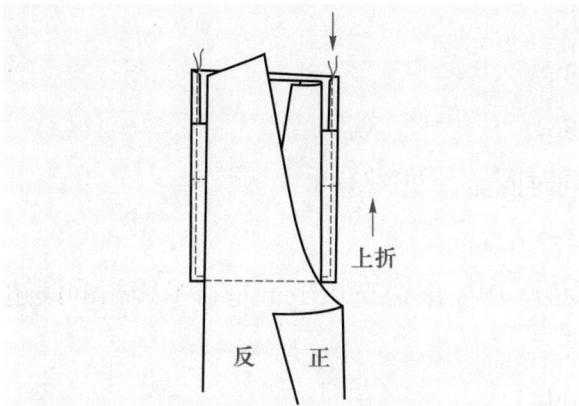

图3-76

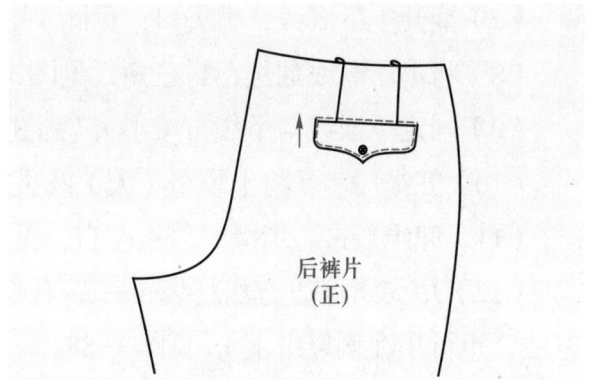

图3-77

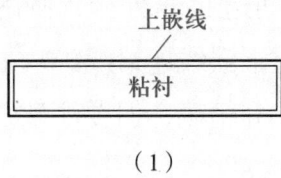

（1）

图3-78

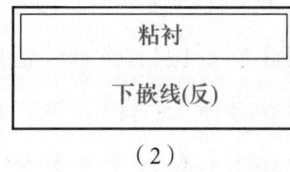

（2）

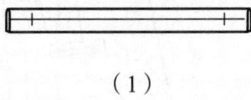

（1）

图3-79

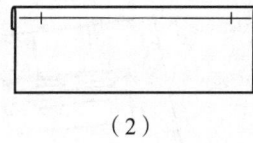

（2）

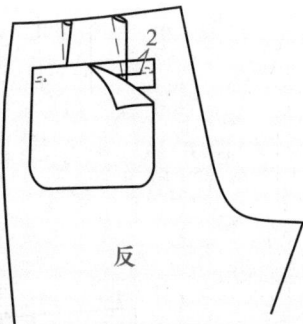

图3-80

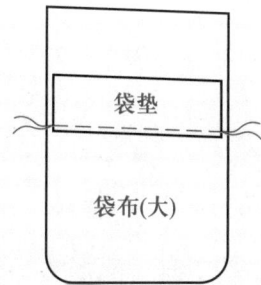

图3-81

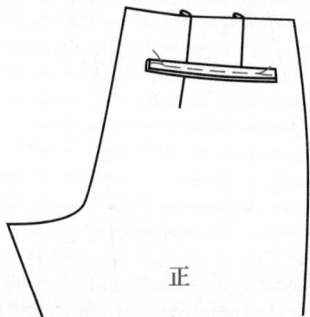

图3-82

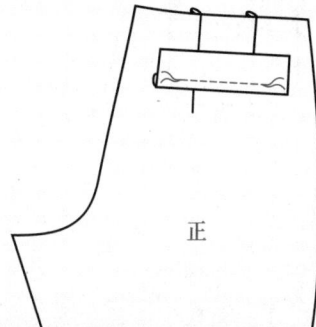

图3-83

（7）翻开上下嵌线，剪袋口，见图3-84。

（8）将上下嵌线翻进，封三角，见图3-85。

（9）固定下嵌线与下袋布（小），见图3-86。

（10）兜缉门字。将上袋布（大）及袋垫同时固定，见图3-87。

（11）兜缉袋布。缉缝1.2 cm左右，见图3-87。

（12）用夹缉滚边方法将袋布三周毛边滚边一周。滚边宽0.7 cm左右（袋布的滚边方法，也可用在侧袋布上），见图3-88。

（13）袋布上口与裤片腰口固定，见图3-89。

（14）制成后的双嵌线后袋，见图3-90。

缉上下嵌线也可按以下方法处理。在距离袋口线的两边1 cm处分别画两条线，将上下嵌线的连口部位分别对准这两条画线放齐后，距离上下嵌线连口线0.5 cm分别缉线即可。这样处理嵌线比较方便，嵌线的毛口修剪不需要十分精确，但要注意画线要清除干净，不能弄污衣料，见图3-91。

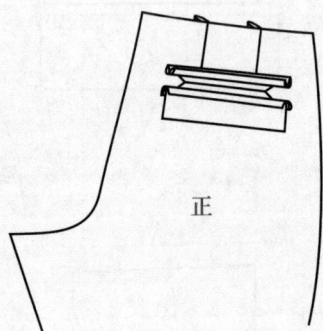

图3-84

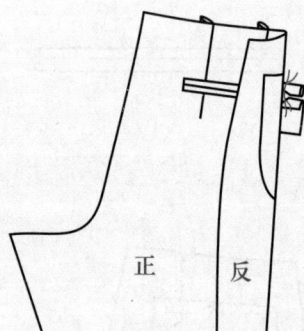

图3-85

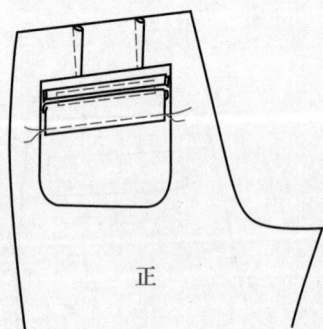

图3-86

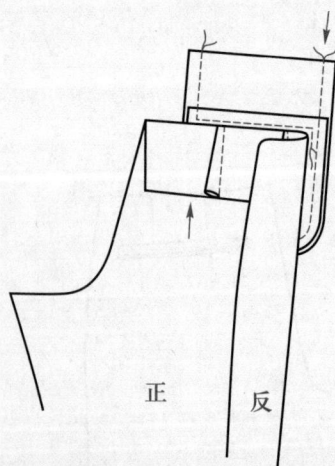

图3-87

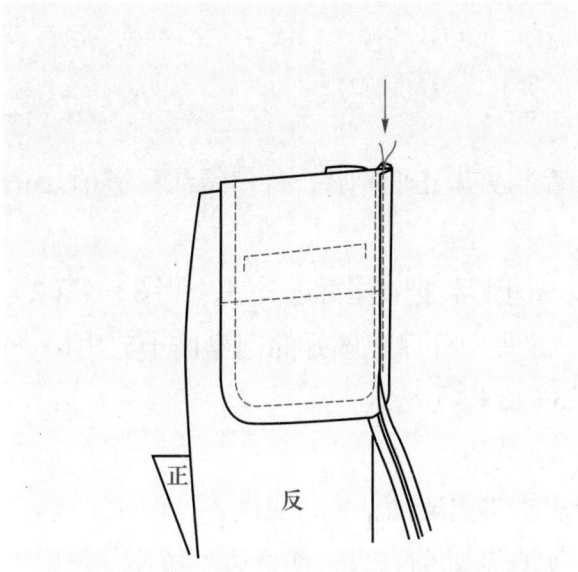

图3-88

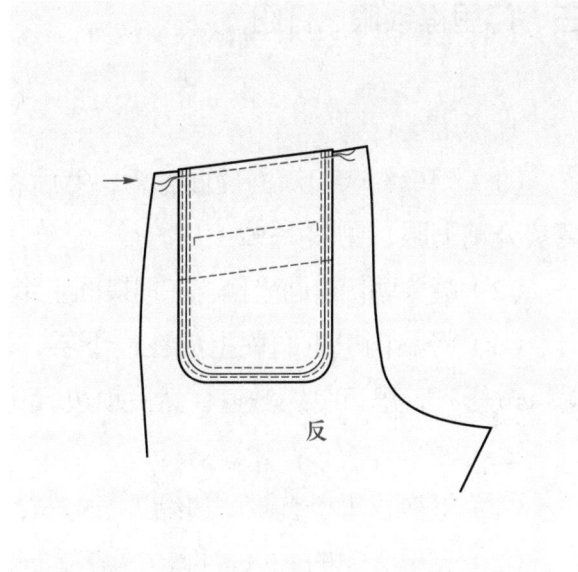

图3-89

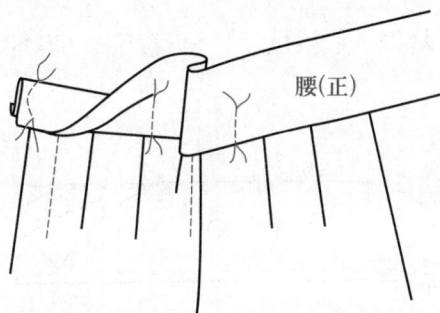

腰(正)

图3-90

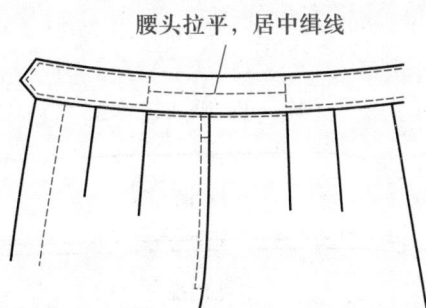

腰头拉平，居中缉线

图3-91

三、门里襟锁眼、钉纽

1. 门襟

（1）门襟衬与门襟面反面粘合，然后将门襟与夹里正面相叠，外口缉线一道 0.6 cm，弯势处剪刀眼，见图 3-92（1）。

（2）缝头朝门襟面坐倒，在门襟面上缉 0.1 cm 止口，把夹里翻进烫平，见图 3-92（2）。

（3）将贴门襟正面朝上放在最下层，里口放平，外口比做好的门襟面子放出 0.6 ~ 0.7 cm 修齐，里口缉线一道，然后锁边，见图 3-92（3）。

2. 里襟

（1）里襟衬里口装襟一边缩进 1.5 cm，与里襟夹里反面粘合，见图 3-93（1）。

（2）夹里大出的 1.5 cm 折转、粘合、烫平。弯势处剪刀眼，使折边不拉住。把里襟面子正面与里襟夹里正面相叠，里襟外口缉线 0.6 cm。箭头弯势处剪刀眼，箭头上口与腰头衔接处也剪一刀眼。此刀眼不可剪断线或剪过线，其余刀眼均离缉线一段距离，见图 3-93（2）。

（3）把止口毛缝扣转、烫平、翻出，外口夹里坐进 0.1 cm，烫平。也可在外口缉 0.1 ~ 0.15 cm 止口，见图 3-93（3）。

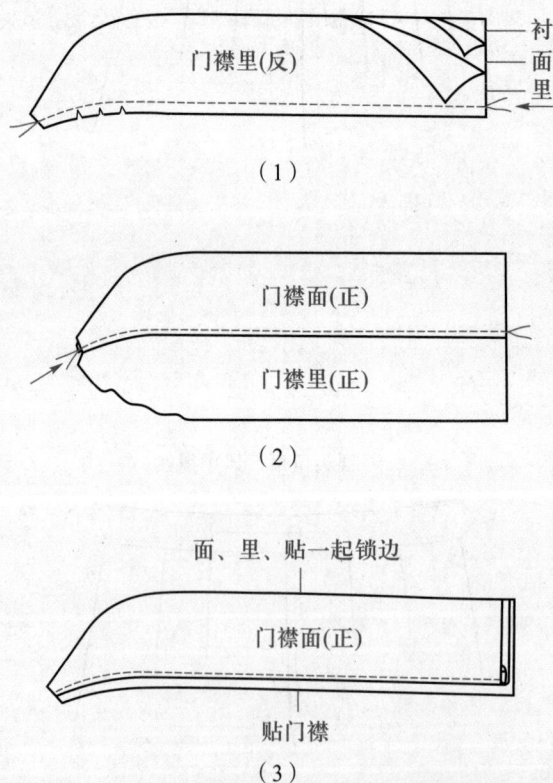

衬
面
里

门襟里（反）

（1）

门襟面（正）

门襟里（正）

（2）

面、里、贴一起锁边

门襟面（正）

贴门襟

（3）

图3-92

精制男西裤也有把里襟夹里放长，盖过裆底十字缝2 cm，以增加裆底牢度，见图3-94。

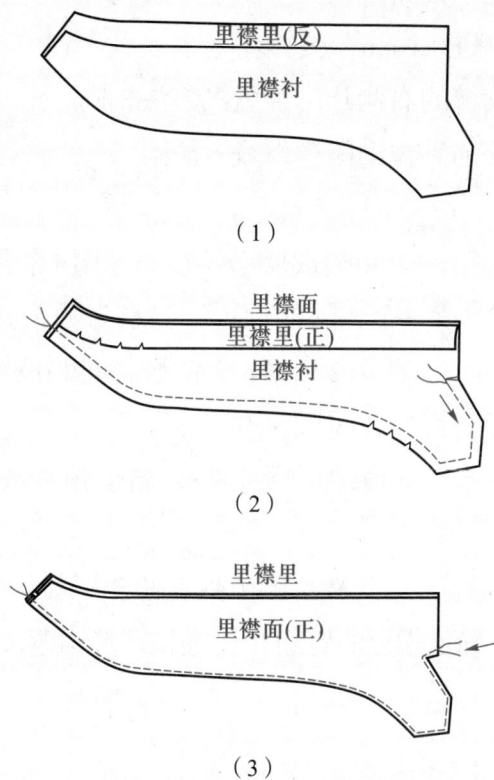

（1）

（2）

（3）

图3-93

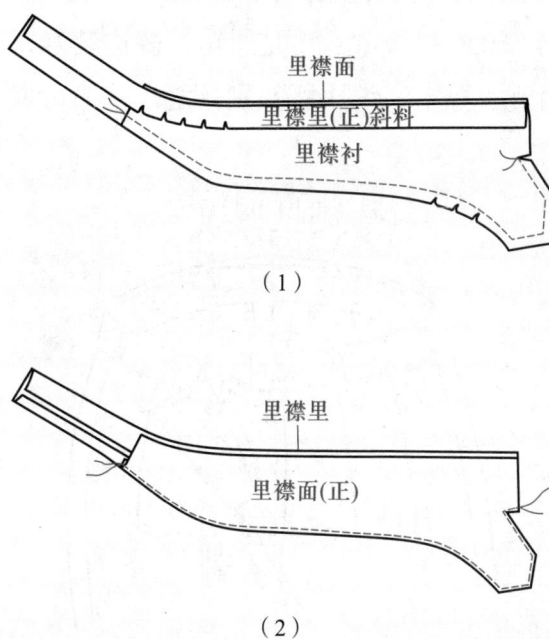

（1）

（2）

图3-94

3. 装门里襟

（1）将贴门襟与前片门襟缝合，缉线0.6～0.7 cm。将缝头朝贴门襟方向坐倒，缉坐缉缝0.1 cm。

（2）缉合前、后裆缝至小裆封口处。

（3）将贴门襟翻进，坐进0.1 cm，烫煞。

（4）装里襟方法与装女裤的右侧开门装里襟方法相同。

（5）门襟缉线封小裆，与装拉链门襟缉线方法同。

4. 锁扣眼

（1）门襟锁扣眼4个，第一个扣眼离腰节3.7 cm，第4个扣眼离下封口4.5～5 cm，中间距离三等分，确定第2、第3个扣眼的位置。扣眼为圆头扣眼，离门襟止口1.2 cm，扣眼大1.5 cm。以门襟面为正，在第2和第3个扣眼之间的位置，将门襟锁扣眼的门襟止口与贴门襟止口用手工暗针缲牢，见图3-95。

（2）里襟箭头锁扣眼一个，扣眼为圆头扣眼，离尖角1.5 cm，扣眼大1.5 cm，以靠身一面为正，见图3-95。

5. 钉纽扣　里襟纽扣4粒，左前裤片腰节处钉纽扣一粒。将门襟上口盖过里襟里口线0.3 cm，根据扣眼位置，确定相应的钉纽扣位置和钉裤钩襻位置。钉纽扣要绕纽脚，见图3-95。

四、腰头

1. 分腰头　缝合前、后裆缝前，先将腰面与裤片腰节缝合，再将前、后裆缝与后腰拼缝。注意腰面上口留开口0.8～1 cm。腰面翻转，裤钩装好，夹里复进，将全条裤腰擦好。将后拼缝处夹里折光、擦牢，缉压腰头别落缝。注意分腰头习惯上是腰头前宽后

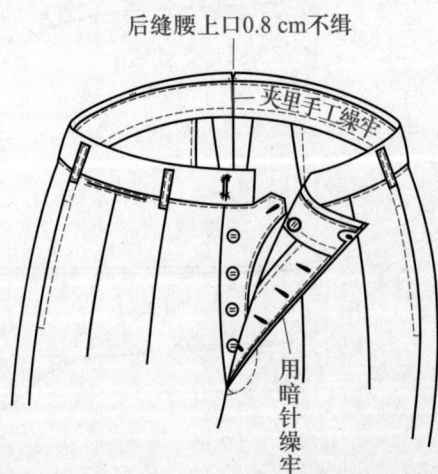

图3-95

窄，所以串带襻下口坐势要根据腰头的宽窄而不同，上口离开腰上口0.6 cm。腰带襻长度要一致，见图3-95。

2. 普通裤钩

（1）裤钩在门襟一头的裤腰宽居中放正，离开腰头边沿0.1 cm，不能外露。裤钩后端先用布条带住，将布条和裤钩均固定在腰衬上。

（2）夹里伸进裤钩与腰面边沿缲牢。

（3）在腰夹里还未复下时，在里襟一头的居中位置上，将裤襻用手工钉牢，见图3-95。

3. 装橡筋腰头　腰头装橡筋便于尺寸的调节，使腰头能比较贴合人体腰部。橡筋的位置可以全腰装橡筋，或后腰装橡筋，也可以左右两侧装橡筋。橡筋的宽度也有多种，可根据款式及各人的喜好决定。下面介绍装在腰两侧的橡筋。其他位置均可参照。

方法一：

（1）将腰头烫好，见图3-96。

（2）将橡筋与衬头交接1 cm拼好，见图3-97。

（3）将腰头与裤腰口缝合，见图3-98。

（4）再将衬头部分按指定的位置对齐装腰线，沿衬头边缘缉在装腰缝份上，见图3-99。

图3-96

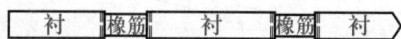

图3-97

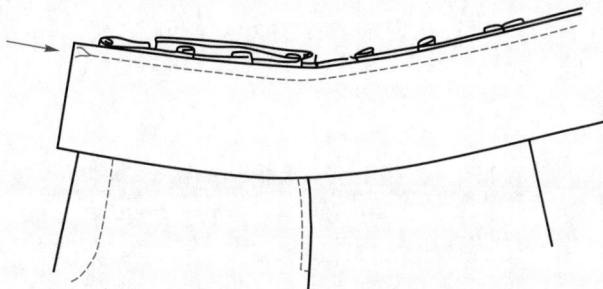

图3-98

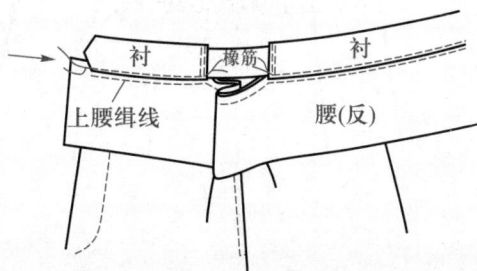

图3-99

（5）腰头两边封口，同时将橡筋两边与腰面先缉牢，见图3-100。

（6）将腰头翻正，腰头装衬头部位的四周兜缉0.1 cm止口，并将腰里同时压缉牢，橡筋部位可缉别落缝，同时将腰里压缉牢，见图3-101。

（7）在橡筋位置居中缉一道线（宽的橡筋可以中间平分缉二道线），见图3-101。

（8）橡筋收拢后的腰头，见图3-102。

方法二：

可以先将衬头部位与腰里缉线固定，然后将腰头与裤腰口缝合，腰头两边封口，腰头翻正后缉别落缝将腰里压缉牢。其余步骤均同方法一，见图3-103。

服装上经常使用橡筋的部位有裙腰、裤腰、夹克衫下摆、袖口、风衣中腰等。配橡筋长短依据人体装橡筋部位的尺寸。一般应按人体部位的实际尺寸缩减20%～25%。如裤腰70 cm，橡筋配52.5～56 cm。缩减20%～25%是因为：第一，橡筋本身质地有紧有松，紧略配大，松略配小；第二，橡筋规格有宽有窄，宽略配大，窄略配小；第三，面料的软硬、厚薄不同，橡筋尺寸也不同，一般软薄料略配大，硬厚料略配小。

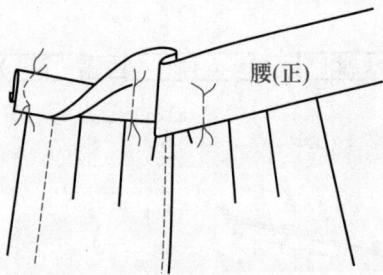

图3-100

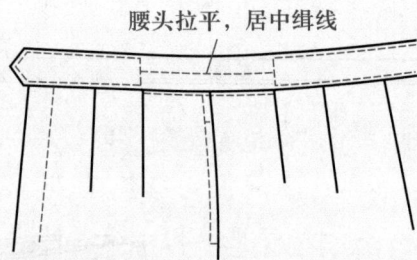

图3-101

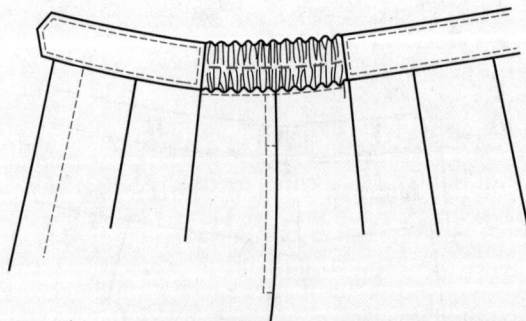

图3-102

五、装夹里和脚口的处理

1. 装夹里 现在比较高档的西裤，尤其是质地比较松软的面料，可以用装全夹里的缝制工艺，达到更好的穿着效果和对面料的保护作用。当然要求配置的夹里要薄而柔软，又滑爽。

（1）夹里至少配到膝盖以下20 cm或配到脚口贴边。

（2）西裤开门处可与裙子开门处的夹里一样处理，可用手工缲针，也可配准夹里用机缉与门里襟缝合。

（3）西裤面料装袋处，夹里只要缝合即可。

（4）夹里所有缝头只需坐倒。

（5）夹里脚口只要卷缉贴边即可。

（6）夹里腰口与面料腰口重合一起装腰。

（7）夹里与面料内外侧缝如果距离较长的话，需要找几点用滴针固定。

（8）夹里与面料脚口用线襻牵住，见图3-104。

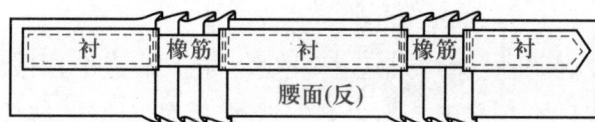

（1）

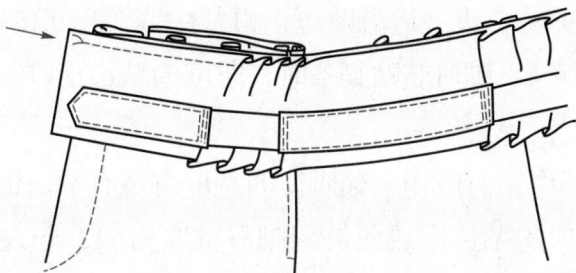

（2）

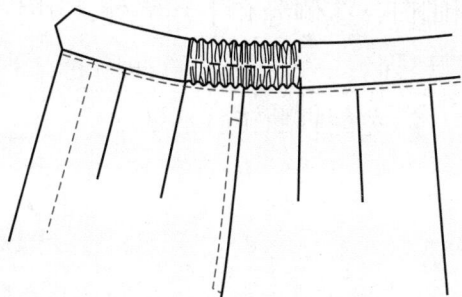

（3）

图3-103

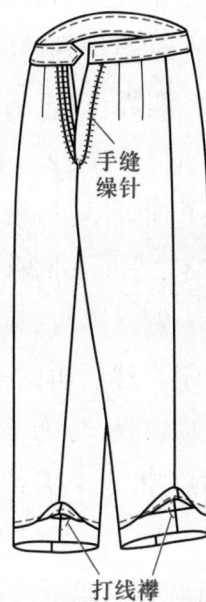

图3-104

2. 装大小裤底，膝盖绸　传统的精作工艺，西裤有装大小裤底、膝盖绸等缝制工艺，大小裤底一般采用与面料同色的羽纱、美丽绸、涤缎和尼丝纺等，膝盖绸则要用与面料同色的薄型小方绸和尼丝纺等滑爽柔软的材料。目的都是为了穿着舒适，减少这些部位穿着时的摩擦，增加该部位的牢度。安装时都先用白棉线用攘针作临时固定。目前在一些定制精作西裤中还在采用。

（1）小裤底：小裤底装在前裤片小裆处，横裆以上5 cm左右，横裆以下8 cm左右。裁配采用斜丝连口对折双层料或单层料。直丝绺放在下裆缝一边，单层料里口是毛边需折光，将小裤底与裤片缲牢。见图3-105（1）。

（2）大裤底：大裤底装在后裤片后裆处，横裆以上5 cm左右，横裆以下8 cm左右。裁配按后窿门直横丝绺，弯度比后窿门再弯出0.5 cm，单层料。后窿门处打弯的目的是使裤底宽于裤片窿门，穿着时裆底平服。在后缝缝合，后裆拔宽分开后，里口毛边折光，将大裤底与裤片缲牢。见图3-105（2）。

（3）膝盖绸：膝盖绸装在前裤片膝盖部位，长35～40 cm，在中裆上下居中。裁配丝绺可采用横丝也可采用直丝，膝盖绸上口与下口毛边折光，并缲线固定。然后放在前裤片反面，上口用面料同色线宽松地与裤片缲牢，下口不缲，使其伸缩自如。见图3-105（1）。

3. 脚口的处理

（1）贴脚条：贴脚条在做脚口时，装在后裤片贴边止口处，保护贴边不直接受到鞋跟的磨损。贴脚条一般采用面料的经纱光边，两头为尖角，除光边外均折转缝头烫平。贴脚条净宽1.2～1.3 cm，尖角毛边折光后长度比后脚口小4 cm左右。贴脚条居中裤烫迹线，在贴边折转前经纱光边向下，折转缝头一边沿贴边止口线中间装出0.15 cm，两端平齐，四周与贴边缉牢。注意翻脚口与平脚口装贴脚条时，所取的贴边止口线位置不同。见图3-105（2）。

（2）翻脚口：翻脚口在男、女西裤中常有应用，翻脚口的宽度有宽有窄，根据设计款式而定，由于翻脚口的需要，翻脚口的贴边应放两倍翻脚口宽度另加2 cm左右。以男西裤为例，男西裤翻脚口一般宽4 cm，贴边要放10 cm。先翻进去6 cm，用机缉或三角针固定。然后再向正面翻转4 cm形成翻脚口，在侧缝和下裆缝处，用手工滴针在内层将翻脚口固定，也可用机缉漏落缝将翻脚口固定。另外要注意在侧缝、下裆缝翻脚口的10 cm部位，按裁片斜度缉线，不能缉直，以免翻脚翻转后不平。

六、西裤款式变化

（一）男西裤款式变化之一

1. 外形概述　装腰头，串带襻七根，前开门，装拉链，前裤片左右反裥各一个，斜插袋各一只，后裤片左右省各两个，双嵌线袋各一个，袋口钉纽扣一粒，平脚口，见图3-106。

2. 缝制提示

（1）斜插袋袋口装嵌线。

（2）后袋双嵌线。

（3）其他缝制均参照第二节男西裤。

（二）男西裤款式变化之二

1. 外形概述　装腰头，串带襻五根，前开门，装拉链，前裤片左右横插袋各一只，后裤片近腰节处横向开刀，左右后贴袋各一只，腰头钉纽扣一粒，侧缝、裆缝、腰头、前插袋口和后贴袋均缉止口线，平脚口，见图3-107。

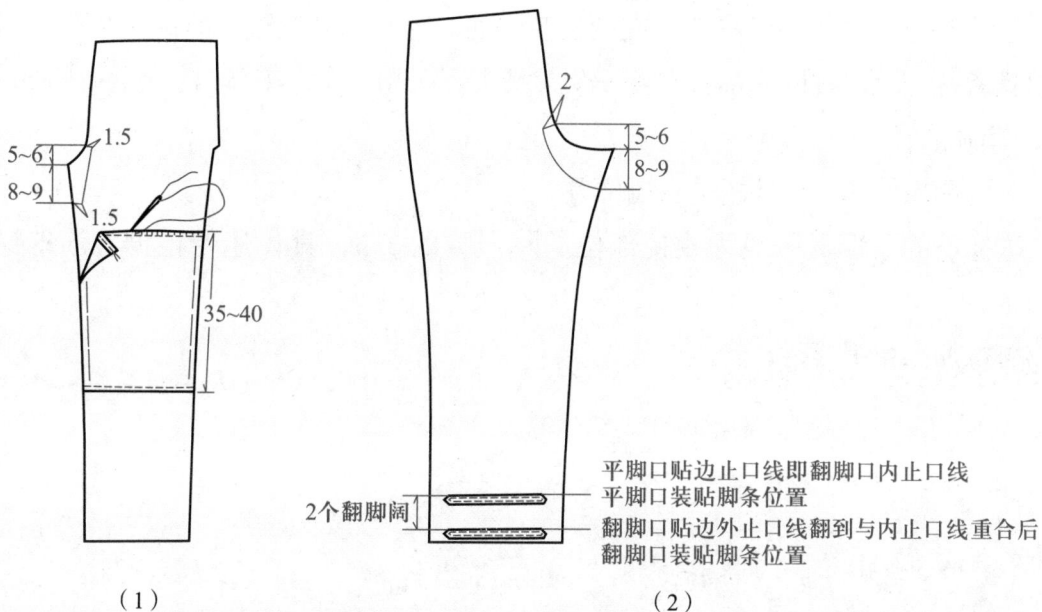

（1）　　　　　　　　　　　　　　　　　（2）

图3-105

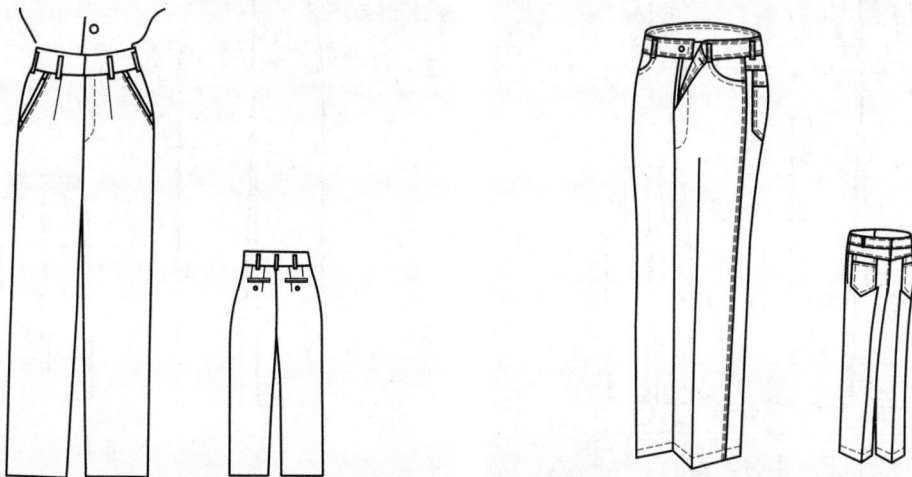

图3-106　　　　　　　　　　　　　　图3-107

2. 缝制提示

（1）注意各部位的止口缉线顺直整齐。

（2）横插袋袋口注意不能缉还口。

（三）女西裤款式变化之一

1. 外形概述　连腰，后开门装拉链，前裤片左右裥各两个，后裤片左右省各两个，平脚口，裤子装夹里，见图3-108。

2. 缝制提示

（1）前裤片的裥在连腰头部位用缉线固定。

（2）后开门装隐形拉链，拉链上端钉上领钩襻。

（3）夹里装到脚口贴边。

（四）女西裤款式变化之二

1. 外形概述　装腰头，腰头左右两侧装橡筋，前开门装拉链，前裤片左右正裥各一个，侧缝袋各一只，后裤片左右省各一个，腰头钉纽扣一个，平脚口，见图3-109。

2. 缝制提示

（1）两侧橡筋部位不要超过省裥位置。

（2）橡筋的长短，一般为收拢部位实际尺寸的2/3，具体还要根据橡筋本身的松紧度而定。

（3）橡筋部位缉线时，针距要放大。

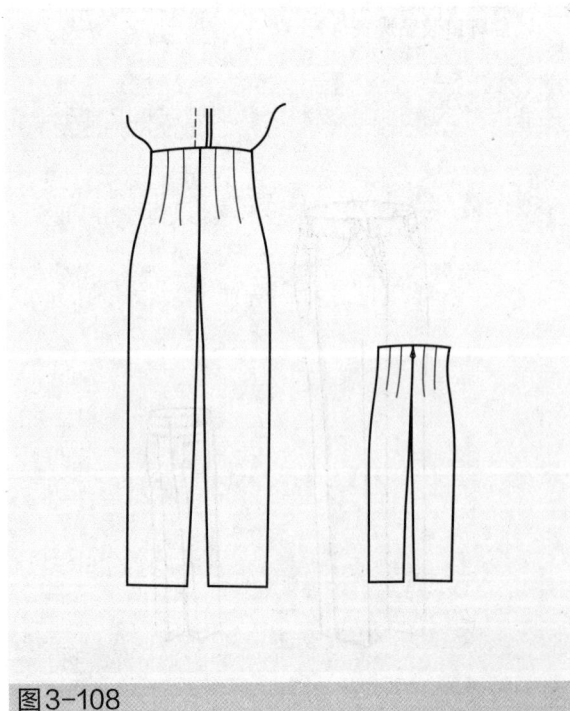

图3-108

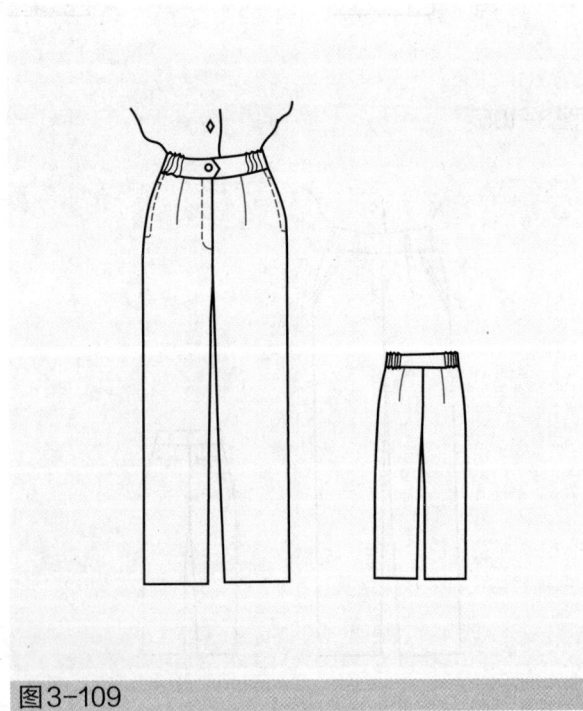

图3-109

（五）女西裤款式变化之三

1. 外形概述　装腰头，前开门，装拉链，前裤片左右反裥各两个，双嵌线直袋各一只，后裤片左右省各一个，腰头钉纽扣一个，平脚口，见图3-110。

2. 缝制提示

（1）西裤的双嵌线直袋参照西裤局部变化中双嵌线后袋的缝制方法。

（2）其他缝制均参照西裤章节。

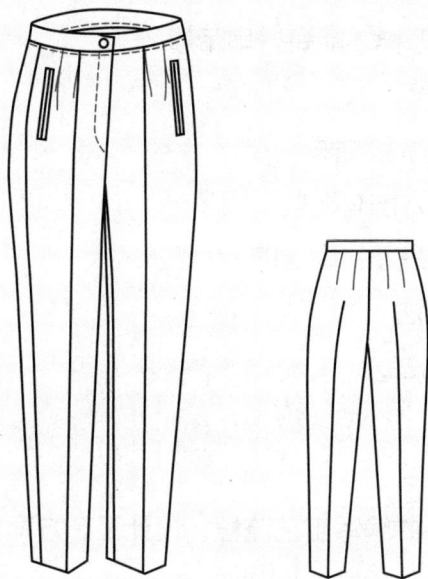

图3-110

思考题

1. 女裤的质量要求是什么？

2. 简述女裤的工艺流程。

3. 怎样装女裤左面的侧缝直袋和右面开门的侧缝直袋？

4. 简述做女裤腰头的方法。

5. 简述装女裤腰头的方法。

6. 写出整烫女裤的顺序和方法。

7. 男裤的质量要求是什么？

8. 简述男裤的工艺流程。

9. 裤子的归拔起什么作用？怎样归拔前、后裤片？

10. 开后袋的操作要领是什么？

11. 简述一字嵌线后袋的开袋方法以及要注意的问题。

12. 怎样装腰节表袋？

13. 缝合侧缝、下裆缝要注意什么？

14. 简述装门里襟和拉链的方法。怎样才能装好门里襟和拉链？

15. 串带襻的位置怎样确定？怎样才能装好串带襻？

16. 怎样装好腰头、压好腰头？

17. 写出整烫一条男西裤的顺序和要求。

18. 装斜插袋与装侧缝直袋的方法有哪些不同？

19. 门里襟锁眼、钉纽的位置是怎样确定的？

20. 简述双嵌线后袋的开袋方法。

21. 介绍装橡筋腰头的两种方法。

22. 怎样装裤子夹里？

23. 怎样处理翻脚口？

24. 试对西裤款式进行变化，并编写工艺流程，设计工艺方案。

25. 试对西裤款式变化中的一款独立进行制作。

第四章

衬衫的缝制工艺

第一节　女衬衫的缝制工艺

一、女衬衫的外形概述

平尖领，前身中间开襟钉纽扣五粒，收摆缝横胸省左、右各一个，摆缝腰节处略收腰，袖型为一片式长袖，袖口开衩并抽细裥、装袖头，袖头钉纽扣一粒，见图4-1。

二、女衬衫的成品规格

单位：cm

号型	衣长	胸围	领围	肩宽	袖长	袖口	前腰节长	胸高位
160/84 A	64	95	35	40	53	20	40	24

三、女衬衫的质量要求

（1）符合成品规格。
（2）领头、领角长短一致，装领左右对称，领面有窝势，面里松紧适宜。
（3）压缉领面要离领里脚0.1 cm，不要超过0.2 cm，不能缉牢领里脚。
（4）装袖层势均匀，两袖前后准确、对称，袖口细裥均匀。
（5）底边宽窄一致，缉线顺直。

四、女衬衫的部件

前衣片两片，后衣片一片，袖片两片，袖头两片，领面、领里各一片，领粘衬两

图4-1

片，纽扣七粒。

女衬衫排料图，见图4-2。

五、女衬衫的工艺流程

做缝制标记→收省、做门里襟止口→缝合肩缝→做领→装领→做袖、做袖头→装袖、缝合摆缝和袖底缝→装袖头→卷底边→锁眼、钉纽→整烫

六、女衬衫的缝制

女衬衫缝制中的重点和难点是装领、装袖。

（一）做缝制标记

1. 前片　横胸省、挂面宽、叠门宽、腰节位、底边贴边宽。
2. 后片　腰节位、底边贴边宽。
3. 袖片　对肩刀眼。

（二）收省、做门里襟止口

（1）缉横胸省要对准上、下层刀眼标记，正面相叠。由于横胸省靠底边的一条省缝丝绺比较斜，所以缉时要将丝绺比较斜的省缝放在下面缉。横胸省右片由省根缉向省尖，左片由省尖缉向省根，见图4-3。

（2）门、里襟挂面折转，止口烫平。同时将横胸省向袖窿方向烫倒，见图4-4。

（三）缝合肩缝

后衣片肩缝中段要归拢，前、后片肩头正面相叠。前片放上，缉线缝份1 cm。然后锁边，见图4-5。

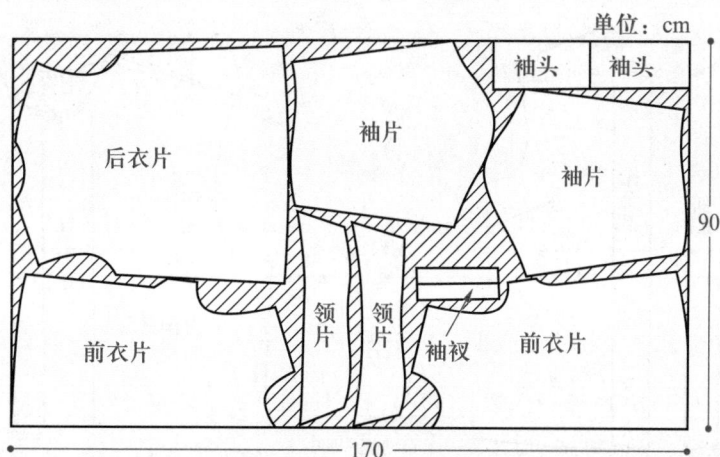

图4-2

（四）做领

（1）领面，领里粘衬，领里粘上衬后，画上领净缝线，见图4-6。

（2）领里与领面正面相叠，按粘衬上的净缝线标记缉线。领面领角处稍归拢，使领角有窝势，自然向领里卷曲。注意领角处不可缺针或过针，见图4-7。

（3）将缝头剪窄、修齐，也可将缝头修成梯形，领角处缝头要特别修小，将领里缝头坐倒熨烫，使领里、领面缝分开，见图4-8。也可以超过缉线0.1 cm把缝头向领面扣倒，边烫边折转，领角处折尖，两角对称一致，熨烫定型（领面的压领缝头也可以先剪刀眼后扣转烫好），见图4-9。

（4）在领角处将缝份折叠整齐，用手指一直压住再翻，领角翻出后，用锥子整理一下，也可以用细针在领角挑起几丝布料。用缝线稍用力拉尖领角，这样比直接用针挑尖效果好，不易损伤布料，见图4-10（1）。

（5）烫出里外匀，领里不可外露。烫好后将领头对折，校正两端领角长短并修齐。领面下口比领里下口略放0.2 cm左右，并做好左右肩缝的对肩刀眼和对后领圈中心的刀眼，见图4-10（2）。

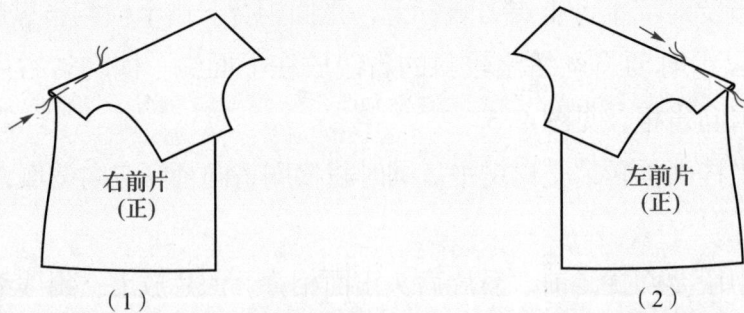

图4-3

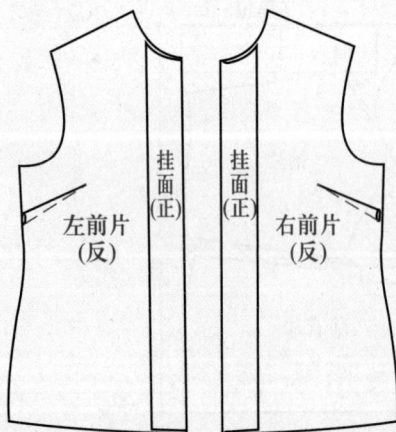

图4-4

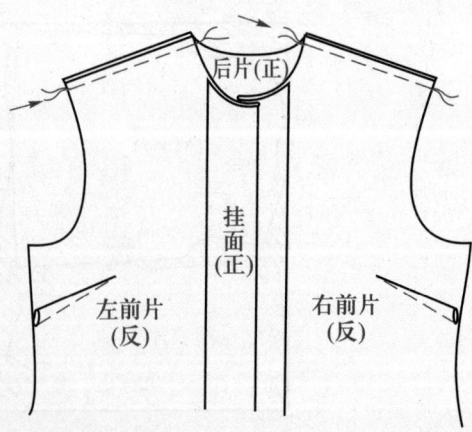

图4-5

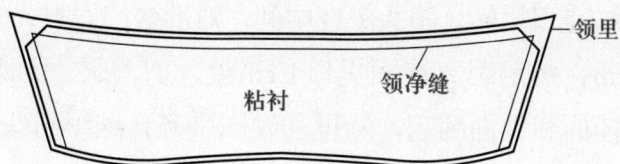

图4-6

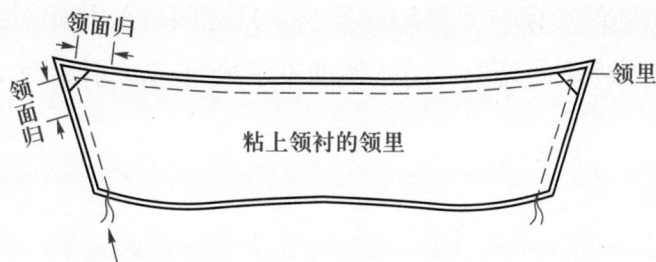

图4-7

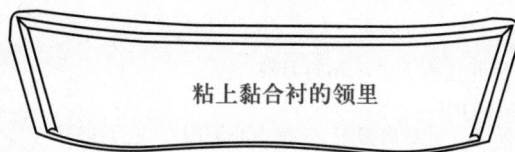

图4-8

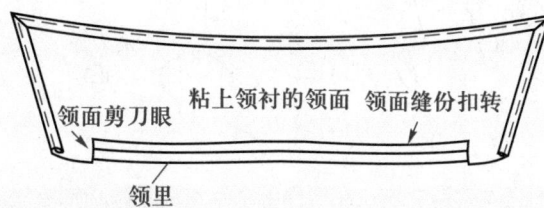

图4-9

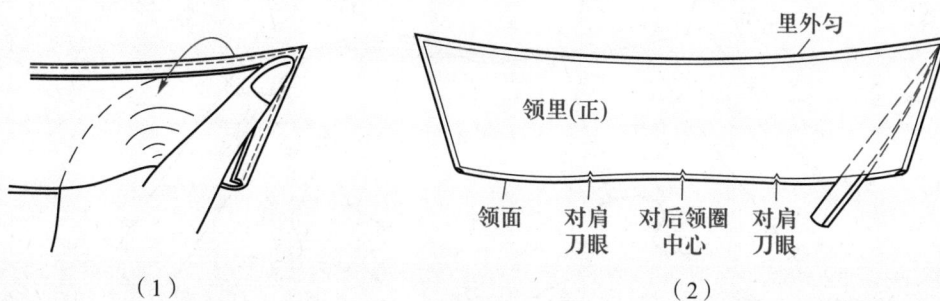

图4-10

（五）装领

1. 上领　把挂面按止口折转，领头夹在中间，对准叠门刀眼，领脚与领圈缝头平齐，从左襟开始缉线0.6 cm，缉至距离挂面里口1 cm处，剪刀眼，刀眼深度不超过0.6 cm，不要剪断线。然后把挂面和领面翻起，领里和领圈平齐，继续缉线至右襟。后领中缝与后背中线对准，左、右肩缝向后身坐倒，左、右刀眼相距一致。领圈不能缉还或归拢。如领子略大于领圈，只需在领圈直丝处稍稍拉伸，但斜丝处不能拉伸，见图4-11。

2. 压领　先把挂面翻正，叠门翻出，领面下口扣转0.6 cm，扣光后的领面盖过第一道上领缉线。注意领面要留有里外均匀窝势。从刀眼部位开始缉线，不要缉牢领里。左、右肩缝和背中线对档不能偏离，防止领面不平或起涟，见图4-12。

（六）做袖子

1. 缉袖衩

方法一：

（1）将袖衩一边缝头扣转0.6 cm。袖衩的另一边正面与袖子衩口反面相叠、放齐，缉线0.6 cm，开衩转弯处袖子缝头0.3 cm。在转弯处不可打裥或毛出，见图4-13。

袖衩

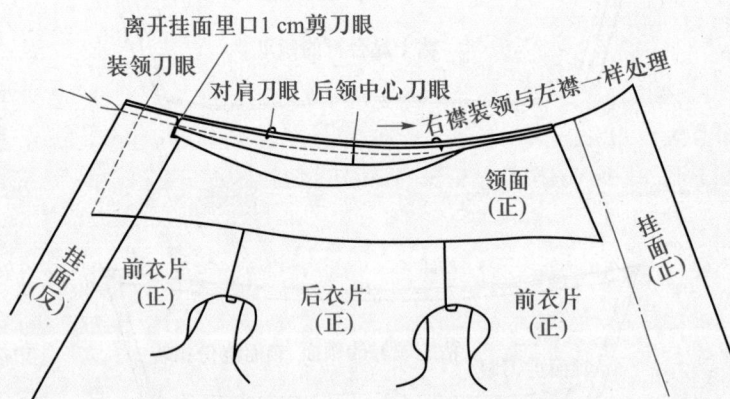

图4-11

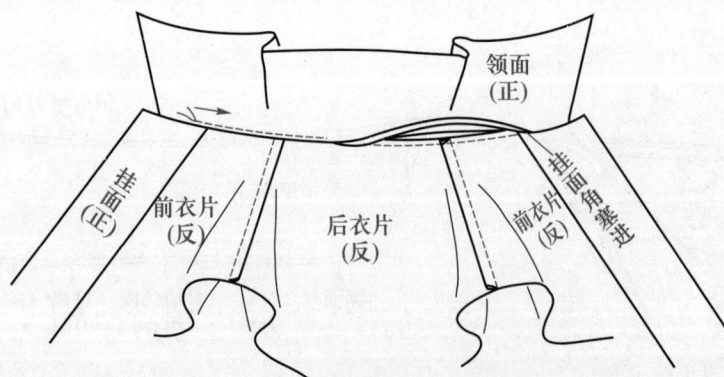

图4-12

（2）将袖衩翻转，在袖子正面将扣光毛缝的袖衩一边盖过第一道缉线，缉袖衩止口0.1 cm。注意不能缉住反面袖衩，袖衩不能有涟形，见图4-14。

方法二：

（1）将袖衩两边缝头都扣转0.6 cm，然后对折，衩里比衩面略放出0.05～0.1 cm。

（2）将袖子衩口夹进袖衩，正面压缉0.1 cm止口，见图4-15。

2. 封袖衩 袖子沿衩口正面对折，袖口平齐，袖衩摆平，袖衩转弯处向袖衩外口斜下1 cm缉来回针三道，见图4-16。

3. 袖山头抽吃势 袖山头用稀针距缉线一道或二道后抽吃势，在袖山头刀眼左右一段横丝绺处略少抽些，斜丝绺部位抽拢稍多些，袖山头向下一段少抽，袖底部位可不抽线，见图4-17。

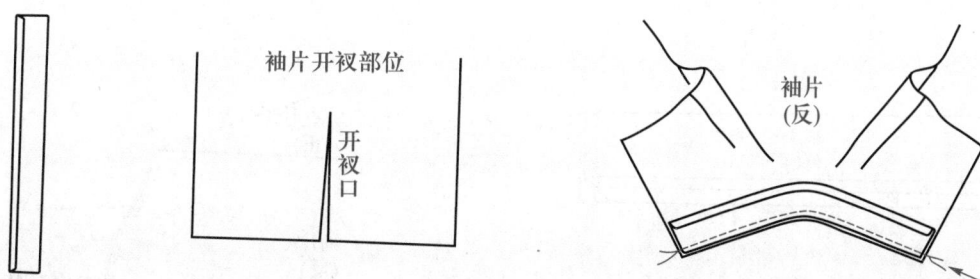

图4-13

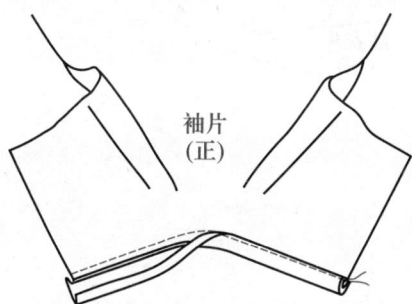

图4-14

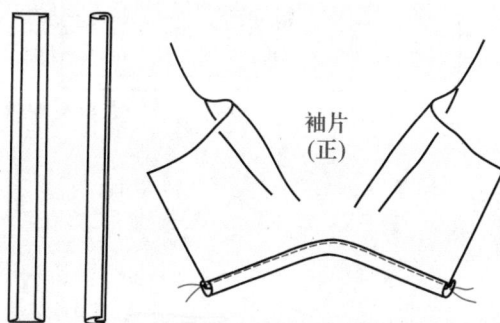

图4-15

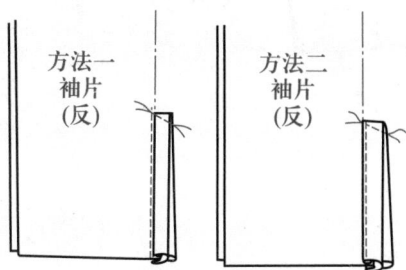

图4-16

图4-17

4. 做袖头

（1）袖头正面朝里对折，袖头面扣转1 cm缝头，两边分别缉线，见图4-18（1）。

（2）袖头翻正后烫平。袖头里下口留出0.6 cm缝头，见图4-18（2）。

（七）装袖子，缝合摆缝、袖底缝

1. 装袖子　袖子放下层，大身放上层（也可以袖子放上层，大身放下层，便于掌握袖子吃势），正面相叠，袖窿与袖子放齐，袖山头刀眼对准肩缝，肩缝朝后身倒，缉线0.8～1 cm。然后锁边，见图4-19。

2. 缝合摆缝、袖底缝　前衣片放上层，后衣片放下层。右身从袖口向下摆方向缝合，左身从下摆向袖口方向缝合，袖底十字缝要对齐，上、下层松紧一致，然后再锁边，见图4-20。

（1）

（2）

图4-18

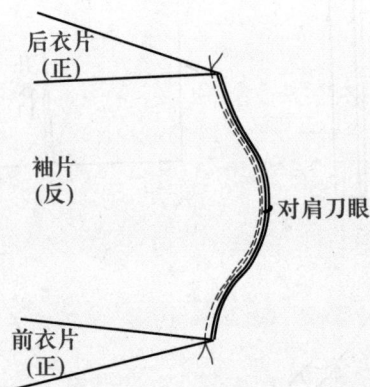

图4-19

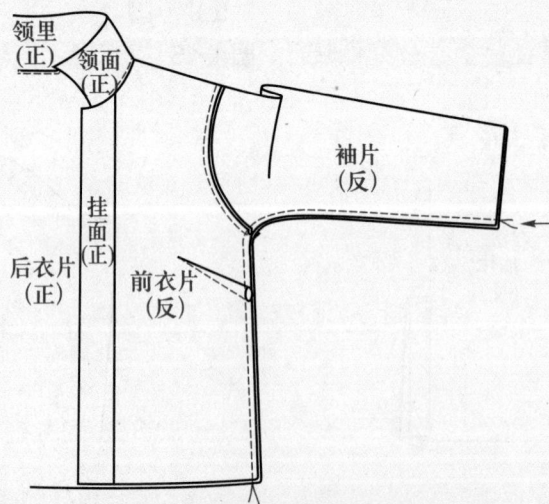

图4-20

（八）装袖头

（1）袖口细裥抽均匀，袖衩门襟要折转，袖片的袖口大小与袖头长短一致，见图4-21。

（2）袖头夹里正面与袖片反面相叠，袖口放齐，缉线0.7 cm。注意袖衩两端必须与袖头两端放齐，见图4-22。

（3）袖头翻正，袖头两边夹里不能倒吐，袖衩两端塞齐，正面缉0.1 cm止口。如果袖头用夹缉方法（同缉袖衩方法二），反面坐缝不能超过0.3 cm，见图4-23。

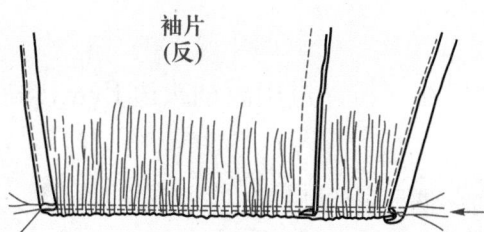

图4-21

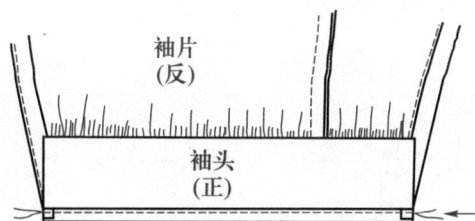

图4-22

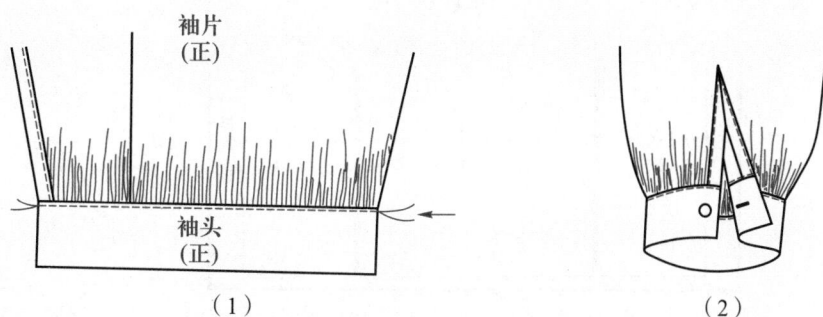

图4-23

（九）缉底边

挂面向正面折转，沿底边净缝缉线一道。挂面翻出，折转底边贴边，贴边扣转毛缝，从挂面底边处开始缉0.1 cm止口。注意不毛出，不漏落针，不起涟。也可用手工缲针缲牢，见图4-24。

（十）锁眼、钉纽

1. 锁眼　门襟锁横扣眼五个。扣眼进出位置在搭门线向止口偏0.1 cm。扣眼大小根据纽扣大小而定，一般为1 cm。扣眼高低位置，第一个为直开领向下1.5 cm，其他扣眼距离根据规格要求而定。

袖头在袖衩折转一边锁眼一个，进出位置离袖头边1 cm，高低位置为居中袖头宽。

2. 钉纽　门里襟平齐，钉纽位置与扣眼位置对应，高低一致，进出与叠门线平齐，钉纽五粒。

袖头在袖衩放平的一边钉纽一粒，进出离袖头边1 cm，高低为居中袖头宽。

（十一）整烫

（1）先熨烫门里襟挂面，遇到扣眼只能在扣眼旁边熨烫，不宜把熨斗放在扣眼上熨烫。衣服上的纽扣，特别是塑料纽扣，不能与高温熨斗接触，否则会烫坏纽扣。

（2）熨烫衣袖、袖头时，袖口有折裥，要将折裥理齐、压烫，有细裥则要将细裥放均匀，不要烫平。然后再烫袖底缝。烫袖头用手拉住袖头边，用熨斗横推熨烫。

（3）熨烫领子要先烫领里，再烫领面。然后将衣领翻折好，烫成圆弧状。

（4）熨烫摆缝、下摆贴边和后衣片。

（5）把衣服纽扣扣好，放平，烫平左、右衣片。

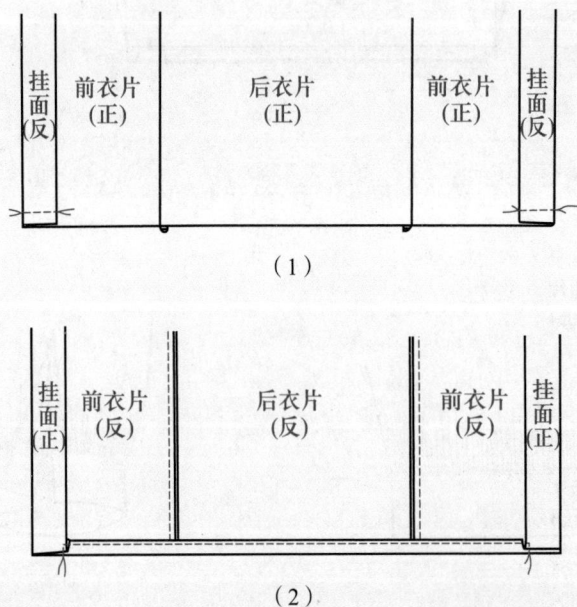

图4-24

第二节　男衬衫的缝制工艺

一、男衬衫的外形概述

　　尖角翻立领，前身中间开襟钉纽扣六粒，左前胸贴袋一个，后片装过肩，左、右收折裥各一个，直摆缝，平下摆，袖型为一片式长袖，袖口开衩收折裥三个，装袖头，袖头钉纽扣一粒，见图4-25。

二、男衬衫的成品规格

单位：cm

号型	衣长	胸围	领围	肩宽	袖长	袖口	前腰节长
170/88 A	71	110	39	46	59.5	24	42.5

三、男衬衫的质量要求

　　（1）符合成品规格。
　　（2）领头平挺，两角长短一致，并有窝势。领面无起皱，无起泡。缉领止口宽窄一致，无涟形。
　　（3）装领处门襟上口平直，无歪斜。门里襟长短一致，止口顺直。

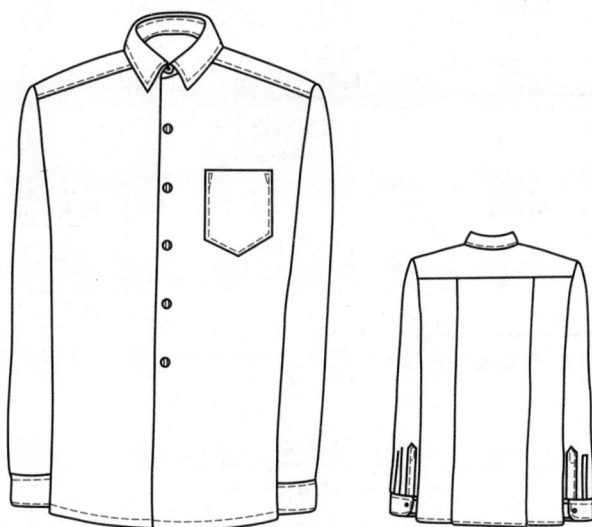

图4-25

（4）装袖圆顺。两袖头圆头对称，宽窄一致，明止口顺直。左、右袖衩平服，无绽、无毛出。袖口三个裥均匀。

（5）整烫平整，无烫黄，无污渍，无线头。

四、男衬衫的部件

前衣片两片，后衣片一片，过肩两片，贴袋一片，袖片两片，袖头面、里、衬各两片，宝剑头袖衩大、小各两片或直袖衩各二片，翻领面、里、衬各一片，底领面、里、衬各一片，薄膜插角片各两片，纽扣八粒。男衬衫排料图，见图4-26。

五、男衬衫的工艺流程

做缝制标记→烫门里襟挂面→做、装胸贴袋→装过肩→缝合肩缝→做领→装领→做袖、做袖头→装袖→缝合摆缝和袖底缝、装袖头→缉底边→锁眼、钉纽→整烫

六、男衬衫的缝制

衬衫领

男衬衫缝制的重点和难点是做领、装领。

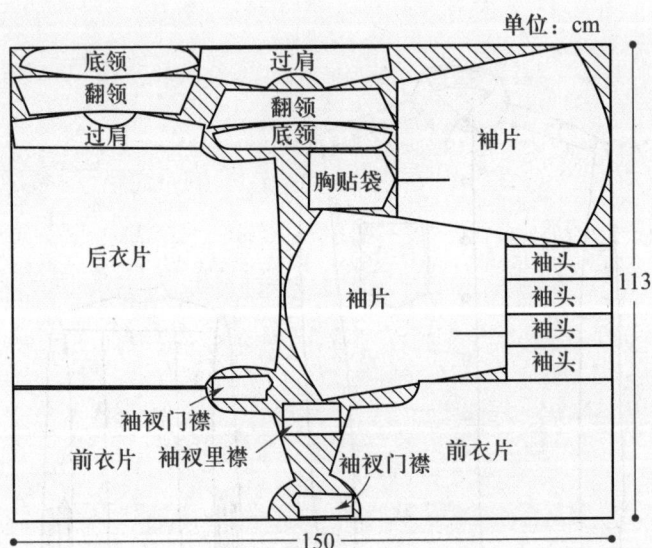

图4-26

（一）做缝制标记

    1. 前片　挂面宽、胸袋位、底边贴边宽。

    2. 后片　打裥位、后背中心、底边贴边宽。

    3. 袖片　对肩刀眼、袖口打裥位。

    4. 过肩　后领圈中心、后背中心。

（二）烫门里襟挂面

    门里襟挂面宽窄按标记折转，从上向下烫平（同女衬衫）。男衬衫由于排料关系，习惯上门襟挂面略宽，里襟挂面略窄。

（三）做、装胸贴袋

    1. 做胸贴袋　袋口贴边毛宽6 cm，两折后净宽3 cm，袋口贴边可缉线，也可不缉线。其余三边均扣光毛缝0.6 cm，见图4-27。

    2. 装胸贴袋　装袋位置的高低、进出必须按缝制标记要求，放端正，不歪斜。如有条格要对齐。止口0.1 cm。封袋口为直角三角形，也可长方形，最宽处止口为0.5 cm，下端尖形，长以贴边宽为准，左右封口大小相等。左手按住袋布，右手稍微把大身拉紧些，防止大身起皱，见图4-28。

（四）装过肩

    1. 烫过肩面　将过肩面肩缝扣光缝头0.6～0.7 cm。注意肩缝不要拉还。

    2. 装过肩　过肩里正面向上放下层，后片正面向上放中层，过肩面反面向上放上

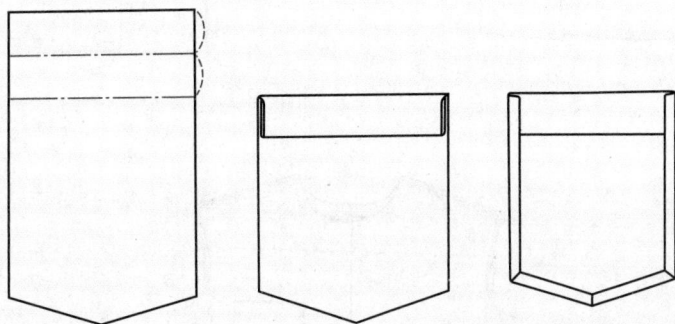

图4-27

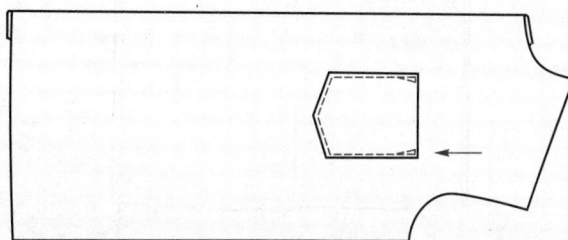

图4-28

层，三层平齐，缉线0.7 cm。注意后背中心刀眼对齐，后片正面左、右按刀眼各向袖窿方向打裥一只，见图4-29。

3. 烫过肩　将过肩面翻正，烫平。再将过肩里翻正，烫平。按过肩面修剪领圈，做好领圈中心标记，左、右肩缝比面子放出0.4～0.5 cm，见图4-30。

（五）缝合肩缝

方法一：

1. 缉肩缝　后身放在下层，过肩夹里肩缝与前肩缝放齐，领口处平齐，缉线0.6 cm，肩缝不可拉还，见图4-31。

2. 压肩缝　缉好第一道肩缝后，把后身肩翻到上层，前片与后片分开放平。肩缝向过肩坐倒，过肩面盖过肩缝缉线，领口平齐，压缉明止口0.1 cm。注意夹里不能缉牢，但离开不能超过0.2 cm，过肩面、里要平服，见图4-32。

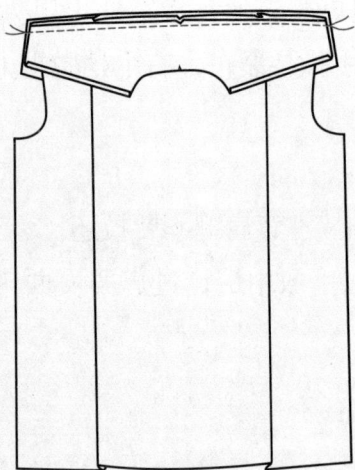

图4-29

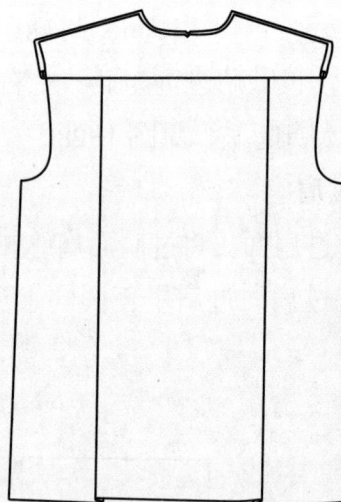

图4-30

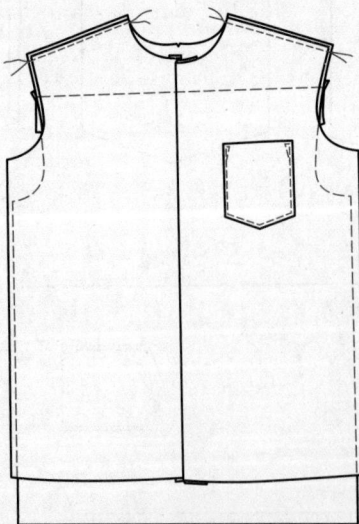

图4-31

方法二：

把前片正面向上放在中间，正面与过肩面正面相叠，反面与过肩里正面相叠，肩缝放齐，领口处平齐，从领圈内将三层拉出，缉线0.7 cm。这样形成暗缉线，在正面没有明线。

（六）做领

1. 裁配领衬　正规男式衬衫领属硬领类，采用硬性领衬。硬性领衬一般用有黏胶的涤棉树脂衬，取斜料，翻领衬有用毛样，也有用净样，净样衬的翻领下口也应有毛缝，其余均为净缝。底领均为净衬。为提高翻领两角的平挺度，可在翻领领角处再配上领角薄膜和领角插片。休闲类的男衬衫，软性领可采用有纺衬或廉价的无纺衬，大多取毛样。采用毛衬可在翻领领角和底领圆头处修去一角以减少厚度。毛衬需用铅笔或画粉在领衬上画出净缝线，见图4-33。

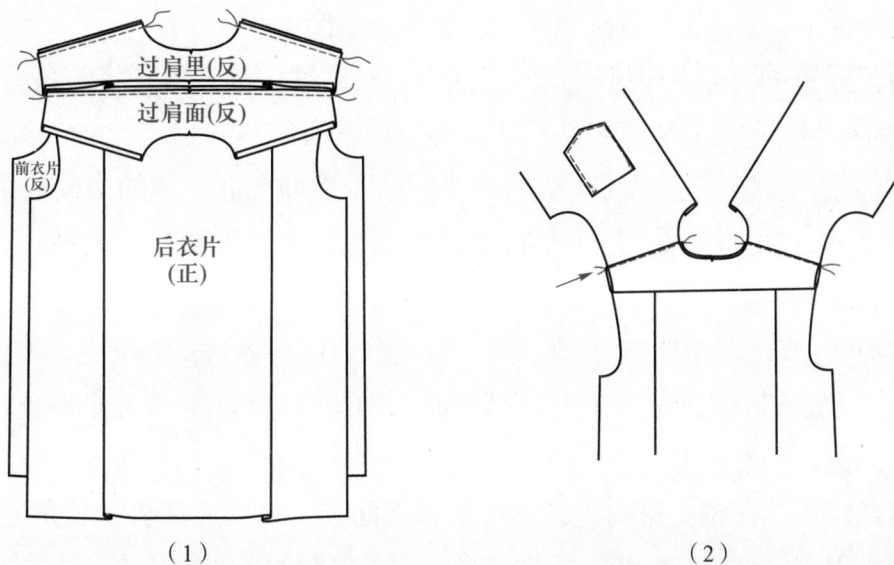

图4-32

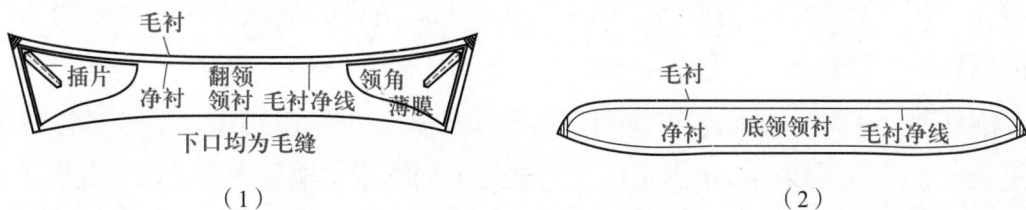

图4-33

2. 做翻领

（1）领衬与领面粘合：熨烫时注意领面的里外匀，适当弯成弧形，烫牢。使整条领有自然弯势。有条格的面料，左右领角条格要对称。如果领衬不是黏合衬，则可以在领面反面沿缝头边沿刮少量浆，领面略松于领衬 0.2 cm 左右，将领衬与领面粘合、烫干。注意先烫领上口，后烫领两边。

（2）熨烫领角薄膜：薄膜两边距离领衬净线 0.15～0.2 cm，下口最低点离开领衬下口1.2～1.4 cm。为防止薄膜缩率影响领子质量，因此薄膜应以 45°丝缕裁剪，取得与领衬相同的丝缕。将领角薄膜放在领衬两角，用温度较高的熨斗压烫，使薄膜层融化，与领衬粘合，使领角呈自然卷曲状态，称之为窝势。质量要求高的领头，还可以在领角薄膜上缉上插片，尖角处插片两边离开薄膜 0.15～0.2 cm，见图 4-34。

（3）缉翻领：翻领里放下层，与翻领面正面相叠，根据领衬上的净缝线缉线。不要缉住领角薄膜，领角部位要有里外匀窝势。缝合时必须将领里拉紧，领面略层，使其产生里外匀。缉线前也可在领面止口刮浆，粘牢领面后再缉线，见图 4-34。

（4）扣烫缝头：先将缝头修剪整齐，领角处缝头 0.2 cm。向领衬方向折转上口和两边，扣烫翻领缝头。领角要特别注意烫尖、烫煞，见图 4-35。

（5）翻正翻领：用手指捏住领角轻轻翻出，借助锥子或大号针将领角翻出、翻尖。当心不要损坏领料。也可在修剪缝头后用翻领机拉出领角。

（6）烫翻领：在领夹里一面，从领两头烫，左手伸在面、里的中间，中指顶住缉线，使坐缝整齐，如用净衬，衬头要衬足，不虚空，夹里不倒吐，烫平、烫煞。两领角要对称，见图 4-36。

（7）缉翻领止口：止口有宽、窄、单、双之分，由具体款式来决定，单止口一般在0.2～0.6 cm。缉止口时仍要注意止口不要外吐，领面防止起涟。在正面缉止口时，要将领面略向前推送，见图 4-37。

（8）修翻领下口：领夹里向上，夹里略紧于面子，将形成窝势和领角上翘的领里、领面下口缉牢固定。注意，缉线不能超过净线。再将两领角对合检查，左右对称，沿领衬下口修齐，中间做对档刀眼。领内不准有线头等杂物，保持领面光洁、平挺。

3. 做底领

（1）粘底领衬：底领衬是净缝，必须剪准确。底领面和底领里可先裁得宽大一点，待领衬与下领里粘合后再修剪整齐，缝头为 0.8 cm。熨烫时应从中间开始向两侧移动。有条格的面料条纹要粘顺直，见图 4-38。

（2）缉底领下口线：沿底领衬下口，将领里缝头边折转边熨烫，沿领衬包转包紧，不可凹进凸出，然后缉线 0.6 cm 固定。上口做好上翻领的两端和中心刀眼，见图 4-39。

（3）翻领和底领缝合：将底领面、里正面相叠，中间夹入翻领，三层刀眼分别对准，沿底领净衬边缉线。由于翻领比底领长出 0.3 cm，所以底领在肩缝处要拔长一点。

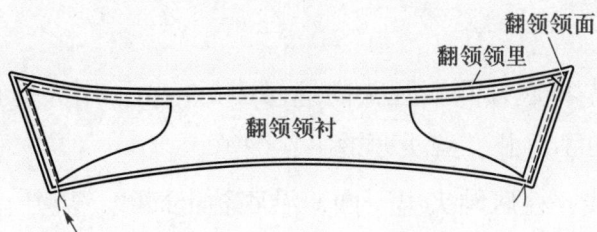

图4-34

翻领领面
翻领领里
翻领领衬

图4-35

翻领领衬

图4-36

翻领领里
（正）

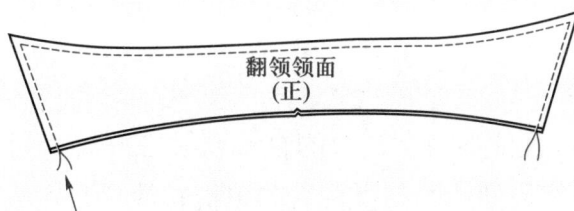

图4-37

翻领领面
（正）

图4-38

底领领衬

图4-39

底领领衬

不熟练时可先将底领里与翻领缝合，再将另一层底领面与翻领缝合，注意缝线要靠近，见图4-40。

（4）翻烫底领：先将底领两端圆头内缝修成0.3 cm，用大拇指顶住圆头缉线翻出，底领圆头要圆顺，止口不反吐，缝头要烫平、烫煞。

（5）缉底领上口线：在底领夹里一面，沿底领上口线，离开止口0.15 cm左右缉线，起落针均在领口里侧，使以后接线不外露。注意缉线在底领面一面与夹里一面一样顺直，不能有漏针和坐势，见图4-41。

（6）修剪底领缝头：为使压领时底领里既能盖过第一道上领缉线，又能同时压住底领面，底领面要比包光的领里放出0.75 cm，实际缉缝头0.6 cm。然后做上对肩刀眼、对后领圈中心刀眼，见图4-41。

（七）装领

1. 上领　底领领面的领底与衬衫领圈对齐，正面相叠，起落针领底比门里襟缩进0.1 cm，从门襟开始缉线0.6 cm。注意刀眼分别对准相应部位。一般领子比领圈略长0.3～0.5 cm，所以在领圈肩缝处拉宽一点，领圈其余部位不要拉还或抽拢。领圈绝对不能大于领子，见图4-42。

2. 压领　从右边的里襟底领领里上口线断线处交接一段后接着缉线，经过圆头，缉0.15 cm止口，至底领领里领底，缉线0.1 cm。左边与右边缉线一样处理。压缉领里领底时要注意盖过上领缉线，底领面也要缉住0.1 cm止口。注意门里襟两头要塞足、塞平，见图4-43。

（八）做袖、做袖头

1. 装袖衩

方法一（直袖衩）：直袖衩与女衬衫的直袖衩装法一样，可用压缉缝或夹缉方法。但是封袖衩方法不同。将大袖片的门襟袖衩向里折转放平，在离袖衩转弯处0.8～1 cm处，明线缉来回针三道。封袖衩线宽度不能超过袖衩宽，见图4-44。

图4-40

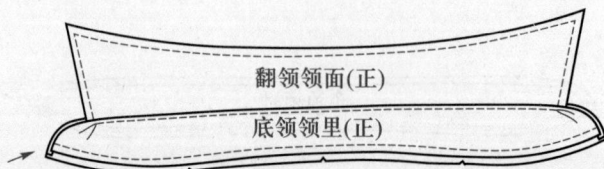

底领领衬

翻领领面（正）

底领领里（正）

图4-41

方法二（宝剑头袖衩）：

（1）将袖衩门里襟按要求烫好，现在的做法是袖衩门里襟在袖子反面都是做光的，所以门襟上口也都要折光，见图4-45。

（2）将袖衩门里襟缉在袖片开衩处，见图4-46。

（3）注意要按袖衩里襟宽度剪三角，将袖衩里襟翻到正面，里襟压缉0.1 cm止口，见图4-47。

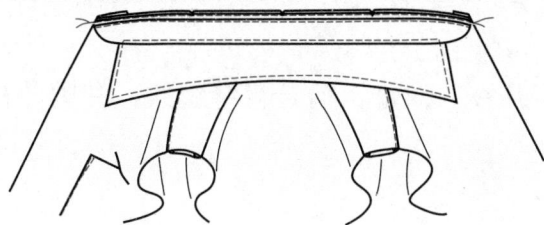

图4-42

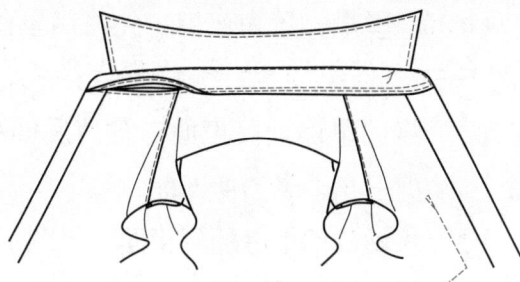

图4-43

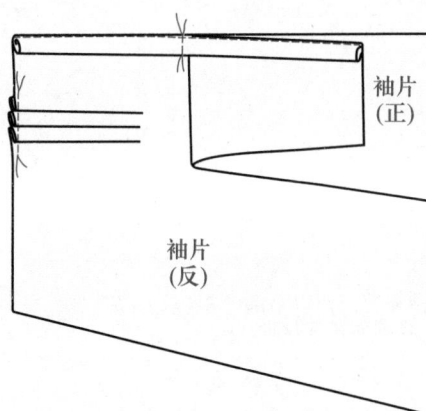

袖片（正）

袖片（反）

图4-44

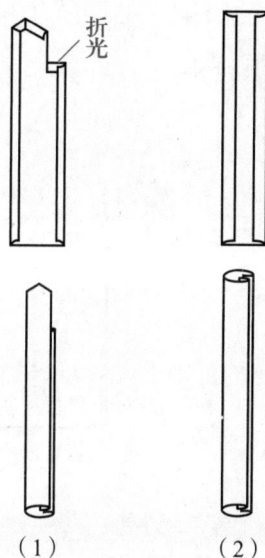

折光

（1）　　　（2）

图4-45

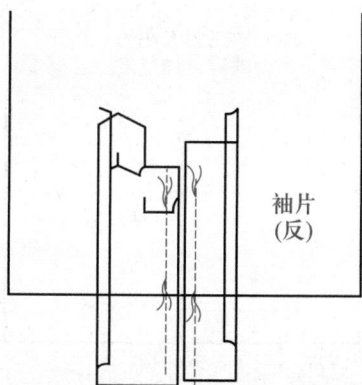

袖片（反）

图4-46

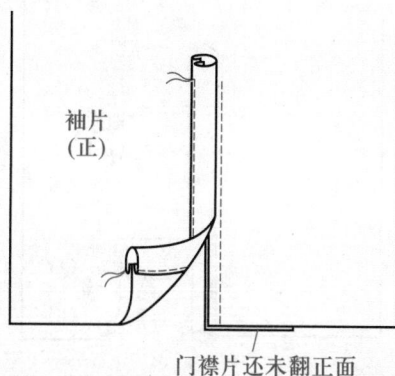

袖片（正）

门襟片还未翻正面

图4-47

（4）袖片剪三角以下部分向袖片反面翻上，袖衩里襟与三角放平封口，见图4-48。

（5）将袖衩门襟翻到正面，压缉0.1 cm止口，并兜缉宝剑头，门襟正面封口的设计位置，一般离里襟三角封口向下0.4 cm左右。这样可避免三角封口受力而毛出，见图4-49。

（6）以上也可以剪好三角后用夹缉方法上门里襟袖衩。剪三角的大小为里襟袖衩宽度，见图4-50。

方法三（宝剑头袖衩）：

（1）门里襟袖衩为连口，先将门里襟袖衩缝头折转烫平，再将门里襟面折转烫平，见图4-51。

（2）将门里襟袖衩正面与袖片反面相叠，开衩口对准，沿开衩缝缉线，并剪开衩口，上端剪三角，见图4-52。

（3）将袖衩门里襟翻到正面，见图4-53。

（4）将袖衩里襟压缉0.1 cm止口，并与袖片三角封口，见图4-54。

（5）将袖衩门襟压缉0.1 cm止口，并兜缉宝剑头，见图4-55。

2. 固定袖口裥 袖口三个裥，裥向后袖方向折叠，缉线固定。也可在装袖头的同时再按折裥刀眼打裥。

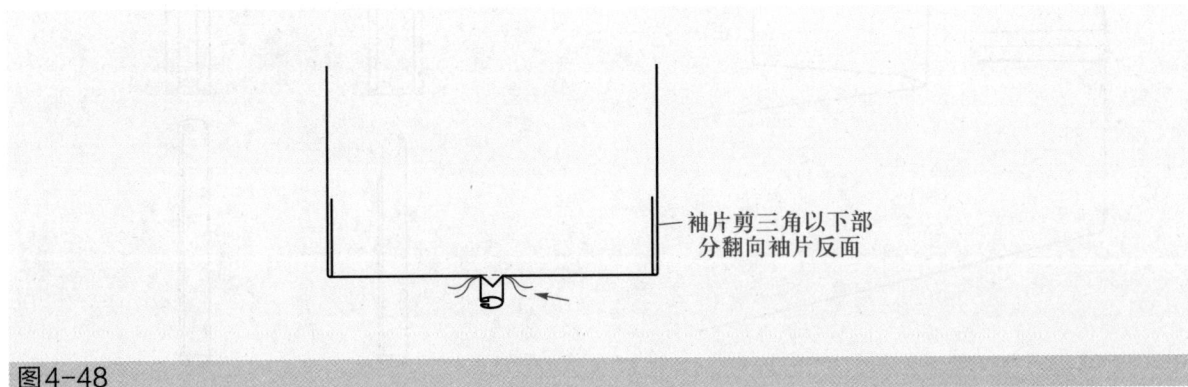

袖片剪三角以下部分翻向袖片反面

图4-48

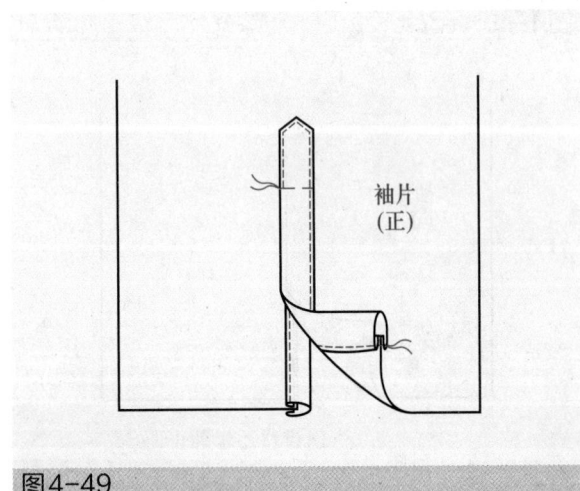

袖片（正）

图4-49

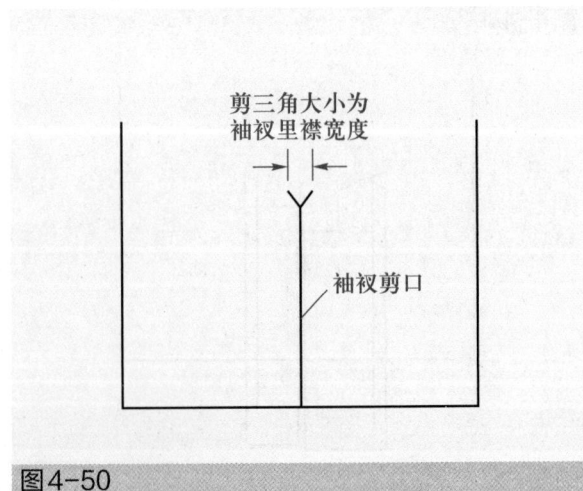

剪三角大小为袖衩里襟宽度

袖衩剪口

图4-50

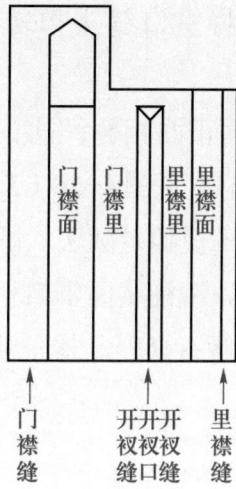

门襟面　门襟里　里襟里　里襟面

门襟缝　开衩缝　开衩口　开衩缝　里襟缝

（1）

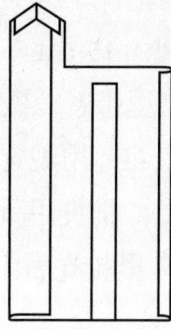

（2）

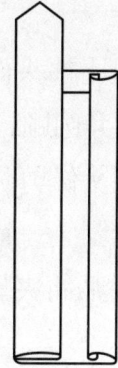

（3）

图4-51

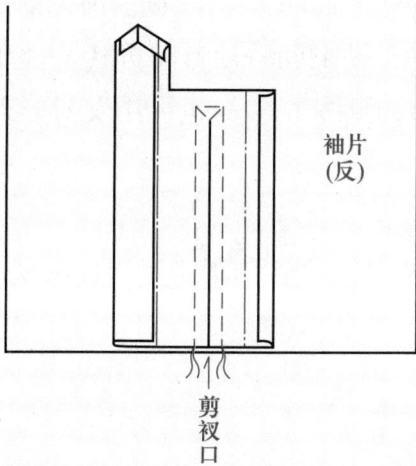

袖片（反）

剪衩口

图4-52

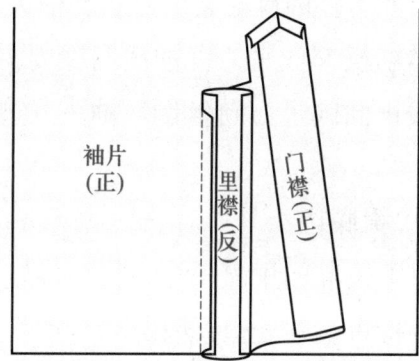

袖片（正）　里襟（反）　门襟（正）

图4-53

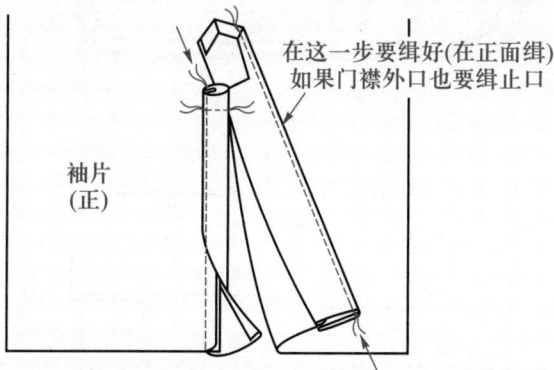

在这一步要缉好(在正面缉)
如果门襟外口也要缉止口

袖片（正）

图4-54

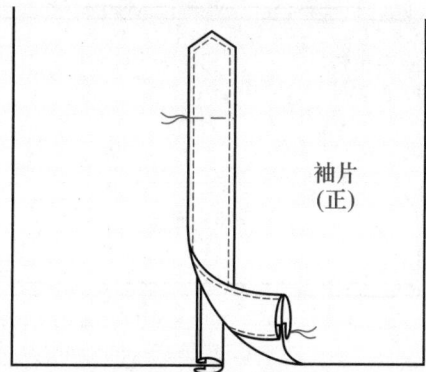

袖片（正）

图4-55

3. 做袖头

（1）袖头面粘衬（厚衬为净样，薄衬可毛样），并将里口缝头扣转烫平，见图4-56（1）。

（2）袖头里比袖头面缝头每边修小0.15 cm。与袖头面正面相叠，袖头面在上按净线缉合。注意圆角圆顺，大小相同，夹里带紧，做出里外匀，见图4-56（2）。

（3）袖头圆头修剪圆顺留缝头0.3 cm，用规定的圆头样板翻足圆头。翻转袖头后把圆头烫顺，对合圆头一致。止口无反吐。把夹里下口缝头先沿袖头面下口包转扣烫，见图4-56（3），然后将夹里塞进夹层，夹里扣光后比袖头面略有余出。整个袖头烫煞，见图4-56（4）。

（九）装袖

装袖与女衬衫方法相同。男衬衫袖子吃势比女衬衫少，基本过平。

（十）缝合摆缝和袖底缝、装袖头

（1）缝合摆缝、袖底缝和锁边，与女衬衫方法相同。

（2）用装袖衩的夹缉方法装袖头，装袖头一边缉0.1 cm止口。注意宝剑头袖衩两边门里襟袖衩都放平，直袖衩门襟要折转，里襟放平，袖裥朝后袖方向折转，袖底缝按锁边线正面向上方向坐倒。袖头三边缉0.3 cm止口，见图4-57，也可用女衬衫装袖头方法。

（十一）缉底边

（1）校准门里襟长短，将领口处并齐，门里襟对合。允许门襟比里襟长0.2 cm，反之则要检查装领处缝头情况。

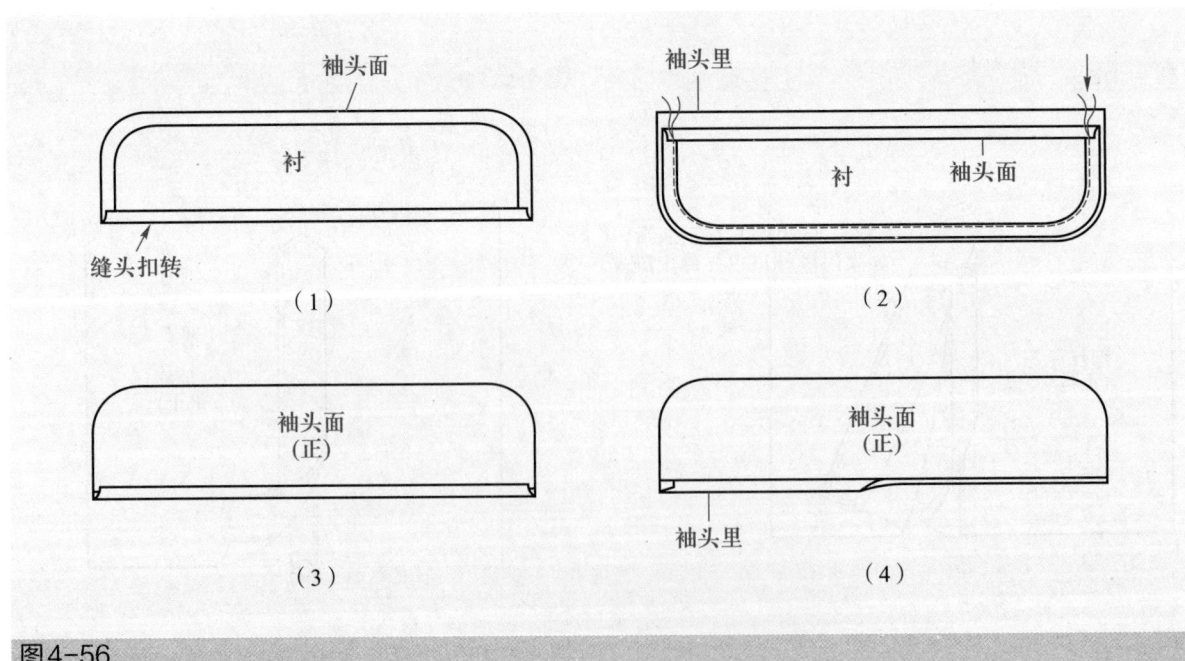

图4-56

（2）按贴边内缝0.7 cm，贴边宽1.5 cm折转，从门襟底边开始向里襟缉线，止口线0.1 cm，见图4-58。

（十二）锁眼、钉纽

1. 锁眼　门襟底领锁横扣眼一个，进出以翻领脚和门襟搭门1.9 cm连接直线为扣眼大中线，扣眼高低居中底领宽。门襟锁直扣眼五个，进出离门襟止口1.9 cm，定好最下边的扣眼位，然后等分定其他扣眼位。袖头门襟一边锁扣眼一个，进出距离袖头边1.2 cm，高低居中袖头宽。扣眼大均为1.2 cm，均为平头扣眼。

有的款式衣身第二个扣眼距离底领的第一个扣眼比其他扣眼之间的距离要短，另外在翻领领角也有一个扣眼。

2. 钉纽　里襟底领纽位，高低、进出与扣眼相对。里襟纽位，高低应低于扣眼中心0.1 cm，进出与扣眼相对。袖头里襟一边钉纽一粒，进出以纽扣边距离袖头边1 cm，高低居中袖头宽。

（十三）整烫

（1）先把领头烫挺，前领口不可烫煞，留有窝势。

（2）把袖子烫平，在折裥处按裥烫平。

（3）领放左边，下摆朝右边，摆平，门里襟前片向前翻开，熨烫后背及反面折裥。

（4）烫前身门里襟、贴袋。

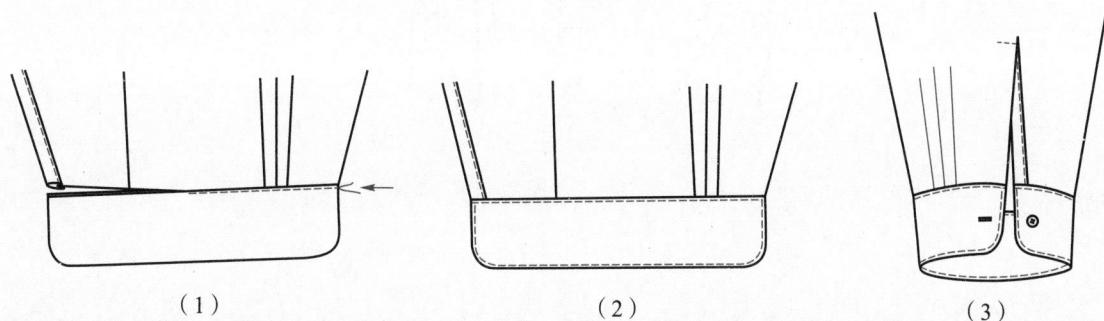

图4-57

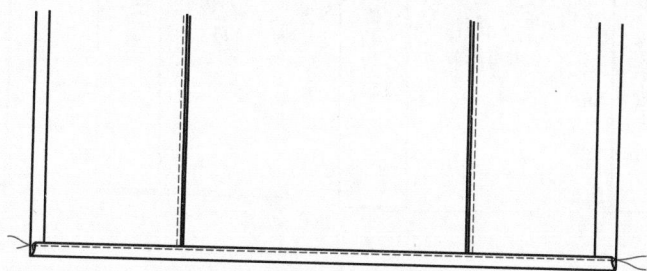

图4-58

第三节　衬衫局部变化与款式变化

一、翻门襟

翻门襟见图4-59。

方法一：

（1）衣片需放出翻门襟贴边和止口缉线宽度的两倍。翻门襟与止口宽度可根据需要而定，见图4-60（1）。

（2）折转翻门襟贴边，见图4-60（2）。

（3）沿贴边再折转，并缉止口，见图4-60（3）。

（4）将翻门襟放平，并在外口缉止口，见图4-60（4）。

方法二：有些正反面不易辨认的面料，可以将面料直接翻转作翻门襟，见图4-61。

图4-59

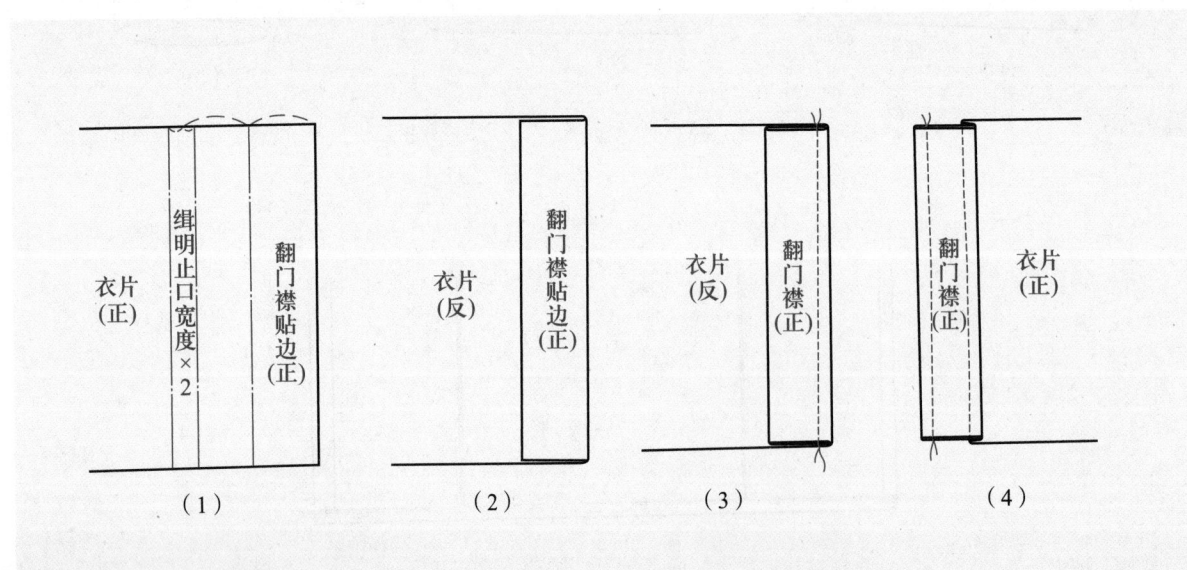

图4-60

方法三：正反面明显的面料除了用方法一翻门襟外，还可用拼接的方法作翻门襟。有条格的衣料可以配以斜料，使之更具装饰性，见图4-62。

二、带袋盖贴袋

此款袋型常在休闲衬衫中运用，见图4-63。缉止口宽、窄、单、双根据需要而定。

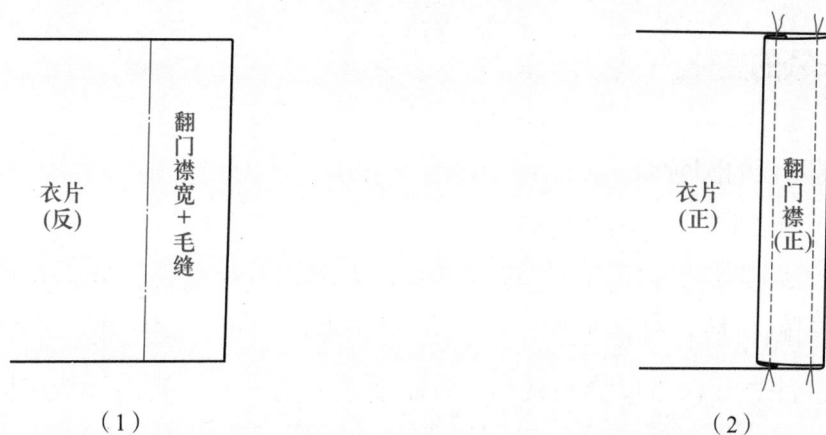

翻门襟宽+毛缝

衣片（反）

（1）

衣片（正）

翻门襟（正）

（2）

图4-61

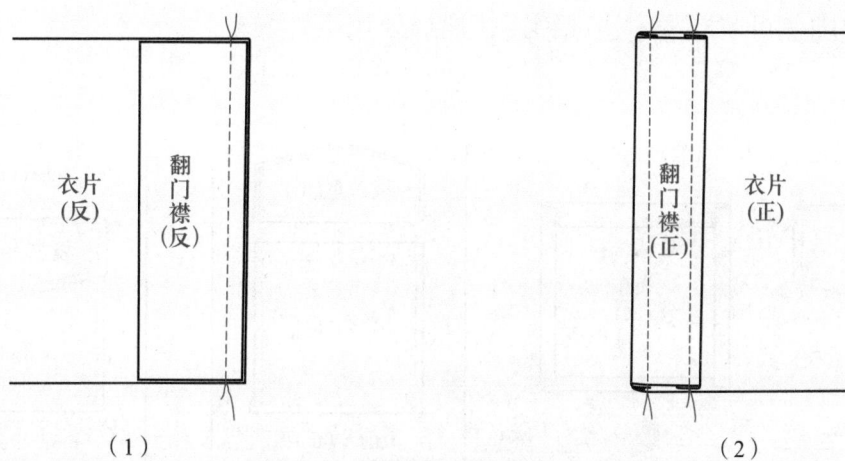

衣片（反）

翻门襟（反）

（1）

翻门襟（正）

衣片（正）

（2）

图4-62

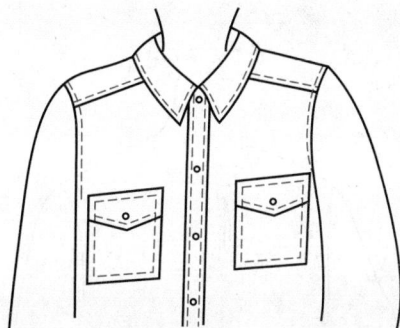

图4-63

1. 做袋盖　袋盖面粘衬，与袋盖里正面相叠缉线，袋盖翻到正面缉止口，见图4-64（1）。

2. 做袋　袋贴边折转缉0.1 cm清止口，三周缝份折转烫煞，见图4-64（2）。

3. 装袋　袋明止口缉上前片袋位，见图4-64（3）。

4. 装袋盖　将袋盖缉上前片袋盖位置，将缝份修窄，宽度小于止口宽度，袋盖翻下正面缉止口，见图4-64（3）（4）。

5. 锁眼钉纽　袋盖居中下口锁眼一个，在袋相应位置钉纽一粒，见图4-64（4）。

三、领圈和衣领的变化

（一）在前领圈开衩的圆领

在前领圈开衩的圆领，见图4-65。

（1）前、后领圈贴边的反面粘上薄黏合衬，并将肩缝处缝合，缝头分开烫平。

（2）将领圈贴边放在领圈位置，并将布纽襻夹在右侧开衩上端，沿领圈和开衩位置缉线0.6 cm。注意开衩下口缝头减小，针距要密。前开衩位置沿缉线中间剪开，见图4-66（1）。

（3）贴边翻进，沿领圈和开衩缉止口，见图4-66（2）。

（4）贴边内侧可单层卷窄边或锁边，肩缝处用手针缲牢。

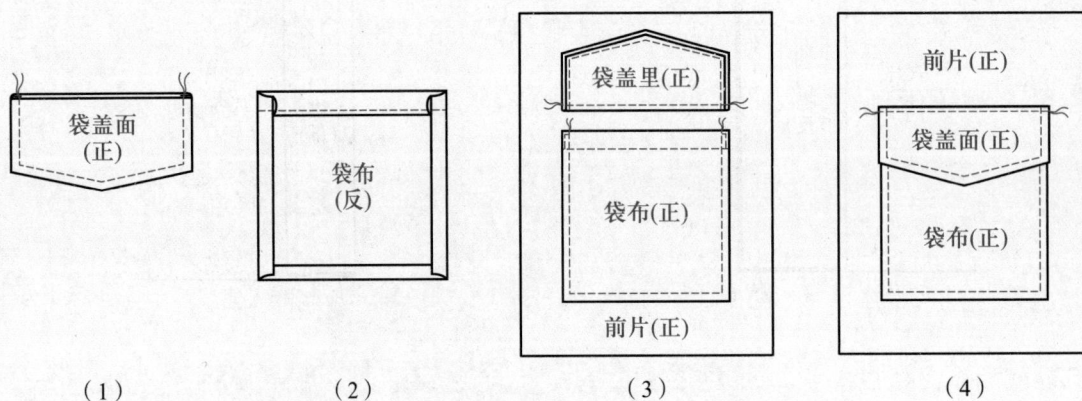

图4-64

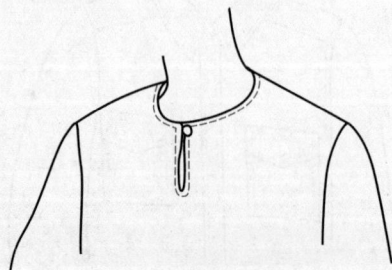

图4-65

（二）在肩缝上开衩的圆领

在肩缝上开衩的圆领，见图4-67。

（1）开衩一边的前片肩缝需放出门襟贴边，后片肩缝需放出里襟贴边。将不开衩的前、后肩缝缉合。门里襟贴边分别向正面折转，领圈贴边放在领圈上与门里襟贴边分别重叠一段，沿领圈缉线0.6 cm，见图4-68。

（2）门里襟贴边、领圈贴边翻进，贴边坐进0.1 cm。开衩门襟锁扣眼三个，里襟钉纽三粒。从正面里襟开始缉止口，见图4-69（1）。

（3）上袖前将门里襟重叠、放平，缉线固定，见图4-69（2）。

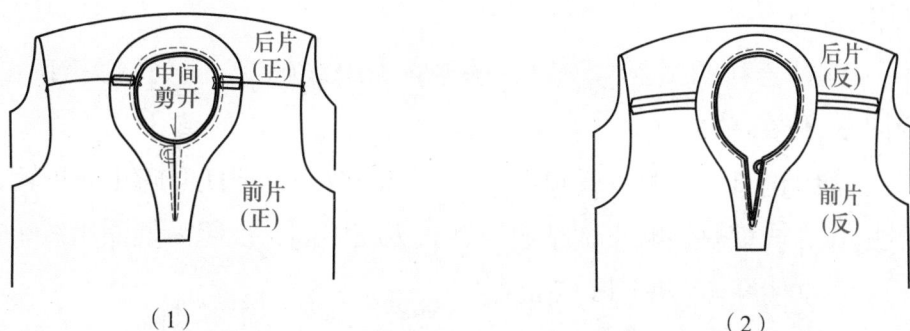

（1）　　　　　　　　　　　　（2）

图4-66

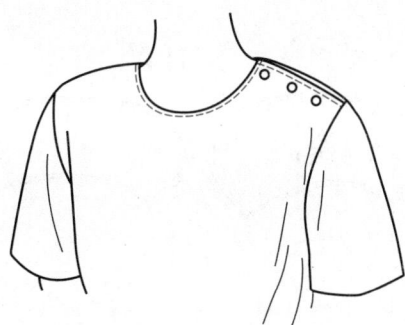

图4-67

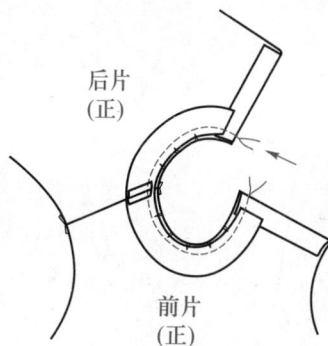

图4-68

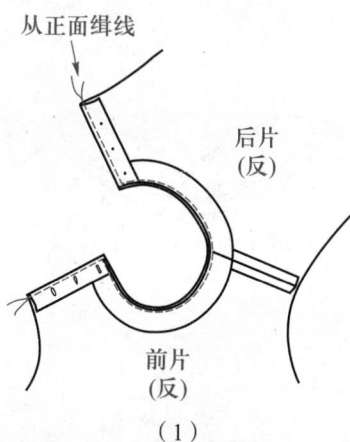

（1）

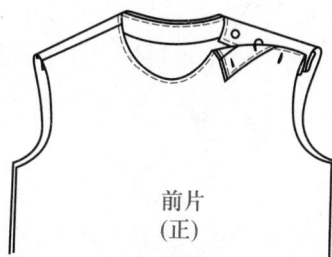

（2）

图4-69

（三）平圆领

这是没有领脚的平坦领子，前、后开门都可以，见图4-70。

（1）领面反面粘上薄黏合衬，领里、领面正面相叠，外口三边缉线0.6 cm。缉好后缝头修剩0.4 cm。领头正面翻出，领里坐进0.1 cm，正面缉止口，见图4-71。

（2）把领头里口与领圈放齐，把挂面向正面折转，再放上斜料布条，领头夹在中间一起沿领圈缉线0.6 cm，见图4-72。

（3）把挂面翻进，领头翻上，斜料布条按0.7 cm宽度扣光缝头，兜缉0.1 cm止口固定到衣身领圈部位，见图4-73。

（四）水手领

水手领见图4-74。

（1）将粘上薄黏合衬的领面与领里正面相叠，缉线0.6 cm。将缝头向领面折转烫平，再翻正领头，见图4-75。

（2）领头正面缉止口。把领头放到衣片上与领圈放齐，把挂面向正面折转，后片领圈用斜料布做贴边，或剪块领贴布做贴边，领头夹在中间，一起沿领圈缉线0.6 cm。在叠门处剪上刀眼，以便翻转，见图4-76。

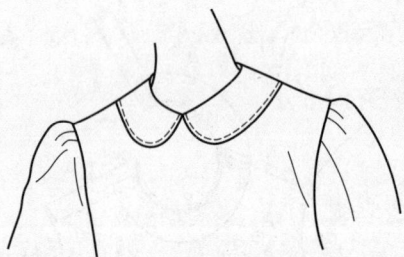

图4-70

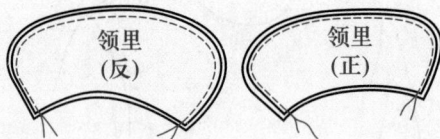

图4-71

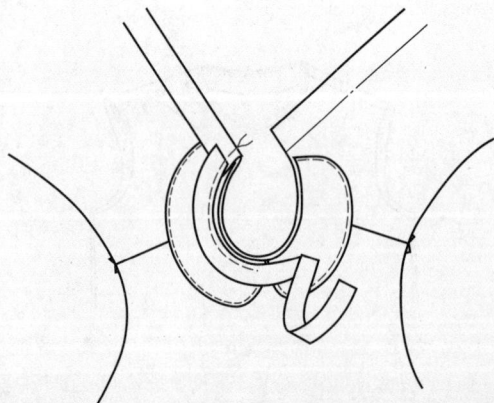

图4-72

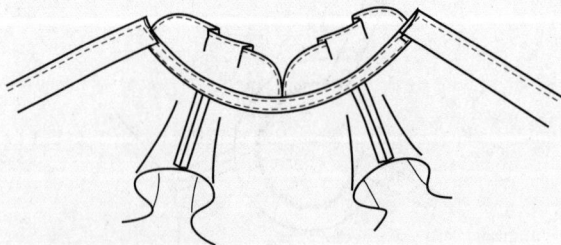

图4-73

（3）把后领圈斜料布按0.7 cm宽度扣光缝头，用手针缲牢，或机缉0.1 cm止口，挂面在肩缝处也要缲牢，见图4-77。如用领贴与挂面相接，领贴宽度与挂面相接处同宽，所以只需要在肩缝处固定几针即可。

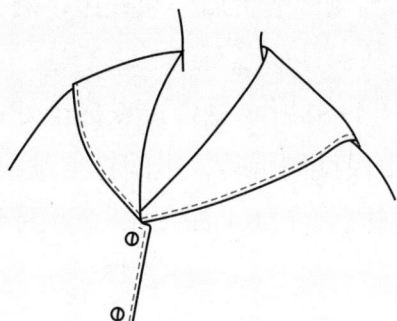

图4-74

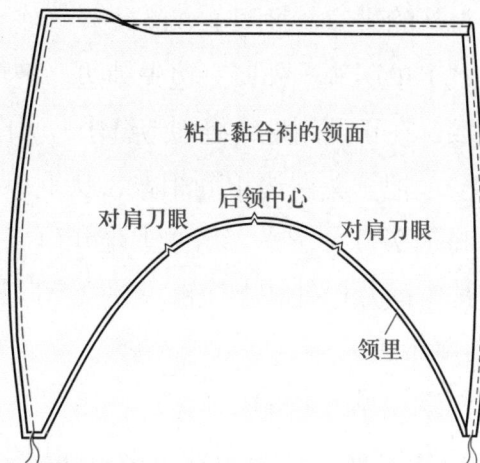

图4-75

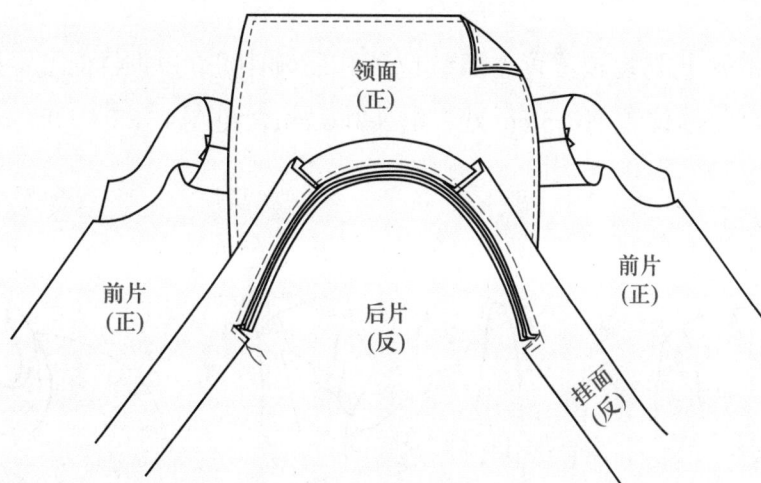

图4-76

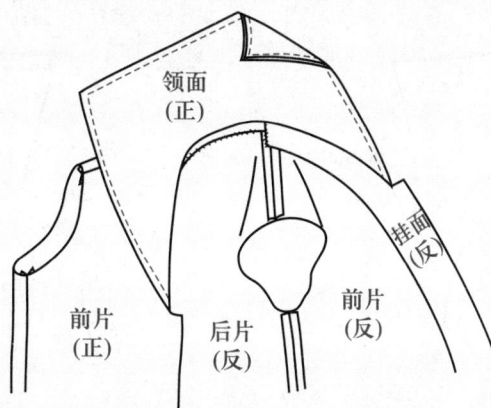

图4-77

（4）水手领属于坦领造型，坦领的特点就是领子无底领，领子像是披在衣身上，见图4-78、图4-79，各种造型的坦领，缝制工艺均可参照上述水手领的缝制方法。

（五）荡领

荡领材料适合使用柔软的针织面料、乔其纱、真丝绸等，使很宽的单层领子在胸前形成自然的皱纹，见图4-80。

（1）单层领子外口三边先锁边。把单层领子下口与领圈缝合后一起锁边，缝头向大身坐倒，在正面用坐绩缝固定缝子，见图4-81。

（2）把领头两边正面相叠，从上口向下缝合到图4-81所示缝合止点标记处，并剪刀眼将缝头分开烫平。绩线下是开口部分，缝头与上段反向折转，中间钉上锨纽一粒。后衣片中间开口处装上拉链。领头上口扣光毛缝再折转后，绩0.1 cm止口，见图4-82。

（六）飘带领

飘带领见图4-83。

1. 做领圈　在领圈处由止口向里绩0.7 cm缝头至装领点，在装领点处剪刀眼，然后翻转挂面，烫平。再缝合前后片肩缝并锁边，见图4-84。

2. 做飘带

（1）做好飘带领上的装领位置、肩缝位置和后领中心的刀眼标记。将飘带领面、里对折，分别缝合至装领位置前1.5 cm处，缝头0.6 cm，见图4-85（1）。

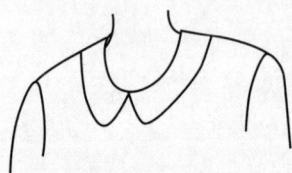

图4-78

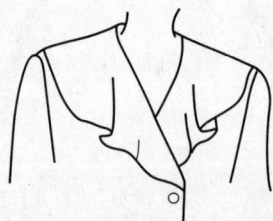

图4-79

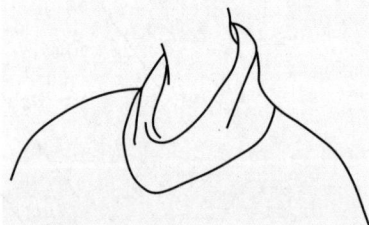

图4-80

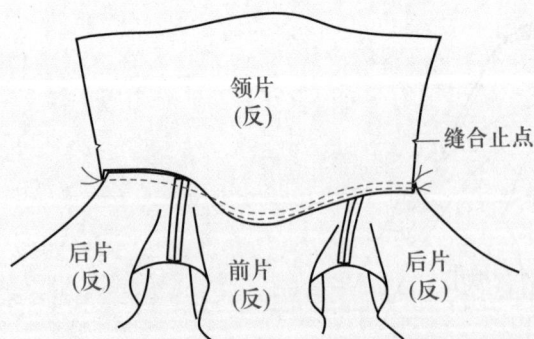

图4-81

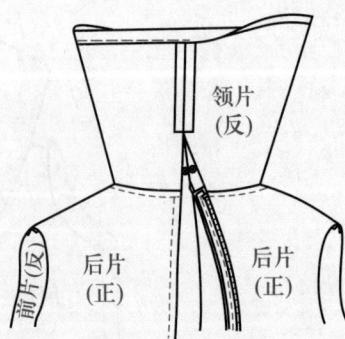

图4-82

（2）把绲线缝头向飘带领面折转，没有缝合的一段飘带领面单层折转，烫平，见图4-85（2）。

3. 装飘带领

（1）上领：飘带领里各眼刀对准领圈相应位置，正面相叠，绲线0.7 cm。注意把飘带领面挪开，不要一起缝进去。注意装领起点前片领圈剪刀眼处缝头一定要装足，不然会毛口，见图4-86。

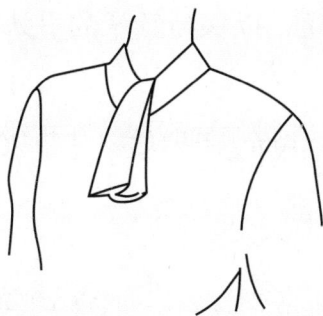

图4-83

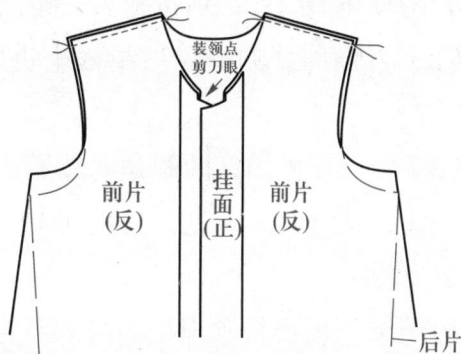

图4-84

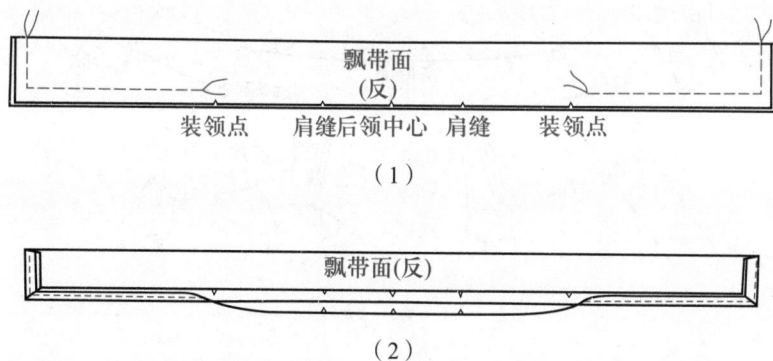

图4-85

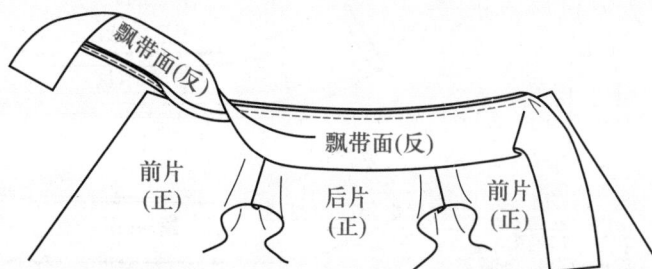

图4-86

（2）压领：把飘带领正面翻出，领面盖过领里缉线，用手工缲针，也可用机缝缉线0.1 cm止口。装领位置前1.5 cm领带部分没有缝合的地方也要缝合，见图4-87。

（七）立领

立领见图4-88。

1. 做领

（1）领里做好对肩缝和后领圈中心的对档标记。领面烫上黏合衬，下口缝份折转烫平。领里、领面正面相叠，按净线缝合处理好里外匀。接着将领子上口和两边缝份修成梯形，两领角离缉线0.3 cm剪去一角，见图4-89（1）。

（2）将修剪好的缝份按缉线坐进0.1 cm向领面折烫，以保持领子的里外匀，见图4-89（2）。

（3）将领子翻出，两领角要翻足，最后熨烫定型，在烫领面时要放在布馒头上一段一段熨烫，使之窝服，见图4-89（3）。

2. 装领

（1）装领里：将领里下口与衣身领圈毛缝对齐，正面相叠，由右襟格缉至左襟格。缉线时应将对档位置对准，见图4-90。

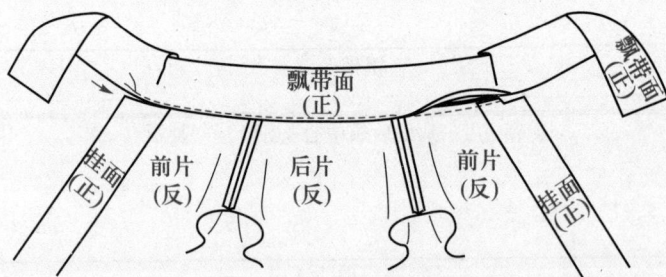

图4-87

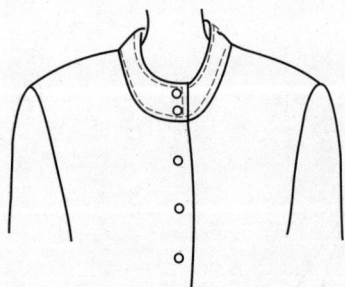

图4-88

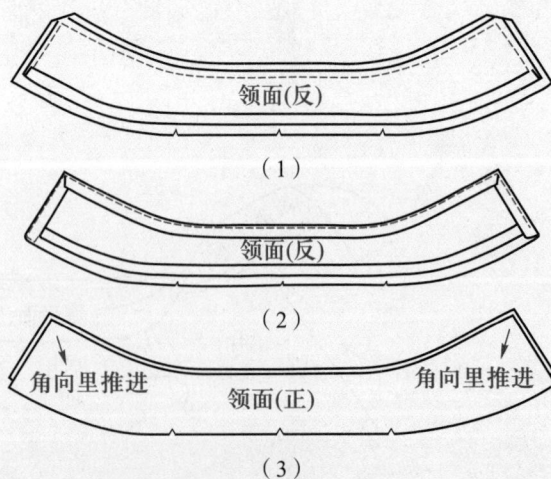

（1）

（2）

（3）

图4-89

（2）压缉领面：将衣身和衣领翻转，领面盖住领里缉线，由左襟格压缉至右襟格，压缉0.1 cm止口，压缉到右襟格后，连续压缉领两边和上口止口。压缉领面止口应顺直，不能歪斜，以免影响服装外观，见图4-91。

四、长袖衬衫的袖口变化

（一）带花边的袖头

带花边的袖头见图4-92。

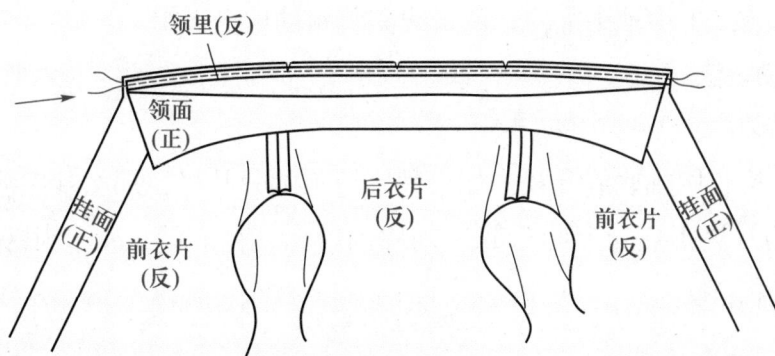

图4-90

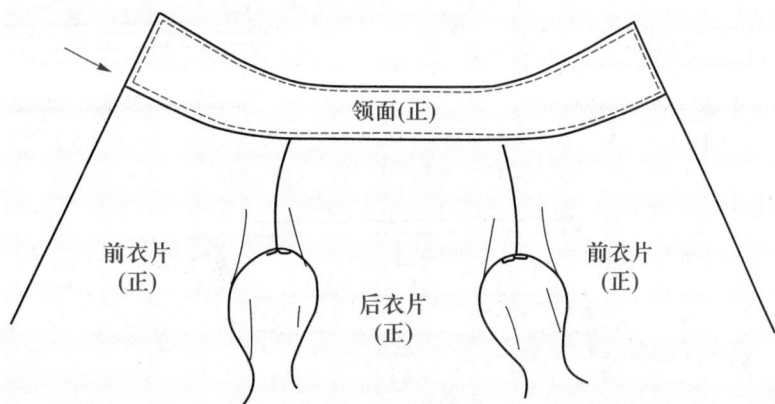

图4-91

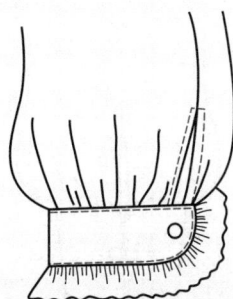

图4-92

（1）先把荷叶花边缉上袖头面的正面，缉线0.6 cm，见图4-93（1）。

（2）将缉花边的袖头面另一边扣光缝头，与袖头里正面相叠缉线，缉线紧靠花边缉线里口，见图4-93（2）。

（3）将袖头正面翻出，见图4-93（3）。

（二）双层袖头

双层袖头见图4-94。

（1）将袖头夹里一边扣光缝头，与袖头面正面相叠缉线，见图4-95（1）。

（2）将袖头正面翻出，见图4-95（2）。

（3）将袖头沿折转线折转，见图4-95（3）。

注意：（一）（二）中袖头上的止口缉线需装到袖片上再缉。

（三）袖头的简易装法

袖头的简易装法，见图4-96。

（1）袖口直接利用袖底缝开衩，如果袖底缝不做分开缝，那么袖底缝开衩一段每层先锁边，长度为开衩止点向上约5 cm，袖片袖口离开袖底缝2 cm，用双线抽细裥，使长度与袖头长度相符。

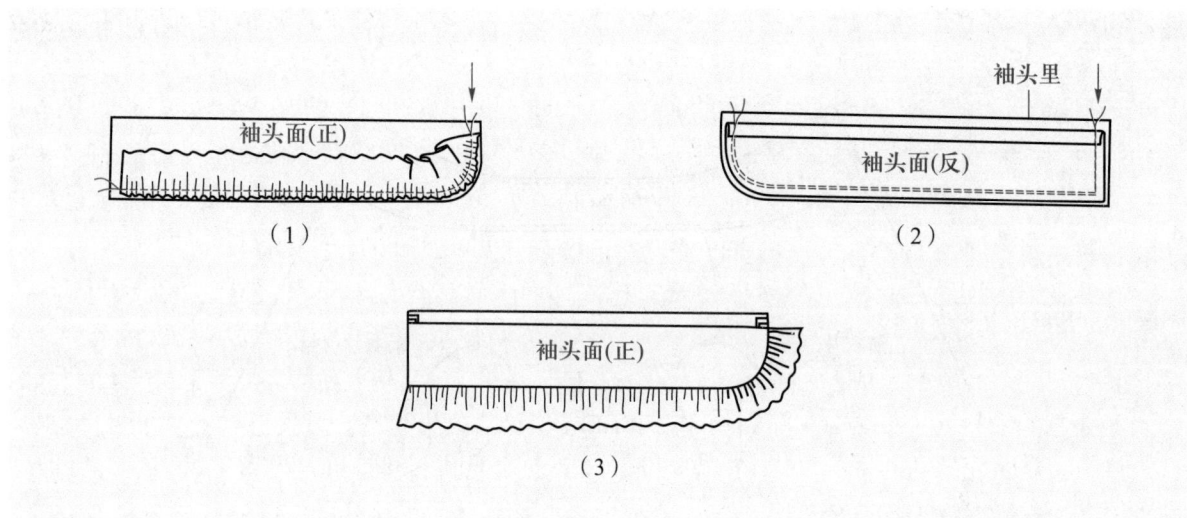

袖头面(正)
（1）

袖头里
袖头面(反)
（2）

袖头面(正)
（3）

图4-93

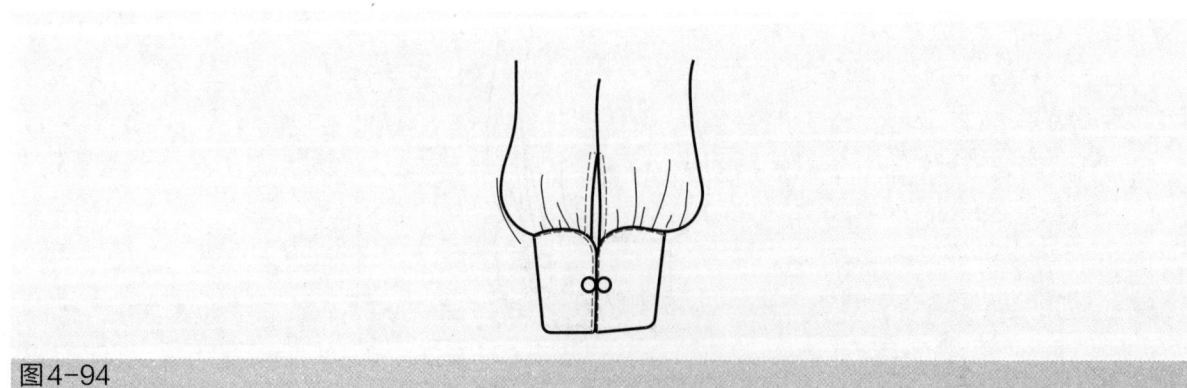

图4-94

（2）将做好的袖头面与袖片正面相叠，毛缝对齐，袖底缝缝头向袖头里一面折转，缉线1 cm，然后一起锁边，见图4-97。

（3）将袖头翻正，袖底缝缝底也翻进，见图4-98。

（4）缝合袖底缝至开衩止点，袖底缝两层一起锁边，注意与前面袖衩口的锁边交接一段，见图4-99。

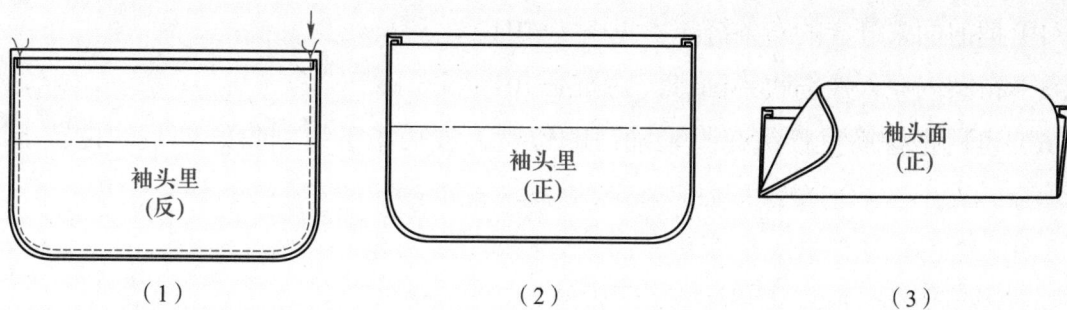

（1）　　　　　　　　　（2）　　　　　　　　　（3）

图4-95

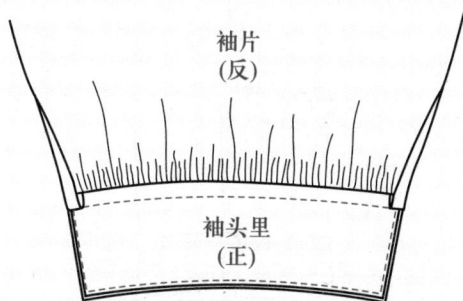

图4-96

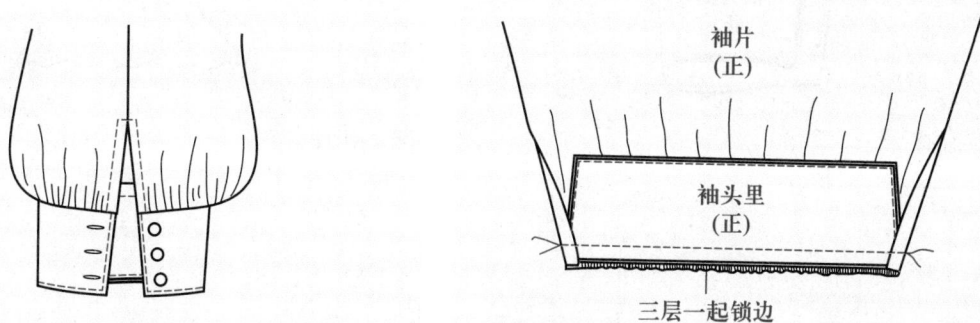

图4-97

图4-98

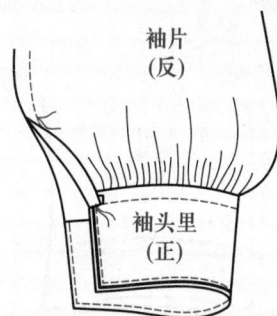

图4-99

（5）袖底缝开衩口贴边缉线固定，见图4-100。

（四）用橡筋收紧的袖口

用橡筋收紧的袖口，见图4-101。

（1）将袖口毛缝扣光，缉0.1 cm止口，在袖底缝缝合后再卷缉袖口更好，见图4-102。

（2）在离开袖口边4～5 cm穿橡筋位置，把布条毛缝扣光，缝合在袖片上，留2 cm左右不缝住，待袖底缝合后再缝上，见图4-102。

（3）将袖底缝缝合，见图4-103。

（4）把前面未缝合的布条缝牢，见图4-104。

（5）布条内穿入橡筋收紧袖口，见图4-101。

（6）也可把橡筋直接缉在收紧袖口的位置，或用布条缉到收好细裥的位置上固定细裥。

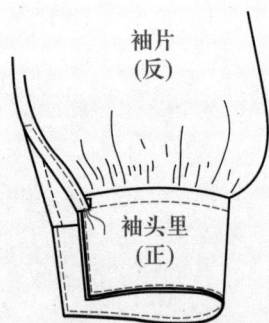

图4-100

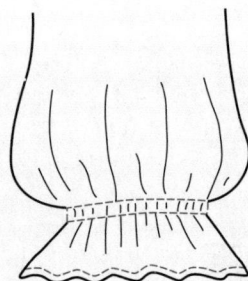

图4-101

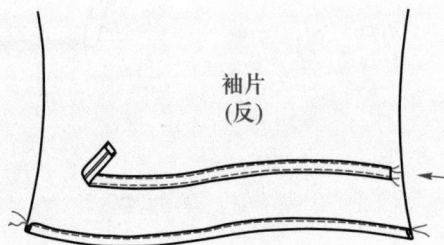

图4-102

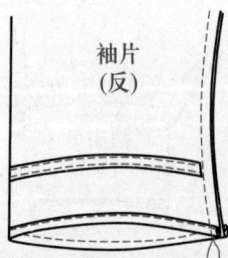

图4-103

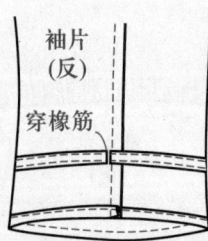

图4-104

五、无袖衬衫的袖窿处理

（一）装袖窿贴边的无袖衬衫

装袖窿贴边的无袖衬衫，见图4-105。

（1）缝合前、后衣片的肩缝、摆缝，见图4-106（1）。

（2）将拼接好的袖窿贴边缉上袖窿。前身袖窿弧线比较凹，需要剪刀眼，使贴边翻进时平服，见图4-106（2）。

（3）将袖窿贴边翻进，贴边坐进0.1 cm，见图4-107（1）。

（4）在袖窿正面缉止口，见图4-107（2）。

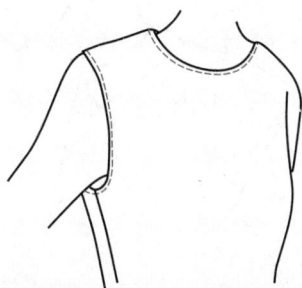

图4-105

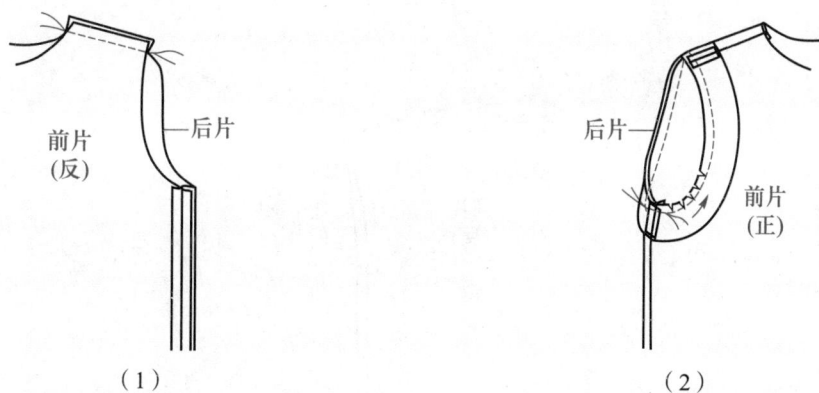

（1）　　　　　　　　　　（2）

图4-106

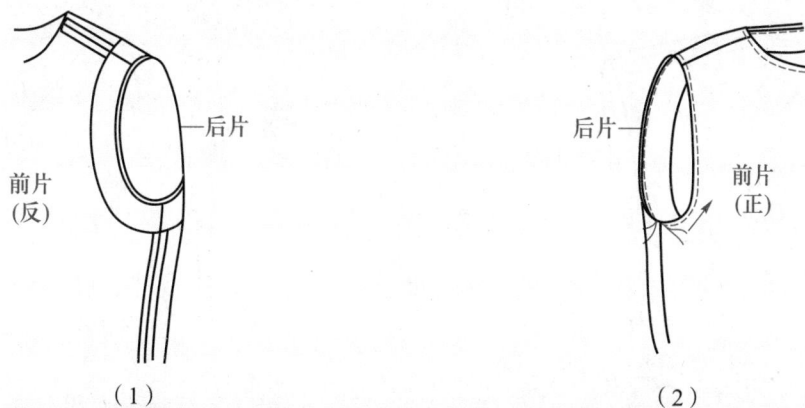

（1）　　　　　　　　　　（2）

图4-107

（5）贴边里侧可锁边，在肩缝、摆缝处用手针缲牢。

（二）连贴边的无袖衬衫

连贴边的无袖衬衫，见图4-108。

此款在衬衫肩、胸处理得比较宽，使袖窿比较平直，袖窿可以连贴边。

（1）缝合前、后衣片的肩缝、摆缝，见图4-109（1）。

（2）缉袖窿贴边。注意在袖窿底缉来回针3至4道加固，以防止由于经常抬手臂而造成脱线，见图4-109（2）。

（3）可在肩宽位置装上海绵垫肩，见图4-109（3）。

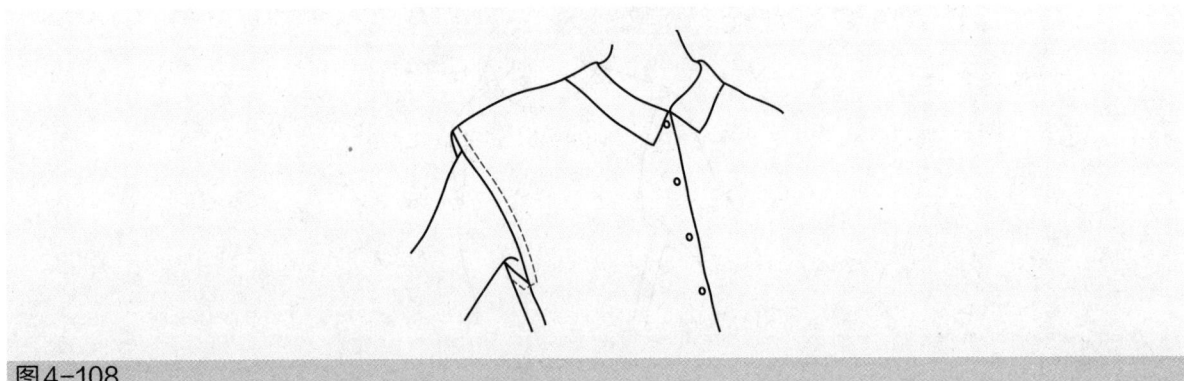

图4-108

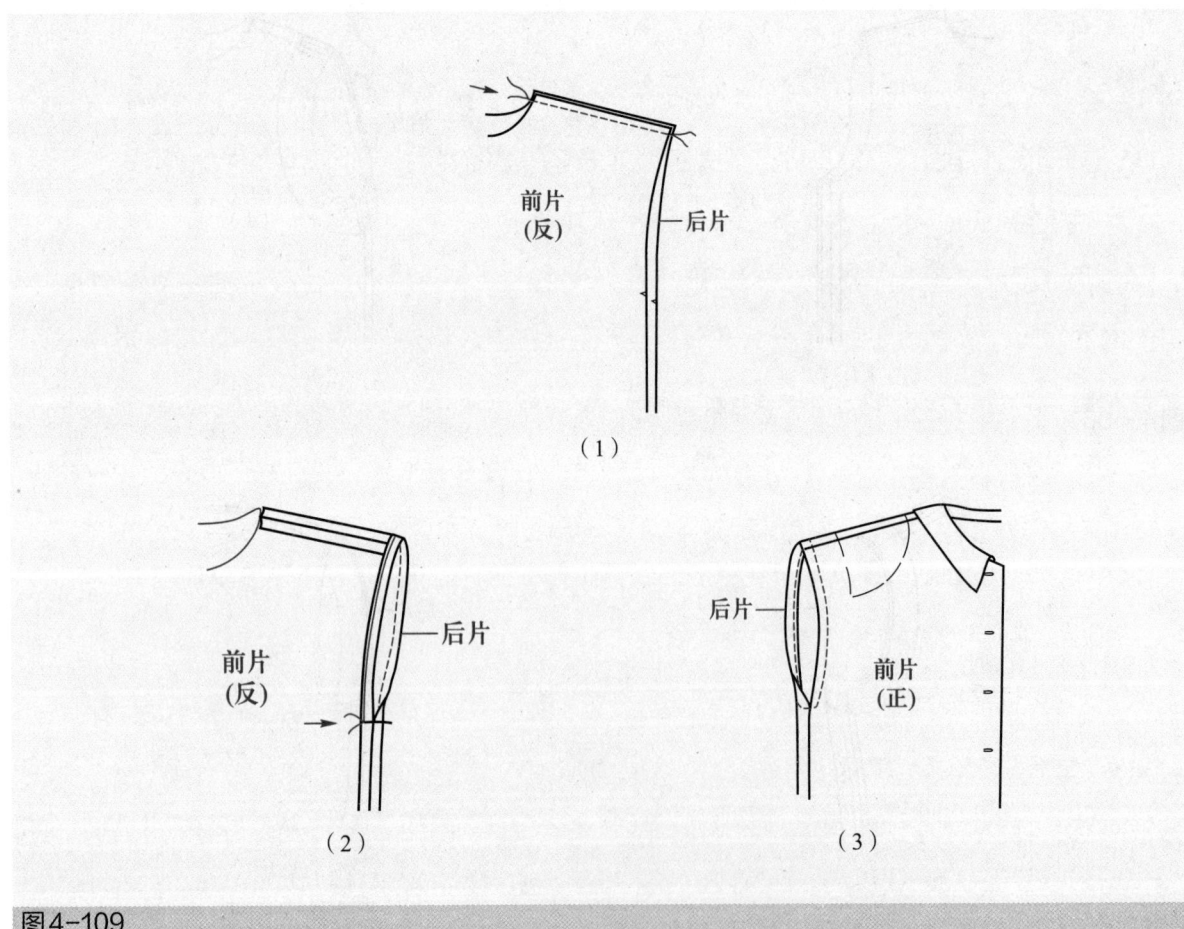

图4-109

六、衬衫款式变化

（一）飘带领女衬衫

1. 飘带领女衬衫的外形概述

飘带领，前身中间开襟，右襟五个扣眼，肩缝前移，装细裥泡袖，袖口开衩抽细裥、装袖头，袖头一个扣眼，见图4-110。

2. 缝制提示

（1）飘带领的缝制方法参照第三节"三（六）"的内容。

（2）肩缝前移缉止口线。注意装袖对肩缝位置要做调整。

（3）袖山头抽细裥位置要准确，细裥要均匀。

（4）袖头缉止口明线。

（二）U形领女衬衫

1. U形领女衬衫的外形概述

U形领外翻贴边，前身中间开襟，右襟六个扣眼，下摆底边装登闩，袖口开衩抽细裥、装袖头，袖头一个扣眼，领口翻贴边、门里襟，登闩和袖头均缉明止口，见图4-111。

2. 缝制提示

（1）U形领贴边下口缝份先扣光烫平，再把贴边两边先与门里襟止口处缝合。然后门里襟贴边与领口贴边均翻到衣片反面，贴边领口与衣片领口放齐缉缝后领口贴边翻到正面，再缉领外翻贴边的上、下止口缉线。

（2）装登闩方法参照袖头或腰头的安装方法。

（3）装登闩前将衣片底边多余的量在规定位置抽细裥，使衣片底边与登闩长度相符。注意细裥抽匀。

（三）休闲男衬衫

1. 休闲男衬衫的外形概述　男式衬衫领，前身中间开襟，翻门襟，左边底领一个扣眼，左襟五个扣眼，左、右前胸有袋盖贴袋各一个，袋盖一个扣眼，装过肩，后片居中暗裥一个，直摆缝，曲下摆，装袖，袖口开衩打一个裥，装方角袖头，袖头一个扣眼，见图4-112。

2. 缝制提示

（1）男式衬衫领缝制方法参照第二节"六（六）（七）"的内容。

（2）有袋盖贴袋参照第三节"二、带袋盖贴袋"的内容。

（3）所有止口均缉明止口。

（4）衬衫的曲下摆可以设计成各种造型。曲下摆由于是弧形设计，底边贴边缝份不能多放。缉曲下摆底边贴边要特别注意上下层的松紧一致，不然很容易起涟不平整。

图 4-110

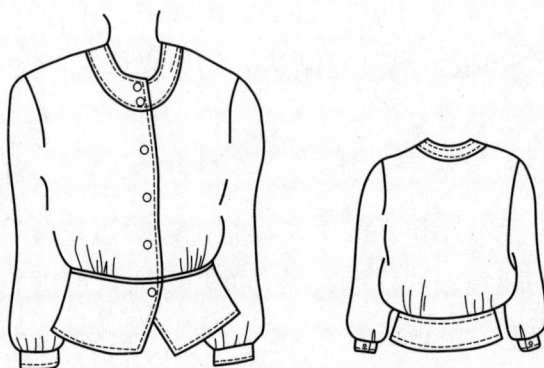

图 4-111

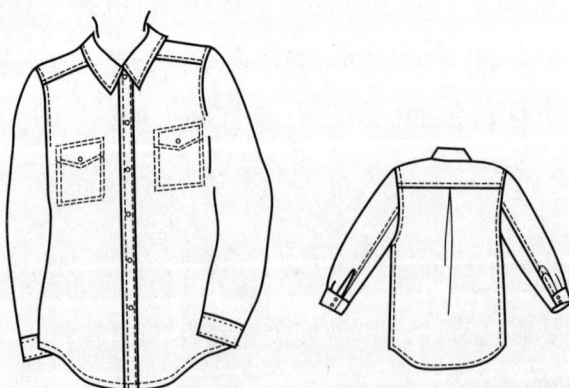

图 4-112

思考题

1. 试述男、女衬衫的质量要求。
2. 试述男、女衬衫的工艺流程。
3. 女衬衫收省有什么要求？
4. 怎样做好女衬衫领头？怎样装好女衬衫领头？
5. 怎样抽细裥和掌握袖山吃势？
6. 怎样装直袖衩和宝剑头袖衩？
7. 怎样装好男、女衬衫袖子？
8. 装袖头的方法有哪几种？
9. 装好胸袋要注意什么？
10. 怎样装好男衬衫的过肩和缝好肩缝？
11. 男式衬衫做翻领要注意什么？做底领要注意什么？
12. 怎样装好男式衬衫领？装领时要防止什么？
13. 做翻门襟的方法有哪几种？
14. 试总结一下几种装领的方法。
15. 无袖的袖窿可用哪两种方法处理？
16. 试对衬衫款式进行变化后编写工艺流程，并对变化款式设计工艺方案。
17. 试对衬衫款式变化中的一款独立进行制作。

第五章

春秋装的缝制工艺

第一节　女两用衫的缝制工艺

一、女两用衫的外形概述

无领式U形领，门里襟下摆方角，单排四粒扣，前衣片左右收省各一个，横形双嵌线开袋各一个。后衣片做背缝，左右收省各一个。袖型为圆装袖，两袖口各钉装饰纽扣两粒，见图5-1。

二、女两用衫的成品规格

单位：cm

号型	衣长	胸围	领围	肩宽	袖长	袖口	前腰节长	胸高位
160/84 A	70	102	39	41.5	55	14	40	24

三、女两用衫的质量要求

（1）符合成品规格。

（2）U形领领口贴身，斜丝无还口，领口左右对称。

（3）两袖居中，左右对称，袖山层势均匀、圆顺、饱满，袖口平整。

（4）前身门里襟平挺，丝绺顺直，扣眼平服，大小一致。左右收省高低、进出一致，吸腰自然。

（5）双嵌线袋高低、进出位置一致，嵌线顺直，宽窄一致，袋角方正、无裥、无毛出。

（6）底边平整，宽窄一致，针脚整齐，无针印和起涟形。

（7）成衣内外整洁，无水花，无极光，无烫焦和烫黄现象，内外无线头，缝线不可有跳针或浮线现象。

四、女两用衫的部件

前片两片，后片两片，大袖片两片，小袖片两片，挂面两片，后领贴一片，袋嵌线两片，袋垫布两片，大袋布两片，小袋布两片，挂面衬两片，后领贴衬一片，嵌线衬、袋口衬若干，牵带若干，肩衬一副，纽扣大小各四粒。女两用衫排料图，见图5-2。

五、女两用衫的工艺流程

做缝制标记→收省→归拔→锁边→开袋→合缉背缝→合缉肩缝、摆缝→装挂面、领贴→做底边→做袖→装袖→锁眼、整烫→钉纽

六、女两用衫的缝制

女两用衫缝制中的重点和难点是衣片、袖片的归拔熨烫工艺，开双嵌线袋和装袖。

图5-1

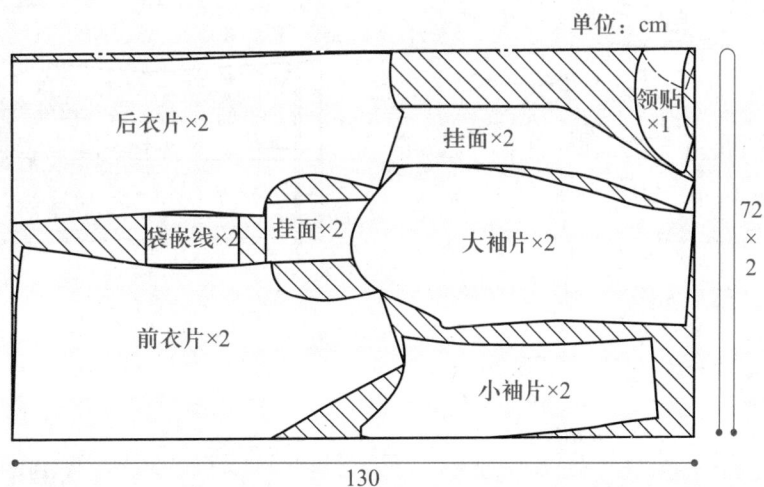

单位：cm

后衣片×2

挂面×2

领贴×1

袋嵌线×2

挂面×2

大袖片×2

72×2

前衣片×2

小袖片×2

130

图5-2

（一）做缝制标记

1. 前片　省位、扣眼位、腰节位、开袋位、底边、袖标对档，见图5-3（1）。

2. 后片　省位、背缝、腰节位、底边、袖背缝对档，见图5-3（2）。

3. 大、小袖片　偏袖线、袖肘线、袖底边、袖山对肩，见图5-3（3）（4）。

（二）收省

1. 前衣片腰省　将衣片按省中线对折，衣片正面叠合，按省大缉线。右襟格由底边向上缉至省尖，左襟格由省尖向下缉至底边，省缝分别倒向左右襟止口。见图5-4（1）。

2. 后衣片腰省　收省方法与前衣片相同，省缝烫向背中缝，见图5-4（2）。

（三）归拔

比较合体的服装，通过归拔处理能使服装更加符合人体，穿着更加舒适。但是对于中低档服装不一定要独立进行归拔工序，归拔部位可以通过缝制过程中的缝纫、中间熨烫的正确处理，来达到一定的效果，其处理的依据还是来自归拔原理。归拔时要注意熨斗的温度与衣片面料的耐热性相适应。归拔的步骤及方法如下：

1. 前衣片

（1）U形领前胸处略归，腰节处丝绺外弹，上下丝绺推直，见图5-5（1）。

（2）袖窿凹势处归拢，见图5-5（2）。

（3）肩部归烫将胖势推向胸部，见图5-5（3）。

（4）摆缝上段略归，腰节拔开，臀部胖势归拢。摆缝经熨烫后成直线状，见图5-5（4）。

（5）底边归拢，见图5-5（5）。

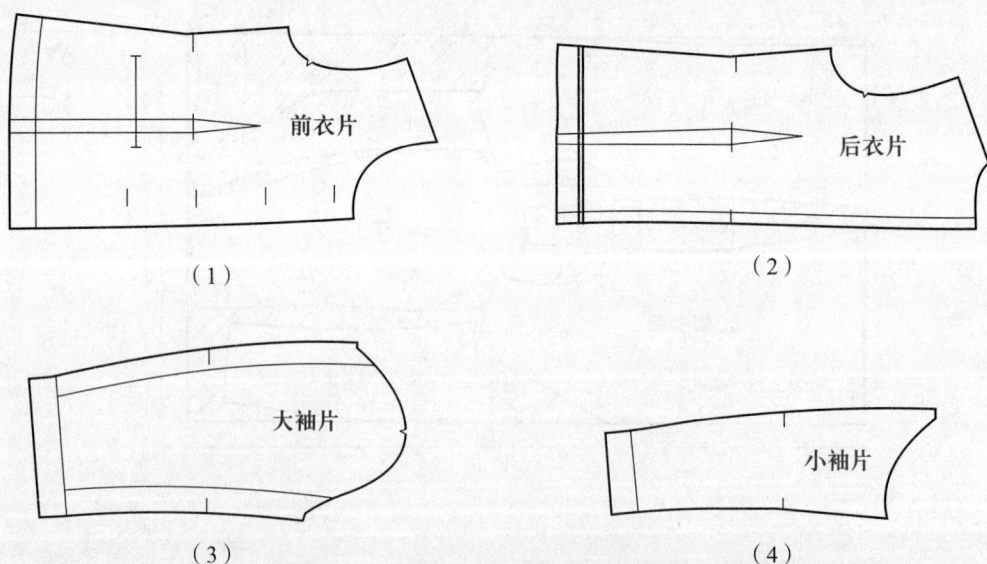

前衣片

（1）

后衣片

（2）

大袖片

（3）

小袖片

（4）

图5-3

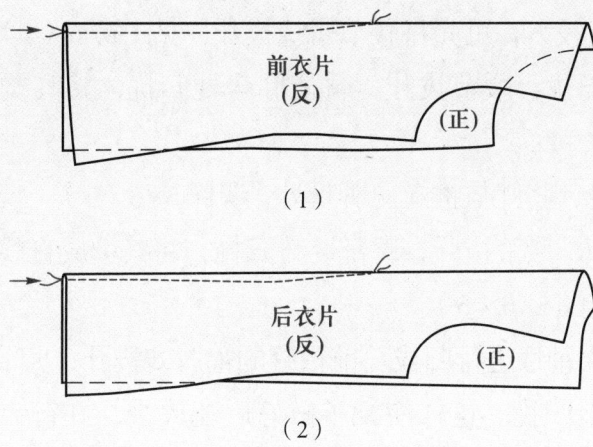

前衣片
（反）
（正）

（1）

后衣片
（反）
（正）

（2）

图5-4

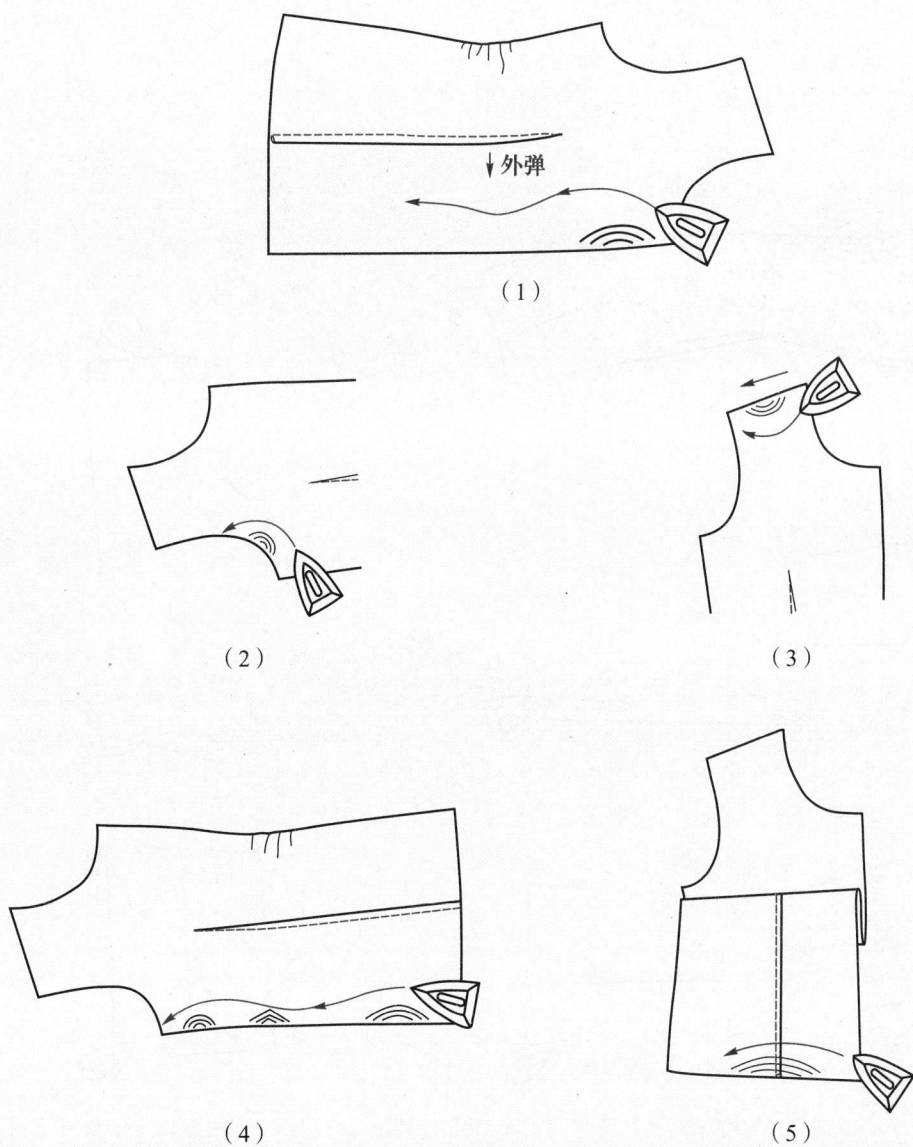

↓外弹

（1）

（2）

（3）

（4）

（5）

图5-5

2. 后衣片

（1）后片腰节收省较大，可先将腰节省缝拔开，见图5-6（1）。

（2）背中缝上段归拢，腰节拔开，臀位胖势处归拢，将其烫成直线状为止，见图5-6（2）。

（3）肩缝中段归拢，将胖势推向肩胛骨处，见图5-6（3）。

（4）摆缝上段略归，腰节拔开，臀部胖势归拢，将其烫成直线状，见图5-6（4）。

（5）底边归拢，见图5-6（5）。

3. 袖片　主要对大袖片进行归拔。前袖缝的袖肘处拔开，归到偏袖线。前袖缝上段略归，后袖缝袖肘偏上归拢。这样使袖子做好后能放平，并符合手臂的弯势形状，见图5-7。

（四）锁边

1. 前衣片　肩缝、摆缝、底边。

2. 后衣片　背缝、肩缝、摆缝、底边。

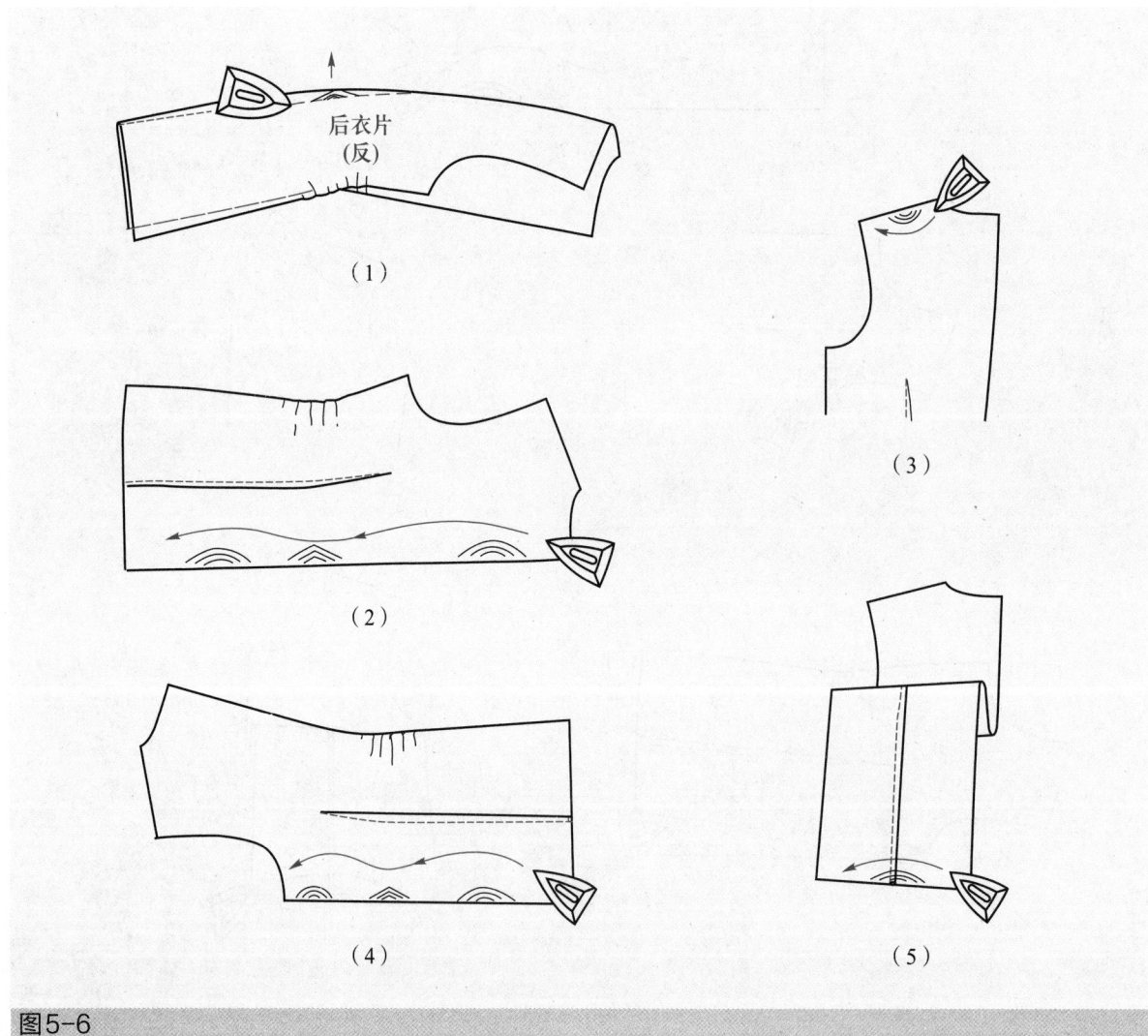

图5-6

3. 大、小袖片　前袖缝、后袖缝、袖口。

4. 挂面、后领贴　里口。

5. 袋布　装袋完成后再锁边。

（五）开袋

双嵌线袋可以按西裤所介绍的方法制作。这里再介绍一种比较简易的缝制方法：

（1）在前衣片正面画好袋口线，见图5-8（1）。

（2）在前衣片袋口处反面粘上黏合衬，见图5-8（2）。

（3）嵌线布粘上黏合衬并画上袋口线，袋垫布缉上大袋布（大袋布如用面料布可不缉袋垫布），见图5-9。

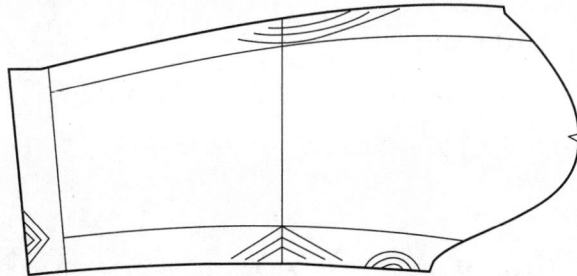

图5-7

前衣片
（正）

前衣片
（反）

（1）

（2）

图5-8

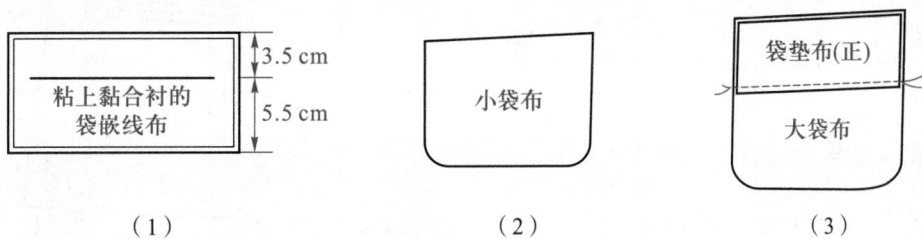

3.5 cm

5.5 cm

粘上黏合衬的
袋嵌线布

小袋布

袋垫布(正)

大袋布

（1）

（2）

（3）

图5-9

（4）袋嵌线布袋口线与衣片袋口线重合放齐，沿嵌线宽度缉上衣片，并居中剪开袋口，见图5-10。

（5）将嵌线布从袋口中翻到反面，上、下袋口分缝熨烫，见图5-11。

（6）将嵌线宽度烫平，袋口两端三角先缉线一道封牢，见图5-12。

（7）翻到衣片正面，缉漏落缝固定下嵌线，也可以把衣片翻起，暗缉固定上、下嵌线。见图5-13。

（8）小袋布接上嵌线布，见图5-14。

（9）大袋布与小袋布、上嵌线上口放齐后，翻到衣片正面，缉漏落缝固定上嵌线的同时将大袋布也固定，翻开袋角处衣片用来回针将三角封牢，见图5-15。

（10）大袋布与小袋布放齐，兜缉袋布一周并锁边，见图5-16。

袋嵌线可如上面用缉漏落缝来固定，也可以翻起衣片暗缉固定，或袋口嵌线不分缝，在衣片正面嵌线四周缉0.1 cm明止口。

薄衣料省缝坐倒对开袋处影响不大，如衣料较厚，则可对嵌线部位的省缝部分分缝或者配上里子，省缝剪开后分缝再开袋。

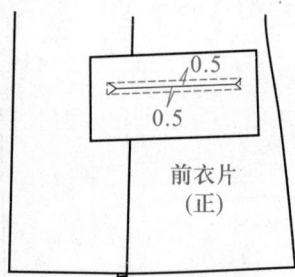

图5-10

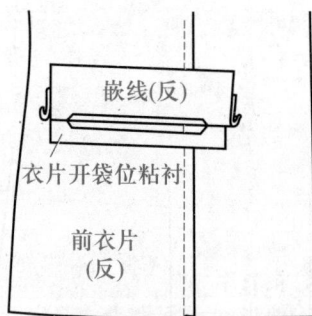

图5-11

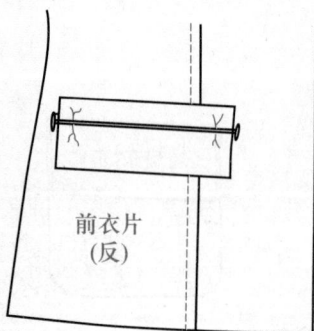

图5-12

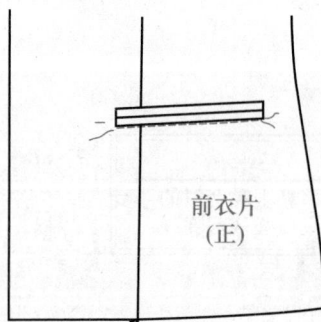

图5-13

（六）合缉背缝

　　将后衣片正面叠合，背缝对齐，缉缝2 cm。缝合后烫分开缝，见图5-17。

（七）合缉肩缝、摆缝

　　1. 合缉肩缝　将前、后衣片正面相叠，肩缝对齐，缉缝1 cm，缉合时后肩缝放吃

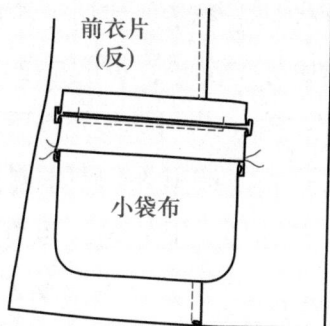

图5-14

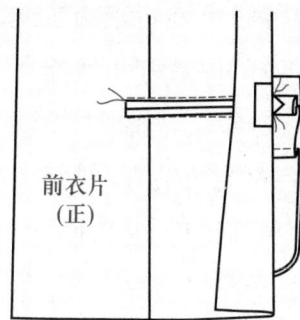

图5-15

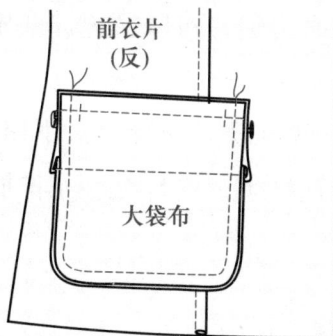

图5-16

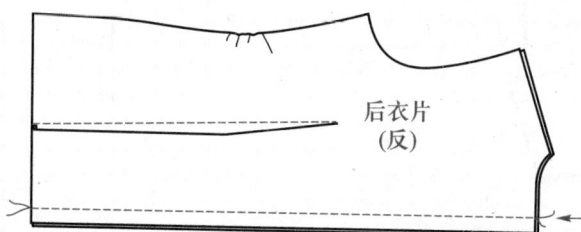

图5-17

势，里肩1/3处多吃一些。然后将肩缝放在圆烫凳上烫分开缝，注意防止肩缝烫还，见图5-18。

2. 合缉摆缝　将前、后衣片正面相叠，摆缝对齐，缉缝1 cm，然后缝子放直烫分开缝，不可烫还，见图5-19。

（八）装挂面、领贴

（1）挂面、领贴全部粘上黏合衬后，正面相叠，肩缝对齐缉缝1 cm，并烫分开缝。

（2）挂面领贴与前后衣片正面相叠，门里襟止口、领圈缝对齐，缉缝0.8 cm。U形领斜处缉线时注意不要将领圈拉还，还可考虑在U形领圈处粘上牵条。底边处按底边净缝缉线，并注意门里襟方角处挂面略急，以形成方角处的里外匀窝势，见图5-20。由于缉缝较长，应选择几点做临时固定，以便掌握上下层缉线不错位。也可擤线固定后再缉线。

（3）将缝份修狭，厚料修大小缝，方角处缝份修去一角，按里外匀要求熨烫后将挂面翻进，也可将缝份向挂面领贴坐倒后缉0.1 cm止口，帮助形成里外匀，转角处无法缉到可空一段。

（4）挂面翻正后再按里外匀要求进行熨烫。

（5）将挂面、领贴在肩缝、后缝与大身缝份固定。

缉挂面底边还有一种方法，可以在门里襟方角转向底边处，先按净缝缉1 cm左右后将挂面拉向衣身底边毛缝，挂面靠里口一段与衣身底边毛缝平齐后斜向缉线，这样缝合后挂面翻正，使挂面底边处也有坐势，可以避免挂面里口处理不当而产生衣服起吊的常见弊病，见图5-21。

另外如有夹里，挂面与夹里就可以完全缝合，下口不需留空3 cm左右。挂面夹里缝合后与衣身底边的缝合也可以连续了，这样减少了挂面与夹里在两边下口留空处的手

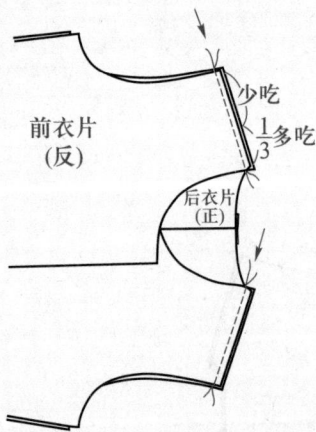

图5-18

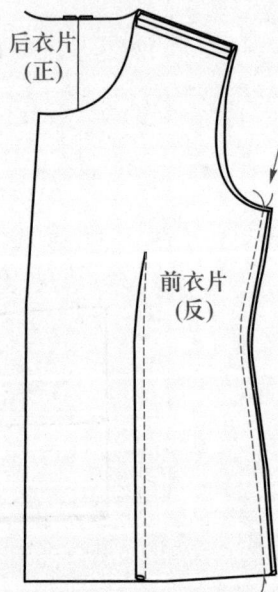

图5-19

工缲针，简化了工艺。

（九）做底边

底边贴边按净缝折转烫平，见图5-22。用本色线绷三角针。然后将底边正面放在布馒头上一段一段烫，将底边烫窝服。

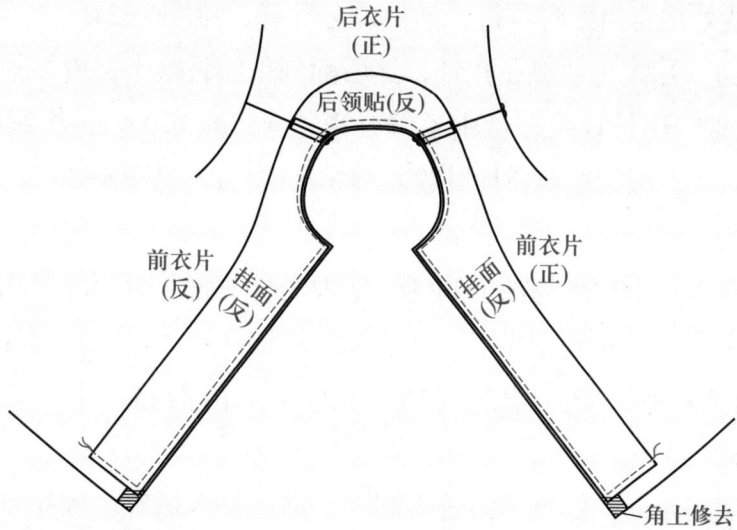

后衣片（正）

后领贴（反）

前衣片（反）

挂面（反）

挂面（反）

前衣片（正）

角上修去

图5-20

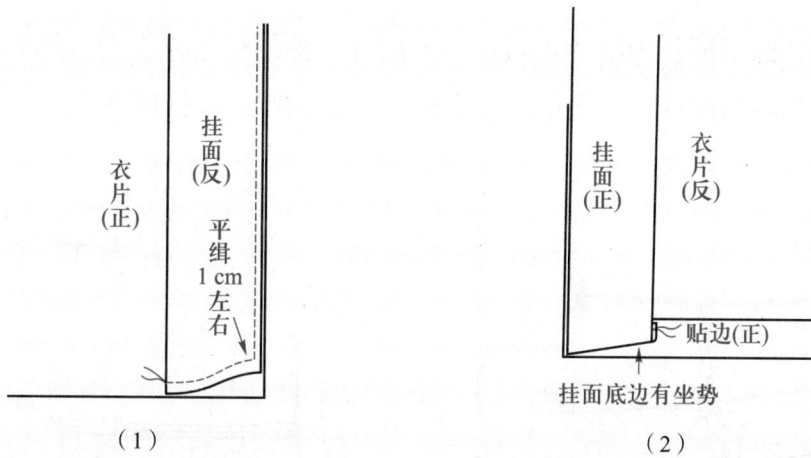

衣片（正）

挂面（反）

平缲1 cm左右

（1）

挂面（正）

衣片（反）

贴边（正）

挂面底边有坐势

（2）

图5-21

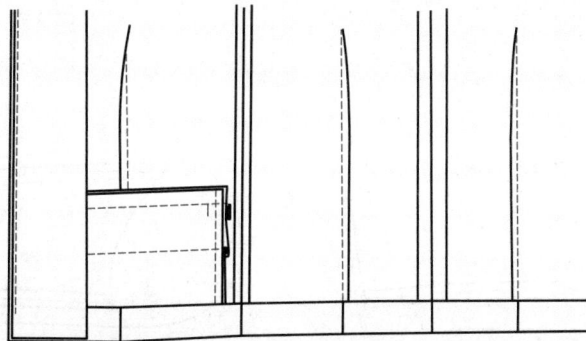

图5-22

（十）做袖

1. 合缉前袖缝　将大、小袖片正面相叠，大袖片放在下面，前袖缝放齐缉缝1 cm，然后烫分开缝。烫分开缝时注意将小袖片放平整，接着可将袖口贴边先折转烫平，见图5-23。

2. 合缉后袖缝　将大、小袖片正面相叠，大袖片放在下面，后袖缝放齐缉缝1 cm，袖肘处大袖片归拢处注意缉线时层进，然后烫分开缝，见图5-24。

3. 绷袖口贴边　用本色线绷三角针，然后翻到正面将袖子熨烫平整，见图5-25。

4. 抽袖山吃势　用长针距在袖山毛缝处离边0.3 cm和0.6 cm机缉两道。从袖后缝开始至前偏袖抽吃势，根据面料质地共收吃势3 cm左右，见图5-26。

（十一）装袖

（1）装袖前检查一下袖窿与袖子的缝子是否吻合一致。可用皮尺测量，要量袖窿与袖子的净缝。装袖子一般先装左襟格，从前袖缝袖标开始，对准袖窿袖标对档，袖山刀眼对准肩缝，后袖缝与袖窿的袖背缝对档刀眼对准，定攘一周，攘线缝头为0.6 cm，见图5-27、图5-28。

（2）攘好后翻到正面，检查袖山是否圆顺，前后是否适宜。放在衣架上，装垫肩的需衬上垫肩作检查，袖子一般以遮住袋口1/2为准。右襟格袖子用同样方法攘上后检查，见图5-29。

（3）然后兜缉袖窿，缉缝为0.8 cm。装袖时，袖子缝放在上面，缉到袖山时要用镊子钳将袖山吃势均匀地推进，防止产生小裥形状。装好后，将袖窿锁边，见图5-30。

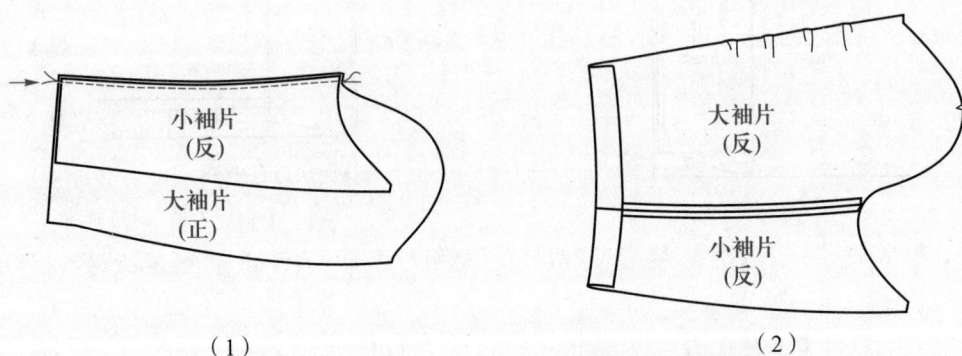

（1）　　　　　　　　　　　　　　　（2）

图5-23

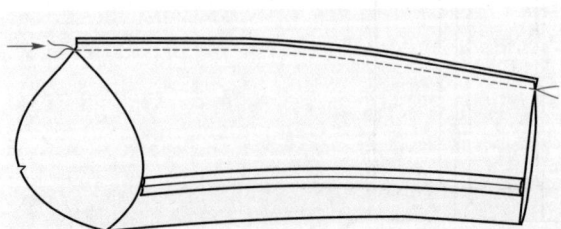

图5-24

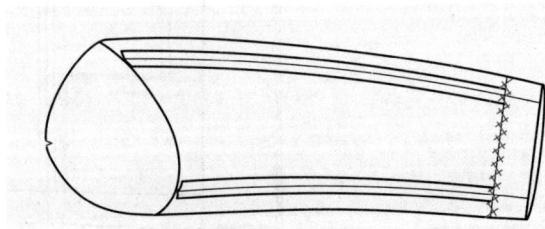

图5-25

（4）袖子装好后放在圆烫凳上将袖窿轧烫一周，将缝子和缉线熨烫平整，轧烫时熨斗边缘不超过袖窿缉线，见图5-31。

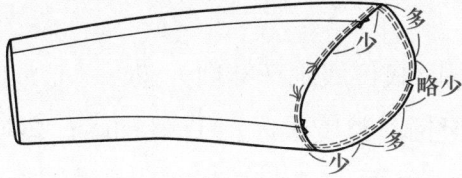

图5-26

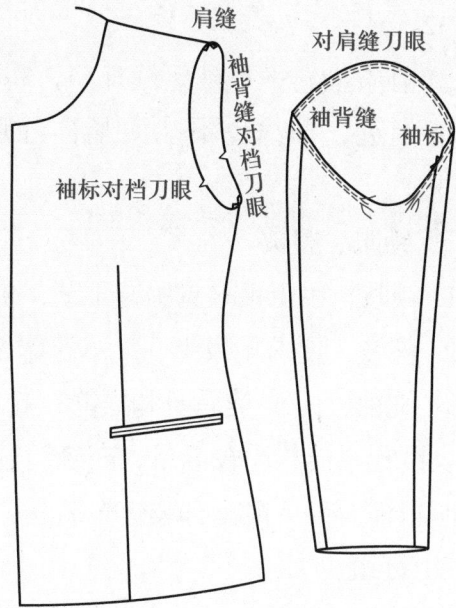

图5-27

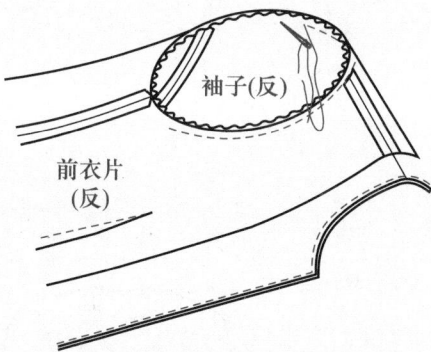

图5-28

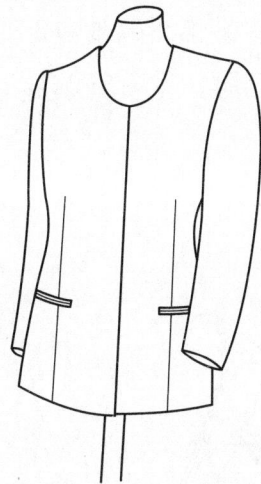

图5-29

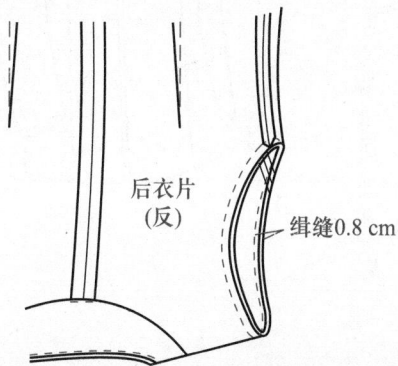

图5-30

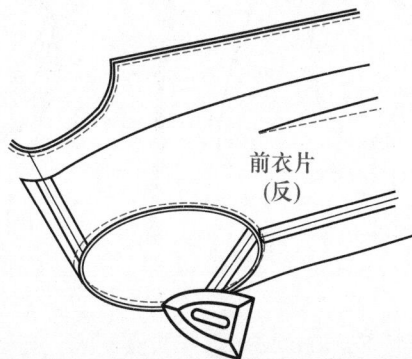

图5-31

（5）装垫肩：

① 垫肩按前肩短、后肩长，一般按1/2偏短1 cm部分为前肩，余者属于后肩。垫肩中间外口和肩缝外口吻合。垫肩前后对折后与后肩缝缉线外侧紧靠缉线处缝牢，见图5-32。

② 前后垫肩平齐袖窿缝外口，将垫肩与袖窿缝牢。缝线在缉线外侧，紧靠缉线，但不能偏进，抽线也不能太紧，否则正面袖窿会外露针花和线迹，且不平服，见图5-33。

（十二）锁眼、整烫

1. 锁眼　手工锁眼见手缝工艺，机器圆头锁眼时眼位线画在挂面一边。

2. 整烫　要求无极光、无水花印，要平服、挺括。整烫顺序：① 轧袖窿；② 烫肩头；③ 烫袖子；④ 烫后身和摆缝；⑤ 烫前身衣袋、挂面止口、底边；⑥ 烫领圈。

女两用衫结构比较简单，在缝制过程中边做边烫，各部位基本上都已烫平整。有时整烫时只需要简单地将有皱褶的部位复烫一下即可。

（十三）钉纽

（1）将门里襟上下对齐，根据眼位高低、离止口2.3 cm。钉纽线两上两下，绕四周，作为纽脚，线头藏进，不可外露。纽脚点子要小，大身面里均不可起皱。

（2）袖口装饰纽离袖口3.5 cm，距后袖缝1.5 cm，纽扣间距0.5 cm。钉纽线两上两下，不必绕纽脚，见图5-34。

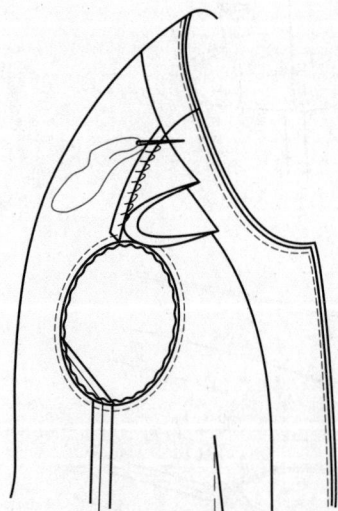

图5-32

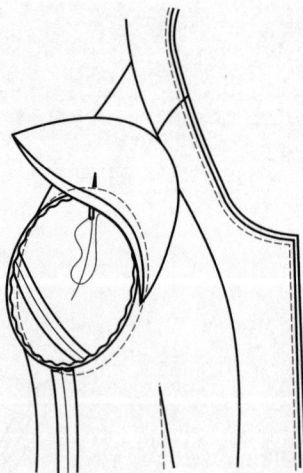

图5-33

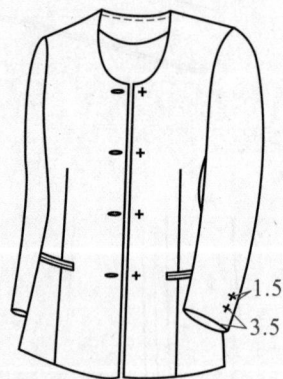

图5-34

第二节　男夹克衫的缝制工艺

一、男夹克衫的外形概述

　　平驳头西服领，单排三粒扣，前身左右有袋盖立体贴袋各一个，后背装过肩，中间打暗裥，底边装登闩，袖型为一片袖，袖口装袖头，见图5-35。

二、男夹克衫的成品规格

单位：cm

号型	衣长	胸围	领围	肩宽	袖长	袖口
170/88 A	68	116	42	46.5	60	26

三、男夹克衫的质量要求

　　（1）符合成品规格。

　　（2）产品整洁，无极光、线头、污渍等。

　　（3）两边领角、驳角长短大小一致，面里松紧适宜，止口不外吐。

　　（4）贴袋两格对称。

　　（5）止口缉线顺直、宽窄一致。

　　（6）固定橡筋缉线要顺直，缉线间距均等，面、里不起涟。

图5-35

四、男夹克衫的部件

前衣片两片，后衣片一片，过肩一片，挂面两片，领面一片，领里两片，登门面、里连口一片，袖片两片，袖头面、里连口两片，袋盖面、里各两片，袋布两片，袋侧布两片，黏合衬若干，橡筋若干，纽扣大三粒、小两粒。男夹克衫排料图，见图5-36。

五、男夹克衫的工艺流程

做缝制标记→锁边→做贴袋和袋盖、装贴袋和袋盖→装挂面、做后片→缝合肩缝、装袖子、缝合摆缝和袖底缝→做领、装领→做袖头、装袖头→做登门、装登门→锁眼、钉纽→整烫

六、男夹克衫的缝制

男夹克衫缝制中的重点和难点是装西服领、贴袋和橡筋。

（一）做缝制标记

1. 前片　袋位、驳口线、驳头缺嘴大、扣眼位。
2. 后片　暗裥位。
3. 袖片　对肩刀眼、袖口打裥位置、袖口上袖头留空位置。
4. 登门　装橡筋位置。

（二）锁边

除前片门里襟止口、前后片领圈、底边外，其余部位都锁边。坐绲缝部位可缝合后两层一起锁边。如果坐绲缝用大小缝将缝错开，减少厚度的部位，则只需锁放大缝的一边，包在内的小缝不用锁边。袋布、袋侧布四周锁边，挂面、领贴里口锁边。

（三）做贴袋和袋盖、装贴袋和袋盖

1. 做贴袋和袋盖

（1）缉袋口贴边，见图5-37（1）。

（2）缉侧布袋口处贴边。侧布宽度对折，反面中间缉0.1 cm止口。侧布一边毛缝扣光烫平，见图5-37（2）。

（3）袋盖两边封口，正面翻出，缉0.1 cm止口。为减少装袋盖时的厚度，袋盖里按净缝配置。如是薄料则可与袋盖面料配齐，见图5-37（3）。

（4）把侧布未扣光缝头的一边缉上袋布三边。两角处要剪一刀眼，见图5-38（1）。

（5）把侧布翻进，缉0.1 cm止口，见图5-38（2）。

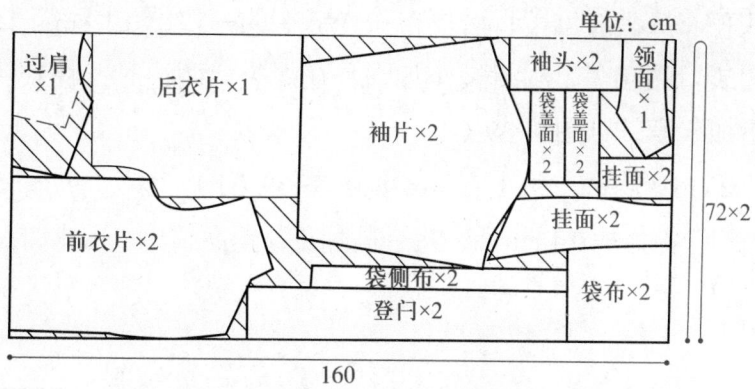

单位：cm

过肩×1　后衣片×1　袖头×2　领面×1

袖片×2

袋盖面×2　袋盖面×2

挂面×2

挂面×2

72×2

前衣片×2

袋侧布×2

袋布×2

登闩×2

160

备注：1. 登闩排料没有整根料，可采用在摆缝或在两边开始装橡筋处拼接。
　　　2. 领里用排料空当处零料拼接，串口处最好用直丝排料。
　　　3. 过肩排料处有一层零料，用影示线表示。

图5-36

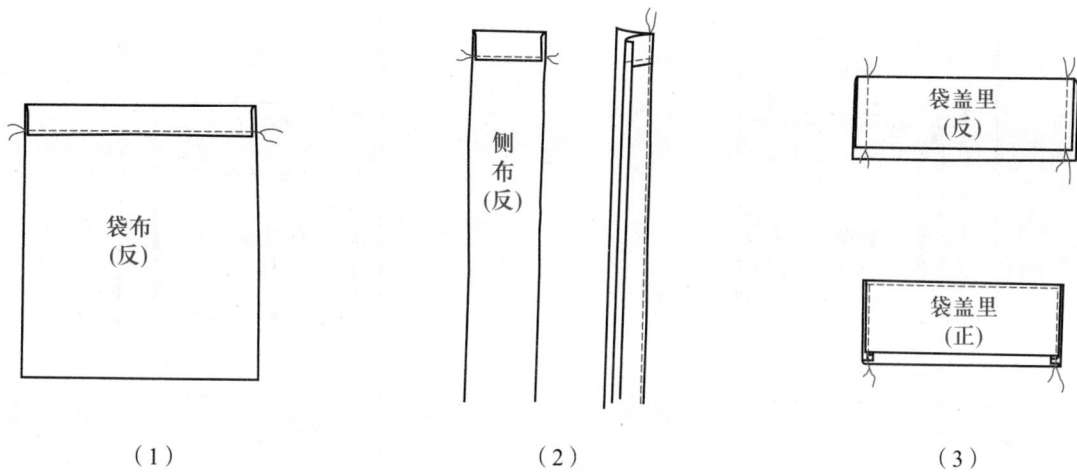

袋布
（反）

侧布
（反）

袋盖里
（反）

袋盖里
（正）

（1）　　　　　　　　　　（2）　　　　　　　　　　（3）

图5-37

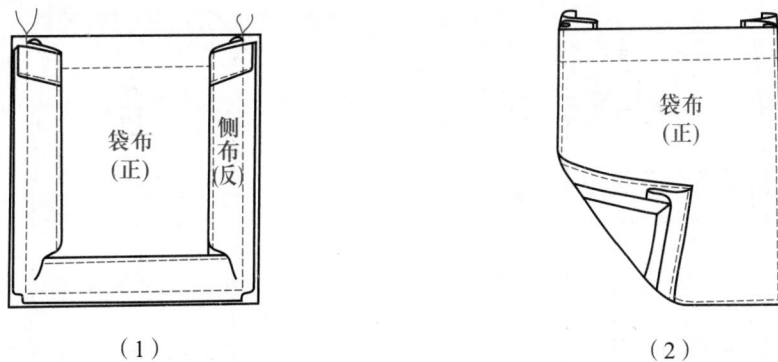

袋布
（正）

侧布
（反）

袋布
（正）

（1）　　　　　　　　　　　　　（2）

图5-38

2. 装贴袋和袋盖

（1）把袋布放在前片装袋位置，沿侧布扣光缝头的一边缉0.1 cm止口，接着将袋布与侧布缝合的一边袋口两端盖上封缉袋角加固，在缉袋口两边时，在衣片的反面需垫两块本色小料，以增加牢度，见图5-39（1）。

（2）离开袋口2 cm，将袋盖缉上衣片，见图5-39（1）。

（3）将缉袋盖的缝份修成0.4 cm后，将袋盖翻正，正面缉0.6 cm止口，见图5-39（2）。

（四）装挂面、做后片

1. 装挂面

（1）挂面反面粘上黏合衬。挂面宽度可根据需要决定。宽的挂面可配上肩头，窄的挂面上口一定要超过驳口线至少3 cm，不然驳头折转后挂面会不平服。挂面与前片正面相叠，缉线0.6 cm，驳头缉到缺嘴处，挂面驳头驳角处略放层势，见图5-40。

（2）驳头缺嘴处剪刀眼，然后挂面翻进，前片正面翻出。注意正确处理里外匀。驳

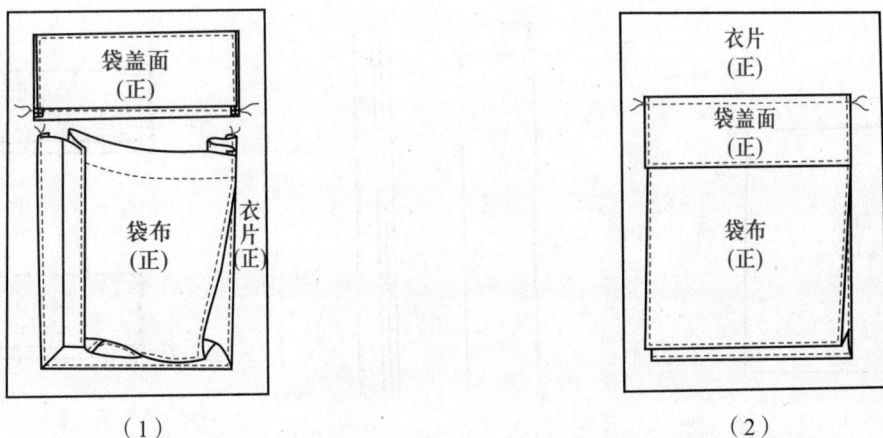

图5-39

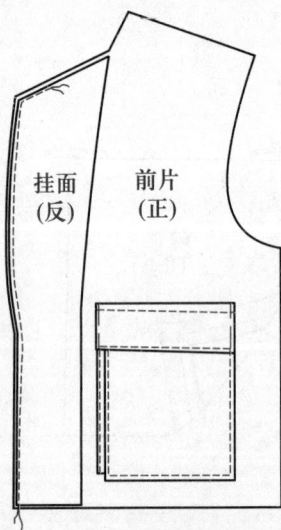

图5-40

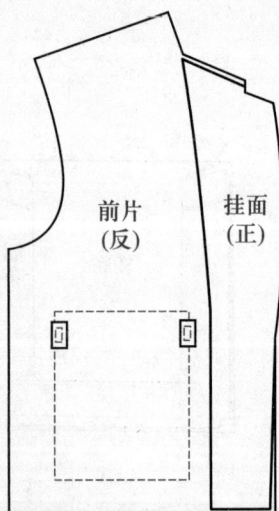

图5-41

头止点以下部位挂面坐进0.1 cm，驳头止点以上部位大身坐进0.1 cm，见图5-41。

2. 做后片

（1）后片打好暗裥，烫平，见图5-42。

（2）过肩与后片正面相叠，缉线1.2 cm，见图5-43。

（3）过肩翻正，缝头向过肩方向坐倒，正面缉0.8 cm止口，见图5-44。

（五）缝合肩缝、装袖子、缝合摆缝和袖底缝

1. 缝合肩缝　用坐缉缝方法缝合前后肩缝，缝头1.2 cm朝后片坐倒，正面缉0.8 cm止口。如果面料厚，一定要修大小缝，把缝头错开，减少厚度。

2. 装袖子　也用坐缉缝方法，缝头1.2 cm朝大身袖窿方向坐倒，正面缉0.8 cm止口。止口缉线前身可缉至袖标处，后身可缉至后袖缝或后背高向下6 cm左右，袖底一段可不缉止口。

3. 缝合摆缝和袖底缝　用分开缝方法缝合摆缝和袖底缝。

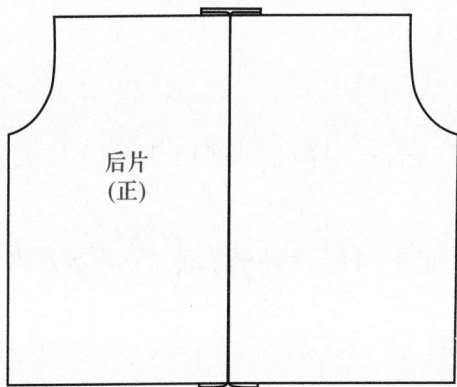

图5-42

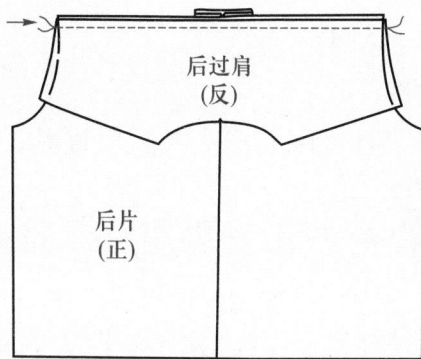

图5-43

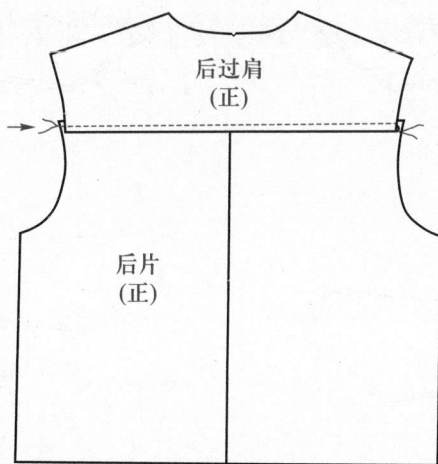

图5-44

（六）做领、装领

1. 做领

（1）领面反面粘上黏合衬，见图5-45（1）。

（2）领里也粘上黏合衬，厚料也可不粘，领里中缝缝合后，烫分开，见图5-45（2）。

（3）将领面与领里正面相叠，缉线0.6 cm，领面领角处要放层势，见图5-45（3）。

（4）将领头正面翻出，烫平，见图5-45（4）。

2. 装领

方法一：

（1）从左领面串口里口处开始，与挂面正面相叠，缉线0.6 cm，经过领里缉至右领面串口处，见图5-46。

（2）串口处领面与挂面分缝，领里与大身串口分缝。大身串口里口处剪一刀眼，其余缝头均朝领里方向坐倒。并把面、里串口缝头撬线固定，见图5-47。

（3）领面扣转缝头，盖过领圈缉线，压缉0.1 cm止口，见图5-46。

（4）驳头、领头、门里襟缉0.8 cm明止口一道。注意正确处理驳头止点上下的里外匀，见图5-48。

方法二：

（1）挂面配到肩头并配后领贴，挂面、领贴均粘衬，挂面领贴肩头缝合并烫分开缝，见图5-49。

（2）领面与挂面串口和领贴领圈部位缝合，挂面串口里口处剪刀眼后分缝烫煞。领里与大身串口和领圈部位缝合，大身串口里口处剪刀眼后分缝烫煞，见图5-50。

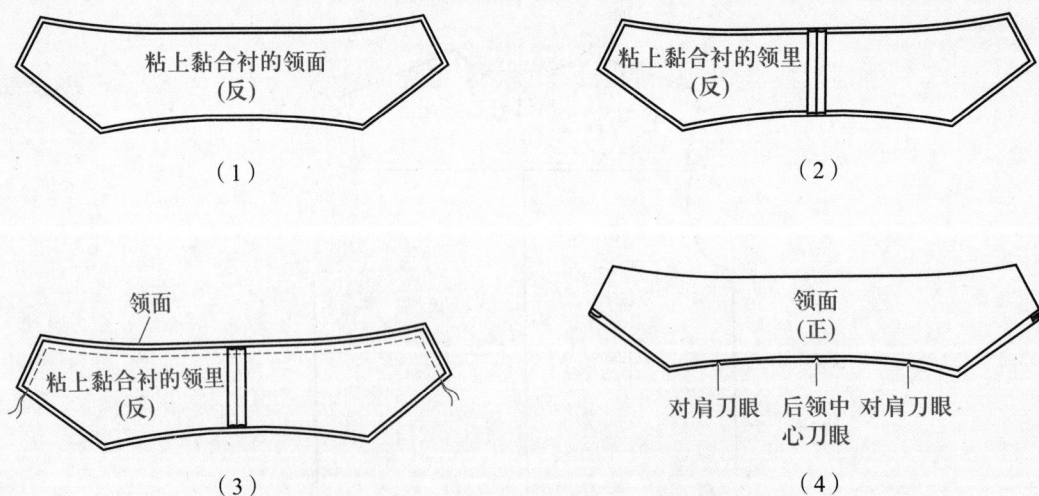

图5-45

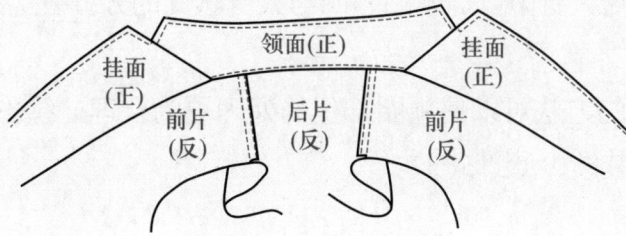

图5-46

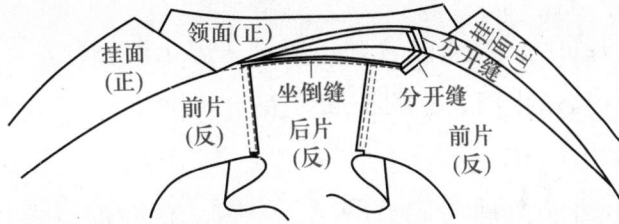

图5-47

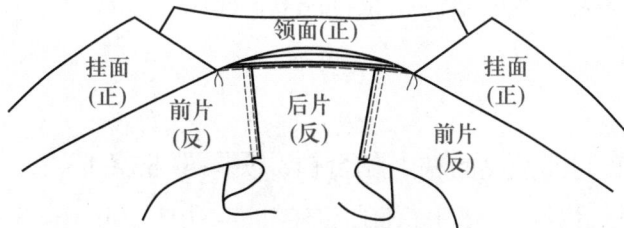

图5-48

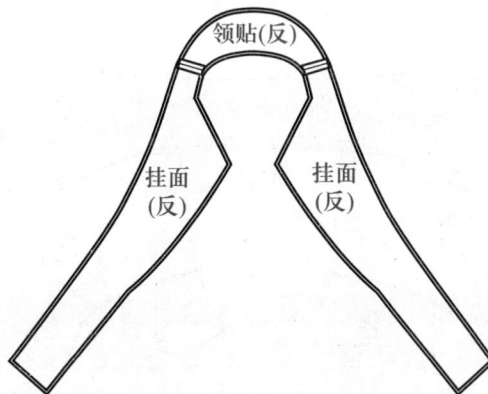

图5-49

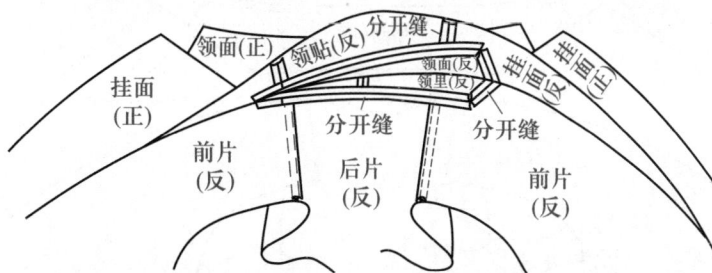

图5-50

（3）将挂面串口与大身串口、领贴领圈与大身领圈的分缝缝头用缉线或手工攃线固定，见图5-51。

以上装领配领贴的方法可以使领圈部位的处理更为合理，缝份也比较分散、平薄，穿着更舒适。完成的装领，见图5-52。

方法三：

如果面料比较薄，可以考虑串口处不分缝，用装衬衫领头夹装的方法装西装领。

（七）做袖头、装袖头

1. 做袖头　在袖头面反面粘上黏合衬，与袖头里正面相叠，三周缉线0.6 cm，将袖头正面翻出，正面缉0.8 cm止口，见图5-53。

2. 装袖头

（1）按袖口打裥标记向后袖方向打两至三个裥。在后袖口的1/2处留出3.5 cm。将袖头缉上袖口，缝头1.2 cm。然后一起锁边，见图5-54（1）。

（2）袖头翻正，缝头向袖片坐倒，正面缉0.8 cm明止口，见图5-54（2）。

（八）做登闩、装登闩

1. 做登闩

（1）登闩不装橡筋的部位反面粘上黏合衬，见图5-55（1）。

（2）将登闩反面朝里对折，烫出折印。登闩面一边毛缝扣光，登闩里毛缝留出0.7 cm左右，见图5-55（2）。

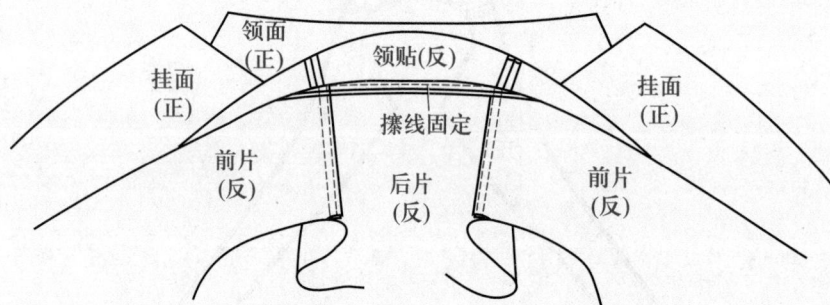

图5-51

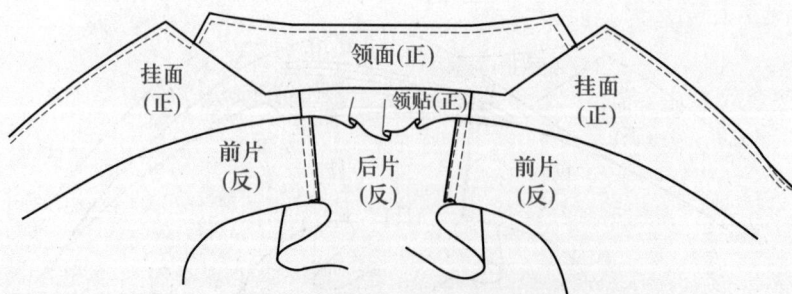

图5-52

（3）将橡筋两头分别先缉线，固定在登闩里上，见图5-56。

（4）登闩两边缉线封口，正面翻出。登闩里上口做好装登闩的对档刀眼标记，见图5-57。

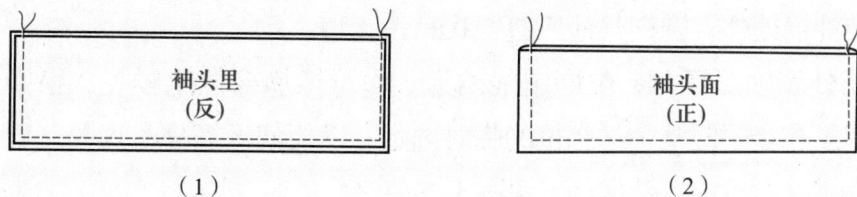

袖头里
（反）

袖头面
（正）

（1）

（2）

图5-53

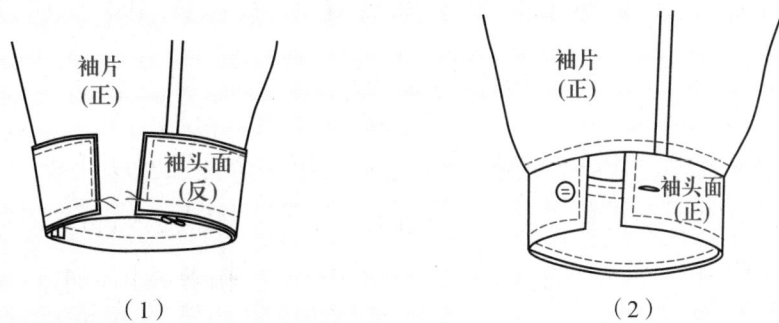

袖片
（正）

袖头面
（反）

（1）

袖片
（正）

袖头面
（正）

（2）

图5-54

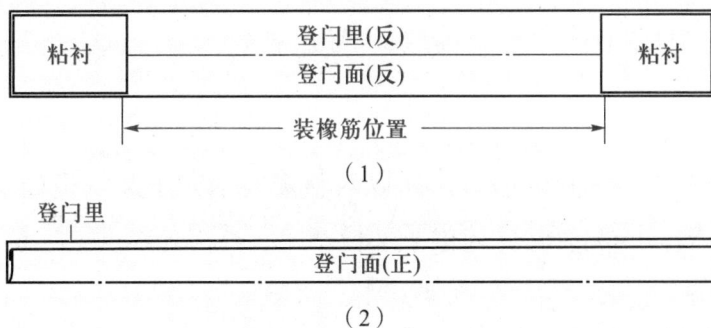

粘衬

登闩里(反)

登闩面(反)

粘衬

装橡筋位置

（1）

登闩里

登闩面(正)

（2）

图5-55

粘上黏合衬的
登闩里(反)

橡筋

粘上黏合衬的
登闩面(反)

图5-56

登闩里

摆缝刀眼

后中心刀眼

摆缝刀眼

登闩面(正)

图5-57

2. 装登闩

方法一：

（1）将登闩里正面与大身反面相叠，缉线0.8 cm。

（2）将登闩翻正，登闩面子盖过上述（1）的0.8 cm缉线，缉0.1 cm止口。

（3）除装橡筋处外，登闩其他三边缉0.8 cm止口。

（4）橡筋处宽度三等分，中间缉线两道。由于橡筋部位比较长，松紧不容易缉均匀，可以对橡筋和登闩做几个对档位的临时固定，以便使橡筋分布均匀。见图5-58(1)。登闩也可以在摆缝两侧位置装橡筋，见图5-58（2）。

方法二：

同装袖口方法，但在挂面处需将登闩夹进缉线。注意登闩面一边毛缝不用先扣光。

（九）锁眼、钉纽

1. 锁眼

（1）大身扣眼开在左襟格，横扣眼共三个。第一个位于驳头止点，第三个居中登闩宽，中间两等分为第二个扣眼。扣眼离开止口2.3 cm，眼大2.5 cm。锁圆头扣眼。

（2）袖口扣眼开在袖头宽度居中，横扣眼一个。扣眼离止口1.5 cm，眼大1.5 cm。锁圆头扣眼。

2. 钉纽　纽扣钉在与扣眼相对应的位置，为实用纽钉法。为便于整烫，可在整烫后再钉纽。

（十）整烫

整烫前先把各部位线头修剪干净，然后熨烫。反面熨烫以喷水为主，正面盖水布熨烫。夹克衫属于穿着比较随意的服装，所以对整烫要求并不高。熨烫步骤是，先烫门里襟止口、底边与领头，后烫前后身与袖子部位。

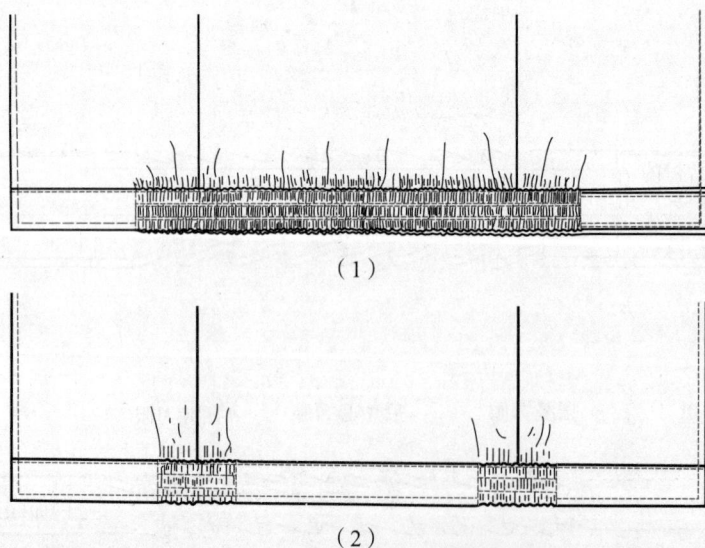

（1）

（2）

图5-58

第三节　春秋装局部变化与款式变化

一、前后衣身分割的变化

衣身最常见的分割（俗称开刀）形式有弯刀背分割、直刀背分割、T形分割。前后衣身的分割形式一般总是相对应的，见图5-59。下面以前后身弯刀背分割为例，介绍缝制方法。

（一）做缝制标记

由于前后片的弧形开刀缝合难度较大，所以开刀部位也要做好腰节、刀背对档的缝制标记。

1. 前片　扣眼位，袋位，腰节，底边，胸部刀背对档，装袖对档，见图5-60（1）。

2. 后片　背中缝，腰节，底边，背部刀背对档及装袖对档，见图5-60（2）。

（二）归拔

1. 前衣片的归拔工艺

（1）前开刀大片：V形领前胸处略归，袖窿边向胸部推弹。胸部刀背处斜丝归拢，腰节拔开，臀部胖势归拢，见图5-61（1）。

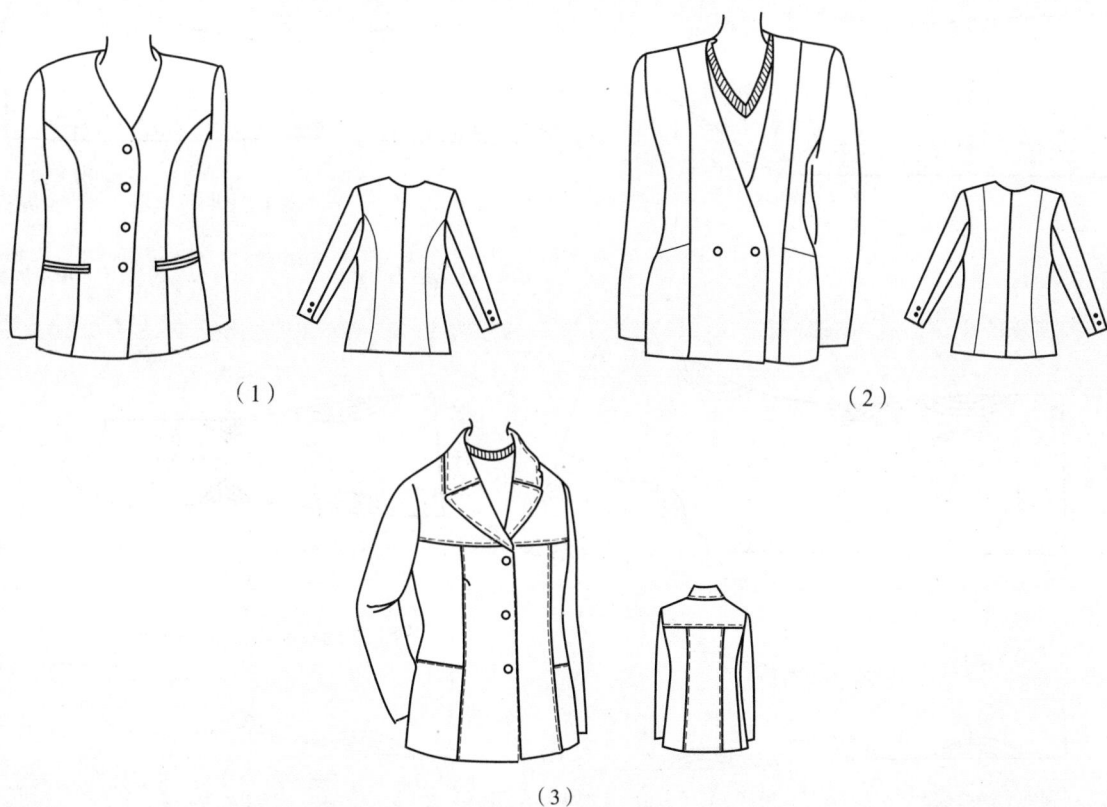

（1）

（2）

（3）

图5-59

（2）前侧片：刀背缝腰节拔开，臀部胖势处归拢。摆缝腰节处拔开，臀部胖势处归拢。腰节至袖窿段略归，将摆缝熨烫成直线状，见图5-61（2）。

2. 后衣片的归拔工艺

（1）后开刀大片：背中缝后领至腰节归拢，腰节拔开，腰节以下略归，将其熨烫成直线状。肩缝中段归拢，将胖势推向肩胛骨。刀背缝上段斜丝处略归拢，腰节拔开，臀部胖势处归拢，见图5-61（3）。

（2）后侧片：刀背缝腰节处拔开，臀部胖势归拢。摆缝腰节处拔开，臀部胖势处归拢，腰节至袖窿段略归，将其熨烫成直线状，见图5-61（4）。

（三）合缉前后刀背缝

1. 合缉前刀背缝　将前刀背大片与小片正面相叠，刀背小片放在上面，刀背缝对齐，缉缝0.8 cm。缉合时腰节和胸部刀背对档上下对准，弧形刀背处不可拉还，然后烫分开缝，胸部胖势烫圆，不可分烫还。中腰胁势向止口方向推出，使丝缕顺直，见图5-62（1）（2）。

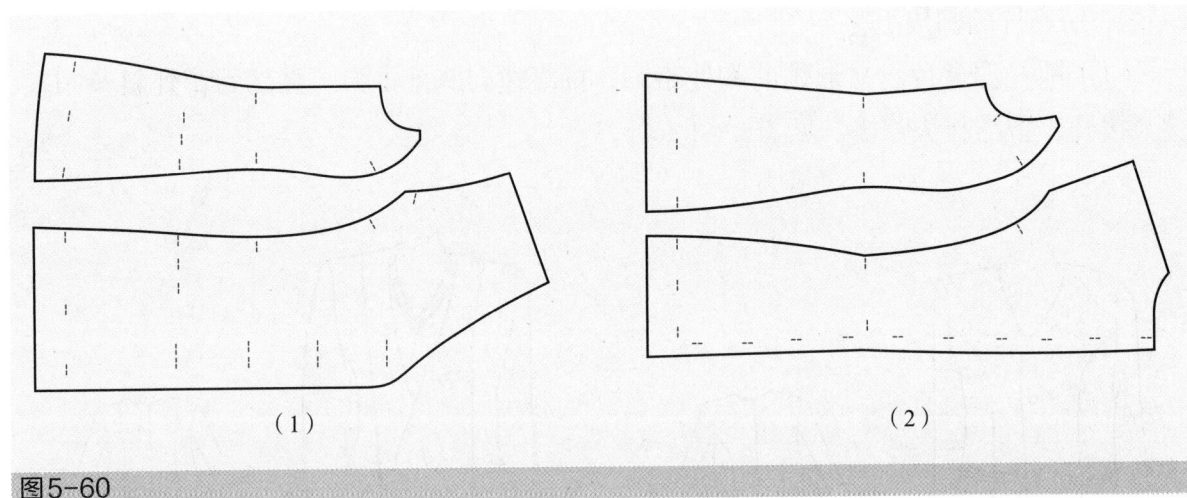

（1）　　　　　　　　　　（2）

图5-60

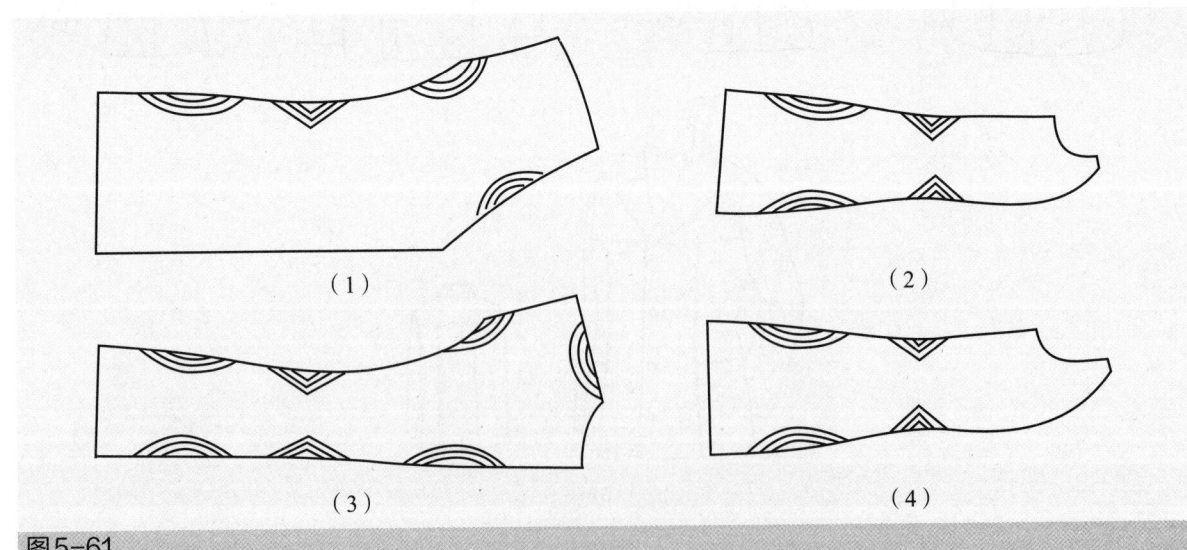

（1）　　　　　　　　　　（2）

（3）　　　　　　　　　　（4）

图5-61

2. 合缉后刀背缝　将后刀背大片与刀背小片正面相叠，刀背小片放在上面，刀背缝放齐，缉缝0.8 cm。并注意腰节和背部刀背对档要对准。后刀背缝合缉后烫分开缝，注意弧形刀背不可分烫还，见图5-62（3）（4）。

分割的部位缝合后，也可坐倒缝缉明止口，注意缝份一定要大于止口宽度0.3 cm左右。当面料较厚时，坐倒缝内层缝份一定要修小，应小于止口宽度，以减少止口厚度。

夹克衫衣身的分割也有直开刀、横开刀、T形开刀等，在后背最常见的分割有T形、双T形、Y形等，见图5-63。

二、有夹里上装的缝制方法

（一）装全夹

注意缝制方法中面子底边和袖口贴边为4 cm，里子底边和袖口以平齐面子的净线来处理有些部位的数据，见图5-64。

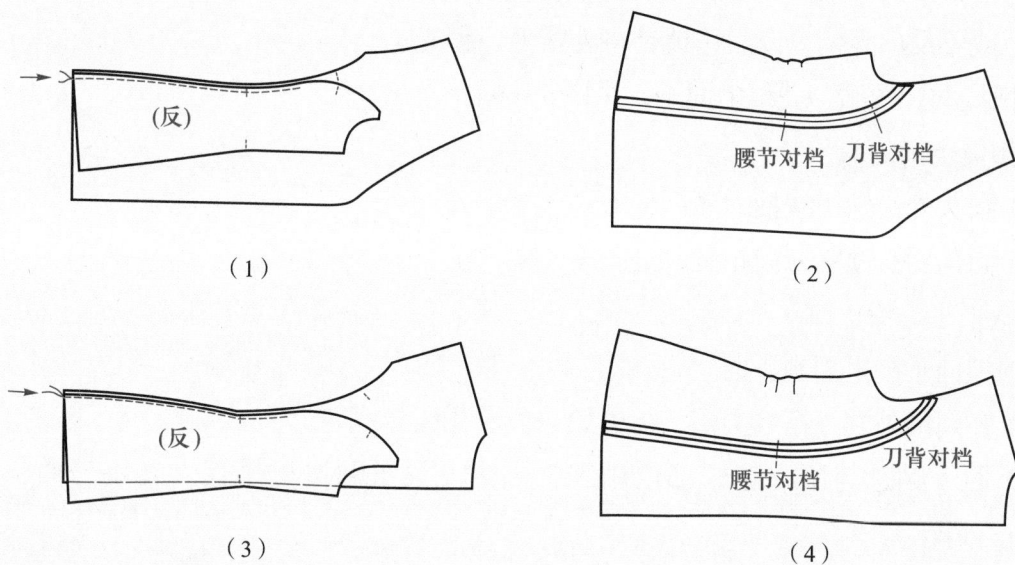

（1）　　　　　　　　　　　　　　　　（2）

（3）　　　　　　　　　　　　　　　　（4）

图5-62

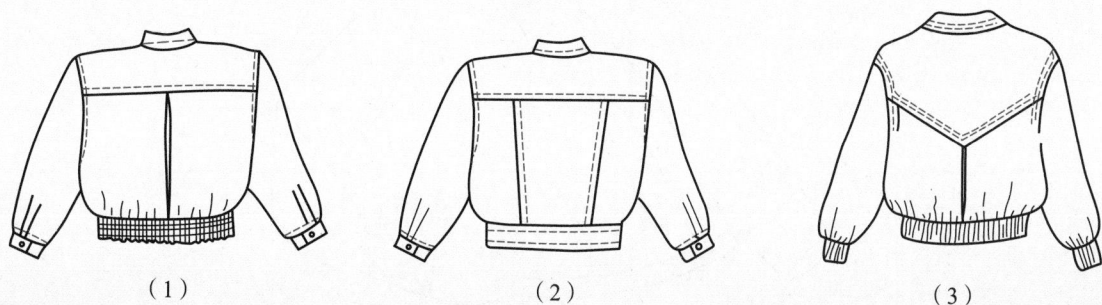

（1）　　　　　　　　（2）　　　　　　　　（3）

图5-63

方法一：

1. 面子完成部分

（1）合绲前后弯刀背缝、后背缝、肩缝、摆缝、前后袖缝。

（2）所有缝头均烫分开缝，并烫好大身底边贴边，袖口贴边。

（3）装袖、装垫肩。见图5-65。

2. 里子完成部分

（1）合绲前后弯刀背缝、后背缝、肩缝、摆缝、前后袖缝。

（2）所有缝头均烫，坐倒缝、后背缝、摆缝均放0.1～0.2 cm坐势，并把大身底边和袖口烫转2 cm。

（3）装袖。

上述步骤见图5-66。

3. 夹里装挂面、领贴

（1）挂面、领贴黏合衬。

（2）注意底边净缝上去2.5 cm左右部位，夹里与挂面不要缝合，因为夹里要放坐势。

（3）挂面下口可剪一刀眼，缝头反向坐倒（也可以不剪刀眼，挂面缝头逐渐斜成反向坐倒，或不反向坐倒，以后用锁针将外露毛口锁光）。

4. 把挂面、领贴、兜绲上面子，见图5-66。

5. 扣烫止口缝头

（1）圆头处最好用线抽缩。

（2）向挂面、领贴方向扣烫，见图5-67。

6. 做手工、绲止口

（1）把面子夹里翻到正面。

（2）在肩缝外端，摆缝上端，将夹里与面子用缲针固定。

（3）面子贴边与所有缝子部位用缲针固定。袖子贴边可用较大针距与面子缲牢（也可绷三角针）。

图5-64

（4）底边、袖口夹里与面子缲牢，放1 cm坐势。

（5）挂面下口缲暗针，夹里两头缲暗针约1 cm左右。

（6）兜缉所有止口。见图5-68。

方法二：

有些手缝部位可以用机缉替代，以提高制作速度。步骤1～6同方法一，此略。

7. 做袖口

（1）兜袖口的面子、夹里，注意袖口的面子、夹里位置放正确。

（2）兜好的袖口按面子贴边宽度折转，用缲针或三角针绷上面子。

8. 在肩缝外端，摆缝上端，将夹里与面子用缲针固定。

9. 做底边

（1）夹里与面子正面相叠，底边对齐缝合，缉缝0.8 cm，中间部位留洞20 cm左右。

（2）将缝合的底边按面子贴边宽度折转与大身所有缝子部位缲针固定。

（3）将面子夹里翻到正面，留洞部位缲暗针。

（4）挂面下口缲暗针，夹里两头缲暗针约1 cm。

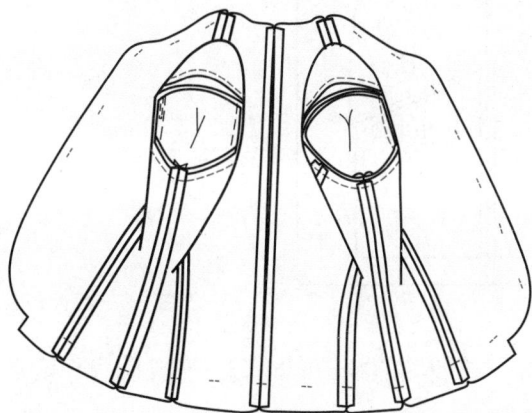

图5-65

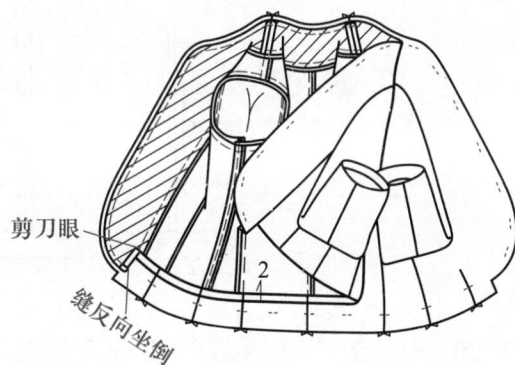

图5-66

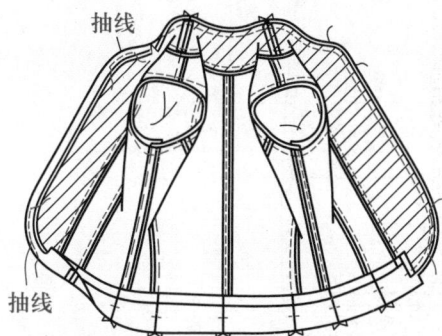

图5-67

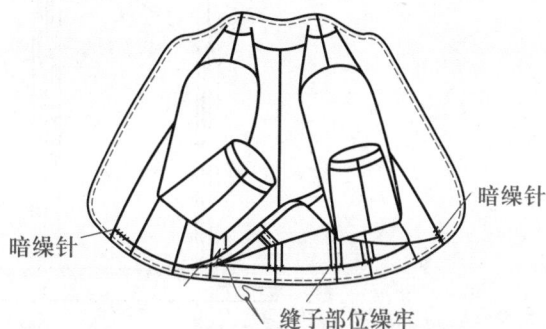

图5-68

方法三：

袖口装袖头，底边装登门，可以通过夹里、面子在袖口和底边部位正面相叠，中间夹进袖头和登门后一起缝合固定。

上装装全夹，如果底边的面子、夹里也是不分开的，最后总要从留洞把面子夹里翻到正面，留洞位置的处理一般常用以下三种方法：① 留在底边，翻正后将留洞用暗针缲牢；② 留在夹里袖子一条袖缝或夹里衣身一条摆缝中，翻正后留洞缝份扣光合拢后机缉0.1 cm止口；③ 留在领圈，翻正后装上领子即可。具体运用时可根据款式选择合适的留洞方法进行缝制。

（二）装半夹

装半夹的形式多种多样，有的是前身全夹或后身半夹，有的是前后身都是半夹。袖子根据要求可装夹里也可不装夹里。

（1）前后身均为半夹，见图5-69。

（2）前身全夹，后身半夹，见图5-70。

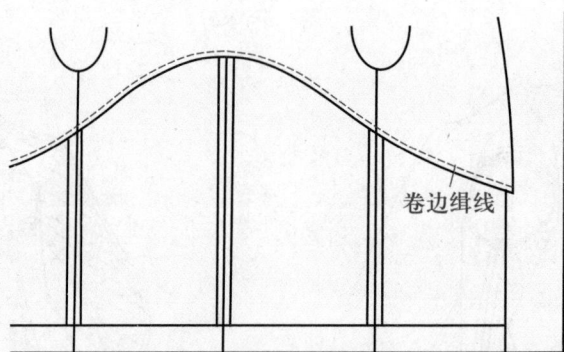

卷边缉线

图5-69

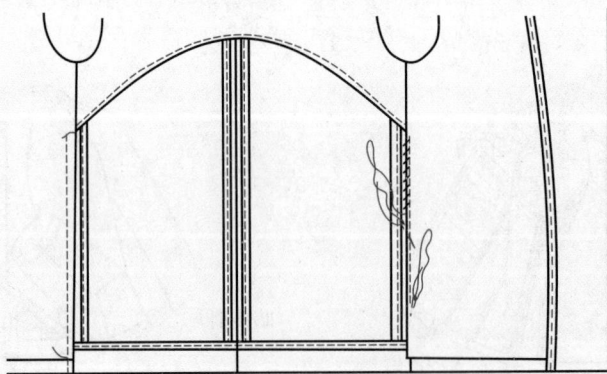

图5-70

（3）可以把露在外面的缝份（摆缝、底边、挂面、领贴外口）用滚边方式包光，使其更加美观。

（4）挂面、领贴可以在缉滚边的同时将夹里装上。

（5）前身夹里摆缝处缲上面子摆缝。

其余部位参照全夹处理。

三、门里襟变化

（一）门里襟装明拉链

门里襟装明拉链，见图5-71。

（1）先把登门与衣片底边缝合，再把拉链放在左、右衣片上固定。拉链上口折转，缉线离开拉链齿0.3 cm左右，如果太靠近链齿会影响拉动。缉线时一定要注意拉链与衣片松紧一致，拉链的高低、左右一致。有条格的面料，如果左右不一致，弊病尤为明显，见图5-72（1）。

（2）把登门前段与挂面缝合，然后将挂面与衣片正面相叠，紧靠衣片拉链缉线的里侧，缉线固定挂面，见图5-72（2）。

（3）把挂面翻进，正面缉止口0.7 cm左右，见图5-72（3）。

（二）门襟装有门襟爿

如果需要把拉链盖住，可以在左前片装块门襟爿，用拷纽与右前片扣住（女式门襟爿装在右前片），见图5-73。

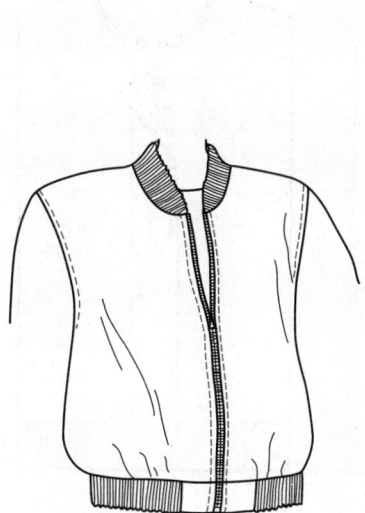

图5-71

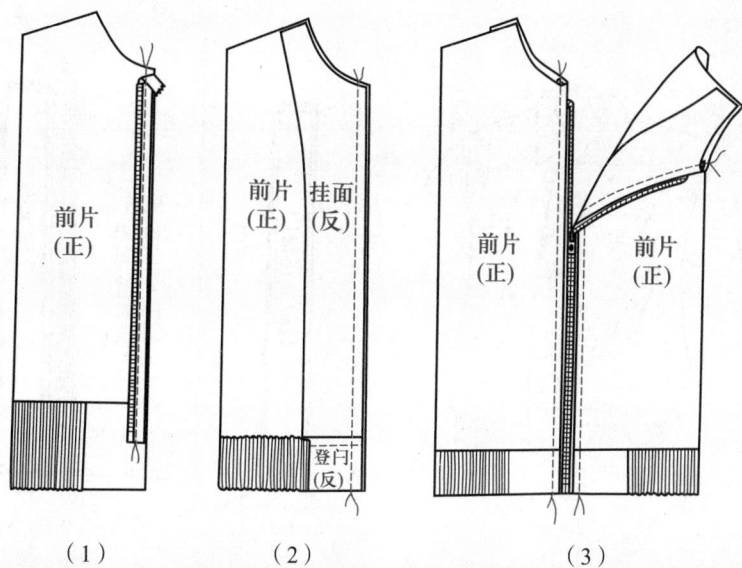

（1）　　　　（2）　　　　（3）

图5-72

（1）先把门襟爿做好。装上衣片一边的爿夹里毛缝修去0.5或0.6 cm，见图5-74（1）。

（2）将门襟爿缉上左前片，缉0.5或0.6 cm，见图5-74（2）。

（3）将门襟爿翻正，正面压缉止口0.7或0.8 cm，见图5-74（3）。

（4）上、下各装锁纽一副。爿上装拷纽盖，右前片装拷纽底座。锁纽位置准确、吻合，使门襟爿平服，见图5-74（3）。

门襟爿的宽窄、长短与造型可任意决定，但要注意门襟爿不能太窄，不然右前片无法装锁纽。

（三）门里襟装暗拉链

门里襟装暗拉链，见图5-75。

（1）右边挂面分两部分。将右边拉链夹进挂面拼缝中间，拉链齿对正搭门中心，压缉0.1 cm止口，见图5-76（1）。

（2）右边挂面与右前片缝合。搭门处剪刀眼。见图5-76（2）。

（3）左边前片分两部分。将左边拉链夹进前片拼缝中间，拉链齿对正搭门中心，压缉0.1 cm止口，见图5-77（1）。

（4）左边挂面与左前片缝合，搭门处剪刀眼，见图5-77（2）。

（5）把挂面翻进，右边门襟离止口4 cm压缉一道明线，见图5-78。

（四）装暗门襟

装暗门襟，见图5-79。

图5-73

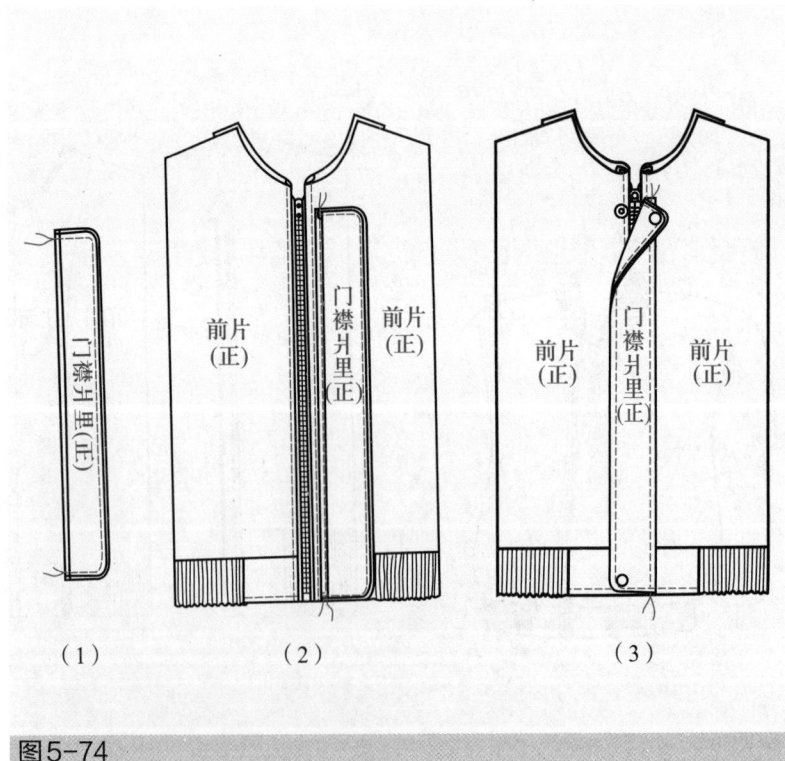

图5-74

图5-75

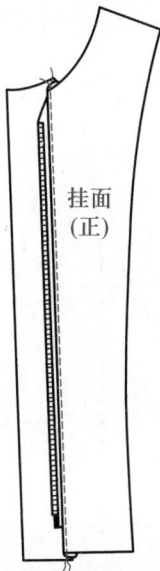
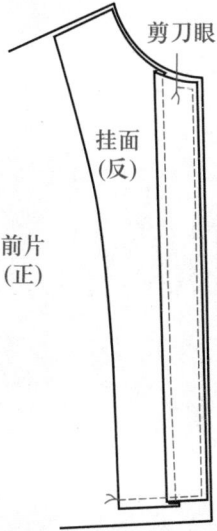

（1）　　　　　　　　（2）

图5-76

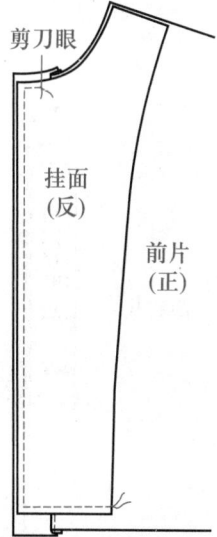

（1）　　　　　　　　（2）

图5-77

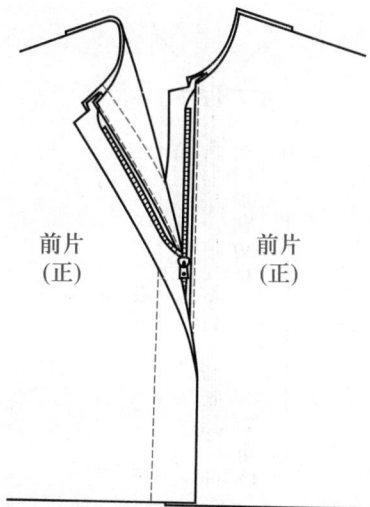

图5-78

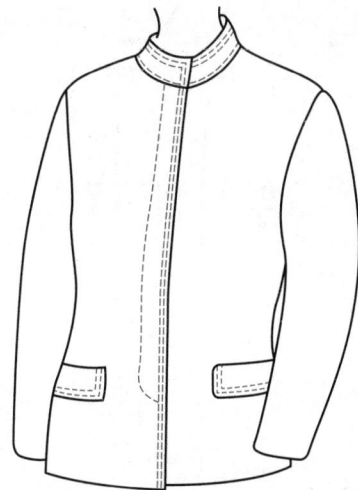

图5-79

（1）裁配两片暗门襟贴边，方法见图。注意衣片门襟止口缝份有1.2 cm。暗门襟贴边止口放缝0.6 cm，见图5-80。

（2）将暗门襟分别与衣片和挂面止口毛缝放齐，缉缝0.6 cm，注意高低位置按裁配位置放齐，再把缝份向暗门襟贴边方向坐倒，压缉0.1 cm止口，见图5-81。

（3）将衣片与挂面止口毛缝对齐，上段由领圈向下缉至离暗门襟贴边上端2.5 cm，缉缝1.2 cm。下段由暗门襟贴边下端向上1 cm缉至底边，缉缝1.2 cm，见图5-82。

（4）将衣片挂面缉缝烫分开，并按此缝份将暗门襟处也折转烫平，见图5-83。

（5）将衣片挂面翻到正面，衣片止口缉双止口0.1～0.4 cm，挂面止口缉单止口0.1 cm（以上止口根据需要可缉也可不缉），见图5-84。

（6）在衣片正面缉暗门襟止口，见图5-85。

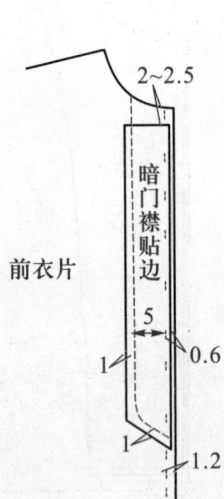

图5-80

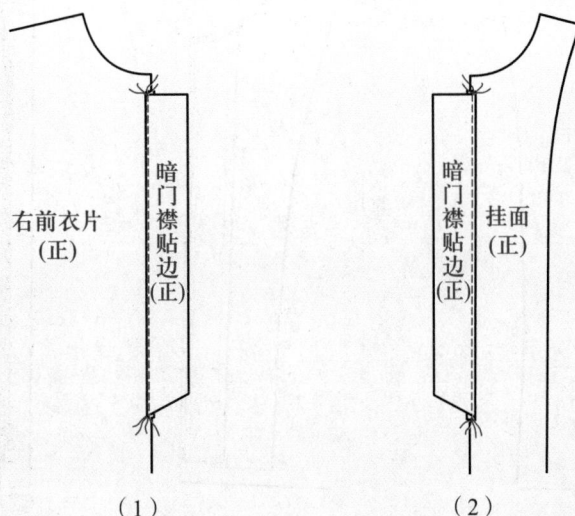

（1）　（2）

图5-81

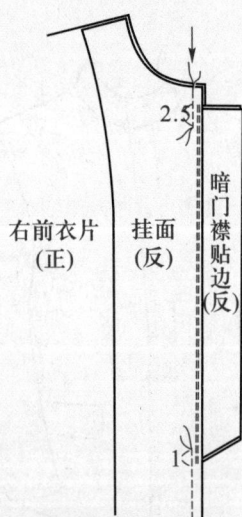

图5-82

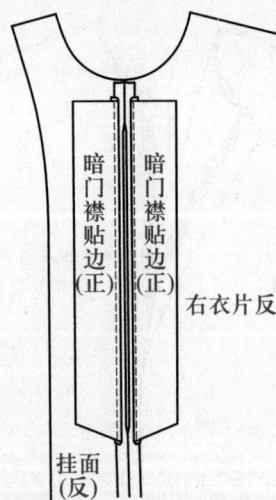

图5-83

（7）装领后的暗门襟，见图5-86。

（8）锁扣眼、钉纽扣，见图5-87。

① 锁扣眼锁在挂面与暗门襟贴边缝合的暗门襟上。

② 衣片上面第一只扣眼一定要离开衣片和挂面上端的缝合止点2.5 cm以上，否则穿着时扣纽扣会不方便。

③ 由于扣眼位比一般的服装开出搭门线要多，所以钉纽位也应以相应的距离钉进搭门线。

④ 以0.8 cm纽扣为例，搭门宽度应至少2.5 cm，否则纽扣位置会接近止口。

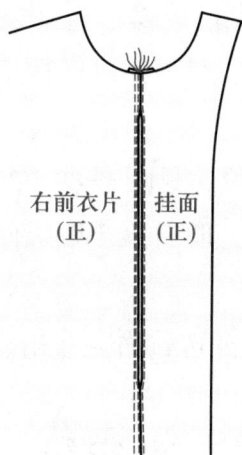

图5-84

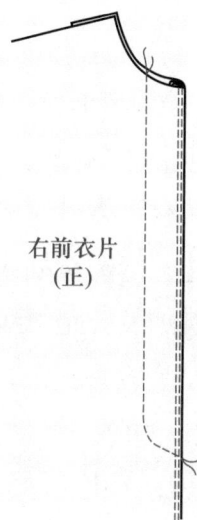

图5-85

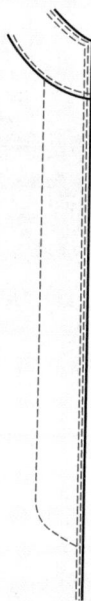

图5-86

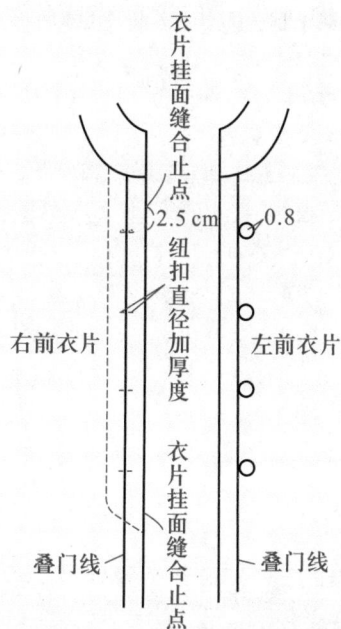

图5-87

⑤ 在两只扣眼档中间，应将衣片与挂面用暗针缲牢，避免衣片与挂面暗门襟处不贴合。

暗门襟贴边也可以连在衣片和挂面上一起裁剪，这样缝制起来更为方便。

四、袋变化

（一）贴袋

贴袋的造型也多种多样，但缝制方法都一样，下面以最常见的圆角贴袋为例介绍贴袋的制作工艺，见图5-88。

1. 单贴袋

（1）裁配贴袋：注意左右贴袋对称，直丝一般总是靠门里襟一边。袋三周缝份暗缲时放0.8 cm，如压缲明止口时，止口宽度超过0.5 cm时，缝份宽度应按止口宽度再加0.3～0.4 cm，见图5-89（1）。

（2）烫袋口衬：袋口衬宽度不要超过贴边能盖住的部位，见图5-89（2）。

（3）烫贴边、缝圆头抽线：将袋口贴边折转烫平，贴边暗针缲牢贴袋面。两边圆角沿边0.5 cm缝针或长针距缉线，见图5-89（3）。

（4）扣烫贴袋缝头：先将两角抽圆，毛缝按净样向里折转后用熨斗扣烫，两角要烫圆顺，见图5-89（4）。

（5）装贴袋：衣片最好放在布馒头上，贴袋对准位置，丝绺摆正，用撩线沿边0.3 cm先撩上衣片袋位，见图5-90。

（6）用暗缲或明缉将贴袋装上衣片，注意袋口两端要加固，见图5-91（1）。如用明缉装袋，袋口贴边也可采用缉明止口线，见图5-91（2）。

图5-88

2. 有夹里贴袋

方法一：

（1）裁配贴袋：裁配贴袋面方法同单贴袋。裁配贴袋里，按贴袋面贴边以下部位裁配。注意放拼接缝份，并比贴袋面每边小进0.15 cm左右，见图5-92（1）。

（2）缝合贴袋面里：贴袋面全部粘衬后贴袋面与里在贴边处缝合。注意中间留洞7 cm左右，见图5-92（2）。

（3）兜缉贴袋面里：兜缉贴袋面里并注意里外匀，见图5-92（3）。

（4）翻正袋布：从贴袋面、里拼接留洞中把贴袋翻到正面，烫出里外匀，并将拼接留洞暗针缲牢，见图5-92（4）。

（5）装贴袋：把贴袋暗缲或明缉到衣片上。

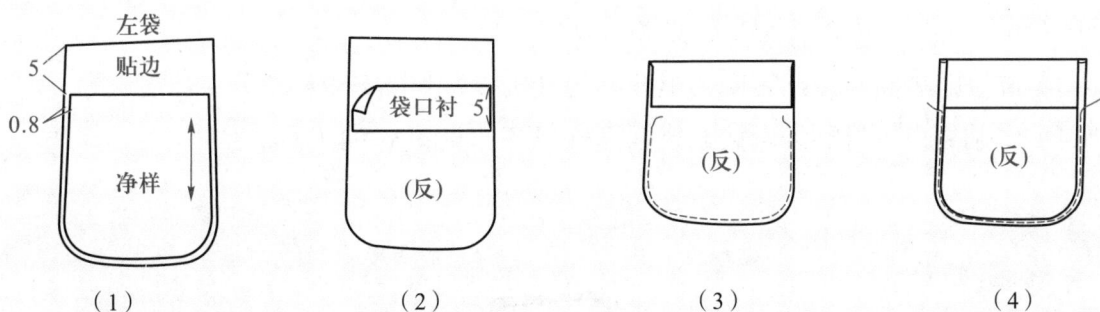

图5-89

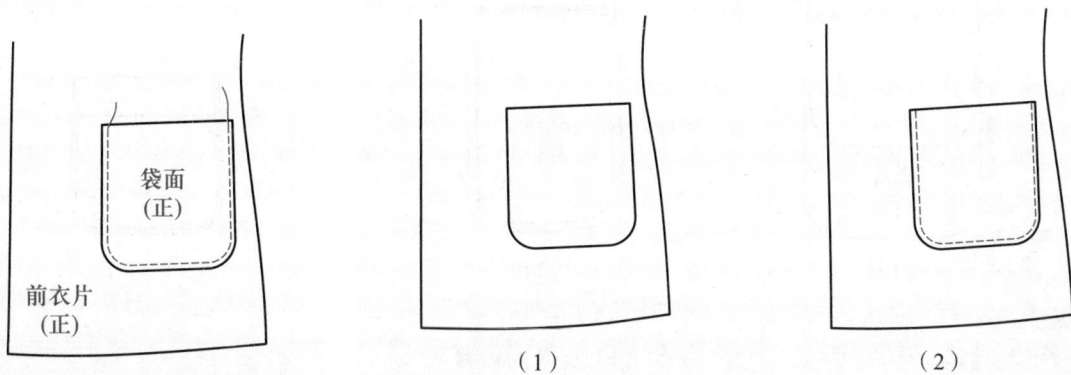

图5-90　　　　　图5-91

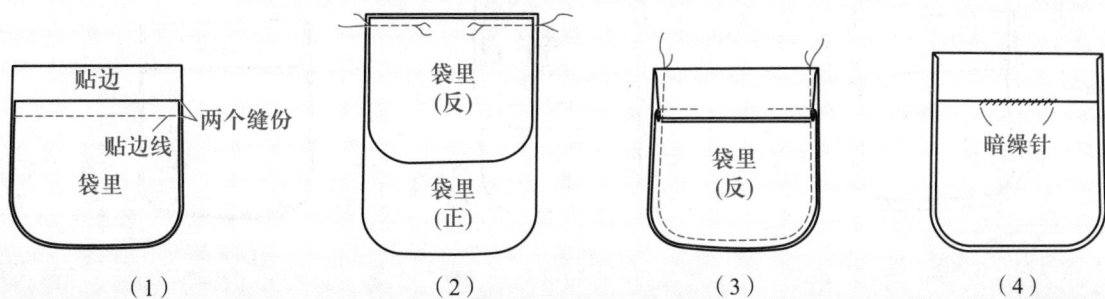

图5-92

方法二：

（1）裁配贴袋，烫贴袋衬，同方法一。

（2）拼接贴袋面里，贴袋面与里在贴边处拼接，见图5-93（1）。

（3）将贴袋面、里分别扣烫缝子后成净样，贴袋里应比面三周烫进0.15 cm，见图5-93（2）。

（4）沿贴边线折转烫平，先将贴边与袋面衬撩住，再将贴袋夹里用手工缲上贴袋面，见图5-93（3）。

（5）装贴袋同方法一。

方法三：

（1）裁配贴袋面里，烫贴袋衬均同方法一。

（2）扣烫贴袋面缝份和贴边：将贴袋面按净样将缝份扣转烫平，注意贴边下口烫时斜进0.5 cm，再把贴边折转烫平，见图5-94（1）。

（3）拼接贴袋面里：贴袋面与里在贴边处拼接，见图5-94（2）。

（4）修贴袋里：将贴袋里按贴袋面净样修齐，见图5-94（3）。

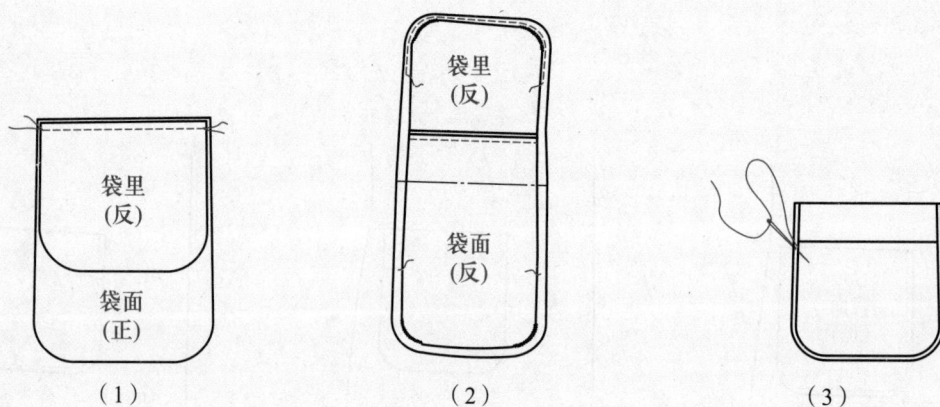

图5-93

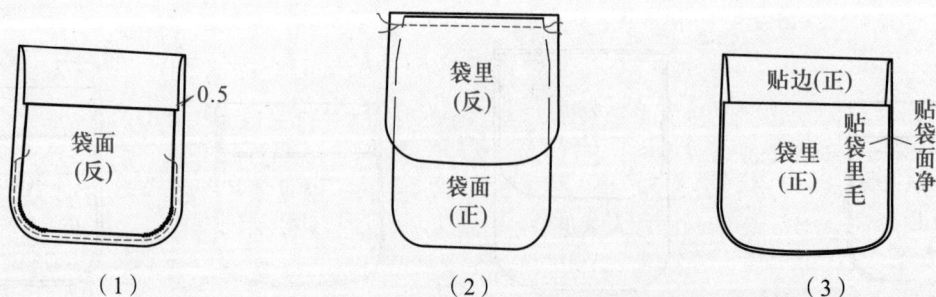

图5-94

（5）装贴袋里：将贴袋放到衣片位置，贴袋面拉开，将贴袋里绱上衣片，绱缝0.5 cm，如用明绱止口装贴袋，贴袋面缝份和贴袋里绱缝都应大于明绱止口的宽度，见图5-95（1）。

（6）扣烫贴袋里绱缝：将装贴袋里的绱缝扣转烫平，见图5-95（2）。

（7）装贴袋面：将贴袋面翻下，先将贴边与袋面衬撩住，再盖住贴袋里用暗缲或明绱装到衣片上，见图5-91（1）（2）。

（二）有袋爿的斜插袋（图5-96）

1. 做袋爿　在袋爿反面粘上黏合衬，正面朝里对折两边绱线，将袋爿正面翻出，袋爿外口绱0.8 cm止口，两端不绱到头，离开0.9 cm，袋爿里口留缝1.5 cm。如果面料较厚，袋爿不要用连口面料，反面可用薄的同色调的羽纱类做夹里，见图5-97（1）（2）。

2. 固定袋爿　袋爿面朝上绱到前袋布上固定，绱线1.4 cm，见图5-98。

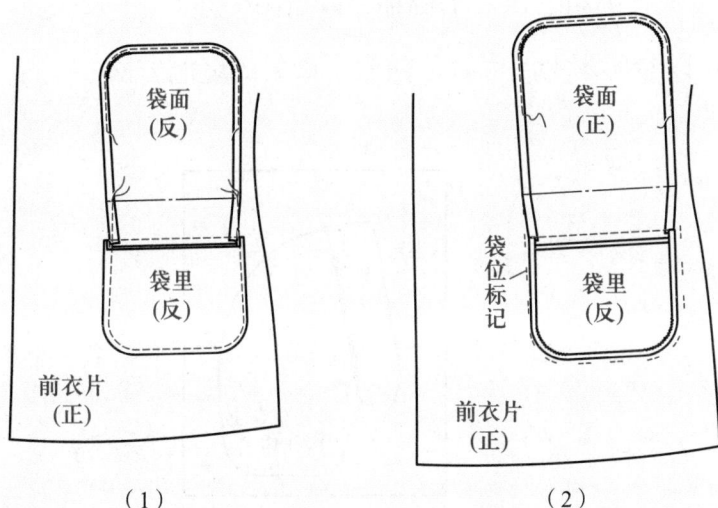

（1）　　　　　　　　　　（2）

图5-95　　　　　　　　　　　　　　　　　图5-96

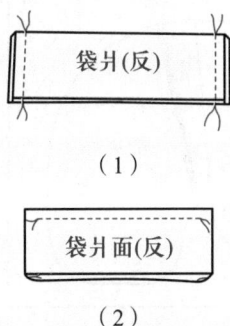

（1）

（2）

图5-97

图5-98

3. 装前袋布　在前片反面袋口位置粘上黏合衬。将缉上袋牙的前袋布放到前衣片的袋口位置，距离固定袋牙缉线0.1 cm缉线，见图5-99（1）。

4. 缉袋垫布　将袋垫布塞进袋牙下，紧靠袋牙缉线，沿袋牙边缉线。缉线两端比袋口略收进0.1 cm，使袋牙能盖过缉线。见图5-99（2）。也可以把袋垫布先缉上后袋布，再缉上前衣片，见图5-100。

5. 开袋口　在缉线中间将袋口剪开，两头剪三角，见图5-101。

6. 装后袋布　将袋垫布翻进，烫分开缝。后袋布盖过分缝1.5 cm，上下与袋垫布放齐，可在分缝上刮点浆，把后袋布粘牢固定。

在正面袋垫分缝两边分别缉0.1 cm止口，这样后袋布也同时缉牢，见图5-102。

7. 固定袋垫　衣片翻开，沿袋垫里口缉线固定袋垫布。袋垫布里口可以锁边，也可以毛缝折光后缉线，见图5-103。

8. 袋牙两边封口　将前袋布翻进，袋牙翻正，剪袋口的三角放平，两边封双止口0.8 cm，见图5-104。

9. 兜缉袋布　将前、后袋布修齐，兜缉一周。为增加牢度可缉双线，见图5-105。

有袋牙的插袋缝制方法，还可以参照本书后面章节西服手巾袋的缝制方法。

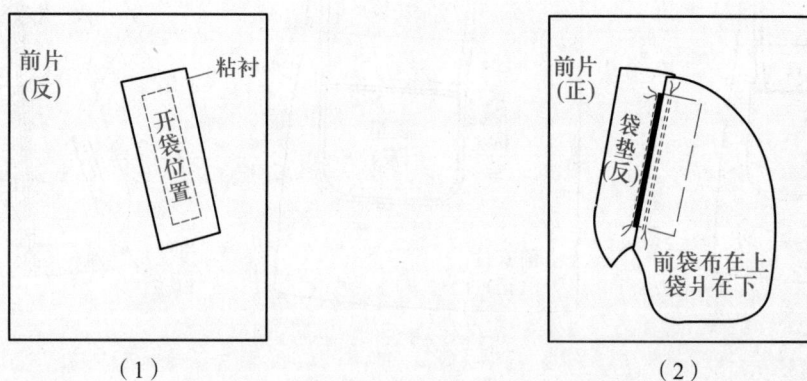

（1）　　　　　　（2）

图5-99

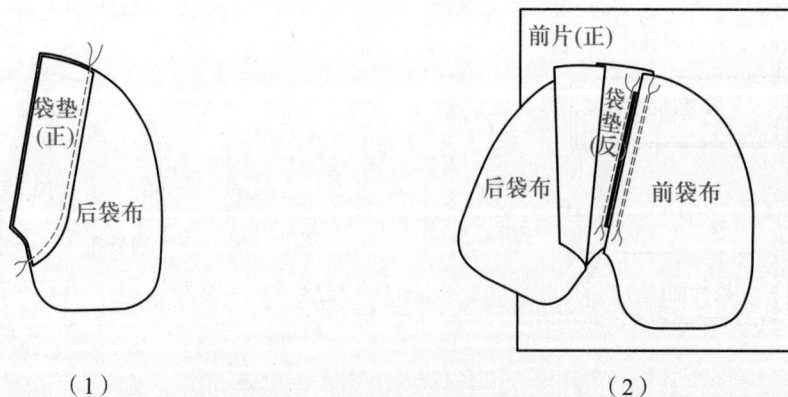

（1）　　　　　　（2）

图5-100

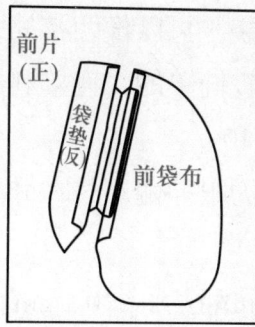

图5-101

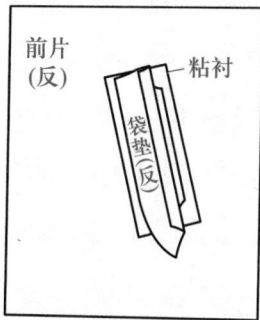

（1）

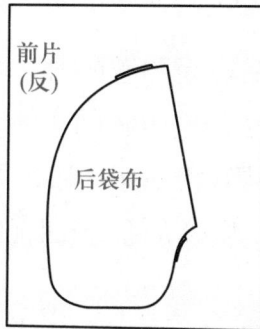

（2）

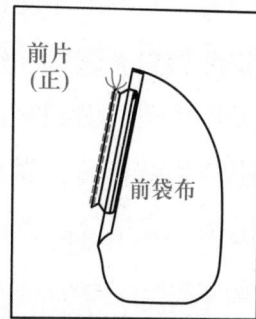

（3）

图5-102

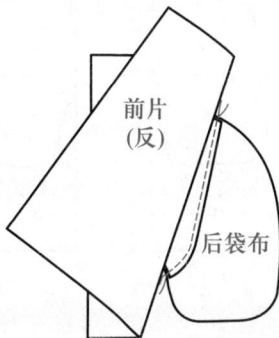

图5-103

图5-104

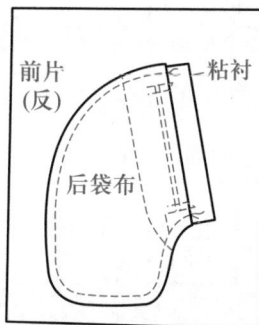

图5-105

（三）利用缝合位置做里袋

一般装有夹里的上衣都装有里袋。可以像西裤的一字嵌线袋、双嵌线袋，西服的滚嵌、密嵌等形式。这里介绍一种比较简单的、直接利用挂面与夹里缝合位置，安装里袋的方法。袋布用里料裁配，见图5-106。

（1）将夹里与挂面一起剪袋位刀眼。两层袋布分别缉上夹里与挂面的袋口位置，见图5-107。

（2）将与夹里、挂面缝合的袋布翻正，缉0.1 cm止口，见图5-108（1）。

（3）将袋口上、下两段挂面与夹里缝合的同时，把袋布也兜缉一周。注意夹里一边袋口要盖过挂面一边袋口，因此需要将挂面缝头多缝0.2 cm左右。缉线要紧靠夹里一边的袋布固定线，见图5-108（2）。

（4）正面袋口大两端，缉来回针三至四道加固。

（5）如果袋口要缉明止口，那么图5-108（1）的止口可以不缉。将袋口上、下两段挂面与夹里分别缝合后，先在袋口缉0.1 cm明止口，再兜缉袋布，见图5-109（1）。

（6）缝头向夹里坐倒，缉止口。袋口大两端缉来回针三至四道加固，见图5-109（2）。

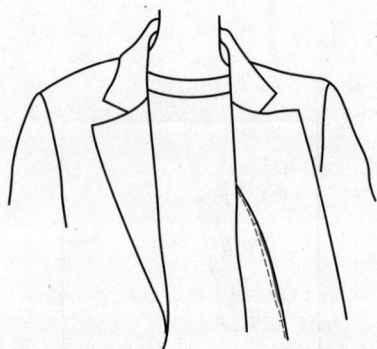

图5-106

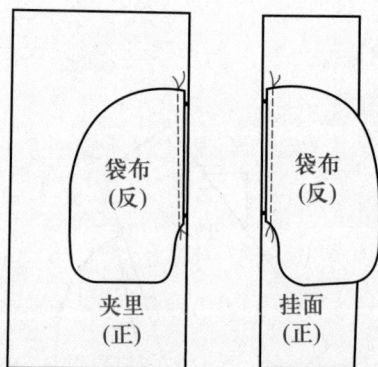

图5-107

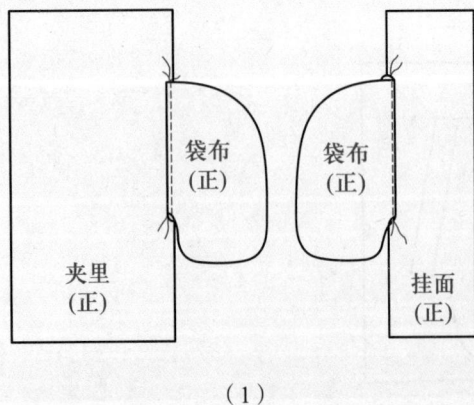

（1）

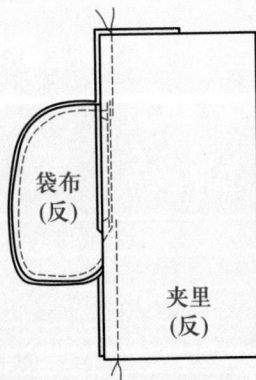

（2）

图5-108

五、收下摆

收下摆常用装橡筋或打裥、装摆襻等方法，这里介绍用穿带子收下摆的方法，见图5-110。

（1）把穿带孔贴边居中放在穿孔位置正面，兜缉一圈，中间剪开，见图5-111（1）。

（2）把穿带孔贴边翻进、拉平，坐进0.05 cm，缉0.1 cm止口，见图5-111（2）。

（3）挂面向衣片正面折转，沿贴边宽度缉线。贴边宽度至少比带子宽1 cm，见图5-112（1）。

（4）挂面翻进，缉门里襟双止口。底边贴边上、下均缉0.1 cm止口，见图5-112（2）。

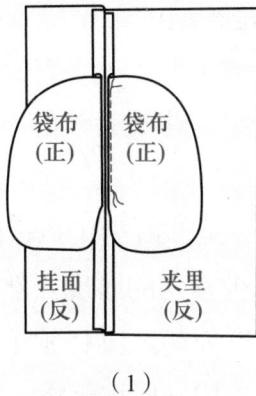

（1）

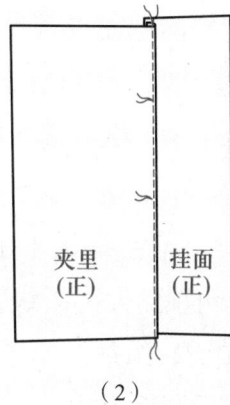

（2）

图5-109

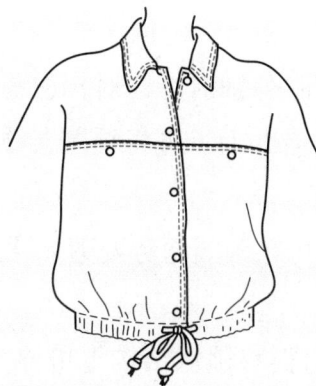

图5-110

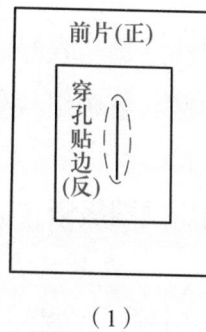

（1）

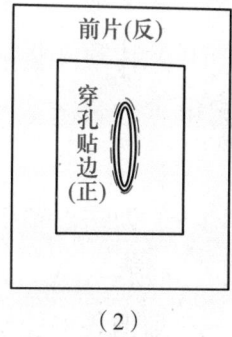

（2）

图5-111

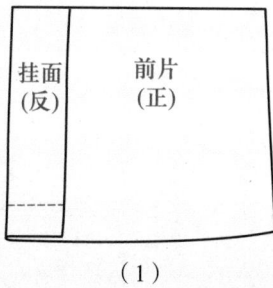

（1）

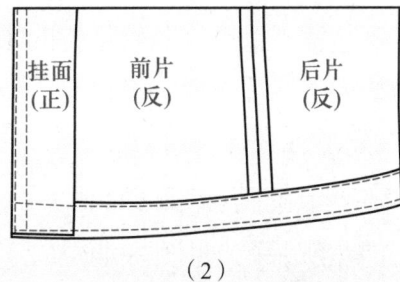

（2）

图5-112

（5）把带子一端从穿带孔穿进，从另一端穿带孔穿出。两头带子前端打结，或用装饰件，使之不会缩进穿带孔，见图5-113。

六、衣领变化

服装衣领的样式繁多，变化无穷。衣领是服装结构的重要部位之一，也是缝制工艺的一项重要内容，在一定程度上表现着成品的美观及外观质量。广义的衣领变化可分为有领子型的衣领变化和无领子型的衣领变化两大类，有领子型衣领又可分为立领、驳领和袒领等。

（一）做领、装领的缝制要领

做领、装领的缝制要领在所有款式的衣领缝制中都是相通的，是缝制中的共性问题，下面大致归纳以下五点：

（1）兜缉领子：缉线离净衬0.1 cm或沿毛衬净缝线，注意略带紧领里，使领子做好后产生里外匀。

（2）翻烫领子：将领子上口和两端缝子修成梯形，领里留缝0.6 cm，领面留缝0.3 cm，并在两领角处离缉线转角0.3 cm剪去一角，以减少领角的厚度。然后将修好的缝子向领面扣烫，缉线应坐进0.1～0.2 cm，保持领子的里外匀。再将领子翻出，两领角要翻足，最后熨烫定型。在烫领面时，要放在布馒头上一段一段地熨烫，使之窝服。

（3）装领的方法：装领的方法多种多样，要根据款式、面料等综合因素来合理选择。

（4）装领：装领时要注意领与衣身、领圈的对档刀眼分别对准，对档位置大致有装领起止点、肩缝、后背中缝。装领缉线要顺直，有时可借助手工先将领撬上领圈后再缉线。

（5）为防止领子翻出后领圈板紧，造成大身起皱，可在领圈弯势处剪上几处刀眼。

（二）立领

立领型衣领，又叫关门领，属封闭式领子款式。这类衣领从结构上可分为单立领、翻立领、连翻立领和连衣立领等不同风格的领型。在缝制工艺上要针对衣领的结构变化，采取相应的缝制方法。

1. 单立领　呈单一条状结构的领子称单立领。

领型之一：

领子外形见图5-114。

（1）兜缉领子，见图5-115（1）。

（2）翻烫领子，见图5-115（2）。

（3）先装领里，再压缉领面，连续压缉领子其余三边止口，见图5-115（3）。

领型之二：

领子外形见图5-116。

（1）领面下口缝与大身领圈对齐，正面叠合，从左襟机缉到右襟，然后将缝子分开烫煞，见图5-117。

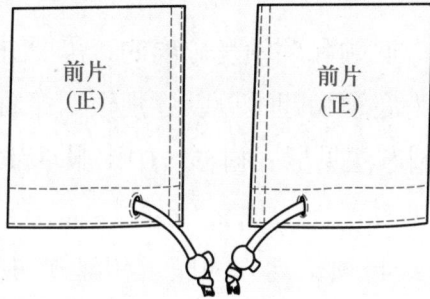

前片
（正）

前片
（正）

图5-113

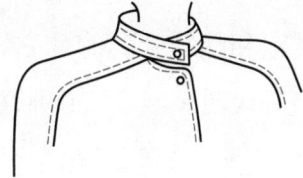

图5-114

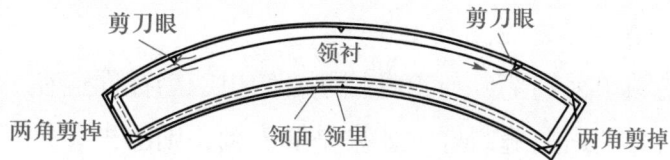

剪刀眼

剪刀眼

领衬

两角剪掉

领面 领里

两角剪掉

（1）

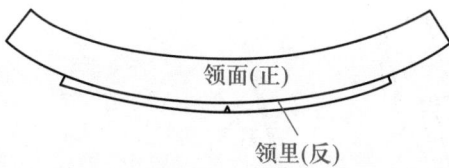

领面(正)

领里(反)

（2）

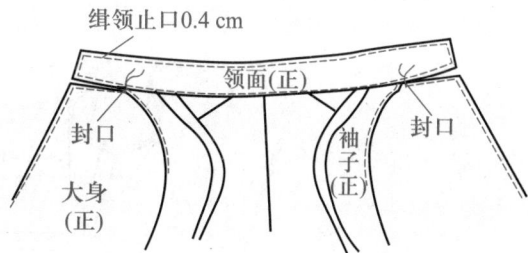

缉领止口0.4 cm

领面(正)

封口

封口

大身
（正）

袖子
（正）

（3）

图5-115

图5-116

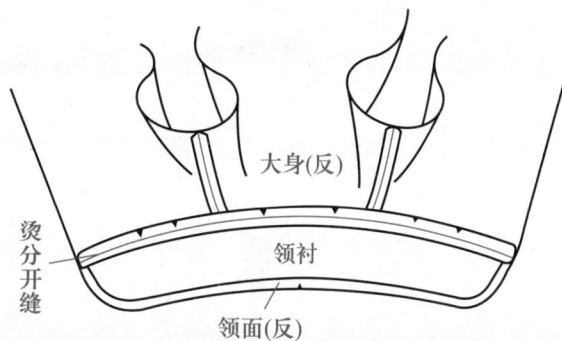

大身(反)

烫分开缝

领衬

领面(反)

图5-117

（2）装领里同装领面方法。

（3）将领面、大身面与领里、大身里正面叠合，各对档位对准。然后从里襟底边开始起针，兜缉至右襟底边，见图5-118。

（4）扣烫领子和门里襟止口，见图5-119。

（5）将门里襟止口和领止口翻出，烫平、烫煞，压缉门里襟止口和领止口，见图5-120。

2. 翻立领　翻立领是由底领和翻领两部分组成。底领和翻领是分离的，需要进行缝合组装，底领和翻领分离的翻立领更容易合体，因为底领和翻领可以分别根据穿着部位来造型，如男式衬衫领、中山服领等。翻立领的缝制方法见男式衬衫、中山服章节。

3. 连翻立领　连翻立领，见图5-121。

底领和翻领也可以是相连的整体结构，用翻折线将领子划分为底领和翻领两部分，而底领和翻领相连的翻立领要想形成更好的效果，只有采用工艺手段进行处理，如在底领下口拔开，底领上口（即翻折线处）归拢等。归拔方法见图5-122。装领方法可以参阅女衬衫章节，厚料可以采用领面、领里分别装领后分缝处理。

4. 连衣立领　连衣立领，见图5-123。

（1）连衣立领的领子前端部分与衣身相连，领里应与挂面连在一起配制。装领前先将左右衣身的领圈省、前后肩缝缉好，如果是插肩袖，则应先装好袖子，然后合缉领面中缝并烫分开，见图5-124。

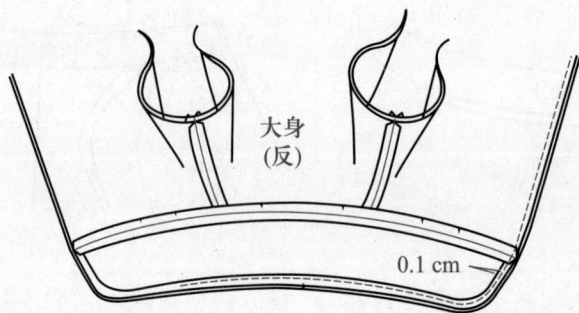

图5-118

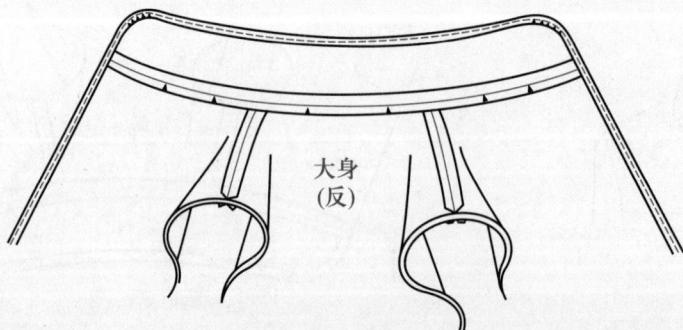

图5-119

（2）将领面与衣身正面叠合，从左襟机缉至右襟。装领时各对档对准，尤其是起止处，不能有丝毫偏差，避免衣领与衣身连接处起皱，影响外观。然后将缝子分开烫煞，见图5-125。

（3）兜缉翻烫领止口和门里襟止口，参照单立领的缝制方法中领型之二的兜缉止口和翻烫止口的方法。

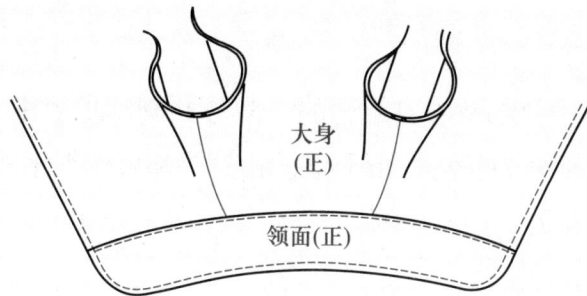

图5-120

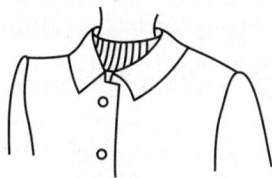

图5-121

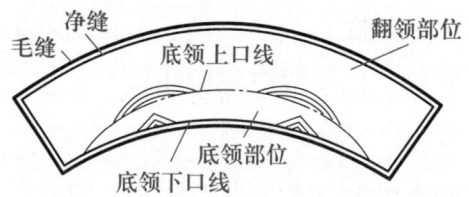

图5-122

图5-123

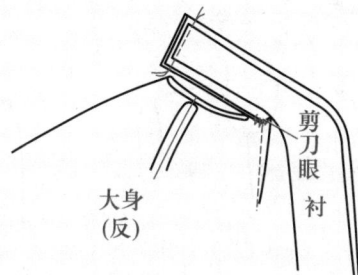

图5-124

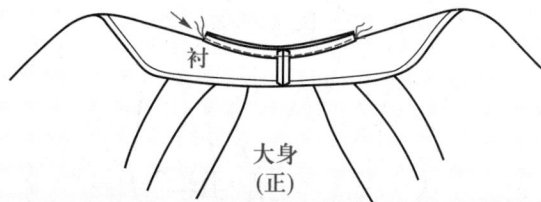

图5-125

（三）无领型衣领

无领具有轻便、随意、简洁的风格特征。衣服的领圈就是直接造型的部位，其形状有圆形，方形，U形，V形，曲、直及多边形等。其缝制方法基本相同，都是在领圈边沿的相应部位缝上贴边、挂面或滚边。贴边挂面可以明缝在衣片正面，也可以暗缝在衣片反面。领子外形见图5-126。

无领型衣领的造型各不相同，但缝制方法都可以参照衬衫变化和U形领女两用衫章节的缝制方法。

（四）驳领型衣领

驳领型衣领是由领子前部及衣身组合的一部分共同翻折驳出，形成敞开式的领型，又称开门领。衣身翻折部分为驳头。由于领子和驳头都可作很多变化，因此驳领型衣领造型变化多，很受人们喜爱。

1. 青果领　青果领，见图5-127。

（1）粘衬：领面、挂面、领里分别粘衬。接着归拔领里、领面、见图5-128。

（2）装领里：各装领刀眼对准将领里缉上衣身，然后在大身串口转角处剪一刀眼，后领圈弯势处可剪一刀眼烫分开缝，见图5-129（1）。

（3）挂面、领面、装夹里：上衣如装夹里，将挂面、领面里口与夹里缝合，缝头朝夹里坐倒。由于缝合部位比较长，可适当做几个对档刀眼，以便缝合时掌握上下层松紧适度，见图5-129（2）。

（4）兜缉止口：兜缉挂面、领面与衣身门里襟、领里止口，领面、挂面驳头处略松，门里襟下段底边略紧，其余部位平过，见图5-130。

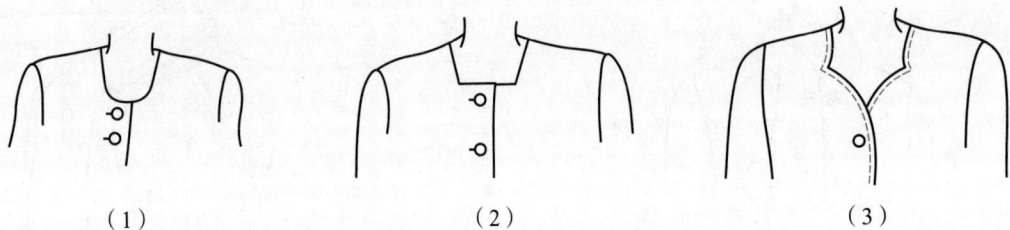

（1）　　　　　（2）　　　　　（3）

图5-126

图5-127

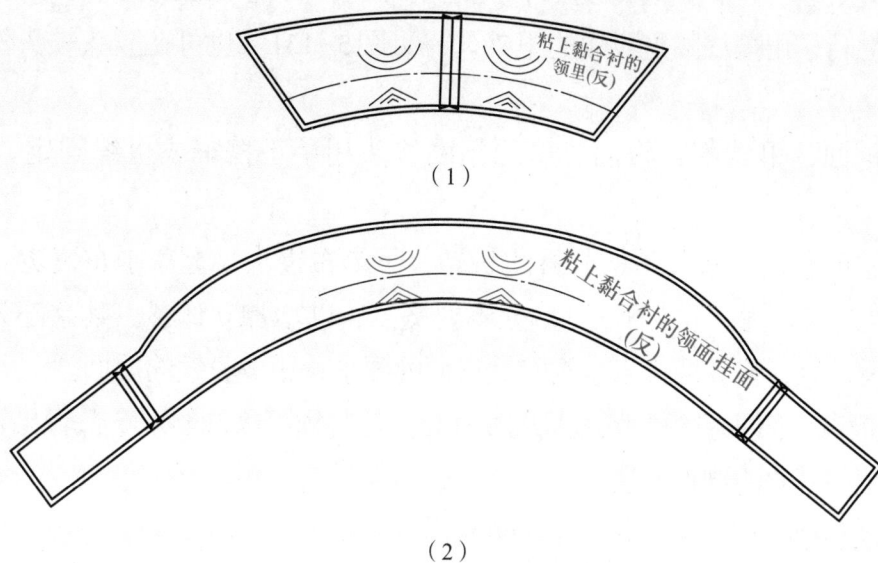

（1）

粘上黏合衬的
领里(反)

粘上黏合衬的领面挂面
(反)

（2）

图5-128

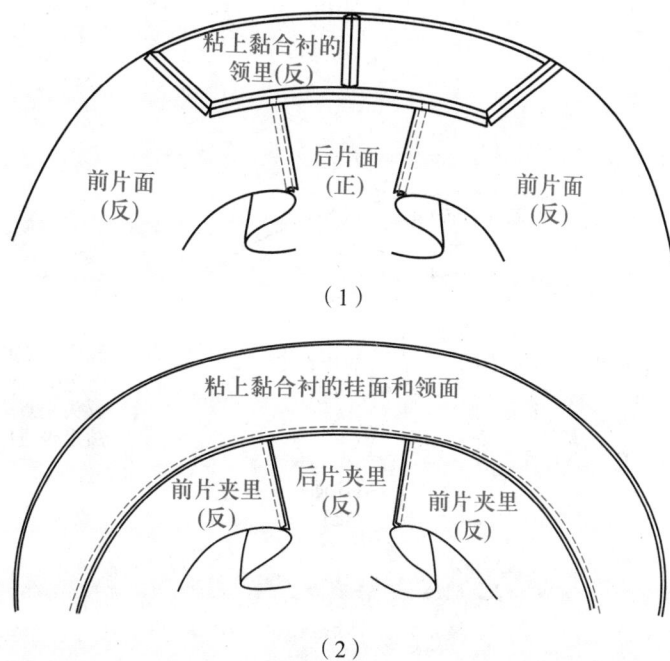

粘上黏合衬的
领里(反)

前片面
(反)

后片面
(正)

前片面
(反)

（1）

粘上黏合衬的挂面和领面

前片夹里
(反)

后片夹里
(反)

前片夹里
(反)

（2）

图5-129

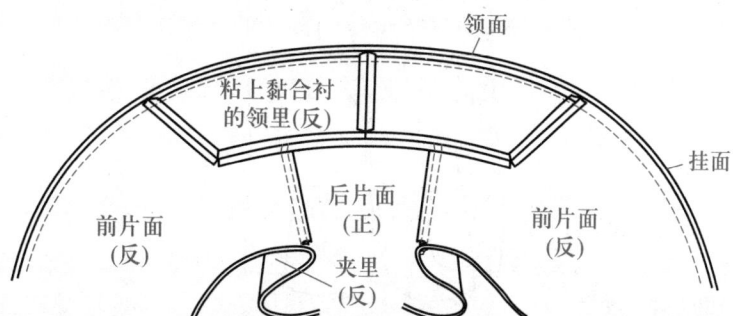

领面

粘上黏合衬
的领里(反)

挂面

前片面
(反)

后片面
(正)

前片面
(反)

夹里
(反)

图5-130

（5）翻烫止口：止口毛缝修剪后，烫出里外匀，将止口翻出烫平、烫煞。并将驳领按驳口线折转，用攘线固定驳领的里外匀，见图5-131。也可在驳头领头外口兜缉明止口。

（6）固定面、里领圈：将面、里的领圈缝头用手工攘牢或机缉固定，使其不再移动。

（7）驳领的整烫：将驳领按驳折线折转，下垫布馒头，上盖水布熨烫。驳领弯势（肩缝处）要适当归拢。驳头下段1/3处不要烫煞，以增加立体感。其余部分烫平、烫煞。驳领正面烫好，将其翻过来，按熨烫正面的要求，压烫驳领的反面。

2. 圆头驳领　圆头驳领的款式见图5-132，其装领可以参照本章节青果领的工艺方法。下面介绍一下它的制作方法。

（1）这款驳领驳头与大身分开而与领头连口。

（2）兜缉领子和驳头面、里外口，并在缺嘴处剪刀眼，刀眼剪至近缉线，不能剪断缉线，见图5-133（1）。

（3）扣烫领子和驳头，圆角处缝份抽线收拢，将缝份沿缉线扣向领里，驳头里烫平，见图5-133（2）。

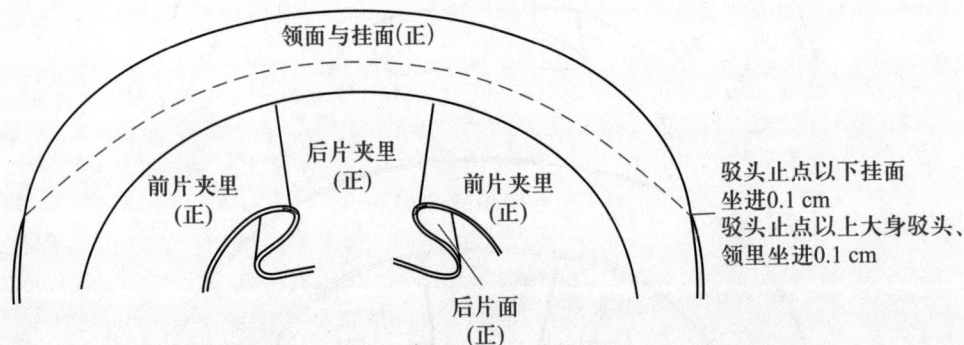

领面与挂面(正)

前片夹里(正)　后片夹里(正)　前片夹里(正)

后片面(正)

驳头止点以下挂面坐进0.1 cm
驳头止点以上大身驳头、领里坐进0.1 cm

图5-131

图5-132

（4）翻烫领子和驳头并缉止口。将领子和驳头翻到正面，烫出里外匀并缉0.6 cm明止口，见图5-133（3）。

（5）装领和驳头。将领子和驳头夹在挂面与衣身中间，缉上衣身，同时将挂面缉上门里襟，见图5-134。

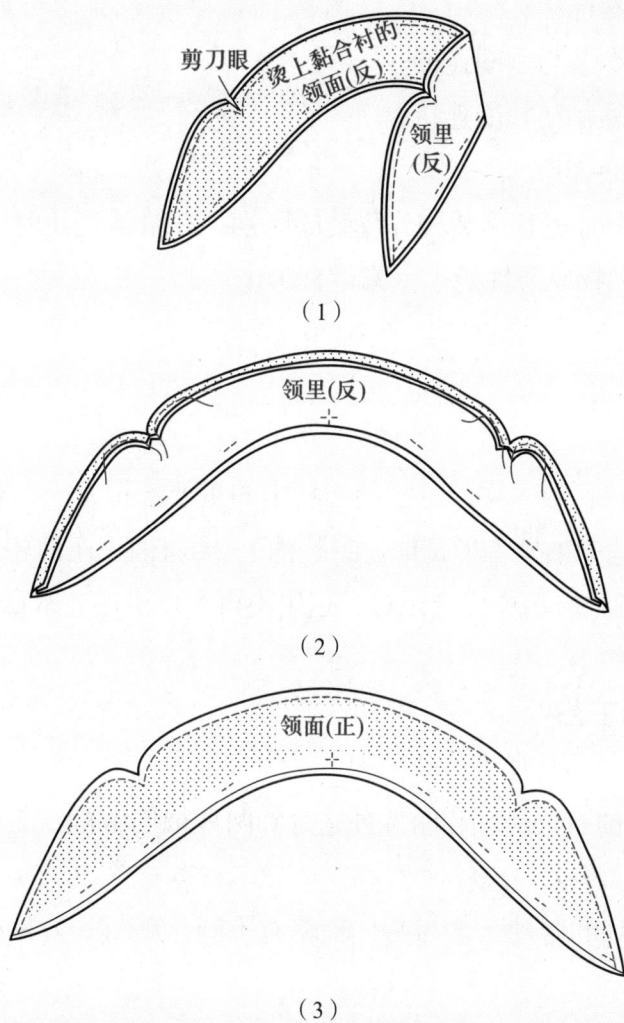

剪刀眼　烫上黏合衬的
领面(反)

领里
(反)

（1）

领里(反)

（2）

领面(正)

（3）

图5-133

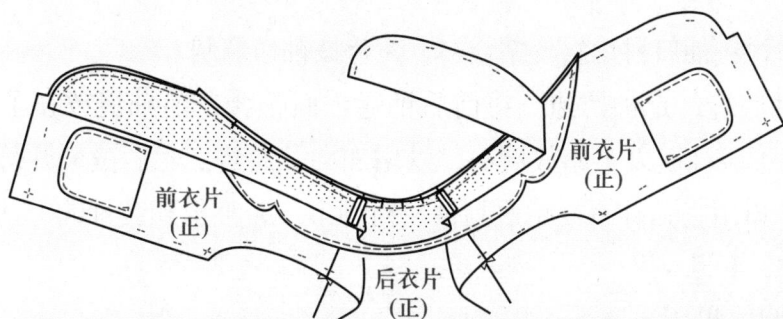

前衣片
(正)

前衣片
(正)

后衣片
(正)

图5-134

（6）扣烫门里襟止口。将缝份向挂面处扣烫，见图5-135。

（7）挂面翻进，装领驳头的部位缉止口，见图5-136。

衣领变化中的装领是服装缝制工艺环节中难度较大的工序之一。装领的方法在衬衫章节和本章节的衣领变化中也已介绍过很多，其归纳下来主要有以下五种：

① 领子直接与领圈连接；

② 借助挂面与领圈连接；

③ 借助挂面、斜布条与领圈连接；

④ 借助挂面、后领贴与领圈连接；

⑤ 借助贴边与领圈连接。

以上有些方法操作时还有夹装和分缝装的区别，在具体运用时，装领方法的选择应与领头、领圈形状、织物厚薄性能等因素综合考虑。

七、衣袖变化

服装的衣袖结构和衣领一样，是服装结构中的重要部位之一，也是缝制工艺的一项重要内容。常见的有基本袖型（平装袖、圆装袖）、插肩袖、连袖和花色袖型等。有些袖子款式的缝制工艺在前面章节中已介绍过，这里不再重复讲述。本章节将对袖子款式的缝制工艺做些介绍。

（一）基本袖型的缝制工艺

1. 平装袖　参阅衬衫及夹克衫做袖和装袖的有关内容。

2. 圆装袖　圆装袖有一片袖和两片袖之分。两片袖的做袖、装袖缝制工艺可参阅春秋服西服的缝制工艺。

圆装袖中的一片袖的做袖工艺与两片袖略有不同，现将一片袖的做袖工艺简单介绍如下：

（1）缉袖肘省：袖肘省缉后烫分开缝。

（2）袖片归拔：前袖缝的袖肘处拔开，后袖缝的袖肘处归拢，袖口贴边在后偏袖处略拔开。

（3）粘袖口衬：袖口衬用斜丝黏合衬，弯势按袖口弯势。

（4）合缉袖底缝，定袖口边。将前后袖缝正面叠合，前袖缝放在上层缝合，缉线0.8 cm。缉线时下层袖肘以上略放层势，以增加袖子弯势。然后烫分开缝，并将袖口贴边折转烫平整，再用三角针将袖贴边与袖口衬绷牢，装袖里和装袖的方法与两片袖方法同。见图5-137。

（二）插肩袖缝制工艺

此款袖型的缝制工艺参阅女式大衣缝制中的做袖、装袖缝制工艺。

（三）装袖的缝制要领

（1）吃势量的确定：圆袖袖山头一般都要有一定的吃势，吃势的多少关系到袖子的外观，吃势多了易起皱、打小褶，吃势少了袖子则容易绷紧，因此吃势的多少直接影响造型的美观。

① 在袖型相同的情况下，疏松面料比紧密面料吃势要多，厚型面料比薄型面料吃势要多。

② 在面料相同的情况下，平装袖吃势少或无，圆装袖吃势多，袖山头形状小或尖的吃势不宜多。

③ 圆袖吃势量一般情况是衬衫袖1.5 cm左右，其他圆袖，薄料2.5 cm左右，中厚料3.5 cm左右，厚料4.5 cm左右。

（2）圆袖吃势量的分布：

① 前后袖山头4 cm左右横丝绺部位吃势略少。

② 前后袖山头横丝两边6 cm左右斜丝绺部位吃势略多。

③ 斜丝绺向下部位逐步减少。

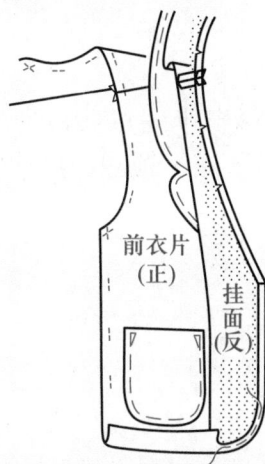

图5-135

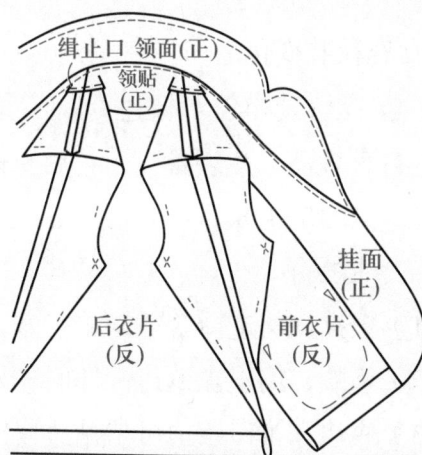

图5-136

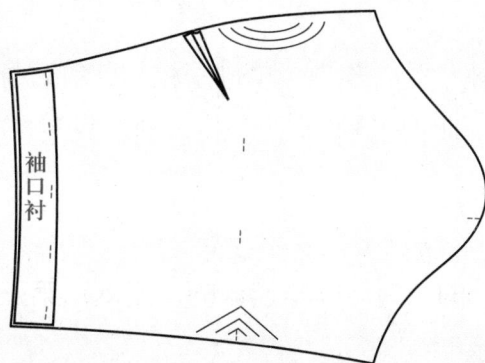

图5-137

④ 袖底弧线部位基本不放吃势。

（3）圆袖吃势的调整：装袖时如发现袖子吃势出现略偏多偏少现象，应在袖底处进行调整。如袖山吃势偏多，可适当把袖窿挖深一些，或在装袖时袖底适当放低些装顺，或袖底适当吃紧些装顺。如袖山吃势偏少，则应适当把袖子挖深一些，或在装袖时袖底适当抬高些装顺。但当袖子吃势过多或过少时，千万不可硬行装配，以免影响装袖质量。

（4）袖子吃势多、工艺要求高的服装，装袖先用手工将袖子撩上衣身，检查合格后再缉线固定。一般先装左袖，合格后再根据对称位置装右袖。

（5）衣身袖窿在靠肩头的斜势处不可拔开，要归正保持平衡。

（6）吃势多的袖子，装袖缉线时袖子要放在上层，方便观察到吃势的分布、缉时用镊子钳压牢装袖部位，顺袖窿弯势朝前送，防止袖子吃势移动。

总之，服装的衣领、衣袖千变万化，目的都是为了增加服装的美感。上面介绍的是衣领、衣袖变化中常见的领款、袖款。此外还有许多领款和袖款变化，以及其他部位的变化，只要我们仔细分析其结构，就不难掌握其缝制工艺。

八、春秋装款式变化

（一）女春秋装变化之一

1. 女春秋装的外形概述　V形领，门里襟下摆方角，单排二粒扣，前后身弯刀背缝，左右有袋盖、开袋各一个，后身做背缝，装园袖，门里襟、领圈、底边、袖口均本色镶边，见图5-138。

2. 缝制提示

（1）根据面料选择合适的粘衬方式。

（2）领圈、门里襟镶边。挂面和领贴仍按常规处理。

（3）底边和袖口镶边可与贴边连口。

（4）扣眼可利用镶边做在缝子内，反面锁光或做光。

（5）开袋，弯刀背和装夹里等工艺均可参阅本章第三节内容。

（二）女春秋装变化之二

1. 女春秋装的外形概述　花式驳领，单排一粒扣，前后身左右腰节收省各二个，后身做背缝，装园袖，后袖缝袖口处钉装饰纽一粒，领、驳头、门里襟、省缝均缉明止口，见图5-139。

2. 缝制提示

（1）驳头与衣身是分开的，而与领是连口的，用本章第三节中衣领变化中的夹缉方法装上衣身。

（2）做里袋一个，可做在门襟挂面与夹里的拼缝中。可参照本章第三节中袋变化中

做里袋的方法

（三）夹克衫款式变化之一

1. 夹克衫的外形概述　翻领，门里襟装拉链，装门襟片，下摆装登闩，两侧收橡筋，左右装袋盖贴袋各一个，贴袋上还有一字嵌线斜袋。装袖，袖口装袖头，袖头装橡筋，领、门襟片、登闩前段、肩缝、袖窿、袋盖、贴袋后身开刀等部位均缉双止口，见图5-140。

图5-138

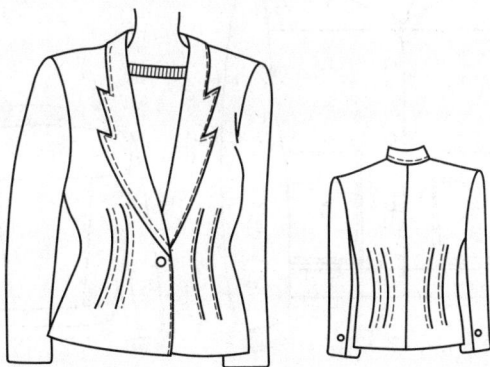

图5-139

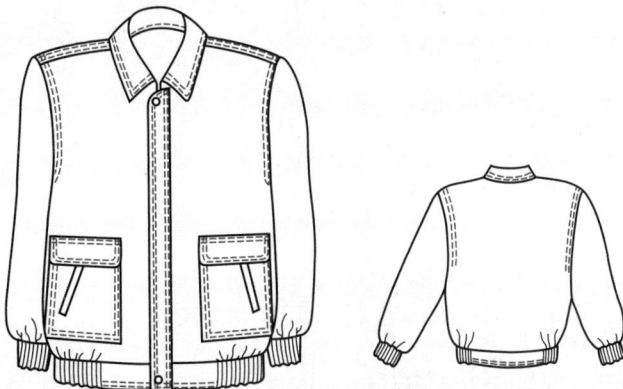

图5-140

2. 缝制提示

（1）门里襟装拉链装门襟片参照本章第三节"三、门里襟变化"中的工艺方法。

（2）一字嵌线袋可参照第三章第二节男西裤后袋的工艺方法，要先做好嵌线袋再装贴袋。

（3）摆缝两侧登闩装橡筋，不装橡筋处均粘衬。装登闩方法参照本章第二节。

（四）夹克衫款式变化之二

1. 夹克衫的外形概述　翻驳两用领，单排四粒纽，前身横开刀，左右有袋盖立体贴袋各一个，后身双T形开刀，下摆装登闩，两侧打裥收小下摆，装袖，袖口装袖头，所有止口均缉明止口，见图5-141。

2. 缝制提示

（1）装领可以参照第四章第一节女衬衫简易的装领工艺。

（2）有袋盖立体袋可参照本章第二节夹克衫的立体袋工艺。

（3）摆缝两侧打裥收小下摆，使下摆与登闩长度一致后装上登闩。

图5-141

思考题

1. 试述女两用衫的缝制工艺流程。

2. 如何对女两用衫的前后衣片进行归拔？

3. 试述女两用衫双嵌线袋的缝制方法。

4. 怎样做好圆袖？

5. 怎样装好圆袖？

6. 怎样装平驳头西服领？要注意些什么？

7. 简述装立体外贴袋的缝制方法。

8. 怎样缉好登闩橡筋？

9. 装贴袋有哪几种方法？怎样装好贴袋？

10. 简述如何开有袋爿的插袋。

11. 简述装夹里的基本顺序。

12. 怎样装好夹克衫的拉链？

13. 装门襟爿要注意什么？

14. 简述如何在挂面与夹里的缝合位置装里袋。

15. 做领、装领有何共性要点？

16. 装领的方法一般有哪几种？举例说明应如何选择装领方法。

17. 最常见的袖型有哪几种？试述装袖的缝制要领。

18. 试对春秋装款式变化中的一款独立进行制作。

19. 试设计一款春秋装，并编写缝制工艺流程和方案。

第六章

西服的缝制工艺

第一节　女西服的缝制工艺

一、女西服的外形概述

平驳头，前身单排钉纽扣两粒，门里襟方角；左右各一开袋，装方角袋盖；前身领圈处收领省，腰节处收腰省腋下省；后身做背缝；袖型为圆装袖，袖口处做假衩，钉装饰纽扣各两粒，见图6-1。

二、女西服的成品规格

单位：cm

号型	衣长	胸围	领围	肩宽	袖长	袖口	前腰节长	胸高位
160/84 A	66	98	37	40	55	13.5	40	24

三、女西服的质量要求

（1）成品规格正确。

（2）面、里、衬松紧适宜，外观饱满、挺括，美观大方。

（3）领头、驳头、造型正确，串口顺直，丝绺正直，驳、领窝服，两格左右对称，条格一致，两格缺嘴相同，高低一致。

（4）前身胸部圆顺、饱满；两格腰吸一致，丝绺顺直；门里襟长短一致，止口顺直、平服、不外吐；胸省顺直，高低一致，省尖无"酒窝"；衣袋高低一致，左右对称；袋盖窝服，宽窄一致；下摆衣角方正，底边顺直。

图6-1

（5）后背背缝顺直，条格对称，吸腰自然，袖窿要有戤势。

（6）肩头部位肩缝顺直，前后平挺，肩头略带翘势。

（7）袖子袖山吃势均匀圆顺居中，弯势适宜，袖口平整，大小一致。

（8）里子光洁平整，坐势正确。

（9）整烫要求平、薄、挺、圆、顺、窝、活。

四、女西服的部件

1. 面料类　前衣片、后衣片、大袖片、小袖片、领面、领里、挂面、袋盖、袋嵌线条等。女西服排料图，见图6-2。

2. 里料类　前衣里、后衣里、大袖里、小袖里、袋盖里、袋垫布、吊襻带等。

3. 衬料类　主要用有纺黏合衬。一般的缝制，前片可以只粘大身一层衬，讲究一些的可以在胸部再增粘一层薄型黏合衬。如要缝制更精制的女西服可似男西服工艺中在前胸再增加胸衬，只要将增加胸衬的收省部位与省量改变成与女性体型相符即可。

4. 其他　袋布一般采用漂布、涤棉布或里料布。缝线的采用，一般毛呢类用丝线，以增加色泽和牢度；化纤类可用涤纶线或锦纶线。还有垫肩、纽扣、绒布斜条等。

五、女西服的工艺流程

粘衬→做缝制标记→缉烫省缝→推门→敷牵带→开袋→做后衣片→缝合摆缝、肩缝→做、装领里→装领面→复挂面、领面→修、烫门里襟与领止口→翻烫门里襟、领止口和定底边→做袖→装袖→做装夹里→锁眼→整烫→钉纽

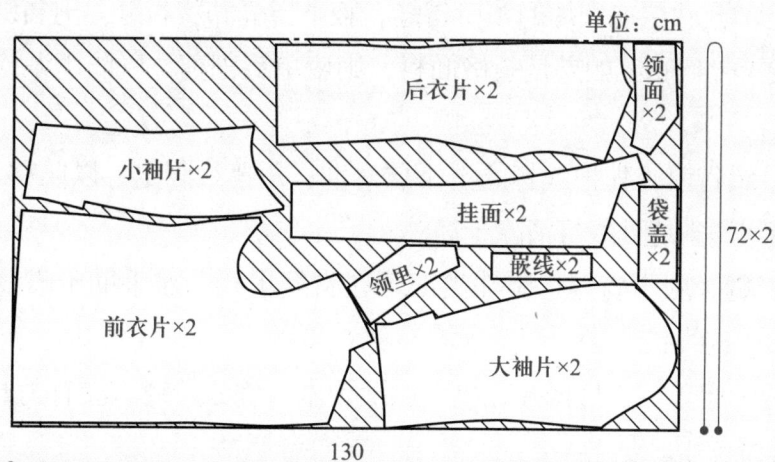

图6-2

六、女西服的缝制

　　女西服是女装中较为典型的合体类服装，缝制工艺中要考虑裁剪中难以解决的问题，使之符合女子人体曲线的需要。因此"推门"和"整烫"为本节的难点。

　　西服结构严谨，穿着端庄、美观，缝制工艺上对称要求严格，因此本节的重点侧重于西服的对称上。如：开袋、做领、装领、兜挂面、做袖、装袖及后背工艺等。

（一）粘衬

　　1. 前衣片　摆缝上端向下12～14 cm至1/2袋口左右，靠门里襟一侧全部粘衬。袋口、贴边部位粘衬。离驳口线1 cm至腋下省的胸部增粘一层薄胸衬，见图6-3。

　　2. 挂面　全部粘衬，也可以下段约20 cm处不粘衬。

　　3. 后衣片　底边贴边部位粘衬。

　　4. 袖片　大袖片袖贴边与袖衩贴边部位粘衬，小袖片袖口贴边部位粘衬。

　　5. 领片　领面、领里全粘衬。

　　为防止衣片粘衬后收缩，衣片应适当裁宽些，粘衬后进行修片后再缝制。

　　为了图示的清晰，粘衬部位在以后的缝制图中不再表示。

（二）做缝制标记

　　西服一般都采用打线钉的方法做缝制标记，打线钉的部位如下：

　　（1）前衣片：叠门线、扣眼位、驳口线、缺嘴线、领口省位、乳峰点、前袖窿装袖对档位、腰节线、腰省位、腋下省位、袋位、底边线，见图6-3。

　　（2）后衣片：背缝线、腰节线、后袖窿装袖对档位、底边线。

　　注：背缝线打线钉位置可撩线一道，归拔后沿撩线缉合背缝。

　　（3）大、小袖片：前偏袖线、后偏袖线、袖肘线、袖口线、袖衩线、袖山对档位。

（三）缉、烫省缝

　　1. 剪省缝　剪开两层前衣片的领口省缝、腋下省缝和腰省缝。剪省缝时不可剪到省尖头，要离省尖3～4 cm。如果是条格面料，则应单层剖剪，以防止条格剪歪或左右不对称，见图6-4。

　　2. 缉省缝　缉省前，先把线钉的上下层对准，用撩线固定，以防移动和松紧不匀。缉省完毕，将撩线和省缝处线钉清除干净。

　　3. 拔烫腰省缝、腋下省缝　熨斗尖部落在省缝里档，左手助于省缝腰部，将其拔开，使缉线烫拔成直线状。

　　4. 分烫省缝　将单层衣片摊开，垫上拱形烫木，烫分开缝。没有剪开的省尖处，可插入缝针辅助分缝烫平。见图6-5。

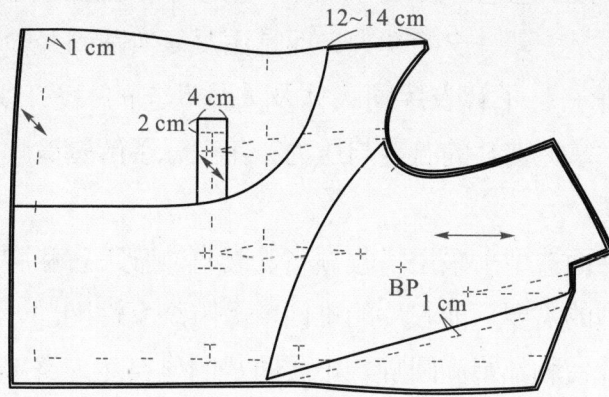

图6-3

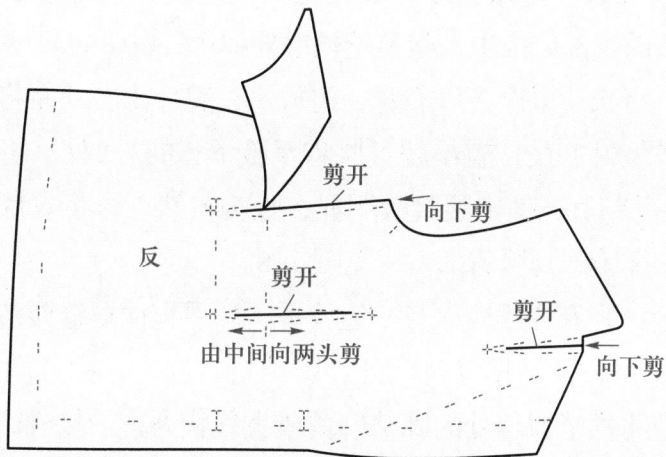

图6-4

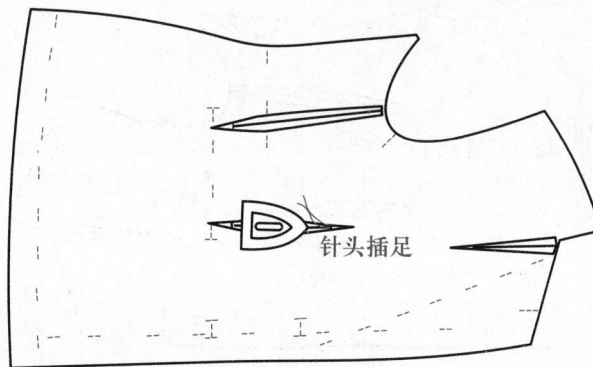

图6-5

（四）推门

前衣片的推、归、拔工艺也常被称为推门。它是高档毛呢服装工艺的重要手段之一。掌握推、归、拔工艺不是一朝一夕的功夫，而是由反复实践到经验积累的过程。在学习推门工艺时要注意：第一，了解衣片同人体及人体动态的关系，理解推门的作用；第二，了解面料的性能，掌握熨斗的温度与压力；第三，了解熨烫顺序、熨斗走向，及熨烫衣片丝缕的用力程度。

女西服前衣片在平面造型上采用了收领省、腰省、腋下省和腰节胁势等处理，但仍不能完全符合女性体型的需要。前衣片的推门就是围绕女性胸部、腰部和臀部体型特征进行的，推门后的衣片使胸部饱满圆顺，中腰胁势明显自然，臀部丰满，袋口处略有胖势，使成衣更为合体。前衣片推、归、拔的示意图，见图6-6。

（1）归烫驳头，推拔里襟止口：将衣片里襟止口靠身一边放平，反面朝上。左手拖住衣片第一粒纽位处，右手握住熨斗，从领口省缝处开始归烫。熨斗走势为由外向里推，由里向外归，归至第一粒纽位处将驳头止口线归直。里口边缘松起部分向胸部推散，烫匀。再将驳头以下部位推平，腰节处丝缕外弹0.6或0.8 cm，见图6-7。

（2）归烫中腰：将衣片里襟止口靠身一边放平，熨斗由右向左将腰省至腋下省缝处归烫，归平、烫煞。熨斗归烫位置不超过腰省至腋下省的1/2处。将腰省和腋下省之间1/2处直丝归紧，横丝归直，使中腰腰吸明显，吸势自然。再将衣片调头，使摆缝靠身一边，用同样方法归烫腋省到腰省部位，见图6-8。

（3）归、拔摆缝：将衣片摆缝靠身一边放平，左手拖住摆缝腰节处拔出，右手握住熨斗在摆缝底边处起烫，归烫摆缝臀围处。熨斗自右向左，由外向里烫至袋位1/2处。再由里向外归，直至将摆缝臀位处的胖势归烫成直线状为止。接着，左手继续把腰节处拔出，拔烫腰节，将腰节凹势向外拔直，烫煞。拔开腰节后，熨斗继续向左熨烫，左手

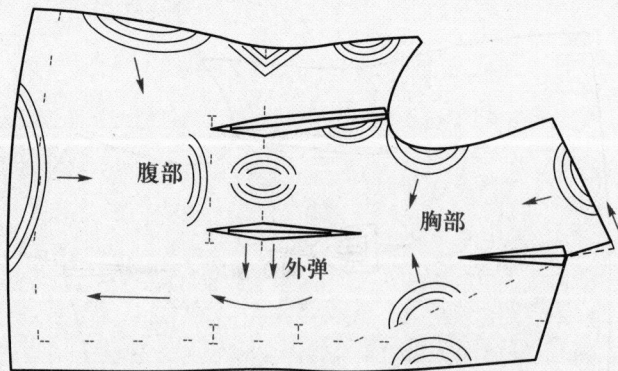

图6-6

拉住摆缝上端，烫摆缝上口，使烫好的摆缝成直线状。

（4）归烫袖窿：将衣片上胸部放平，袖窿靠身，左手拉住外肩端，右手握熨斗由里将旁侧乳峰处伸开向外归烫至袖窿凹势处，使旁侧胸部隆起，袖窿斜丝、横丝都要均匀归正。

（5）推烫肩头：将衣片肩头靠身一边放平，把领圈横丝烫平，肩头缝直丝绺向外肩推熨 0.6 cm。目的是防止里肩丝绺弯曲起涟状。再在肩缝 1/2 处略微归拢，同时把外肩袖窿上端直丝伸直，使肩头产生翘势。

（6）归烫袋口、底边：将衣片底边靠身一边放平，先用熨斗将袋位处收省后的宽出部分归烫平，横丝归直使袋口不向两边伸出，再用熨斗把底边处弧势向上推烫，烫直、

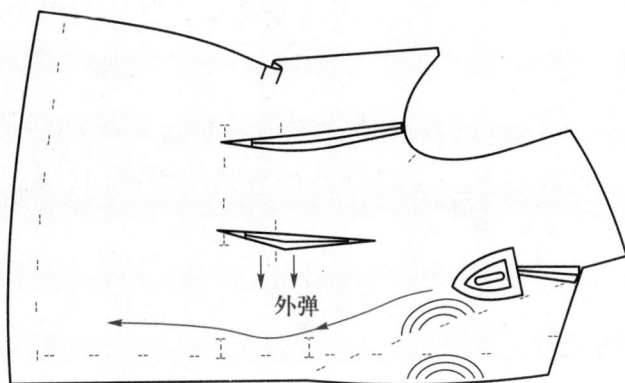

图6-7

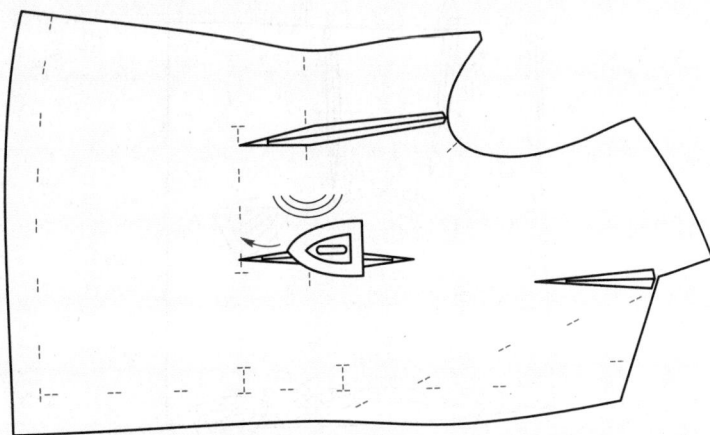

图6-8

烫煞，使底边不产生还口，略有窝势，见图6-9。

（7）推烫上、下胸部：在衣片下胸部搁靠工具，熨斗在领口省处落下，沿领口省缝向下推烫，推至乳峰点。再将衣片调头，在衣片上胸部搁垫工具，熨斗在腰省缝上部落下，慢慢向上胸部推烫，推至乳峰点。通过推烫，使胸部圆顺，乳峰隆起、饱满，见图6-10。

（8）门襟格的推、归、拔工艺与里襟格对称进行。

（五）敷牵带

敷牵带，见图6-11。

1. 画止口　将驳头和门里襟止口净线画准，缺嘴大按规格，底边按底边线钉画准。

2. 敷驳口牵带　用1.2 cm宽的直斜黏合牵带，离开驳口线0.6 cm左右，拉紧粘上。

3. 敷止口牵带　用1.2 cm宽的直斜黏合牵带，离开净线0.2 cm，从串口开始敷至驳角缺嘴，剪一刀眼，按驳角转敷至驳头止口，敷到底边角时再剪一刀眼，转90°敷至大身衬部位。牵带顺直，在驳头与门襟止口相交处略紧，装挂面的衣边处略紧，其余部分平敷。

4. 敷袖窿牵带　用0.6 cm宽直料粘合牵带，粘在袖窿凹势的紧靠净线边的缝份上从腋下省前10 cm开始向后敷到摆缝，使袖窿弧线不还口，袖子装好后，袖窿略有窝势。

（六）开袋

1. 做袋盖、烫嵌线牵带

（1）袋盖布料条格与大身相符，上口放缝1 cm，周围放缝0.8 cm，粘上黏合衬，袋

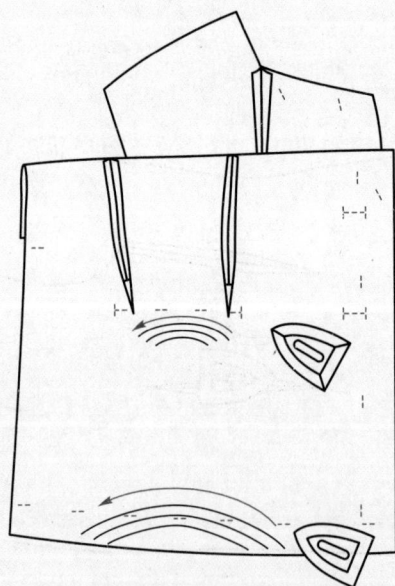

图6-9

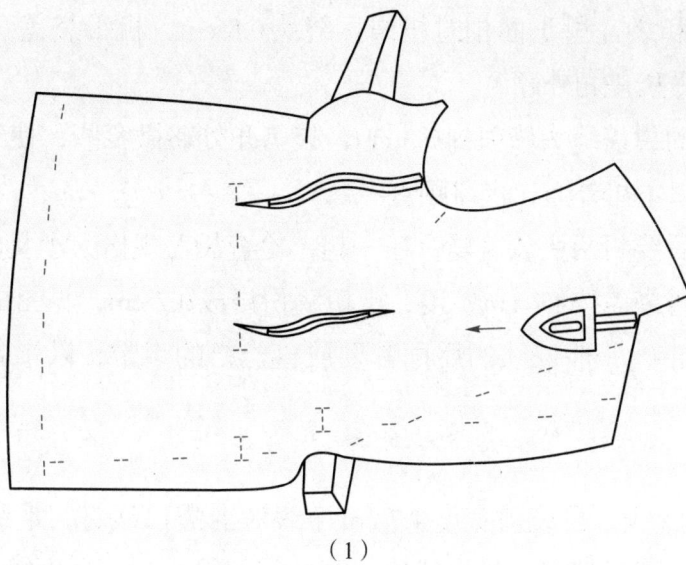

（1）

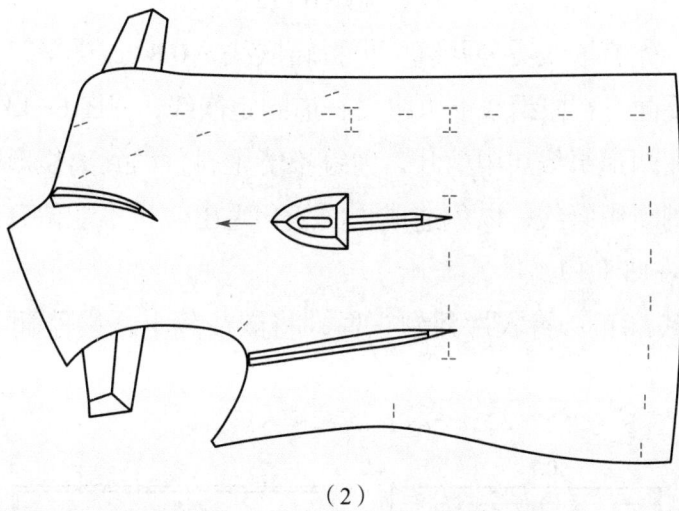

（2）

图6-10

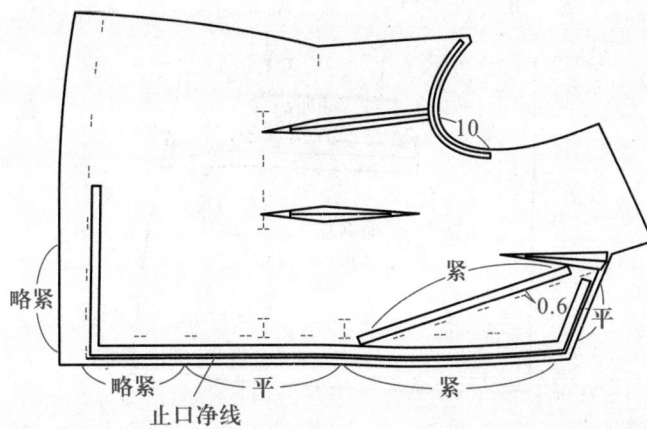

略紧

略紧　　平　　　　　紧

止口净线

紧

0.6

平

10

图6-11

盖里布按袋盖面每边再修去0.15 cm作袋盖里外匀层势。

（2）把袋盖面和袋盖里正面相对机缉，缝头0.8 cm，机缉袋盖角时袋盖夹里要拉紧，以防袋盖翻出后袋盖角外翘。

（3）将缝合好的袋盖缝头修剪到0.3 cm，袋盖角处略微窄些，使袋盖角方正，然后烫平，要求夹里止口不可外露，止口顺直。

（4）袋盖做好后要将两块袋盖复合在一起，检查袋盖规格大小及丝缕、左右对称等是否符合要求。并将袋盖按4.7 cm宽度，上口缝份修成0.7 cm，见图6-12（1）。

（5）烫嵌线牵带，一般嵌线的反面都要放直丝缕的牵带，以增强嵌线的厚度，见图6-12（1）。

2. 开袋

（1）缉袋盖和嵌线：将袋盖宽度4.7 cm净线对准袋口线钉，毛缝向下，缉上袋口位。将嵌线黏牵带一边毛缝对齐袋口线钉，距离袋盖缉线0.8 cm也缉上袋口位，注意上下缉线顺直，进出一致，间距宽窄一致，见图6-12（2）。

（2）固定嵌线：先将嵌线烫分开缝，再折转嵌线宽0.8 cm烫平，为防止移动可用攥线固定，然后翻到反面，在原缉线上再机缉一道固定嵌线，见图6-13（1）（2）。

（3）剪袋口：在两道缉线居中剪开，剪缝不能歪斜，剪到离袋口两端0.7 cm处，然后剪三角，切不可剪断缉缝线，以免造成正面袋角毛出。也不能留有余缝，以免袋角翻出后不方正，见图6-13（3）。

（4）袋盖、嵌线翻正：将衣片翻到正面，将嵌线翻上，袋盖翻下，袋盖上口缝向

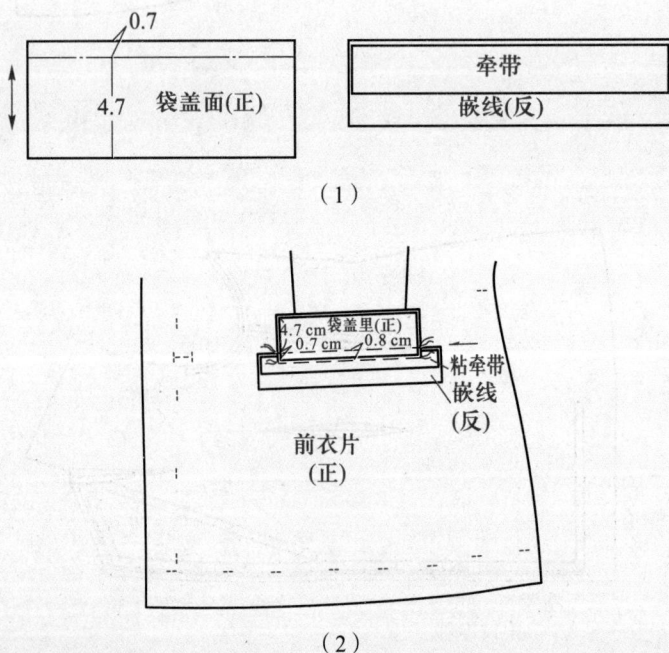

图6-12

上，在正面袋盖上口的缉线缝上撩线一道。袋两端的三角缝用镊子钳顶至反面拉平。盖上水布后熨烫定型。为防三角毛口，可先缉一道线将三角封牢。

（5）接小袋布：将小袋布上口和嵌线下口正面相叠缉合，缉缝向下坐倒烫平，见图6-14（1）。

（6）装大袋布：将袋垫布机缉在袋布正面，下口缉暗线，上口缉线离毛缝0.8 cm，机缉后烫平。将袋布垫在袋盖上口，略放上一些。在原袋盖缝缉线上机缉一道，见图6-14（2）。

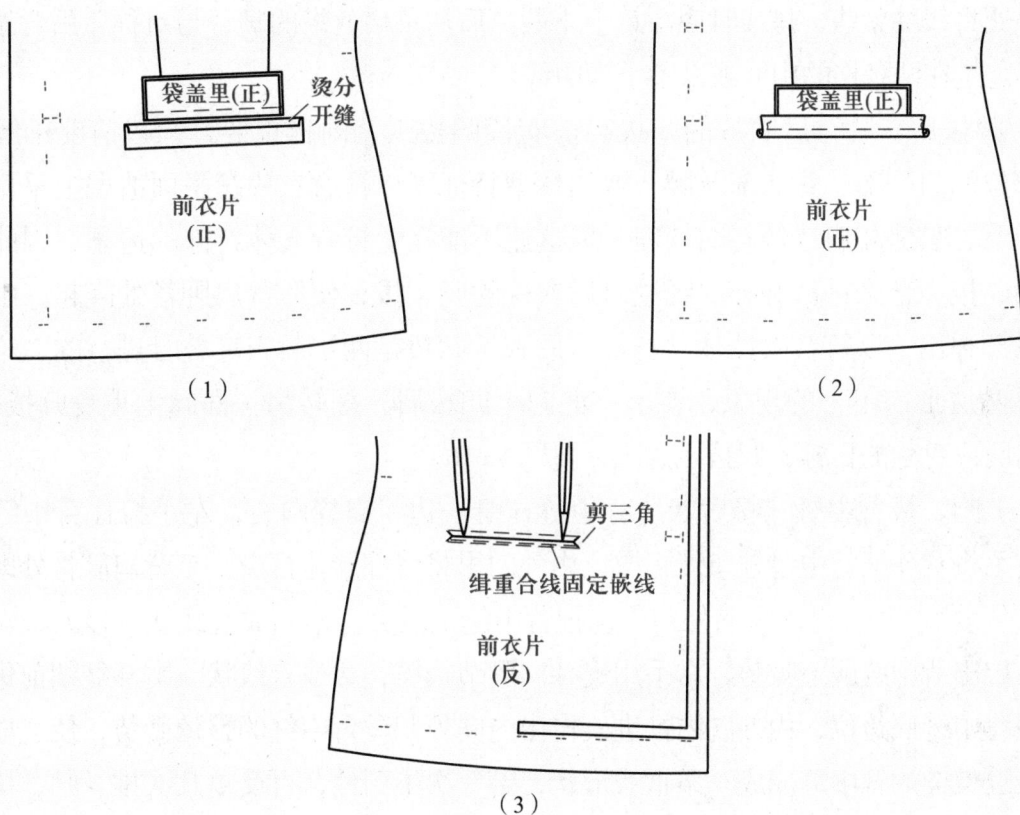

图6-13

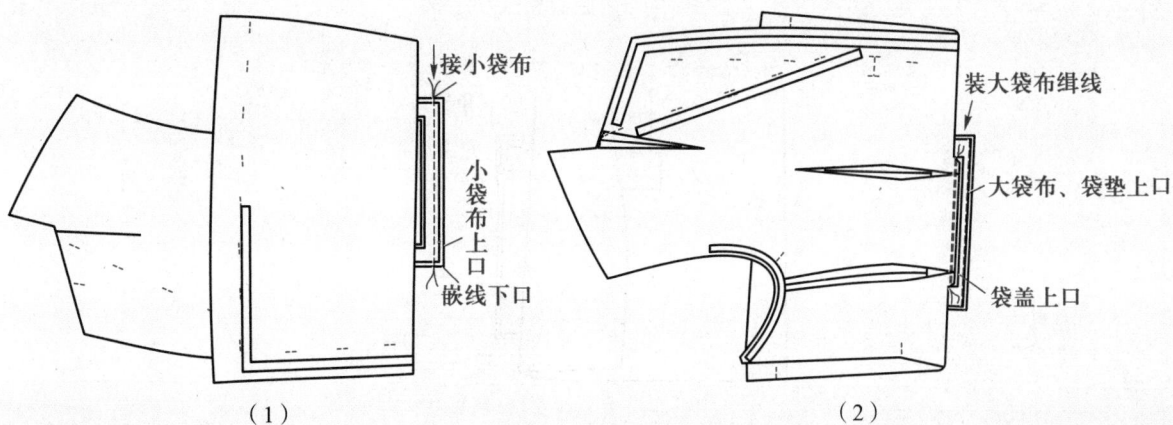

图6-14

（7）封三角、兜袋布：将左右两端的三角来回封口缉线三四道，缉线正直，以免影响正面袋角方正。然后将袋布三面兜缉，注意小袋布略放松些，避免袋口嵌线豁开，见图6-15。

3. 衣袋整烫　将袋布修剪整齐，下垫布馒头，在袋盖上面盖水布高温熨烫。袋口烫出立体感，再用适当温度在袋盖夹里处熨烫一下，随即用手指将左右袋盖角朝反面捻一下，使左右袋盖角带有窝势。最后在袋布的缉缝处用温熨斗熨烫平服。

（七）做后衣片

1. 定搋背中缝　按背中净缝标记从领圈起针向下搋至底边，针距1.5～2 cm，在背部胖势处将线抽紧些，搋线时应注意上下两层后片条格丝缕的顺直与对称，后背领口中心线必定是在两条格的中间或以条子为中线。

2. 归拔后衣片　后衣片的归拔与前衣片归拔工艺同样重要，归拔前要了解人体后背部位的肩胛部、背沟部及腰、臀的体型特征。尽管后衣片在平面造型上采用了背缝、腰节、吸势和肩缝倾斜的处理。但这还不能完全符合人体背部的造型，因此必须应用归、拔工艺来进行弥补。经过对后衣片的归、拔，使后背肩胛骨处隆起，中腰吸进，臀部弹出，以符合女性体型特征。后衣片归拔是两层后衣片叠合进行的，难免产生上下两层形态不一的现象，要求一面向上归拔后，翻转另一面向上重复归拔一次，以达到两片对称的目标，归拔示意图，见图6-16。

（1）归、拔背中缝：将后衣片背中缝靠身一边，肩缝向右，左手拉住背中缝腰节处，右手将熨斗从背中缝领口处起烫，由外向里将背部胖势推烫，至背肩胛骨处即背中缝至腰侧缝1/2处，再由里向外归烫，把背中缝上段胖势推归成直线状。接着，左手继续用力拉出背中缝腰节吸势，右手用熨斗向腰节拔烫，拔成直线状。熨斗继续前进，左手拉住背中缝底边位，由外向内推进，再由内向外归烫背中缝的臀位胖势，使之成直线状。经过熨烫的背中缝应成一条直线形状，若一次不到位，可反复几次推、归、拔直至烫干烫煞为止。

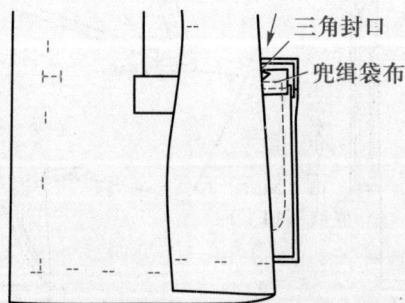

图6-15

（2）归、拔后片摆缝：将衣片调头，摆缝靠身一边，肩缝向左。左手拉住摆缝腰节处，右手将熨斗从摆缝底边落下，由外向里推，再由里向外将摆缝臀围处胖势归直。左手继续用力拉出摆缝腰节凹势，右手用熨斗将其拔烫，熨斗不超过摆缝至背中缝的1/2处。熨斗继续向前，左手拉住外肩袖窿处，由外向内推进，由内向外归烫摆缝上段和袖窿下段部位。烫煞后的摆缝也应成为直线形状。

（3）归烫后背肩缝：左手拉住内肩端，右手将熨斗从外肩部轻轻落下，由外向里推烫，将肩头的横丝推向肩胛骨部位，再由里略归至肩缝处。同时要注意将后领圈丝绺归正。

3. 缉烫背中缝　后衣片经过归拔冷却后，合缉背中缝，按归拔状态将背中缝放直后分缝烫平、烫煞。并在袖窿和领圈离进0.2 cm处粘上1 ~ 2 cm宽的直料牵带，见图6-17。

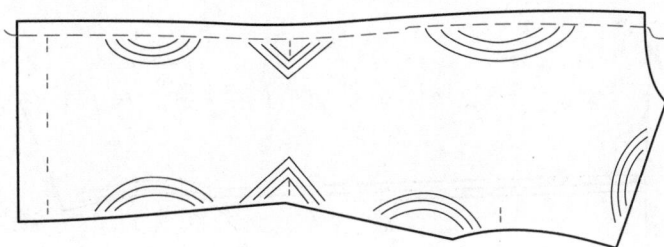

图6-16

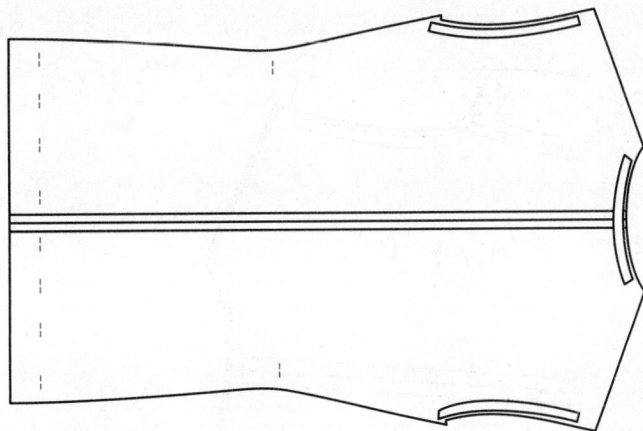

图6-17

（八）缝合摆缝、肩缝

1. 缝合摆缝　将前后衣片摆缝正面相叠对齐，用攃线定攃后合缉。缉时归拢处手朝前推送，以免丝绺缉还。然后烫分开缝，分烫摆缝时要将摆缝放直，衣片保持归拔后的形状。臀围处缩分烫，腰节处伸分烫，其余部位平分烫，见图6-18。

2. 缝合肩缝　将前后肩缝正面相叠对齐，后肩缝在上定攃。后肩的里肩1/3处吃势0.5 cm左右，有吃势部位要攃密，以防吃势移动。攃好后将吃势处归烫，推向后肩胛骨处代替后肩省的作用然后机缉烫分开缝，见图6-19。

缝合摆缝、肩缝，虽然看似简单，但若不根据缝制要领随意缝合，也会严重影响外观质量。

（九）做装领里

1. 做领里

（1）拼接领里中缝：领里是用两块对称的本色斜料，外口按净样放缝1 cm，下口放缝0.8 cm，粘上黏合衬后，后领中心拼接，见图6-20（1）。

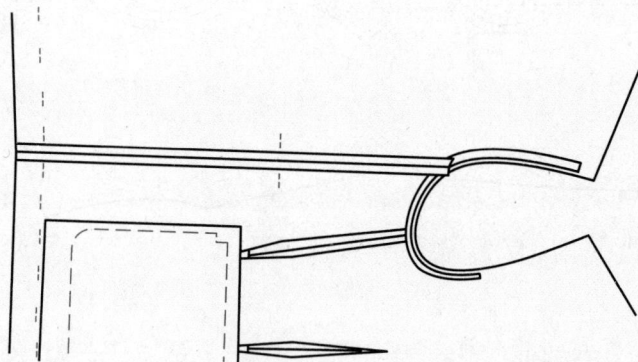

图6-18

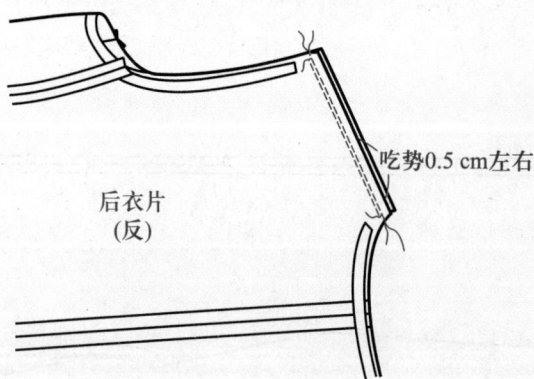

后衣片
（反）

吃势0.5 cm左右

图6-19

（2）归拔领里：在领里下口做好对肩缝对后领圈中心的对档刀眼。在领里画好翻领线，在后领脚下口拔开，在拔开的同时，将翻领线处归拢。在离翻领线0.3 cm的领脚上粘上0.8 cm宽的直斜料牵带，将归缩量固定，并用手缝将牵带固定在领里上，见图6-20（1）。

2. 装领里　将领里下口与衣身领圈放齐，正面相叠，各部位对档标记对准，定撬后机缉，缉缝0.8 cm。缉缝处分缝烫开，见图6-20（2）（3）。

（十）装领面

（1）领面用横丝面料，按领衬净样在外口放缝头1.2 cm，下口放缝头1 cm，并在缺嘴处、后领中心处和对肩缝处分别剪好刀眼，然后归拔领面，方法、要求与领里归拔相同。

（2）归拔挂面：把挂面驳头外口直丝拔长、拔弯，下段略归拢，里口胸围线处归拢，归至与大身驳头止口相符为止，见图6-21（1）。

（3）装领面：将领面与挂面的串口缝正面叠合，缺嘴处对准对档记号，用撬线定撬后缝缉。缉线时不可将串口拉还。再将领面下口与挂面横开领缝至肩端以下1 cm处留1 cm余缝以便装夹里。然后在挂面的缺嘴处和领圈转角处剪刀眼，喷水烫分开缝，见图6-21（2）。

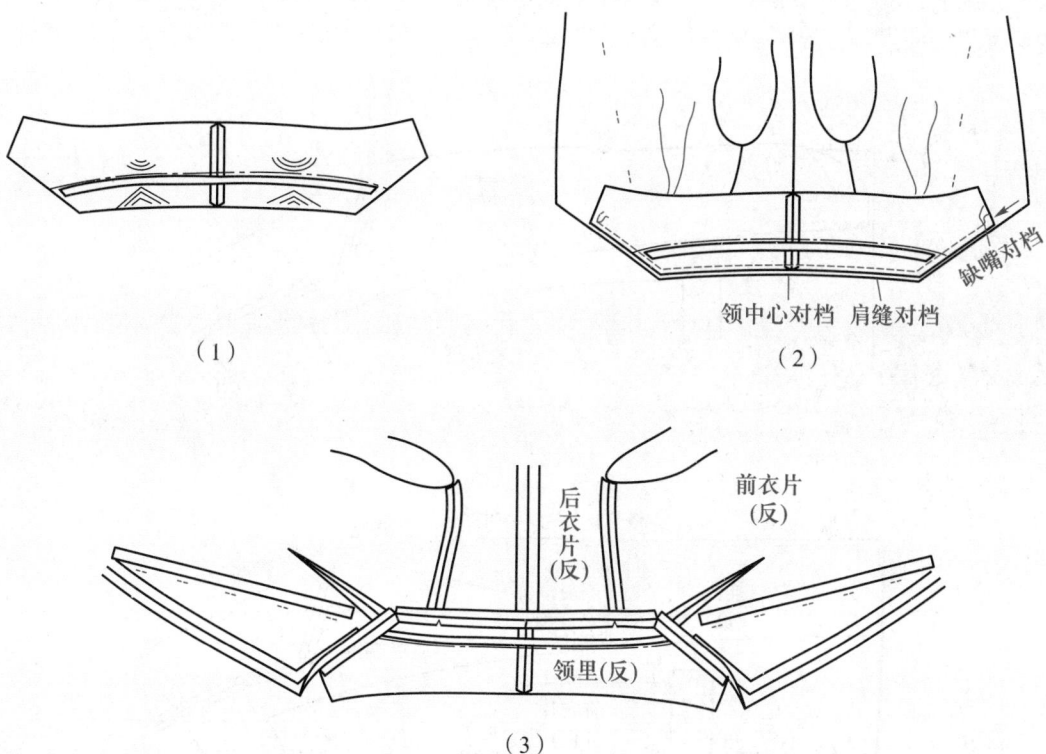

（1）

（2）

领中心对档　肩缝对档

缺嘴对档

后衣片（反）

前衣片（反）

领里（反）

（3）

图6-20

（十一）复挂面和领面

1. 定攘驳口和领头翻折线　将挂面、领面正面与衣片正面的止口缝相叠，领面后中缝刀眼对准领里后中缝，领缺嘴处对准，分别用大头针定牢。用攘线从里襟驳口线下端起针，沿领脚线至门襟驳口线下端定攘一道，见图6-22。

2. 定攘止口　从后领中缝开始分别定攘到门里襟下端挂面宽为止。定攘时大身放在下面，领面在后领处平攘，前领角部位略松，跳过缝头从驳头缺嘴处开始攘，驳头上角处略松，接着平攘，在驳头下端松度推进定攘，使驳头驳转有松度。在扣眼档12 cm左右处也略放松，接着平攘到门里襟下角，挂面需略捋急攘。定攘止口的松度分段掌握，以保证领头、驳头和门里襟呈里外匀，不外翘，见图6-23。

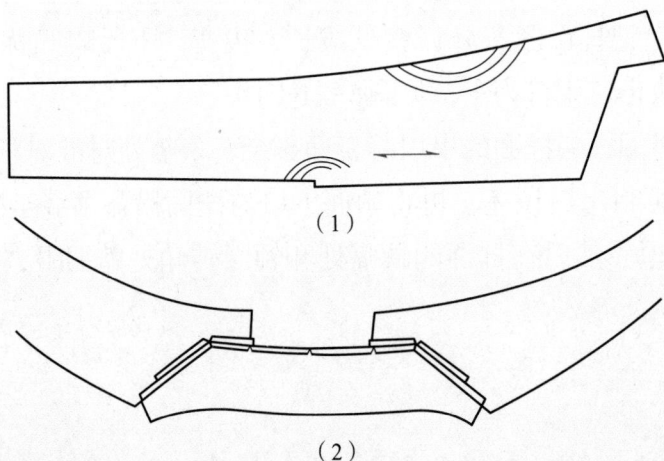

图6-21

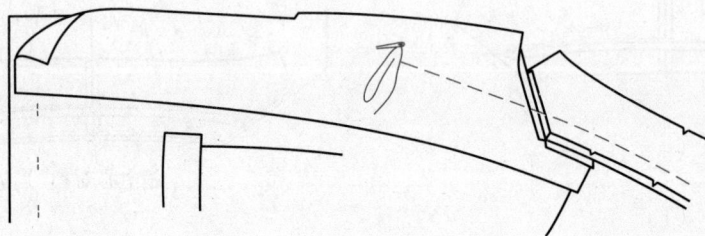

图6-22

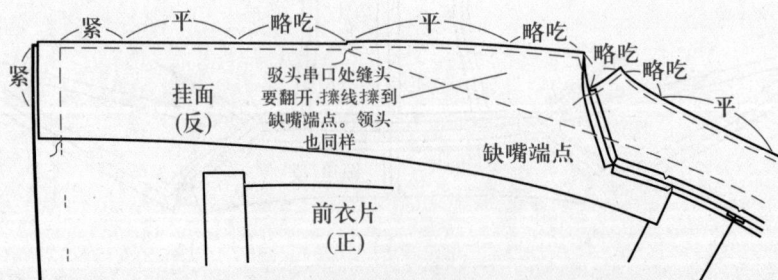

图6-23

3. 兜缉门里襟与领止口　将大身翻上，从门襟底边开始，沿止口净线缝缉至驳头缺嘴处。跳过缝头，再从领头缺嘴处开始沿领头净线缝缉至另一端领头缺嘴处再同样要求缉至里襟底边止。缉线顺直，驳角、缺嘴不走样，门里襟对称一致，见图6-24。

（十二）修、烫止口

西服、大衣等比较高档的服装，修、烫止口的工艺方法有许多种。现以女西服为例简单介绍如下。

方法一：

（1）修止口：止口兜缉以后，抽去止口定撬线，将门里襟部位衣身止口留缝修成0.3～0.4 cm宽，挂面止口留缝修成0.5～0.6 cm宽。驳头、领头部位挂面、领面止口留缝修成0.3～0.4 cm宽，衣身、领里止口留缝修成0.5～0.6 cm宽。驳角、领角处可适当再修小缝份，使止口翻出后平、薄，见图6-25（1）。

（2）烫止口：门、里襟止口的缝份向衣面方向按缉线坐进0.1 cm，驳头和领止口的缝份向挂面和领面方向按缉线坐进0.1 cm，分别烫倒、烫平。使止口翻出后有里外匀效果，见图6-25（2）。

方法二：

（1）修止口：将大身一面的止口留缝全修成0.3～0.4 cm宽，将挂面一面的止口留缝全修成0.5～0.6 cm宽。

（2）烫止口：将门里襟部位止口缝份按缉线坐进0.1 cm扣烫，将驳头、领头部位沿缉线扣烫。

（3）扳止口：比较考究的做法还要进行扳止口，将止口毛缝与衬布用斜针扳牢，见图6-26。

方法三：

（1）烫止口：大身朝上，将所有的止口分缝烫开。

（2）修止口：将缝份按要求分别修剪，见图6-27。

方法中止口缝份修剪成多少，扣烫止口按缉线坐进0.1 cm还是0.2 cm，要根据面料厚薄、松紧等性能决定。

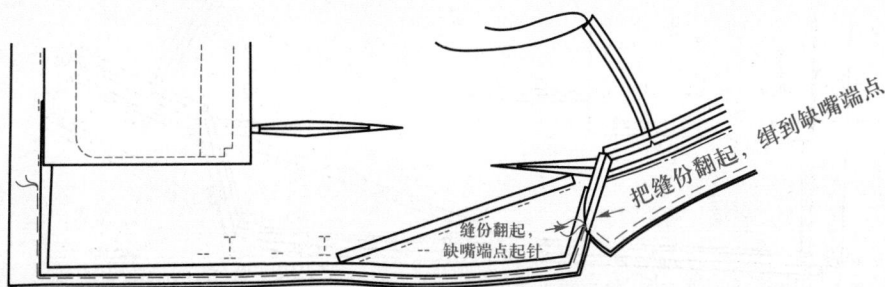

图6-24

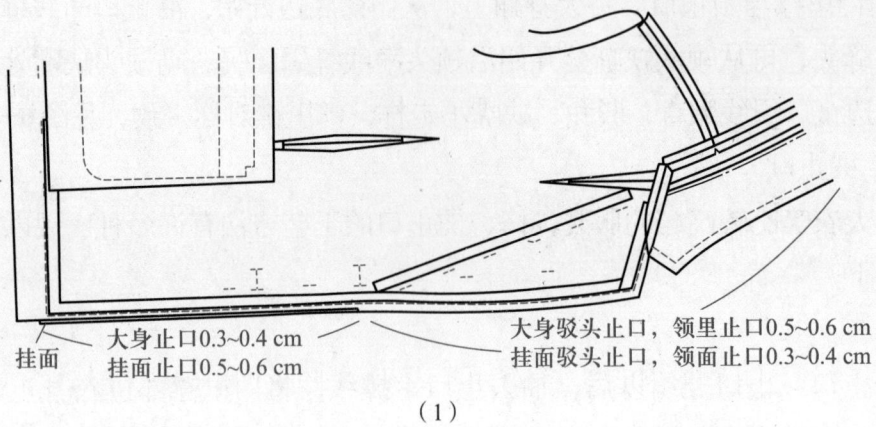

挂面　　大身止口0.3~0.4 cm
　　　　挂面止口0.5~0.6 cm

大身驳头止口，领里止口0.5~0.6 cm
挂面驳头止口，领面止口0.3~0.4 cm

（1）

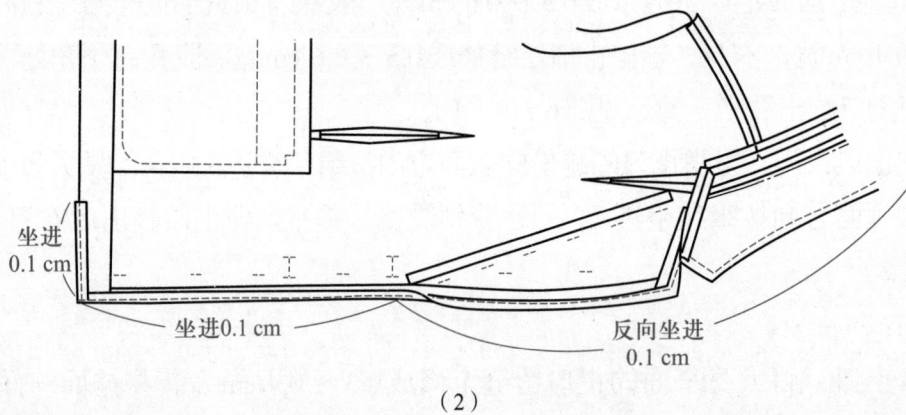

坐进
0.1 cm

坐进0.1 cm

反向坐进
0.1 cm

（2）

图6-25

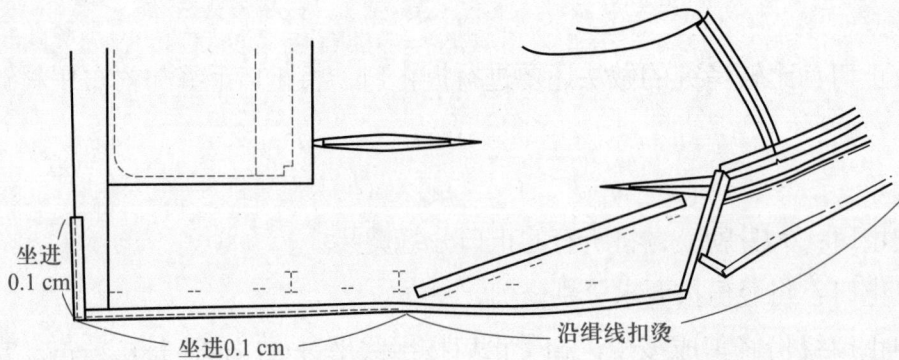

坐进
0.1 cm

坐进0.1 cm

沿缉线扣烫

图6-26

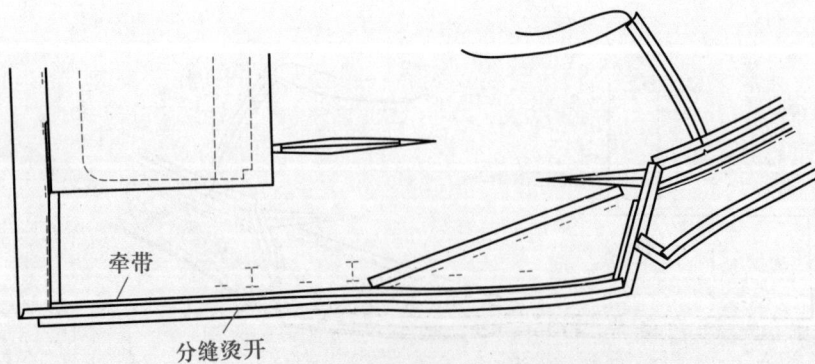

牵带

分缝烫开

图6-27

（十三）翻烫止口和定底边

（1）将整件西服的止口部分翻出，领角和底边角处翻足、翻方。挂面在底边和门里襟止口处坐进0.1 cm，驳头部位坐出0.1 cm，领面外口坐出0.1 cm，用撬线定撬，撬线离止口0.5 cm。并盖水布将止口用高温烫平、烫煞、烫薄，见图6-28。

（2）把衣片放平，将领头和驳头按领脚线和驳口线翻折后，沿翻折线，从里襟驳口线下端，经领脚线至门襟驳口线下端止，用撬线定撬，使领头和驳头形成里外匀，见图6-29。

（3）将挂面放平，沿里口毛边0.5 cm用撬线定撬固定。撬线不可顶穿正面面料，在正面不能有针点。最后，在领中心处装上吊襻。吊襻用斜料反缉后翻出，长6 cm、宽0.5 cm，见图6-30。

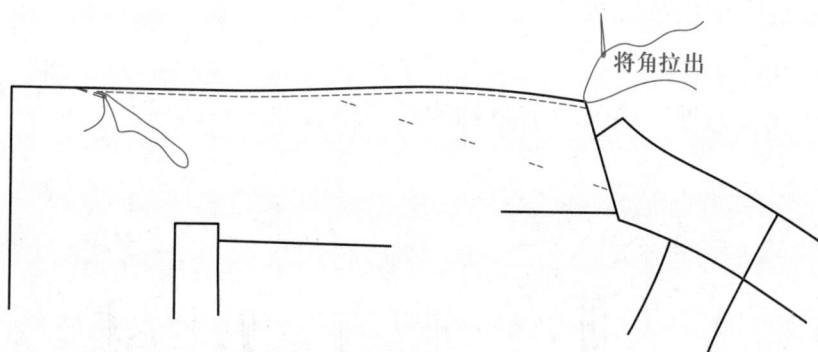

将角拉出

图6-28

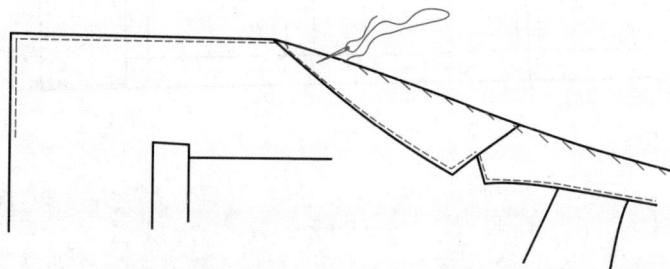

图6-29

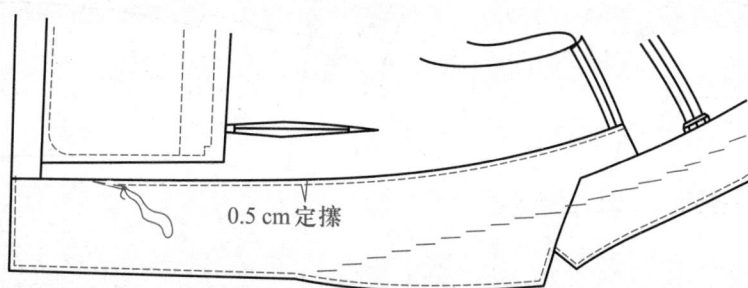

0.5 cm定撬

图6-30

（4）定底边：按底边线钉折转贴边，用攥线定攥，盖水布高温烫平、烫紧、烫煞。再用本色线采用缭针将贴边缭牢，缭线略松，正面不能露针影，见图6-31。

（十四）做袖

西服袖子的外观造型不仅同裁剪有关，而且同做、装袖子工艺有着直接的关联。因此，我们一定要重视做袖的操作要求。使袖子做好后能摆平，并符合手臂的弯势形状。装上后前圆后登，自然平服。

1. 归拔大、小袖片　归拔大袖片见图6-32（1）。

（1）将前袖缝朝自己，把前袖缝袖肘线处凹势拔烫。在拔烫同时把袖肘线处的吸势归向偏袖线，注意归拔时熨斗不宜超过偏袖线。

（2）前袖缝、袖山深线向下8 cm处略归烫。

（3）后袖缝中段归拢。

（4）袖口贴边在偏袖线处拔开。

归拔小袖片见图6-32（2）。

小袖片归拔比较方便一些，只需将袖片弯势略拔弯一些即可。

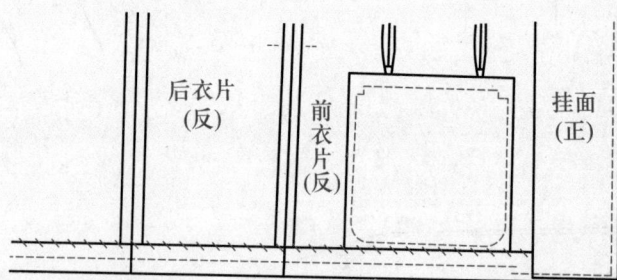

图6-31

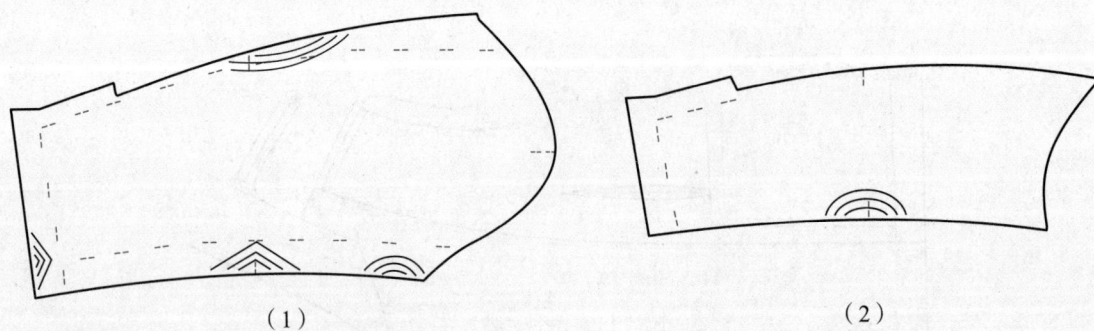

（1）　　　　　　　　　　　　　　（2）

图6-32

2. 缉烫前后袖缝

（1）缉烫前袖缝：将大小袖片正面相叠，大袖片在上前袖缝放齐，按以上归拔要求搌线一道，然后机缉缝合，缉缝0.8 cm。分烫前袖缝时，注意一定要将小袖片丝缕放直，在大袖片袖肘处略归。并按袖口线钉将袖贴边折转烫平，见图6-33。

（2）缉烫后袖缝：将大、小袖片正面相叠，大袖片在上，后袖缝放齐，搌线一道，搌线时袖衩处大袖片贴边折转，小袖片贴边放平。搌线后机缉缝合，缉缝0.8 cm。分烫后袖缝时，小袖片袖衩转角处斜向剪一刀眼，刀眼离开缉线0.1 cm左右，袖衩向大袖片方向坐倒。下垫布馒头或胖弧形垫烫工具将分缝和袖衩烫平，注意熨烫时不能将丝缕拉还，见图6-34。为了方便袖衩部位的处理，也可以先缉烫后袖缝，后缉烫前袖缝。

3. 缉烫袖里缝　大小袖片正面相叠，前后袖缝缉合。缉线时按袖面的归拔要求，在规定部位拔开或放层势，缝头0.8 cm，缉好后把缝头向大袖片扣转烫坐倒缝，坐势0.1 cm左右，见图6-35。

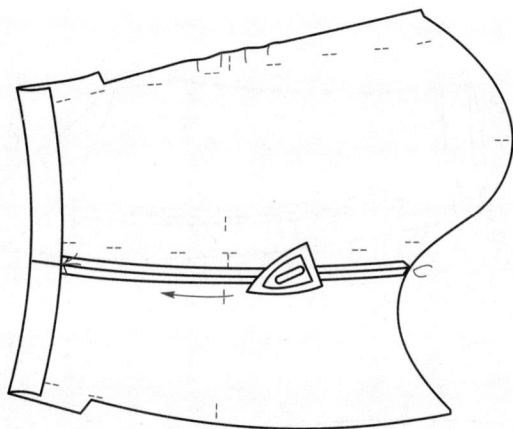

图6-33

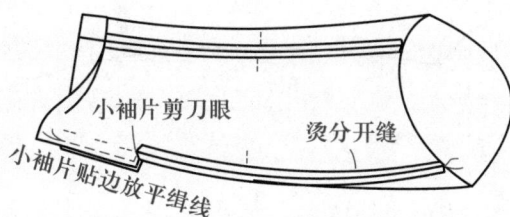

小袖片剪刀眼　　烫分开缝

小袖片贴边放平缉线

图6-34

袖里缝份向大袖片坐倒

图6-35

4. 缲袖衩、装袖里、定袖里

（1）缲袖衩：将小袖片袖贴边翻上，按袖口大把袖衩烫煞，注意左右袖口大小一致。然后用本色丝线按锁眼方法将毛边同袖贴边锁牢，同时把袖衩洞牢，见图6-36。

（2）装袖里：装袖里时要防止左右袖里装反。要求面子与夹里相对，前袖缝与后袖缝分别对齐，然后将袖里兜绱到袖子贴边上去，绱缝0.8 cm。绱好之后，袖贴边绷三角针或缲针固定，针距可适当放大，拉线要松，不使袖口正面露出针迹，见图6-37。

（3）定袖里：袖里绱上之后，将袖里翻出，在袖口处的袖里要预留1 cm坐势，攘线一圈，再将袖里坐势烫平服。然后把袖面前后袖缝同袖里前后袖缝相对，袖里适当放松，在离袖口和袖缝上口均为10 cm左右的中间一段，沿绱缝用攘线攘牢，针距2 cm左右，针迹要松，见图6-38。

5. 修剪袖里，烫袖子及收袖山吃势

（1）修剪袖里：袖子翻到正面，袖子上口向下10 cm左右处攘线一周，接着将袖里的袖山袖底弧线按裁剪时的要求用画粉画圆顺，然后修剪，见图6-39。

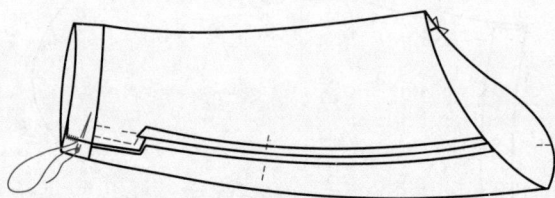

图6-36

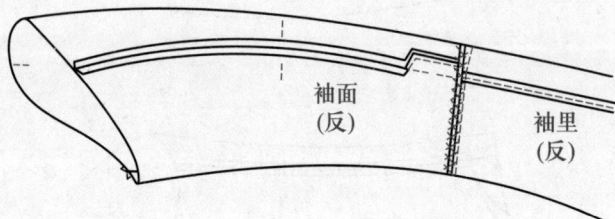

图6-37

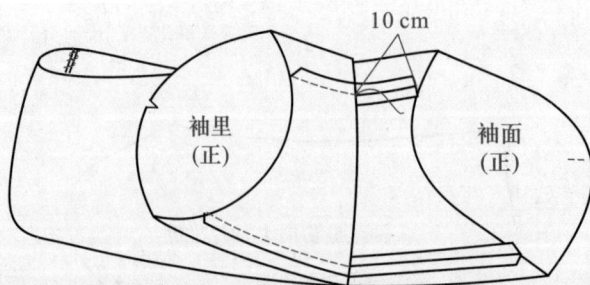

图6-38

（2）整烫袖子：因为西服做好之后再进行袖子整烫，操作不方便，所以在装袖之前先将袖子烫好。把前后袖缝及袖口放在布馒头上烫平、烫煞。要求袖子放平后，弯势正确，袖里不起皱、不起涟。

（3）收袖山吃势：从前袖缝经袖山至后袖缝以下小袖片横丝处，单线密纳一道或两道攘线，一道攘线离毛缝口0.6 cm，若纳二道攘线第二道离毛缝口0.3 cm。吃势要均匀圆顺，经纬丝绺平正。抽线吃势4 cm左右，一般吃势分布情况如图6-40（1）所示。根据不同面料做适当调整。抽好吃势后，为防止袖山吃势移动，叮将袖山吃势放在圆烫凳上用熨斗尖侧部归烫，归烫时熨斗不要超过1 cm将吃势烫缩烫匀，使袖山头成型饱满、圆顺，产生1.2 cm左右的球冠状厚度。归烫之后如再纳线一道，袖山吃势就完全固定了，见图6-40（2）。

（十五）装袖

装袖工艺是西服工艺中的重要环节之一。装袖工艺是否符合要求将直接影响整件西服的外观质量。装袖工艺要求做到袖子丝绺顺直，弯势自然，袖山头饱满，前圆后登，袖子不搅不涟，左右对称。

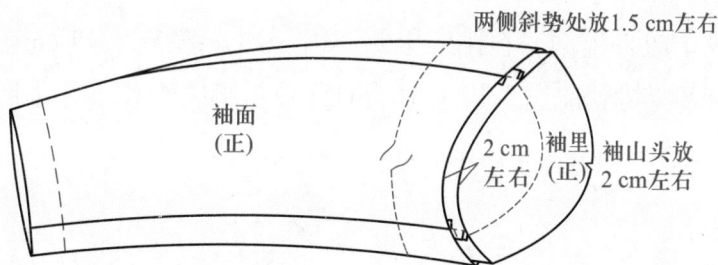

图6-39

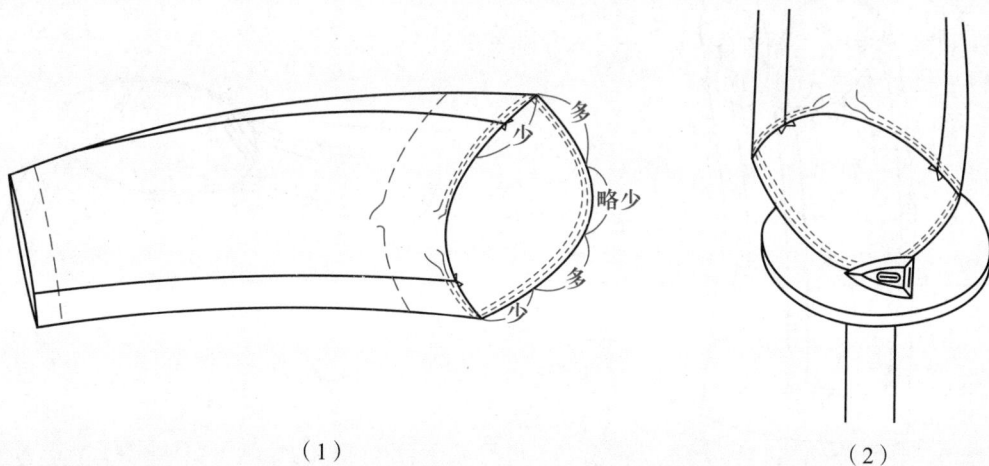

（1）　　　　（2）

图6-40

1. 检查袖子和袖窿上的装袖对档标记

（1）前袖缝对前袖窿对档位。

（2）袖山头对肩缝。

（3）后袖缝对后袖窿对档位。在实际装袖时，对档位置会产生偏移，因此还需按照装袖质量要求适当调整对档位置，见图6-41。

2. 定撬袖子　一般习惯先装左袖，将前袖缝对准左襟格前袖窿对档位，袖底处凹势同前袖窿凹势要吻合，从袖底凹势向袖山头离毛缝0.7 cm撬线。此撬线可以不拆。定撬时要注意操作手势，袖子放上层，要将袖窿弹起，袖山吃势不能移动，撬线要圆顺，针距一般要求0.7 cm左右，见图6-42。

袖子装好之后，将袖子翻转，用左手托肩头部位或挂在胸架上，检查装袖是否符合要求。首先，检查袖子前后是否正确，一般以袖子遮去大袋口1/2为标准，或以袖子丝绺顺直与大身丝绺对应为标准；其次，检查袖山头及袖底是否圆顺，吃势是否匀称，袖山头横、直丝绺应不紧不吊；再次，检查后背戤势是否方登，腰吸及后背是否有下沉现象。另外，检查袖底小袖片是否涌起或有牵串现象，若有质量问题应予以纠正。

左襟格装袖经检验后，认为符合装袖质量要求，则参照左襟装袖的对称位置，再撬右襟格袖子。撬右襟格时从后袖缝装袖刀眼向袖山头起针，具体方法与左襟格相同。袖子撬好后以同样的方法检查一遍，保持左右袖子对称。

3. 缉袖子　袖子放在上面，在撬线里侧兜缉一周，缝头为0.8 cm。缉时用镊子钳稳住沿边毛缝，顺袖窿弯势朝前送，防止袖子袖窿受压脚压力和下牙齿向前推动的影响造成袖子移动走样，见图6-43。袖子缉好后，将袖窿轧烫一周。

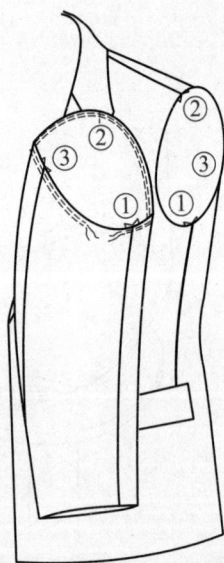

图6-41

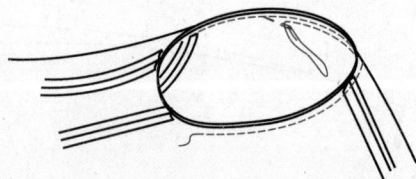

图6-42

4. 装袖山垫条　一般采用斜丝绒布料。垫条宽4 cm左右，从前袖缝装到后袖缝向下2 cm处，长28 cm左右，垫条外口平齐肩缝，与衣袖相贴，缉线时衣身向上，垫条放在下层略微紧些，使之形成里外匀。缉线与厚袖窿缉线重叠，不可偏进。装袖山垫条能使袖山头外观更饱满、圆顺，见图6-44。

5. 装垫肩

（1）将袖窿靠身一边，装垫肩按前肩短、后肩长，即1/2处对准肩缝偏后0.5 cm，垫肩外口比袖窿毛缝出0.2 cm，用双股攥线沿袖窿缉线攥出0.05 cm，将垫肩与袖窿扎牢。攥线不宜过紧，垫肩两角不能吊紧，以免使装袖处不平整。要将袖窿顺着垫肩的窝势扎，使成衣肩部窝服，见图6-45。

（2）将衣服翻到正面观察是否平服，然后在正面前肩和后肩的垫肩处用攥线定扎一道，再观察是否平服，如果是平服的即在反面肩缝处与垫肩攥牢。后垫肩从肩缝至后袖窿，用本色线同后衣片缲牢。线要松，以免正面有针印，影响外观，见图6-46。

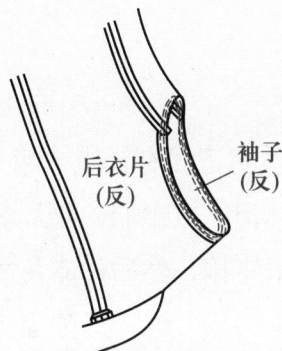

图6-43

后衣片
（反）

袖子
（反）

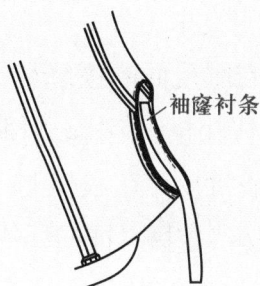

图6-44

袖窿衬条

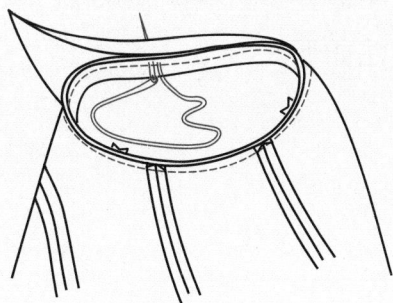

图6-45

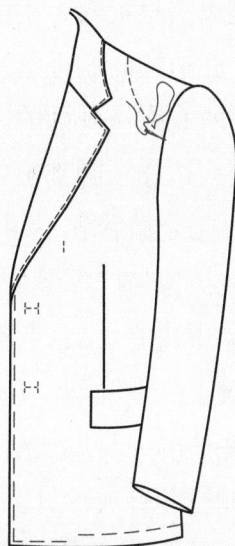

图6-46

6. 定袖里　将袖里翻上，袖山的刀眼对准肩缝的垫肩，袖里包着大身袖窿，叠过袖窿绲线1 cm。攥线沿袖窿绲线定攥一周，里子袖山层势与面子袖山层势相同。

（十六）做、装大身夹里

1. 做大身夹里　做大身夹里，见图6-47。

（1）收省：夹里的腰省和腋下省绲缝的高低距离与面料收省相同。省缝向门里襟方向坐倒，烫平服。领圈省可省去不做。在配里子时，上口与挂面拼接处按面料领圈省的大小将里子修掉，以此代替夹里的领圈省。

（2）合绲背中缝：缝合背中缝后，反面向右坐倒，坐势1 cm，烫平服，腰节处略拔开。

（3）合绲侧缝：与面料的缝绲相同。绲缝向门里襟坐倒，烫平服，腰节处略拔开。

为了使熨烫后的夹里不起吊，在夹里的背中缝和侧缝的腰节处剪三个刀眼，即腰节吸势处剪一个，其上下各剪一个刀眼，距离1 cm左右，刀眼剪至绲线的2/3处止。

（4）合绲肩缝：前衣片夹里里口将毛缝按缝头大小折转扣烫，然后合绲肩缝，向后衣片坐倒，烫平服。

2. 装大身夹里（图6-48）　装大身夹里，见图6-48。

（1）使衣服反面的摆缝和夹里反面的摆缝吻合，对直，在摆缝上口向下5 cm至底边向上5 cm段用攥线定攥，针脚4 cm。定线要宽而松，以防正面有针点或起皱。

（2）将衣片反穿在衣架上，夹里合上，对准各对档标记，放平服。把后领圈夹里塞进领面，用攥线定攥。挂面处的夹里折光后盖住挂面1 cm定攥，然后用本色线缲暗针。

（3）将袖窿周围捋平，距离袖窿5 cm处用攥线定攥一周。然后将袖窿夹里毛边折转，遇弯直丝绺需放刀眼，折平后覆盖在袖子夹里上，用攥线定攥一周，再用本色线暗针。

（4）将底边夹里折转，毛缝与面子底边毛缝平齐，坐势1 cm，用攥线定攥，然后用本色线通针，底边挂面的毛缝用本色线锁牢。

（5）抽去所有露在外面的攥线，将夹里轻轻熨烫平整。

（6）挂面底边和领圈部位可采用机绲来完成，方法如下：

① 底边贴边定攥后先不绷三角针或缭针

② 将前片夹里与挂面缝合。

③ 拼接夹里肩缝。

④ 领面装上夹里领圈，并与大身的领圈缝固定。

⑤ 夹里底边与大身底边缝合，中间留洞。

⑥ 底边绷三角针或缭针。

⑦ 从底边留洞中将衣身翻到正面，从留洞中将面子夹里摆缝定攥。

⑧ 将底边留洞暗针缲牢。

兜缉的夹里一定要裁配准确，不然会出现夹里不平服。

（十七）锁扣眼

扣眼位按线钉标记确定，眼位的进出按叠门线向止口方向移出0.3 cm，扣眼大小一般为2.3 cm。

（十八）女西服的整烫

西服的整烫能使西服更平服、挺括，使之具有立体感，还能弥补工艺过程中的不足之处，采用归一归、窝一窝、抻一抻等方法使西服平服、对称，通过整烫把西服中的污渍和遗留的线钉、线头清理干净。有时候主要的整烫工序在大身夹里装上之前就开始了，这样更为方便，也能避开夹里对熨烫面子部分的干扰。

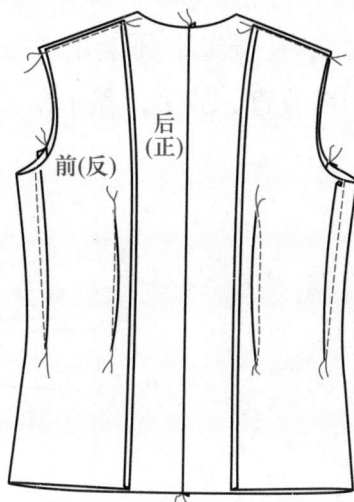

图6-47

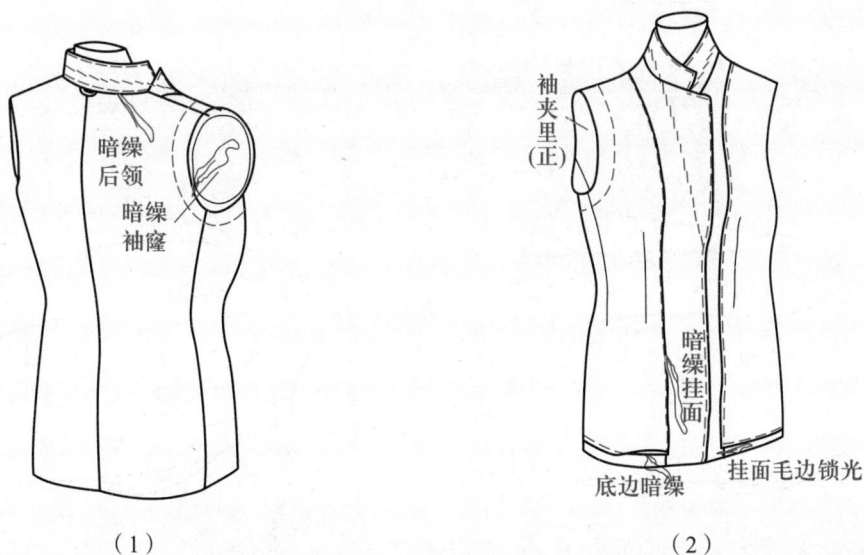

（1）　　　　　　　　　　　　（2）

图6-48

整烫的顺序和方法：

（1）将衣服各部位的线头清理干净，准备熨烫工具（干湿烫布、布馒头、圆烫凳）。

（2）烫袖子：将袖子不平服处垫上布馒头，喷水烫平。袖口袖衩处盖水布烫煞、烫平整，见图6-49。

（3）烫肩头：在肩头缝下垫圆烫凳，盖上湿布熨烫，外肩端略向上拔，使肩头略带翘势。另外，前肩部丝绺归正，后肩部肩胛骨处烫顺，见图6-50。

（4）烫胸部：在胸部下垫布馒头，上、下、左、右分段喷水，盖布熨烫，使胸部烫后饱满圆顺，符合人体胸部造型，见图6-51。

（5）烫腰节处、衣袋：腰节处按推门时的要求烫出吸势，门里襟丝绺外弹，使之顺直。袋口位盖水布后放在布馒头上一半一半熨烫，烫出立体感，使之符合人体胯部造型。袋盖两角处用手指朝里捻一下，使之窝服，见图6-52。

（6）烫摆缝：摆缝熨烫时要放平、放直，不能出现拉还现象，见图6-53。

（7）烫后背、底边：后背中缝放直、放平，盖水布烫平、烫煞。肩胛骨隆起处和臀

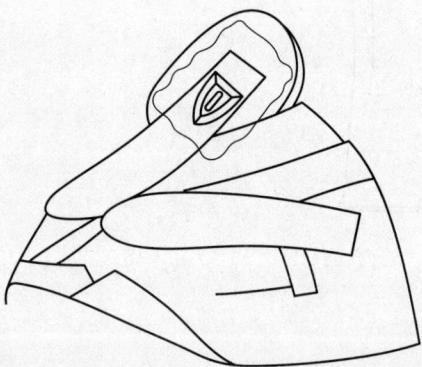

图6-49

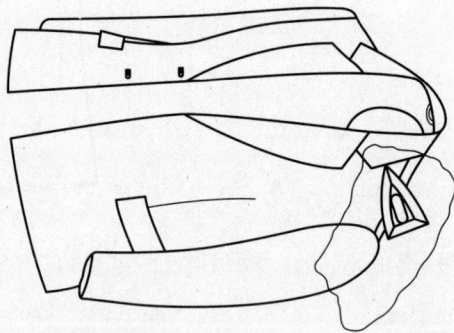

图6-50

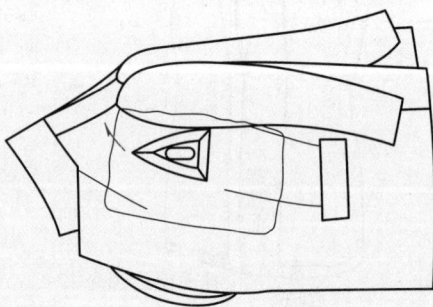

（1）

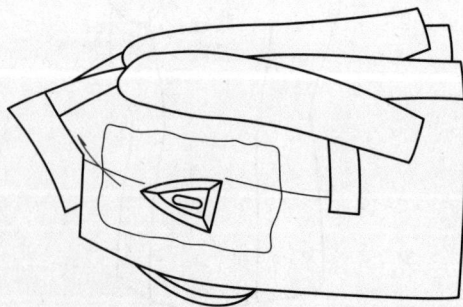

（2）

图6-51

围胖势处放在布馒头上盖水布熨烫，使之符合人体造型。底边放在布馒头上，从门襟至里襟逐段熨烫，烫干、烫煞，烫后略带窝势，见图6-54。

（8）烫止口：将领止口和驳头止口靠身一侧放平，正面朝上，丝绺放顺直，盖干、湿布用力压烫，再用烫木用力压止口，将其压薄、压挺。然后翻过来，用同样方法熨烫反面止口。门里襟止口、领止口和驳头止口一样压烫，烫薄、烫挺，见图6-55。

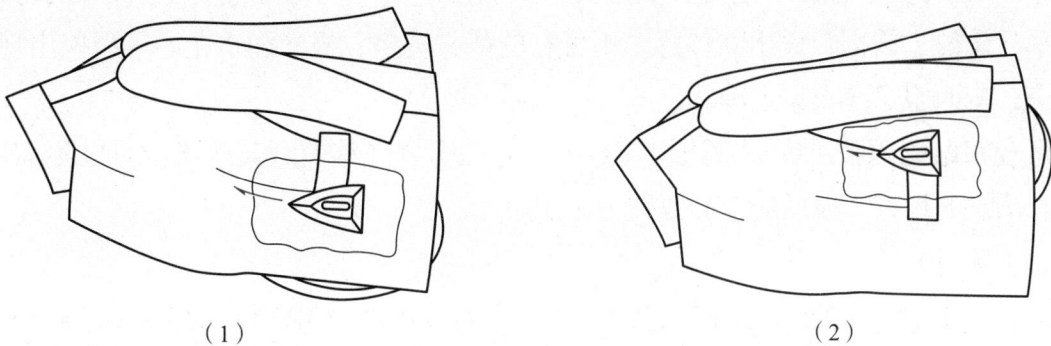

（1）　　　　　　　　　　　　　　（2）

图6-52

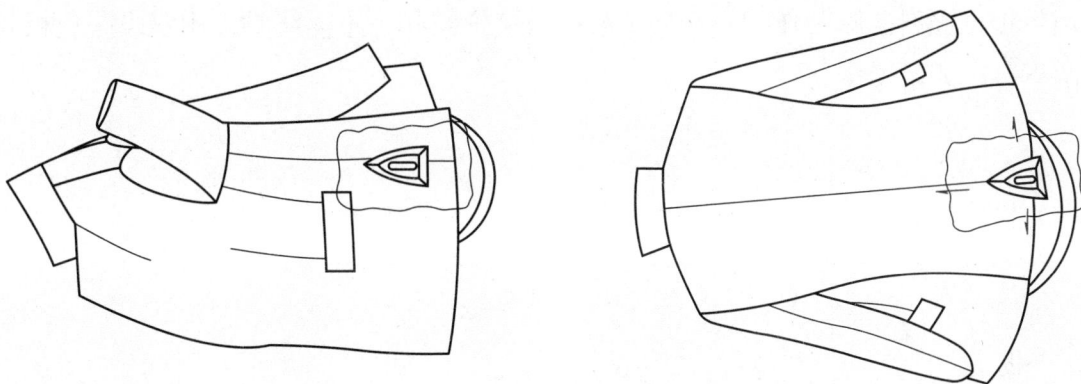

图6-53

图6-54

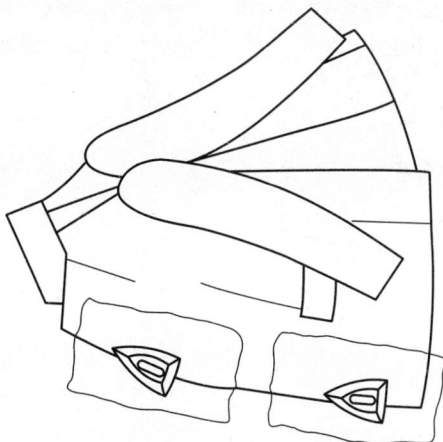

图6-55

（9）烫驳头和领头：将驳头放在布馒头上，按驳头规格向外翻折后，盖干湿烫布，从串口向下熨烫，串口至驳头长的2/3处烫煞，下面1/3不要烫煞，以增加自然感。熨烫领头时，将领部放在布馒头上，按领脚线向外翻折后，盖干湿烫布烫挺、烫煞。应注意在领圈转弯处的领脚线要归拢，这样可使西服领圈紧扣脖子。然后翻到反面，放在桌板上，将领头和驳头的驳口线盖水布后熨烫，方法和要求同上，见图6-56。

（10）烫西服里子：将衣服放平后，用温熨斗将里子轻轻熨烫平整。

（11）在熨烫过程中应适当控制好熨斗的温度，充分利用好熨烫工具，将衣服各部位烫平、烫煞、烫挺，烫出立体感。不可有烫黄、烫焦、极光和水花印等现象出现。熨烫完毕，将西服穿在衣架上冷却定型。

比较精做的西服讲究边做边熨烫定型，处理得好在整烫时某些部位可以不需再烫，发现有褶皱的地方，最后应全面复烫一下。

（十九）钉纽扣

1. 定纽扣位　高低、进出与扣眼位相符，画出粉印。袖衩部位钉两粒装饰纽扣，第一粒纽扣中心位置距袖口向上3 cm，袖衩进1.5 cm，两纽扣中心相距2.5 cm。

2. 钉纽扣　用同色双股粗丝线，钉线两上两下将纽扣钉牢。再绕纽脚五圈左右，纽脚长短可根据面料的厚薄作相应增减。袖衩钉装饰纽扣，不需绕脚，用双股同色粗丝线两上两下钉牢即可。

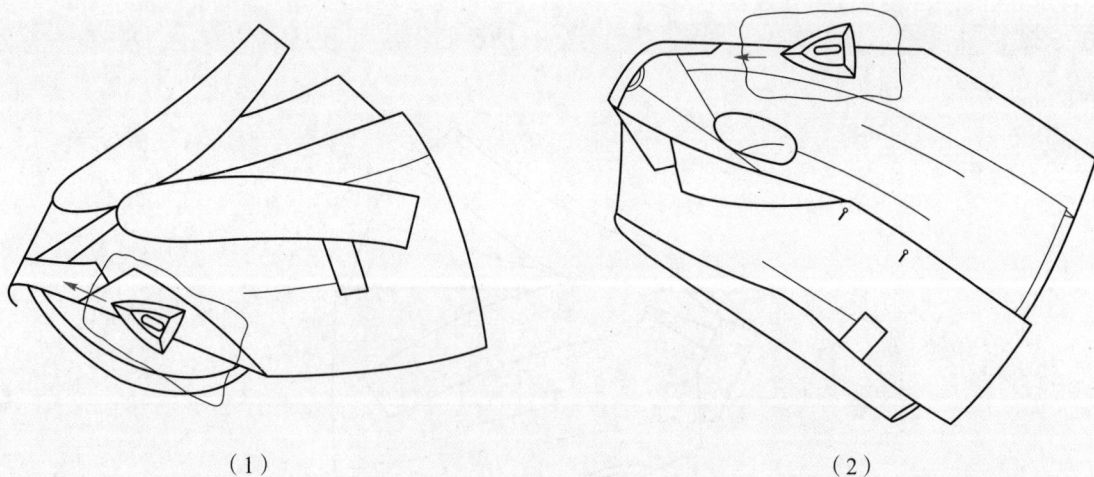

（1）　　　　　　　　　　　　　（2）

图6-56

第二节 男西服的缝制工艺

一、男西服的外形概述

平驳头，前身单排钉纽扣两粒，门里襟圆角，左驳头插花眼一个，左右各一双嵌线开袋，装圆角袋盖，左胸手巾袋一个，腰节处收腰省、腋下分割收省，后身做背缝，袖型为圆装袖，袖口开衩钉装饰纽扣各三粒，见图6-57。

二、男西服的成品规格

单位：cm

号型	衣长	胸围	领围	肩宽	袖长	袖口	前腰节长
170/88 A	75	108	41	45	58.5	14.5	42.5

三、男西服的质量要求

（1）西服成品各部位规格正确。

（2）领头、驳头、串口平服顺直，丝缕正直，左右两格领头、驳头宽窄、高低、缺嘴大小均一致，条格对称。

（3）胸部饱满，吸腰平服清晰，丝缕顺直。大袋高低、大小一致，对称，袋角方正，袋盖窝服。手巾袋与大袋盖条格与大身一致，手巾袋无松口现象。止口顺直、薄、挺，长短一致，左右对称。

图6-57

（4）后背平服方登，背缝顺直，腰胺匀服，吸腰清晰，条格对称。

（5）肩部前后平挺，肩缝顺直，丝缕正确，肩头略有翘势。

（6）装袖圆顺，吃势均匀，前圆后登，袖子前后适宜，无涟形，无吊紧。袖口平服，大小一致，左右对称。

（7）夹里平服，松紧适度，无起吊、起涟现象。

（8）西服粘衬部位平服，不渗胶，不脱胶，不起皱。

（9）西服内外整洁，熨烫平服，无极光、水花、折印。

四、男西服的部件

1. 面料类　前衣片，侧片，后衣片，大袖片，小袖片，挂面，领面，大袋盖，嵌线布，手巾袋爿，手巾袋袋垫布，领里，耳朵片。男西服排料图，见图6-58。

2. 里料类　前、后衣片，大、小袖片，大袋盖，大袋垫布，里袋嵌线布，里袋垫布，手巾袋、大袋、里袋袋布。

3. 衬料类

（1）有纺黏合衬：大身衬、挂面衬、领衬、后领圈衬、侧片腋下衬、袖口衬、袋口衬、贴边衬。

（2）全毛黑碳衬：挺胸衬。

（3）针刺棉：垫胸衬。

（4）加厚黑碳衬：肩衬。

（5）硬性黏合黄衬：手巾袋爿衬。

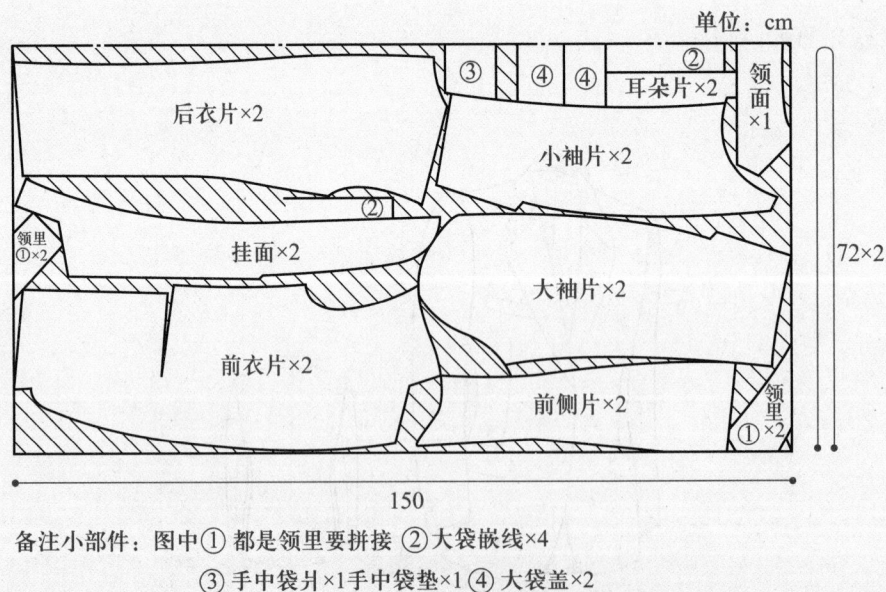

图6-58

（6）黏合牵带若干。

4. 其他　绒布斜条，垫肩，线，纽扣。

西服部件很多，更需要在缝制前检查一下裁片的数量、质量是否符合要求。

五、男西服的工艺流程

粘衬→做缝制标记→收省、缝侧片→推门→开手巾袋→开大袋→做胸衬→复胸衬→敷牵带→烫前身→垫肩定位→开里袋→复挂面→缉、翻止口→归拔后背→合缉摆缝→兜缉底边、固定夹里→拼肩缝→做领→装领→做袖→装袖→缲夹里、锁眼→整烫→钉纽

六、男西服的缝制

现代新工艺的男西服以其轻、挺、薄、易洗等优势，逐步取代了传统工艺的西服，新工艺的西服为大多数人所喜爱。

新工艺西服工艺特点之一，就是在缝制前对衣片的一些部位先粘上一层黏合衬，为保证粘合质量及成衣后得挺而柔软的效果，宜选用优质的有纺黏合衬，一般薄型面料选用较薄的黏合衬，厚型面料选用厚的黏合衬。领里应选用有一定挺度的有纺黏合衬。衬的粘合在生产厂用专用黏合机粘合，粘合效果较好，而用手工粘合，稍有不当就会产生起泡现象。所以一定要掌握好烫粘衬的技术要领。

新工艺西服工艺特点之二，是用黏合衬牵带替代了所有在止口或边缘处的牵带布或倒钩针，这不仅操作方便而且效果也佳。黏合衬牵带是从薄型的有纺黏合衬中取之而来，宽度按需要确定。通常有直料和直斜料两种丝绺方向。不同部位应选用不同丝绺的黏合衬牵带。

新工艺西服工艺特点之三，是胸衬的结构改变了，胸衬由挺胸衬、肩衬和垫胸衬组成。三层之间的复合，用三角针机缉来固定，或用多功能缝纫机、手工三角针固定均可。

男西服缝制的重点和难点与女西服基本相同，主要是归拔，做胸衬，做装领、袖，整烫等。

（一）粘衬

粘衬见图6-59。

1. 前衣片　大片全粘衬，侧片腋下8 cm部位、贴边及向上1 cm和袋口位粘衬。

2. 挂面　下段20 cm左右不粘衬，或如图中虚线以外部位不粘衬，也可以全部粘衬。

3. 后衣片　贴边及向上1 cm粘衬，后领圈4 cm左右粘衬。

4. 袖片　大、小袖片贴边及向上1 cm和大袖袖衩贴边及向里1 cm粘衬。

5. 领片　领面中间不粘衬，两边粘衬。领里用法兰绒，全粘衬。

黏合衬的丝绺在贴边、侧片腋下，领里用正斜丝绺，其余部位一般用与衣片相同的丝绺。有时为防止衣片粘衬后收缩，衣片适当裁宽一些，粘衬后须进行修片再缝制。

注：为使示意图清晰，粘衬部位在图中不再表示出来。

（二）做缝制标记

做缝制标记，见图6-59。

1. 前衣片　叠门线、扣眼位、驳口线、缺嘴线、手巾袋位、前袖窿装袖对档位、腰节线、胸省线、大袋位、底边线、圆头止口线。

2. 后衣片　背缝线、腰节线、后袖窿装袖对档位、底边线。

3. 大、小袖片　偏袖线、袖肘线、袖口线、袖衩线、袖山对档位。

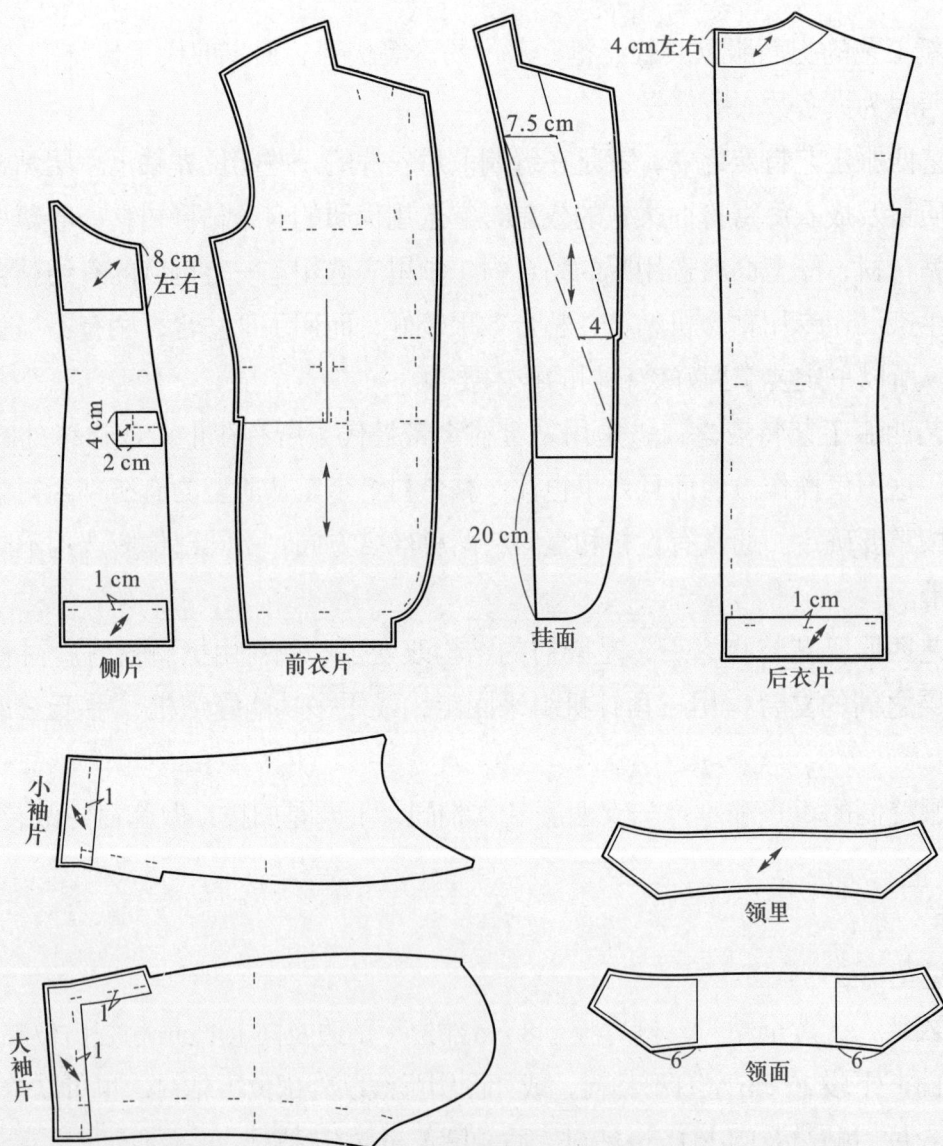

图6-59

（三）收省、缝侧片

1. 剪肚省　肚省设在袋口部位，将此省量剪去，见图6-60。

2. 剪胸省缝　剪胸省一般以单片剪为好，可保证胸省位两侧衣片的条格对称。男西服胸省线是直丝，所以如果没有条纹的面料，在剪胸省线时要注意丝缕。剪胸省线从大袋口线至省尖点离下3.5 cm左右，见图6-60。

3. 缉胸省缝　西服胸省因有肚省关系，一般都缉丁字省。缉胸省缝时，可先把省缝用攥线攥牢，以防止在机缉时移动及上下松紧不一致。缉线时要注意胸省位的造型，省尖处不能有大于0.1 cm的条格偏差，胸省不能缉成胖型或平尖型。胸省位的大小，在腰节处为1.2 cm，大袋口处为0.8 cm。

4. 缝侧片　西服的前衣片分割为前大片和侧片，分割时实际上也包含了腋下省的处理，只不过把省在分割中去掉了。缝侧片时，先将胸省基本烫开，合并袋口处肚省缝用攥线攥牢，攥线两边线迹不要超过0.4 cm，与侧片缝合时也可先用攥线攥牢，攥线一般为2 cm一针。要注意腰节线、袋口线、底边线的线钉对准，大身衣片在袖窿深线下10 cm处吃进0.4 cm左右，缉线松紧适宜，缉线顺直，缝头为0.8 cm，见图6-61。

5. 分烫省缝　胸省尖线头打结。衣料质地紧的可在腰节处剪开0.3 cm刀眼，便于分烫省缝。省尖处要用手针插入分烫，分烫后可烫上一层黏合衬，以防省头偏倒一边，影响外观。分烫时在腰节处丝缕向止口边弹出0.6或0.8 cm，把省尖烫圆，并以腰节线为准向两头略拉伸。分烫腋省时，两边丝缕放直，斜丝处不宜拉还，见图6-61。

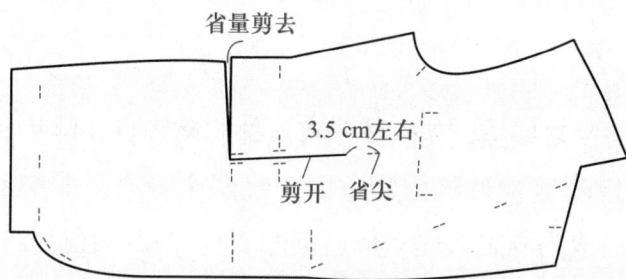

图6-60

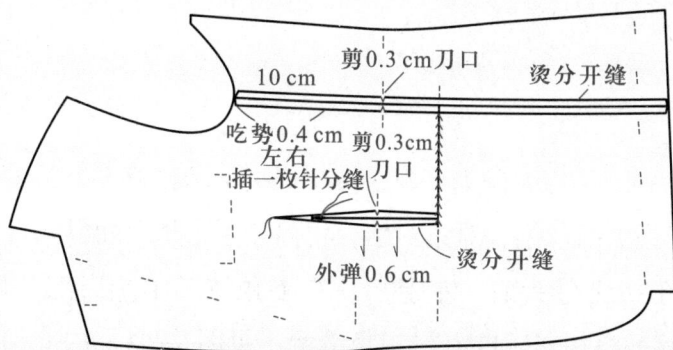

图6-61

（四）推门

推门见图6-62。

1. 归拔前片　先归拔门襟格，止口靠身边（里襟格则相反），将止口直丝推弹0.6或0.8 cm。熨斗从腰节处向止口方向顺势拔出，然后顺门襟止口向底边方向伸长。要求止口腰节处丝缕推弹烫平、烫挺。熨斗反手向上，在胸围线处归烫驳口线，丝缕向胸省尖处推归、推顺。

2. 归烫中腰及袖窿处　把胸省位至胁省的腰吸回势归到腋省至胸省的1/2处。熨烫时一定要归平、归煞，以防回缩。归烫袖窿时要注意：① 袖窿处直丝要向胸部推弹0.3或0.5 cm；② 袖窿处直、横丝缕要回直，横丝可以略向上抬高，归烫时熨斗应由袖窿推向胸部，并在袖窿处净缝外粘一条0.6 cm宽的直料黏合牵带。

3. 归烫底边、大袋口及摆缝

（1）把底边弧线归直，胖势向上推向人体的腹部。大袋口的横丝归直，反复归烫，直到烫匀。

（2）先把腋下省略为归烫，随后将腋下省后侧多余的回势归烫。上摆横丝抹平熨烫，摆缝腰节处回势归烫，腰节线以下摆缝胖势向腹部方向归烫。要求摆缝处丝缕顺直，腹部胖势匀称。

4. 归拔肩头部位　将衣片肩部靠近身体，把腰节线折起，肩胛部位横直丝缕放直。

（1）拔烫前横开领，向外肩方向抹大0.6 cm左右，同时将横领口斜丝略归。

（2）用熨斗将肩头横丝向下推弹，使肩缝呈现凹势，将胖势推向胸部。

（3）熨斗由袖窿处向外肩点顺势拔出，使外肩点横丝略微上翘，使肩缝产生0.8或1 cm的回势。

（4）将胸高处胖势反复熨烫，使胸部横直丝缕归烫顺直，胖势匀活。

从以上的推门可以看到衣片的推门主要围绕两个中心，即胸部、腹部。使以线条造型的衣片，通过推门成为满足人体立体造型的衣片。衣片经过推门之后，要求两格对称，平放之后，丝缕顺直、平服，腰吸回势、肩胛回势及胸部胖势均匀。衣片经推门之后，必须冷却。如面料结构比较紧的毛织物，必须经过二三次归拔，才能达到预期的归拔效果。

（五）开手巾袋

1. 做袋牙

（1）用硬性黏合衬，袋口方向为直丝，按手巾袋牙净样修准，裁配时要注意粘合一面的方向，然后按手巾袋大身丝缕，对条对格，将衬与手巾袋牙面料粘合，见图6-63（1）。

（2）注意袋牙在扣烫缝头前，左上角、右下角按图中阴影部分修去，避免缝头重叠。再将袋牙两侧及上口扣转，要沿衬扣紧烫倒，见图6-63（1）（2）。

（3）将袋牙与一块袋布拼接，拼接时注意袋布不要放反，见图6-63（3）。

（4）将袋垫与另一块袋布上口平齐，袋垫下口扣光或锁光后缉线固定，见图6-63（4）。

2. 开袋

（1）将手巾袋爿与袋垫缉在门襟格手巾袋位上。一定要保证袋爿丝缕同大身丝缕相符，两条缉线之间的距离为0.8或1 cm。缉袋垫时将袋布挪开，并应按袋口大两头各缩进0.2 cm，以防开袋时袋角毛出，见图6-64。

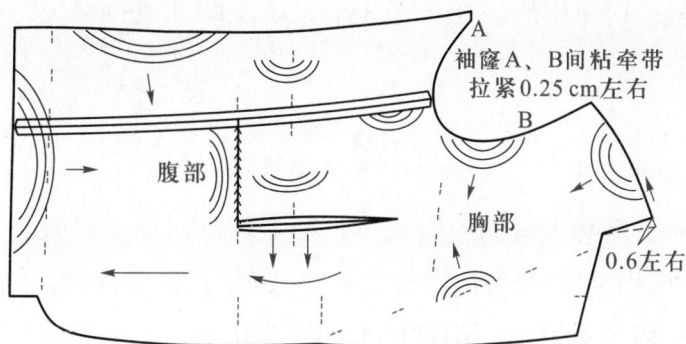

图6-62

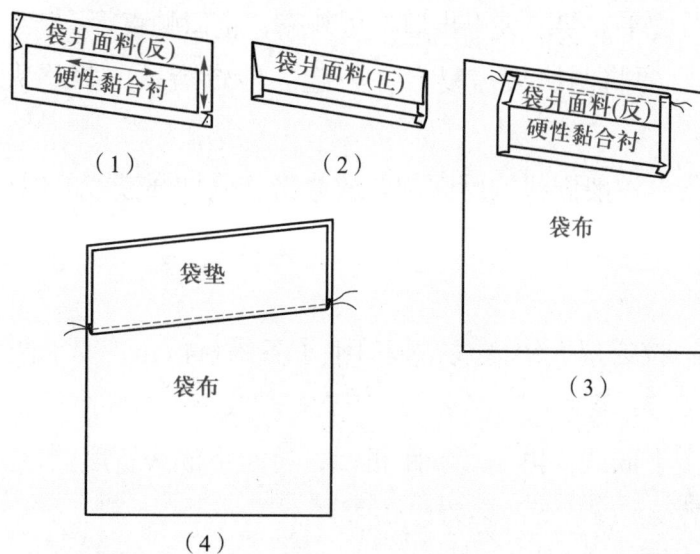

图6-63

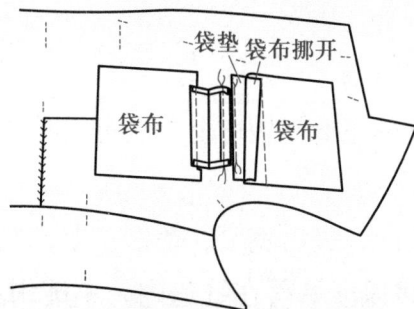

图6-64

（2）将两道缉线走廊中间剪开，两端剪三角形。

（3）先分袋垫止口，将袋垫与大身分烫，再将袋布覆上，分缝两侧，压0.1 cm缉线，见图6-65。后分烫袋爿止口，将袋爿与大身面料分烫，把袋布翻转里面。袋布与袋爿分缝摆平缝合，两层袋布兜缉一周。

（4）封袋口有两种方法：一种是机缉单止口0.1 cm，上口横缉或斜缉二针或双止口，间距0.6 cm。另一种是止口边上暗针，间距0.6 cm处再拱一道暗针，见图6-66。

（5）熨烫手巾袋：将手巾袋放在布馒头上，正反两面进行熨烫，熨烫时要注意手巾袋袋位处的胸部胖势。

（六）开大袋

1. 做袋盖、烫嵌线牵带

（1）袋盖布料的条格与大身的条格相符，粘上黏合衬，上口放缝1.5 cm，周围放缝0.8 cm。袋盖里布按面每边再修去0.15 cm左右，作为袋盖的里外匀层势。

（2）把袋盖布和袋盖夹里正面相对机缉，缝头0.8 cm。机缉圆角时，袋盖夹里要拉紧，以防袋盖翻出后袋盖角外翘。

（3）将缝合好的袋盖缝头修剪到0.3 cm。注意圆角处缝头略微窄些，使袋盖圆角圆顺，不出棱角，然后烫平。要求夹里止口不可外露，止口顺直。

（4）袋盖做好后要将两块袋盖复合在一起。检查袋盖的规格大小及丝绺，前后圆角要对称。

（5）烫嵌线牵带：一般嵌线的反面都要放牵带，以增强嵌线的厚度，牵带布一般都用直丝绺黏衬。

2. 开袋口

（1）缉烫嵌线：按袋口大缉嵌线，袋口上下各缉0.4 cm，要求两条缉线平行顺直，见图6-67（1）。

（2）然后分烫上下嵌线，再用长针距机缉，将上下嵌线宽度固定。要求双嵌线条子顺直，上下宽窄一致。

（3）剪、封袋口：先要检验左右两袋口大及条格是否一致。剪袋口三角时不要把嵌线的缉线剪断，以免袋角起毛。嵌线翻转后，袋角要方正、平服，将袋角两头与上下嵌线一起封牢，见图6-67（2）。

3. 装袋盖、兜缉袋布

（1）装袋盖前将袋垫布及袋盖缉在袋布上。注意缉时袋盖要向里窝卷，使袋盖自然服帖，见图6-68。

（2）将袋盖塞入袋口嵌线内，袋盖宽窄、条格一致，左右对称。然后用漏落针缉线在上袋口嵌线之中。注意缉线只能漏落在缝道内，不能缉到面子上，袋角两头来回封牢，见图6-69。也可以将袋口以上大身翻下，紧靠袋口缉缝，兜缉门字形，将袋盖袋布

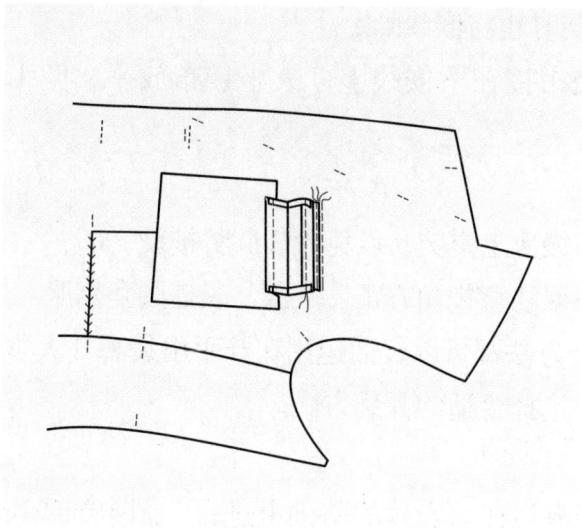

图6-65

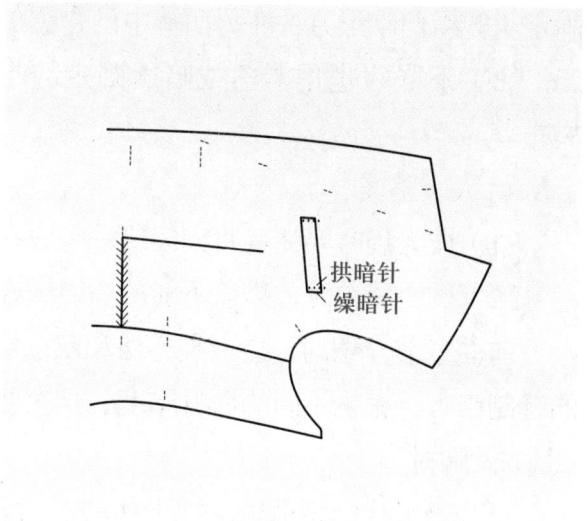

拱暗针
缲暗针

图6-66

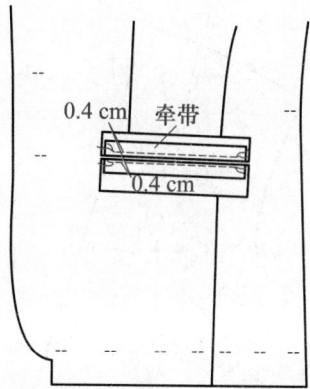

0.4 cm　牵带
0.4 cm

（1）

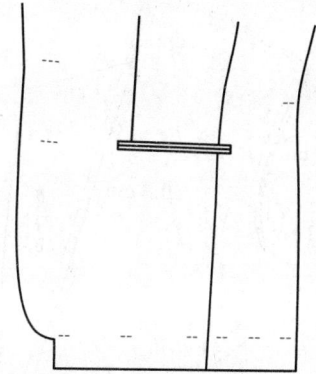

（2）

图6-67

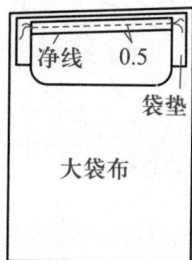

净线　0.5
袋垫
大袋布

图6-68

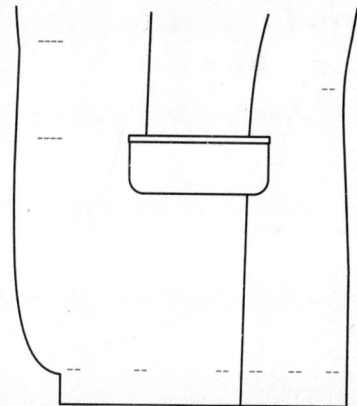

图6-69

固定（兜缉门字形方法在男西裤中已介绍），同时也将嵌线固定。

（3）下嵌线也用漏落或暗缉固定。小袋布接在下嵌线上，大小袋布放平，兜缉袋布。

4. 大袋整烫

（1）烫大袋时要注意将大袋口一半放在布馒头上熨烫，以免大袋胖势被烫平。

（2）烫大袋盖时，袋盖下要放一层纸板。要注意袋角方正、平服、袋盖圆角窝服。

前面章节介绍的开袋爿袋方法和双嵌线袋方法都可以灵活运用在开手巾袋和开大袋的缝制中去，根据不同的面料厚度、档次要求选择合适的开袋方式。

（七）做胸衬

1. 裁配胸衬　裁配胸衬见图6-70，裁配胸衬在前衣片的基础上进行，图中细线表示的是前衣片。

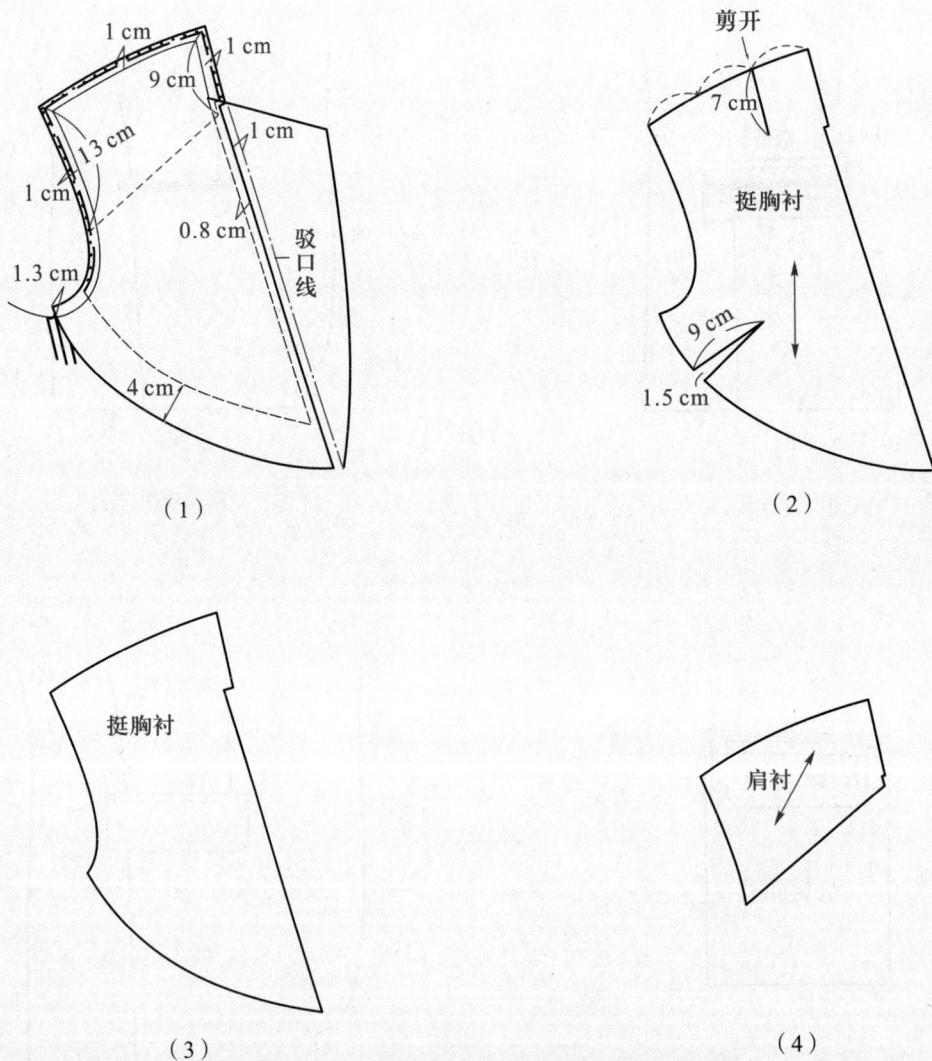

图6-70

（1）挺胸衬：用粗线表示，驳口线处离进1 cm，领圈、肩缝、袖窿分别放出1 cm，袖窿深处抬高1.3 cm，配到侧片处，前面下端配到驳口线端点。丝缕与大身一致，材料用全毛黑碳衬，挺胸衬在肩部剪开7 cm长的口子，在胸部省位剪去1.5 cm省量。

（2）肩衬：用细点表示，按挺胸衬领圈处肩头向下9 cm，袖窿处肩头向下13 cm。丝缕采用斜丝，材料用加厚黑碳衬。

（3）垫胸衬：用虚线表示，按挺胸衬在驳口线处再离进0.8 cm，下口按挺胸衬离进4 cm，其余部位均按挺胸衬处理。材料用针刺棉。

2. 做胸衬　以左胸衬为例，右胸衬与之对称。

（1）将挺胸衬剪开的胸省并拢，用机缝三角针固定，这样初步形成隆起的胸部，将挺胸衬肩部的剪口张开1～1.5 cm后，同肩衬一起用机缝三角针固定，形成肩头翘势，见图6-71（1）。

（2）将垫胸衬再与挺胸衬、肩衬放齐，三层衬一起固定。固定方法均用机缉三角针，固定部位如下：中间部位、肩衬下口部位、垫胸衬下口部位、领圈部位、靠驳口部位。靠驳口部位还要用1.8 cm宽的直料黏合牵带放在挺胸衬一边，黏合粒子朝向衣身，并露出挺胸衬外0.5 cm，见图6-71（2）。

（八）复胸衬

复胸衬要特别注意面、衬的松紧，丝道和左右两格对称。

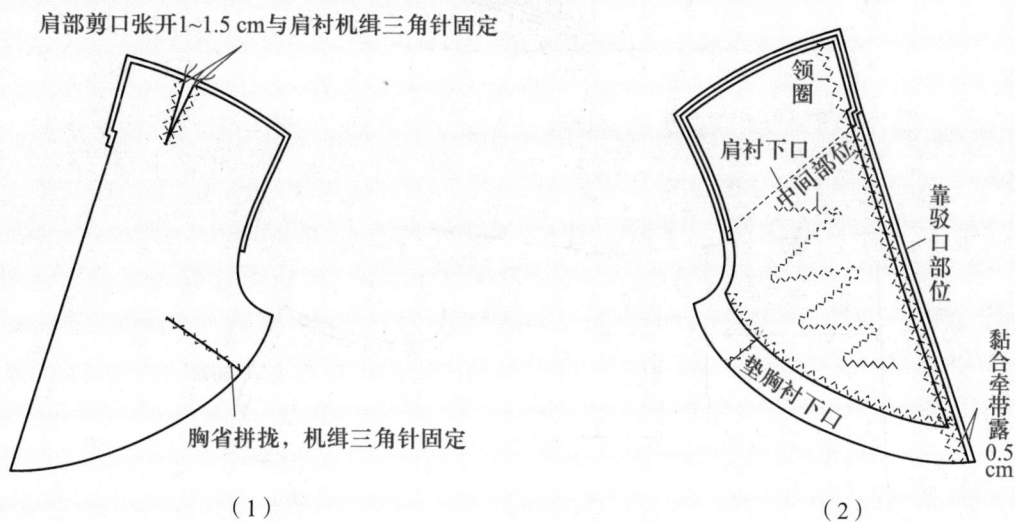

图6-71

（1）按配衬位置摆准胸衬，然后将胸衬的驳口牵带粘在前身上，上下两端各10 cm处平粘，中间处拉急0.5 cm左右，可以使西服驳口线合乎人体胸部体型，为防止牵带脱落，可用撩针将牵带与衣片固定，见图6-72。

如遇薄型面料，手巾袋布最好翻到胸衬外面，只要在胸衬相应袋位处剪一条口子就可把袋布从口子中穿出，放到胸衬外面了。并把袋布与胸衬撩牢。

（2）把衣片翻到正面，将面子上下左右将平，用撩针把前身与胸衬固定。具体方法如下：

① 先复里襟格，止口靠身边从肩部中间向下10～12 cm开始起针约3 cm一针，边撩边将平衣身，胸省处撩线撩在省缝中间，撩到胸衬下口离边沿1 cm为止，见图6-73。

② 将靠摆缝一边衣片翻开，将省缝与胸衬撩线固定，见图6-74。左襟衣片由于还有胸袋，要把胸袋袋布缝头撩在胸衬上，使胸袋布不再移动。

③ 把衣片与胸衬将平，然后继续撩袖窿部位直至驳口部位。撩袖窿部位时离开袖窿边4 cm，撩驳口部位时离开驳口线2 cm。注意当撩一边衣身与胸衬时，另一边衣身与胸衬应该用布馒头垫靠起来，使胸部有窝势，撩完后将胸衬多余部分修剪掉，见图6-75。

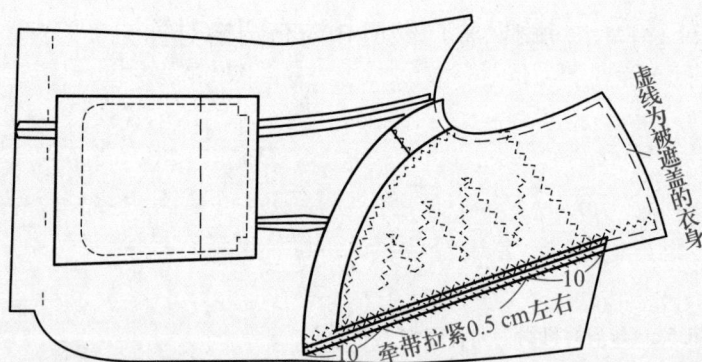

图6-72

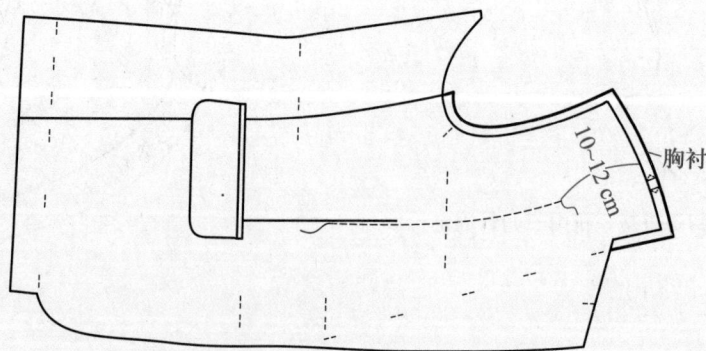

图6-73

（九）敷牵带

（1）画出止口线和串口线：牵带均粘在止口、串口移进0.2 cm的部位。

（2）敷牵带，见图6-76：

① 敷串口牵带，用1.2 cm宽的直料黏合牵带，平粘在串口线处。

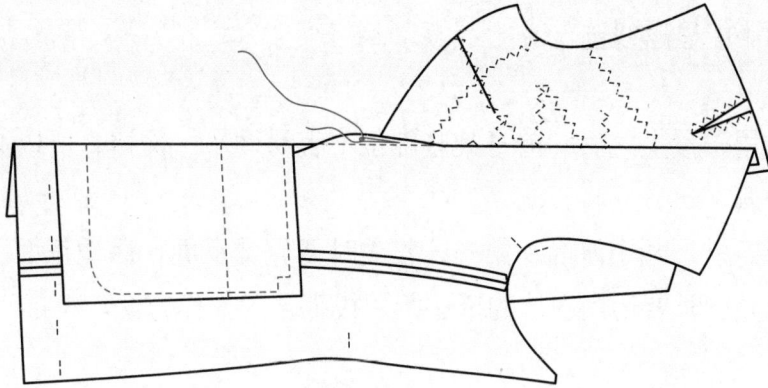

图6-74

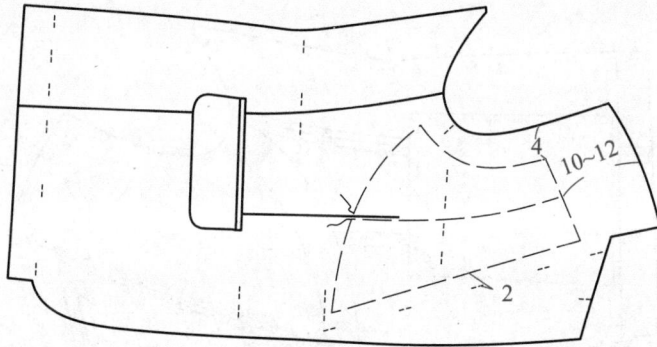

图6-75

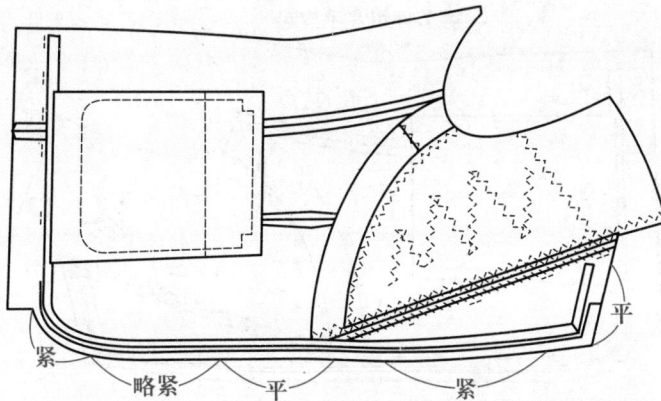

图6-76

② 敷驳头止口牵带，用1.2 cm宽的直斜料黏合牵带，粘在驳头止口处，中间部位拉紧0.5 cm左右。

③ 敷门里襟止口牵带，用1.2 cm宽的直斜料黏合牵带，上段平粘，中段略紧，圆角处拉紧。

④ 底边处可敷一段，也可敷到摆缝处。底边牵带略紧。

（3）缭牵带：为防止牵带脱落，可用缭针将牵带缭在衣身上，在无粘衬部位，要用本色线缭，正面不能显露线迹。

（十）烫前身

因为当前身里子覆上之后，前身某些部位不容易烫平、烫挺，所以必须在此之前将前身全面整烫一遍。

整烫时要注意以下两个方面：第一，整烫时要先烫反面，后烫正面。先烫肩部，自上而下。第二，整烫时要运用衣片的推、归、拔工艺的操作方法。

1. 烫反面

（1）烫胸部，见图6-77。

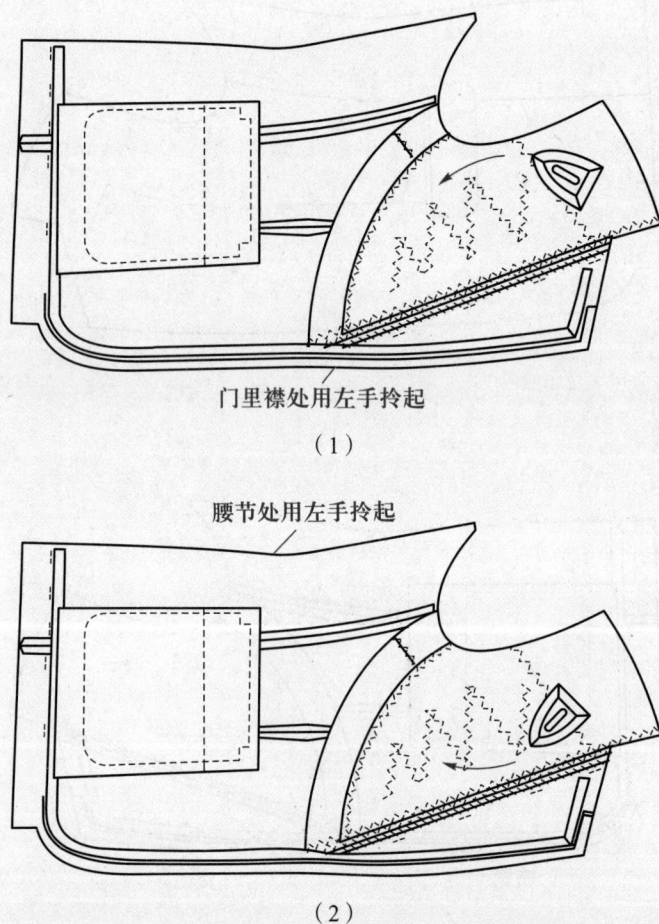

门里襟处用左手拎起

（1）

腰节处用左手拎起

（2）

图6-77

（2）烫肩头、腰节和腰节以下部位，见图6-78。

2. 烫正面

（1）烫肩头：烫肩头时要将肩头翘势烫匀、烫活，要注意熨烫手势，见图6-79。

（2）烫胸部：胸部一半放在布馒头上，上盖湿布进行熨烫。要注意胸部的丝道，在袖窿处归烫，以保持胸部的胖势。整烫后的胸部饱满、圆顺，见图6-79。

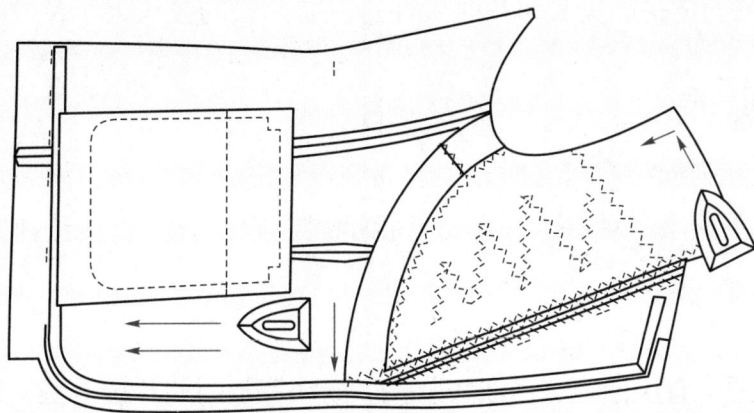

图6-78

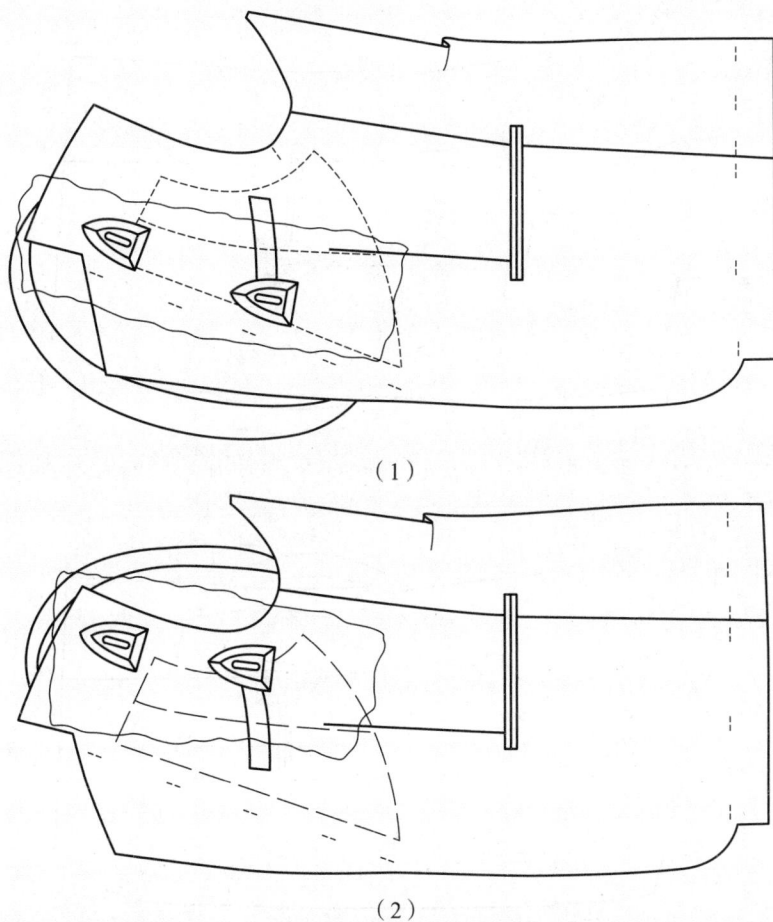

（1）

（2）

图6-79

（3）烫腰节：把腰节位放在布馒头上，上盖湿布，熨烫时将腰节拔上，胸省吸腰处丝缕推弹，见图6-80。

（4）烫大袋口：烫袋时要将前袋口与后袋口分别烫。下面要垫布馒头，上盖湿布，熨烫时将袋盖丝缕放直，将袋口烫平烫挺，见图6-81。

（5）烫底边：将底边止口放在布馒头上，上盖湿布熨烫，使底边向内窝服。

（6）烫驳头：将驳头位放在布馒头上，按驳口线钉折转，喷水熨烫。将驳口线长度的2/3部位烫煞、烫平。烫驳口线时要注意左右两格的驳头大小及位置高低对称，见图6-82。

（十一）垫肩定位

将垫肩夹进针刺棉与肩衬之间，垫肩居中按肩缝偏后1 cm。垫肩在肩缝处比袖窿放出0.6 cm，前下端平齐袖窿。用攘针将挺胸衬、肩衬、垫肩及针刺棉一起固定，见图6-83。

（十二）开里袋

男西服里袋通常有滚嵌线、密嵌线及一字嵌线等不同的开袋方法。这里介绍密嵌线开袋方法，滚嵌线的开袋方法将在中山服工艺中介绍，一字嵌线的开袋方法可参照西裤后袋。

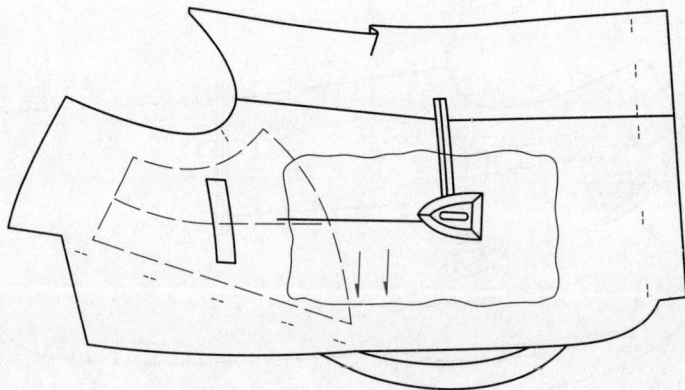

图6-80

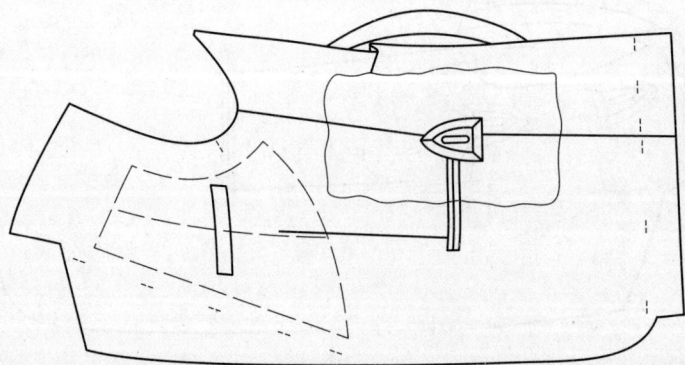

图6-81

（1）归拔挂面：先将挂面驳头外口丝绺修直，左右两片条格对称。再把挂面驳头外口直丝拔长、拔弯，使外口造型符合西服前身的驳头造型。然后把挂面里口胸部处归拢，挂面腰节处略微拔开一点，使衣服成型后挂面腰节处不会吊紧。

（2）拼前身夹里：

① 先把前身夹里的胁省、胸省缝合，后将耳朵片粘上黏合衬同夹里拼接，拼接时夹里要松。

② 挂面与夹里相拼接。用手针把夹里与挂面攥合在一起，夹里在腰节位处要略有吃势。注意夹里不可紧于挂面，然而用熨斗烫平，机缉。

③ 在正面耳朵片上画好袋口大位置。见图6-84。

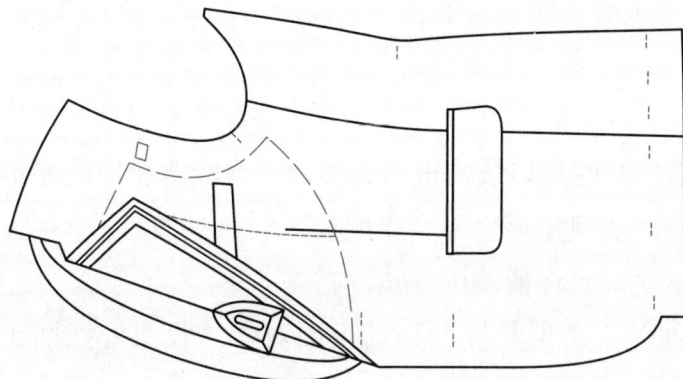

图6-82

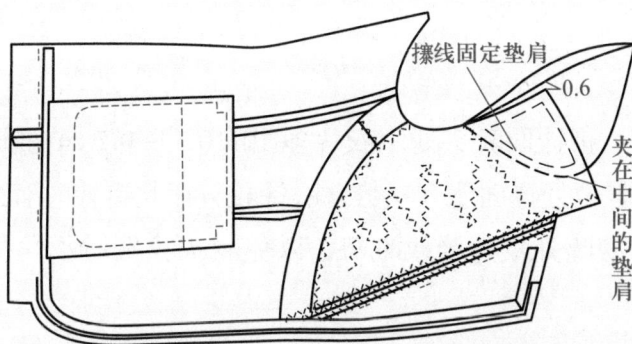

图6-83

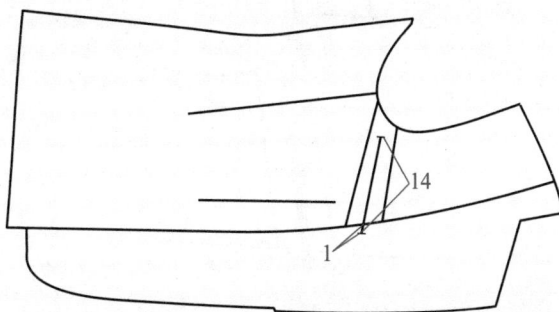

图6-84

（3）开里袋

①将嵌线布烫一层黏合衬，在嵌线布上用粉印画好袋口大的位置。

②缉里袋嵌线：将嵌线布的袋口线与耳朵片上的袋口线相对，缉线一周。袋口大14 cm，宽0.4 cm。两头缉平角，见图6-85。

③开密嵌线里袋：剪袋口时先要检验袋口大小，缉线宽窄是否一致。然后用剪刀从袋口缉线中间剪开，把上、下袋口嵌线密进，嵌线宽0.2 cm。先将下袋口嵌线固定在耳朵片上压0.1 cm止口线，见图6-86。

④装、缉袋布：先把下袋布接到下嵌线上，后把一块放有袋垫布的上袋布放在耳朵片的下面，正面封口缉0.1 cm止口线一道，两袋角来回倒针三道，然后将袋布放平兜缉，见图6-87。

⑤整烫里袋口：整烫时下面垫布馒头，上盖湿布。要求袋口平挺、不豁口，嵌线宽窄一致，袋角平服。

（十三）复挂面

（1）先对左右两格挂面的外口条格进行检验，一般驳头止口应尽量避开明显条纹。这样即使条纹有些偏差，从视觉上也不会太明显。驳头条纹上段不允许有偏差，而在上眼位至驳头5或6 cm之间允许偏差0.5 cm左右。

（2）将前衣片正面朝上，再将挂面与其正面对合。驳头处挂面比衣片放出0.5～0.7 cm。

（3）撬挂面时一定要注意从上而下，复里襟格时止口朝自身。撬线先从驳口线起针，一般约为3 cm一针，到上眼位处转弯沿圆角止口撬线。复挂面的松紧程度要分段掌握，见图6-88。

（4）复驳头挂面：把挂面驳头处比衣片多出的0.5～0.7 cm推进后撬；使挂面驳转能形成里外匀。在上眼位处挂面要有吃势，以备驳头在此折转时有余量。驳头外口中段一般要平复，在驳头缺嘴处横丝要放吃势，以免驳头驳倒后驳角反翘，影响质量，见图6-89。

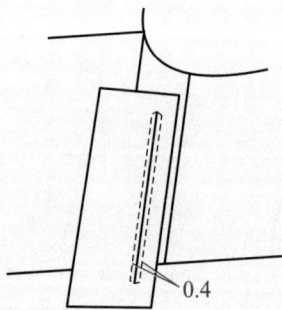

图6-85

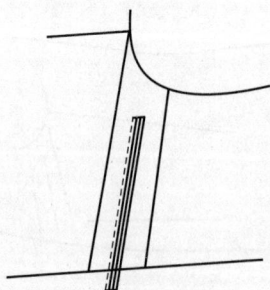

图6-86

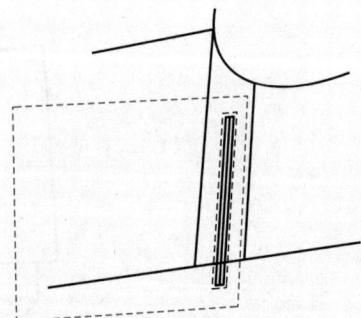

图6-87

（5）烫挂面吃势：烫挂面吃势时在驳头下面垫烫板，熨烫面积不宜过大，不超过驳口线。下段放平熨烫。

（十四）缉、翻止口

（1）缉止口：沿止口净线缉线，门襟格由上向下，里襟格由下向上。止口缉好后，先要检查，要求两格驳头条格对称，缉线顺直，缺嘴大小一致，吃势符合要求，见图6-90。

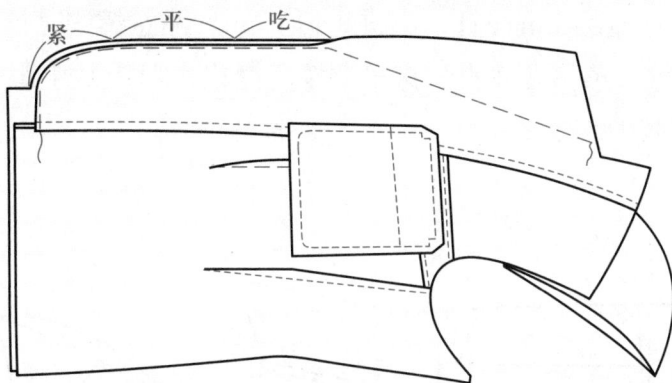

图6-88

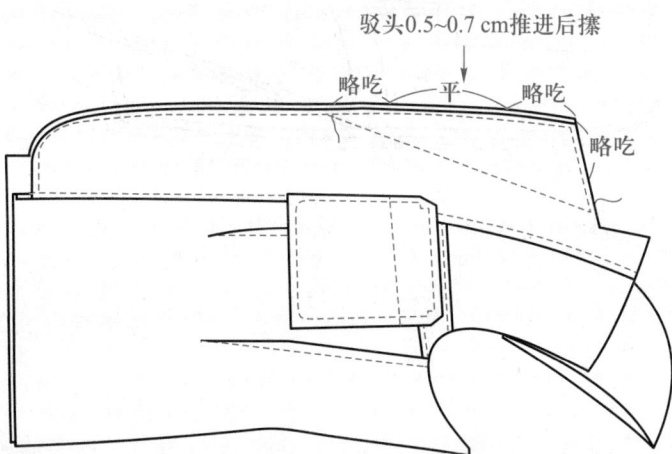

图6-89

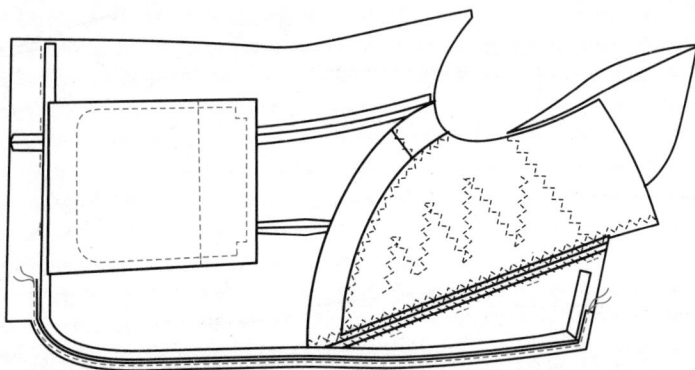

图6-90

（2）修止口、扣烫止口，把止口缝份修成梯形：修止口时，门襟格从上到下，里襟格从下到上。驳头止口部位挂面留缝份0.4 cm，大身留缝份0.7 cm。门里襟止口部位大身留缝份0.4 cm，挂面留缝份0.7 cm。留缝份的多少还应根据面料的不同质地而定，如疏松易败丝的面料应适当多留一些缝份；然后把驳头缺嘴刀眼剪好，注意不要把缉线剪断，以免毛口；扣烫止口时驳头止口部位缝份向挂面方向扣倒，缉线坐进0.1 cm。门里襟止口部位缝份向大身方向扣倒，缉线坐进0.1 cm，见图6-91。

（3）翻撩止口：将挂面翻转，注意驳头及圆角左右对称，止口要翻足、翻平。先撩驳头止口，撩线时一般1 cm一针，离进止口1 cm。注意撩线时挂面虚出大身0.1 cm左右，驳头外口丝缕、条格要撩直、撩平。撩门襟格止口应从上眼位至缺嘴，里襟格从缺嘴至上眼位，见图6-92。

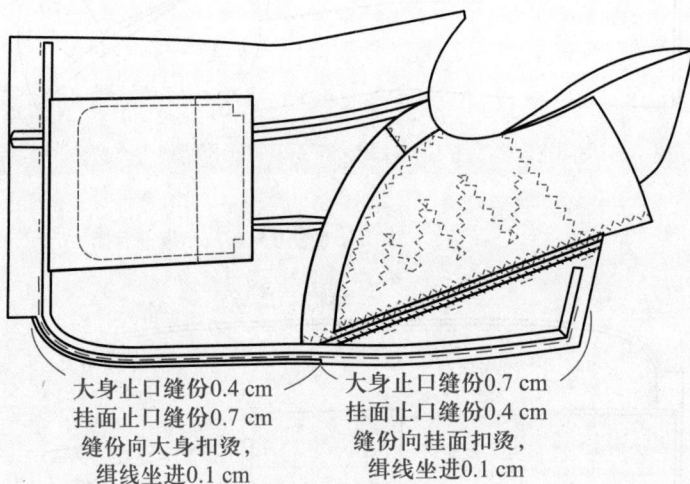

大身止口缝份0.4 cm
挂面止口缝份0.7 cm
缝份向大身扣烫，
缉线坐进0.1 cm

大身止口缝份0.7 cm
挂面止口缝份0.4 cm
缝份向挂面扣烫，
缉线坐进0.1 cm

图6-91

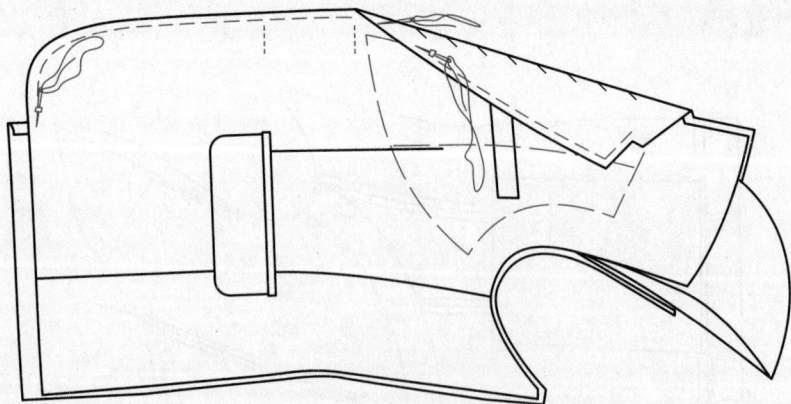

图6-92

（4）暗拱圆角止口：止口拱针是将西服挂面在上眼位至底边这段距离与衬头固定。拱针应用本色丝线，挂面针脚应尽量小，拱针不可拱穿前身面料，拱针离止口0.6 cm，针距0.7 cm左右，见图6-93。

（5）止口定型：将拱好止口的挂面放在桌板上用湿布盖烫定型。要求止口烫薄、烫煞，防止止口倒吐，及大身、驳头丝绺变形。整烫时要将驳角窝势烘烫，使驳角窝服、平挺，见图6-94。

（6）定挂面：先将挂面驳口攘线处线一道，攘线时要注意驳头上丝绺的平服及驳口线挂面的折转余量。然后定挂面，把前身放平。攘线时注意串口不要起涟，注意驳头里外匀层势。一般为3 cm一针，从上口离下15 cm处至下口上10 cm止。再将夹里撩起，

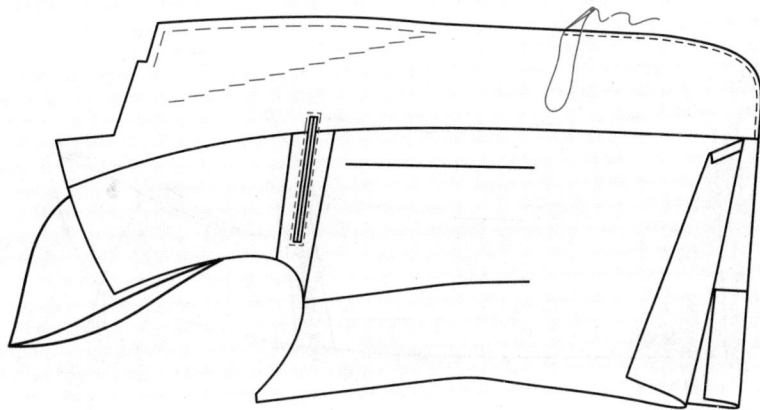

图6-93

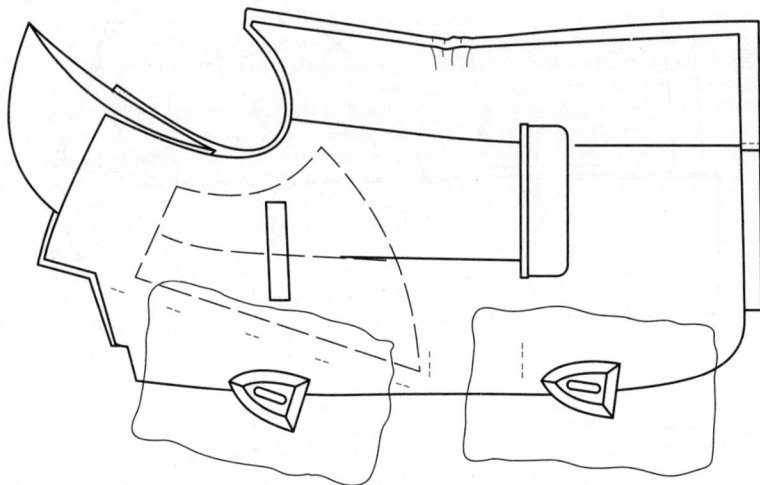

图6-94

沿拼接线擦暗线一道，针脚为2 cm左右，高低位同正面挂面定线，见图6-95。

（7）修夹里：把前身翻转成正面，夹里丝缕要摆正、放平。将多余的夹里按面料修剪，底边夹里按止口放长1 cm坐势修剪，袖窿按面料放出0.5 cm，肩缝、领圈、摆缝按面料修净，夹里与底边贴边做好对档标记，以备兜绲底边夹里，见图6-96。

（十五）做后衣片

做后衣片，见图6-97。

1. 擦绲背中缝　按背中净缝标记擦绲背中缝，机绲后再次检查条格丝缕的顺直与对称。

2. 归拔后衣片

（1）归拔背中缝：在后背上段胖势处归烫，把丝缕向肩胖方向推，在腰节处向外拔伸的同时，将后腰节1/2处归平。后背下段平烫，把后背缝归直，烫平。

（2）归拔摆缝、归烫袖窿：熨斗从肩部开始，肩胖处拔开，左手拉出腰节丝缕，将腰

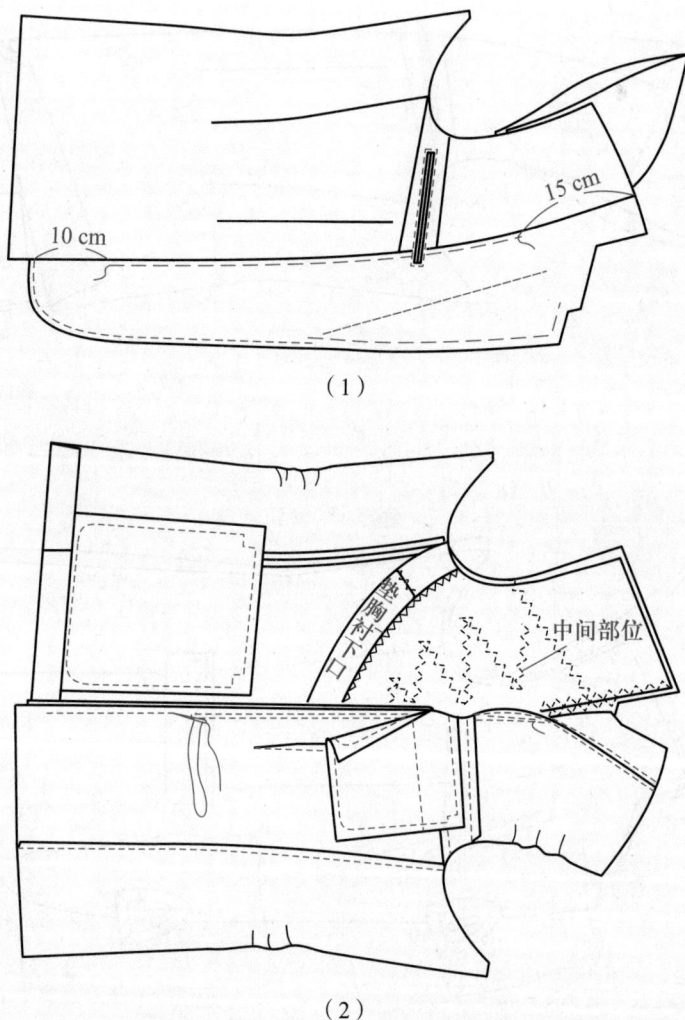

（1）

（2）

图6-95

节点向外拔伸。在拔烫腰节的同时，熨斗反手向上，将袖窿处及袖窿下 10 cm 处归烫，使后背袖窿处产生戤势。熨斗在拔烫腰节的同时，将后腰节线 1/2 处归平，腰节以下至底边摆缝线归直、归平。

（3）归烫后背肩缝领圈：把领圈、肩缝调转朝自己，把腰节提起进行后背肩部及领圈部位的归拔工艺。将领圈及肩部横丝绺向下归烫，两肩外点略微伸拔，把里肩 1/3 处的归势推向肩胛位。要求把后背肩胛位烫圆、烫顺，丝绺顺直。

3. 分烫背中缝　按归拔状态将背中缝摆直后分缝烫平烫煞，并将底边贴边折转烫平。然后将后背放在胸架上观察后背造型是否符合要求，如发现问题还可及时调整。

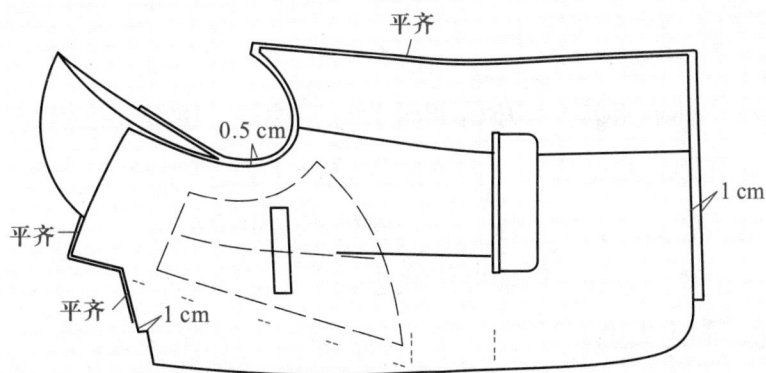

图6-96

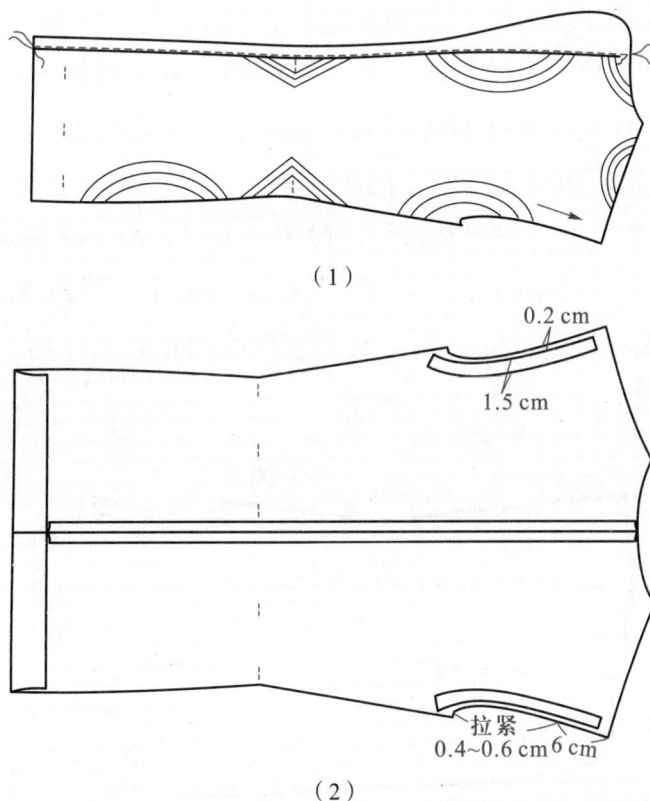

（1）

（2）

图6-97

4. 粘袖窿牵带　为防止袖窿拉还，在后背袖窿缝离进0.2 cm处，肩点向下2 cm至摆缝下1 cm左右，粘上1.5 cm宽的直斜料黏合牵带，下段部位拉紧。

（十六）合缉摆缝

1. 定摆缝　前后身在合缉摆缝时必须先用攥线将前后身摆缝固定。定摆缝时前身在下，后身在上，以腰节线钉为准，分上、下两次定摆缝。腰节至底边平攥。腰节处、后背要略微拉紧一些，在袖窿下10 cm这段距离的后背要略松。攥线一般2 cm一针，攥线缝头为0.7 cm，左右两摆缝定好之后要用熨斗把摆缝烫平，然后再机缉，见图6-98。

2. 缉摆缝　缉摆缝分为缉面料和缉夹里。缉面料摆缝时，缝头缉0.8 cm，缉线时手势要向前推松，以免摆缝被拉还口。缉夹里时，缝头同样为0.8 cm，上下两格要求松紧一致，缉线顺直。

3. 分烫摆缝

（1）在摆缝缝头处喷水后，用熨斗将缝头分开烫平、烫煞，注意分烫前一定要将摆缝放直。在腰节处分烫时略微拔开，但不能把前后身摆缝归的丝道烫还。

（2）将夹里缝头朝后身扣倒烫顺，在吸腰处将夹里烫还。

（3）将底边贴边攥一道线，以便兜缉底边夹里，见图6-99。

（十七）兜缉底边、固定夹里

（1）后身夹里背中缝在上段背部放缝比背部以下多放0.8 cm左右，将后身夹里背中缝缉合，夹里背中缝的缉缝在上段背部应比实际缝子小0.8 cm左右，使夹里坐烫一定的坐势。

（2）按照前身底边与夹里的刀眼，将夹里翻转。由里襟格向门襟格缉线，夹里在上，贴边在下。兜缉时在离开挂面边1 cm处起针，夹里要略紧，夹里与面子摆缝要上下对齐。然后用丝线将底边与大身用三角针绷好。

（3）叠攥摆缝：将底边夹里坐势攥好，烫平。夹里、面子摆缝对齐，夹里坐倒的二层缝份与面子分开的一层缝份叠齐，让缉线离底边8 cm左右开始攥摆缝，到后袖窿高离下8 cm左右止。攥线一般为3 cm一针。夹里要放吃势0.6 cm左右。攥线放松，使面料

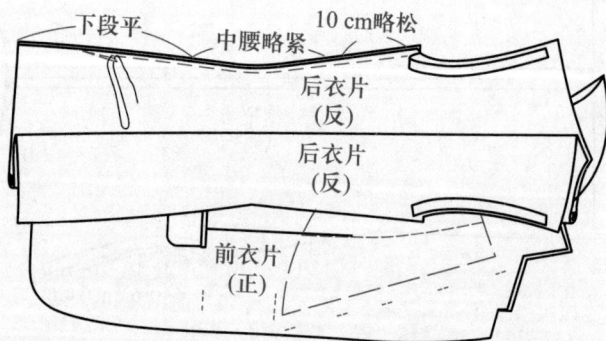

图6-98

平挺，有一定伸缩性，见图6-100。

（4）撬后中夹里：把西服放平在桌板上，将西服丝绺与夹里丝绺放平，放正。一般将背中缝上段坐势朝里襟格烫平，撬线一道，见图6-101。

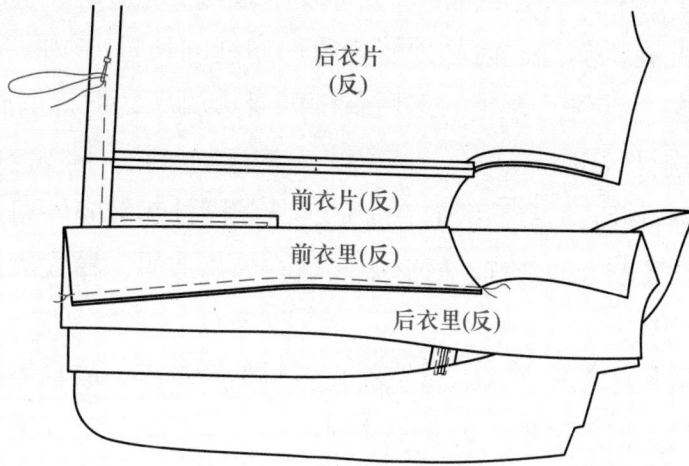

图6-99

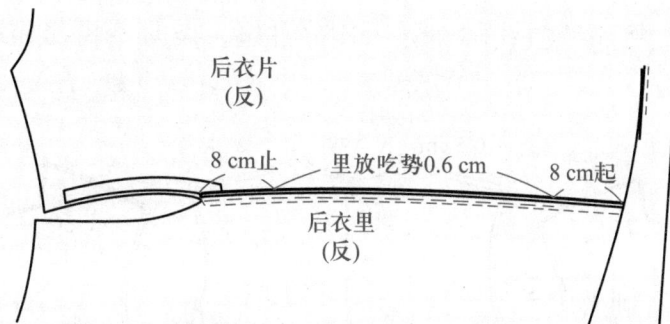

图6-100

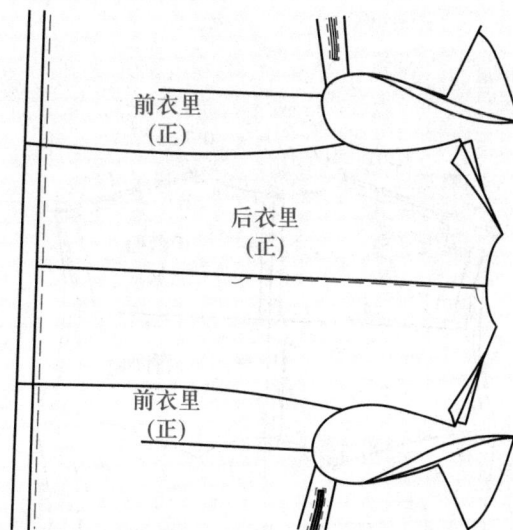

图6-101

（5）大身面子、夹里定位：将大身翻转，面朝上，里朝下，丝绺放平、夹里略松，沿袖窿和后背肩胛处撩线一道，约3 cm一针。然后把肩缝、领圈、袖窿的夹里按要求修整，见图6-102。

（十八）拼肩缝

拼肩缝在西服工艺中要求是很高的。它涉及西服袖子的造型、领子造型、后背戤势和肩头的平服。因此在拼肩缝之前必须检查前后肩缝的长短、领圈弧线、袖窿高低及丝绺，如发现偏差应立即进行调整。然后背部朝身边放平，把背里撩起按后背领圈及肩部归拔之要求再进行归烫。

（1）撩肩缝：撩肩缝时后身肩缝放在上面，从领圈处起针向外肩点撩线。要求在靠领圈肩缝1/3处放吃势0.5 cm左右，肩缝中段略吃外肩放平，撩线离进缝头0.7 cm，针距为1 cm，见图6-103。

也可以在后肩缝份上粘一条0.6 cm宽的直斜料黏合牵带，放吃势处拉急，这样就可以比较方便地缉肩缝，但烫牵带一定要烫准确。

（2）缉肩缝：先将肩缝吃势烫平、烫匀。缉线时要求前肩放在上面，注意不可将肩缝横丝、斜丝缉还，缉线顺直，缝头大小一致，缝头大约0.9 cm。肩缝缉好后将撩线拆掉。

（3）分烫肩缝：将肩缝放在圆烫凳上烫分开缝，烫时不可将肩缝烫还、烫黄，见

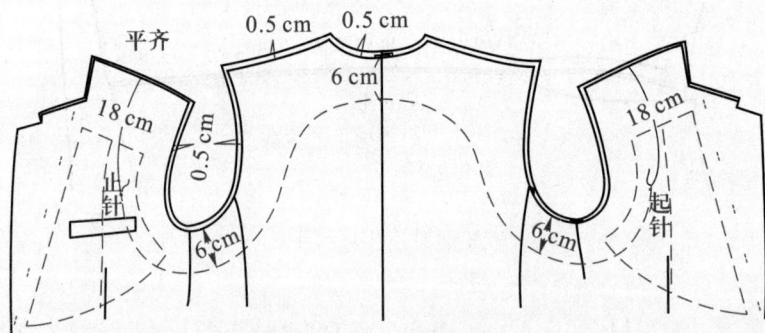

图6-102

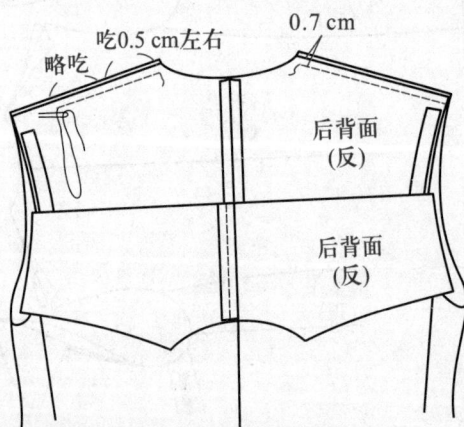

图6-103

图6-104。

（4）将夹里肩缝里肩一段缝合，缝份向后身坐倒。

（十九）做领

西服领头工艺在西服工艺操作中占有相当重要的地位。领子的造型将直接影响整件西服的外观效果，在工艺操作中具有一定的难度，要特别注意西服领子的条格左右对称，线条是否优美和领头是否窝服等。

1. 做领里

（1）领里在黏合衬西服工艺中一般采用斜料法兰绒。法兰绒有收缩性，做领比较平服。领里按领里净样裁配，见图6-105（1）。

（2）领里黏合衬需比领里配小0.3 cm一周，领里粘上斜料黏合衬后，在翻折线处缝缉一条线，见图6-105（2）。

（3）对领里进行归拔，主要是使翻折线处归缩，归缩量1 cm左右，使翻领部分沿翻折线翻下与底领部分相贴，也可在离翻折线下0.3 cm处拉一条0.8 cm宽的直料黏合牵带。操作时一边拉紧黏合牵带，一边用熨斗将牵带和领衬粘合。为防止牵带脱落，牵带需与领里缉牢或用三角针绷牢，见图6-105（3）。

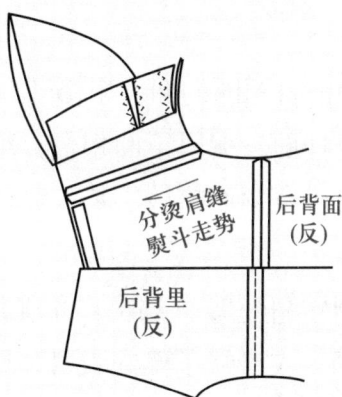

图6-104

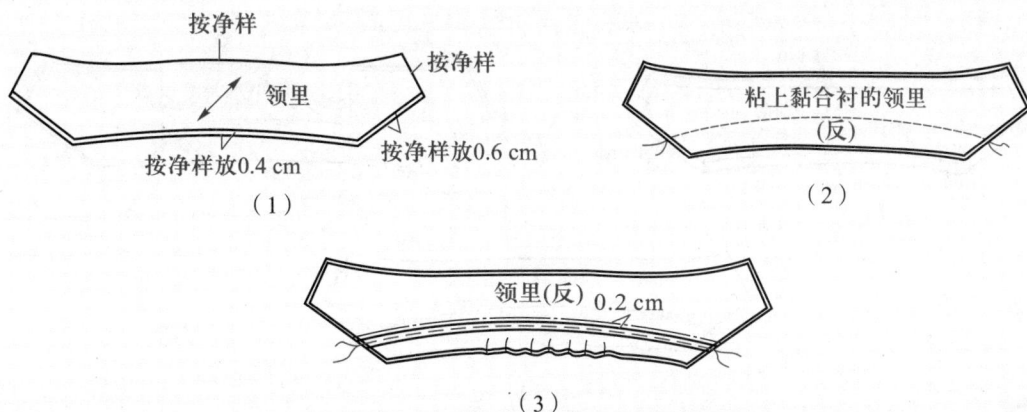

图6-105

2. 做领面

（1）领面的净样处理在外口弯势要比领里大1～1.5 cm，是为解决领面横料不易归拢的辅助方法，使领子里层和外层都能达到平服。领面按领面净样裁配，见图6-106（1）。

（2）领面两领角处粘上黏合衬后也进行归拔，主要也是对翻折线处的归缩，归缩量约1 cm，见图6-106（2）。

归缩领里、领面的翻折线处，是领子工艺中的关键。归缩合理，才能保证领子符合人体颈部向前倾斜的特征，同时也使领面从领子最外层平服地过渡到最里层，而不起皱。领面也可采用翻领和底领部位分割处理，分别造型后缝合，这就不需要归拔。直接形成相贴、平服的翻领底领，见图6-106（3）。

3. 做领

（1）领里毛缝外口盖住领面毛缝，离领面净缝0.2 cm处放齐，然后离开领里外口0.3 cm缉线，将领里、领面固定，见图6-107（1）。

（2）按领面外口净缝折转烫平。领面两边领缺嘴缝头也折转烫平并做好装领对档标记，见图6-107（2）。

（3）领缺嘴的处理方法还可在领里领缺嘴上缉一块夹里，然后封领缺嘴或领面缺嘴放2 cm缝份，最后向领里缺嘴包转缲牢。

（二十）装领

（1）固定衣身夹里：在装领前将领圈的面、里修齐并缝一道线固定，见图6-108。

（2）装领面：将领面与衣身挂面、夹里正面相叠，串口、领圈处对齐，各对档标记对准，从里襟格起针装领。两肩胛位领面略放层势，注意层势均匀，缉线顺直，串口松紧适宜，领角不毛出，见图6-109。

（3）分烫串口：在衣身领圈转角处剪一刀眼，将领面、挂面缝子同衣身缝子分缝烫平，即领面、挂面缝子倒向领面，衣身缝子倒向衣身，缝子均修成0.5 cm，其余部位缝份全部倒向领面，见图6-110。

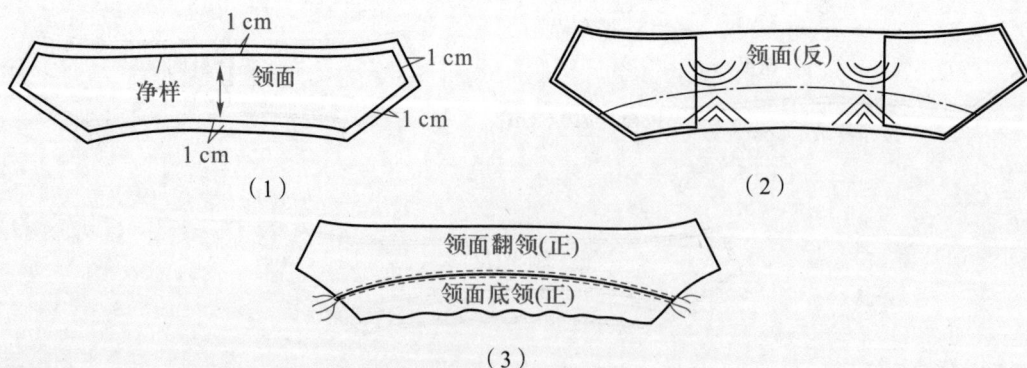

图6-106

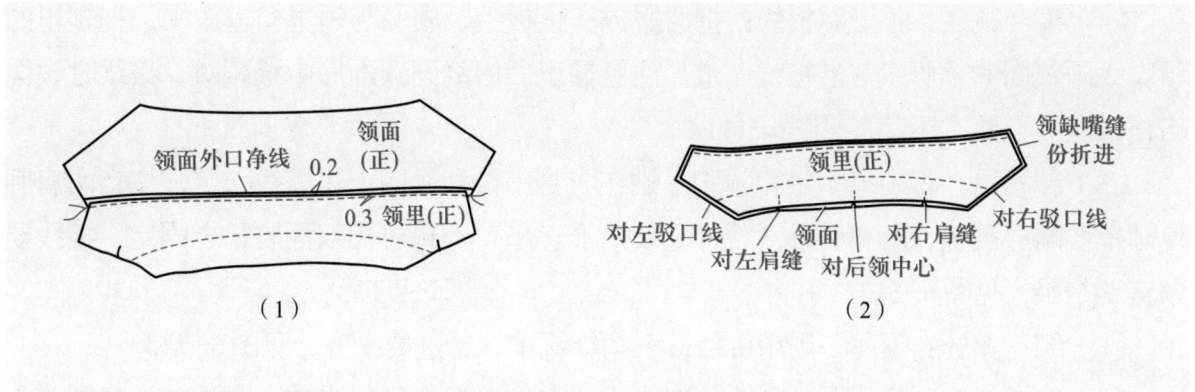

图6-107

领面外口净线　领面（正）　0.2　0.3 领里（正）

（1）

领里（正）　领缺嘴缝份折进

对左驳口线　领面　对右驳口线
对左肩缝　对后领中心　对右肩缝

（2）

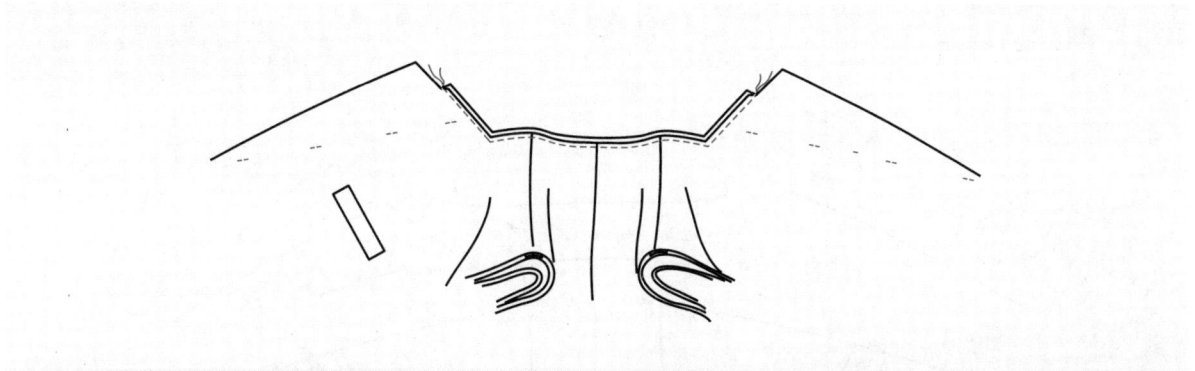

图6-108

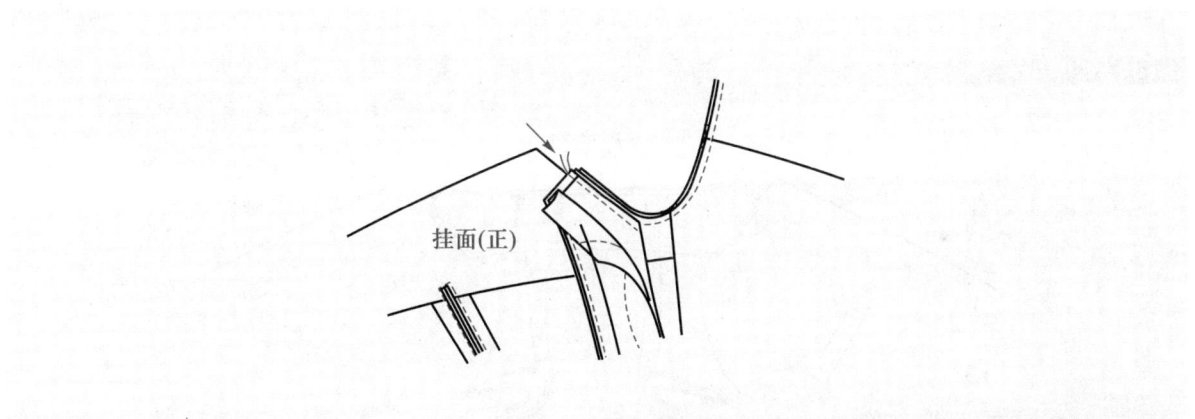

图6-109

挂面（正）

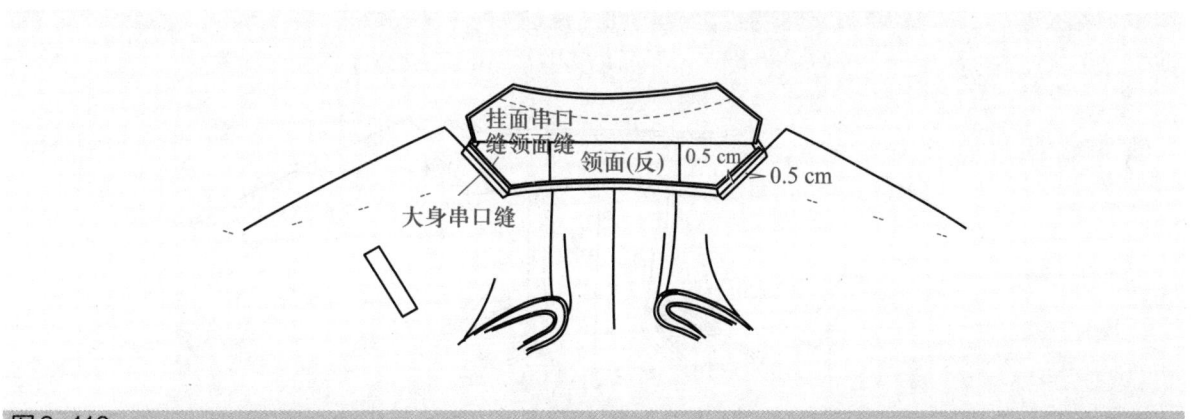

图6-110

挂面串口缝领面缝　0.5 cm　0.5 cm
领面（反）
大身串口缝

（4）撙合领面、领里翻折线：把西服摊在桌板上，领面与领里丝道放平，把领里的领脚线同领面的领脚线对准撙线一道。注意领里后中缝同领面后中缝相对，撙线时领面略松，丝绺不要拉还口，见图6-111。

（5）装领里：将领里串口和领脚平贴在衣身串口和领圈上用撙线固定，注意两肩胛位领里要略放层势，所有装领对档标记要对准。串口处也可用双面胶黏合固定。撙线要顺直、平服，见图6-112。

（6）绷三角针：领里一周用0.3 cm三角针绷牢，针迹要平齐，见图6-113。

（7）整烫领头：将西服领驳头放在布馒头上，盖湿布进行熨烫。熨烫时注意驳头大小及领头的窝势，特别要注意驳口线与领脚线的顺直，领脚线在肩胛转弯处要归煞、烫平，见图6-114。

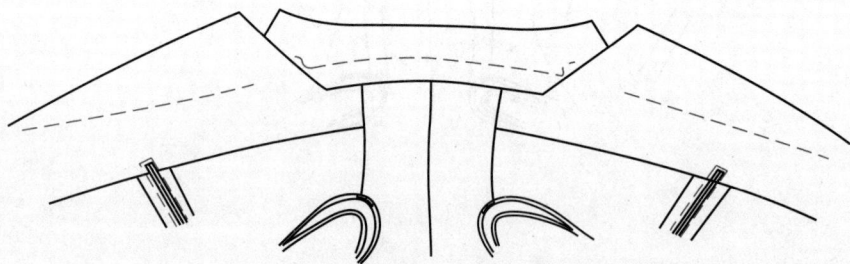
图6-111

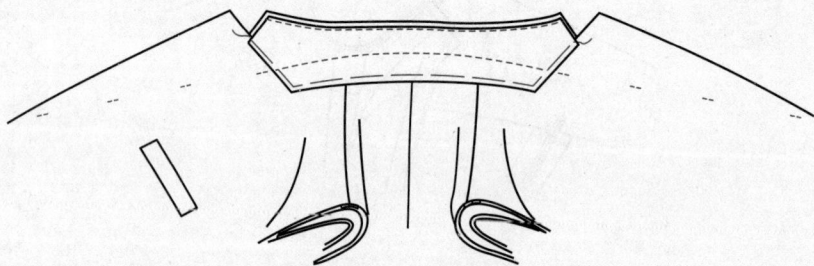
图6-112

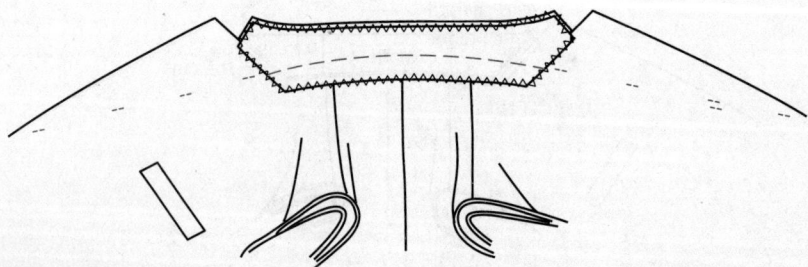
图6-113

（二十一）做袖

1. 归拔大、小袖片　男西服大袖片后袖缝在后袖山高向下10 cm处略归烫，而女西服大袖片后袖缝在中段处归烫。其余均参照女西服袖片归拔。

2. 做袖的其他步骤及方法均可参照女西服做袖方法

3. 袖衩的新工艺

（1）在大袖片的袖衩修剪一角，使袖衩一边与袖口贴边一边拼接，长短一致，见图6-115。

（2）将大袖片袖衩与贴边斜角拼接，分缝烫开，小袖片袖衩边与贴边缝合，见图6-116。

（3）将袖口贴边翻到袖子反面，见图6-117。

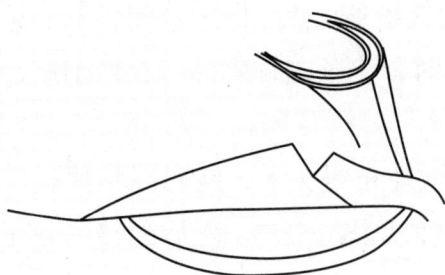

图6-114

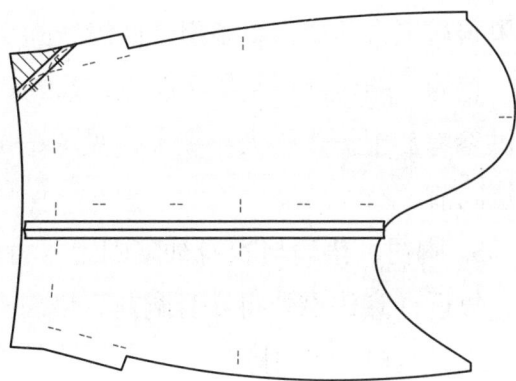

图6-115

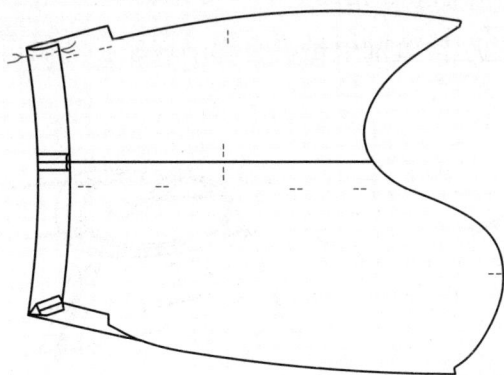

图6-116

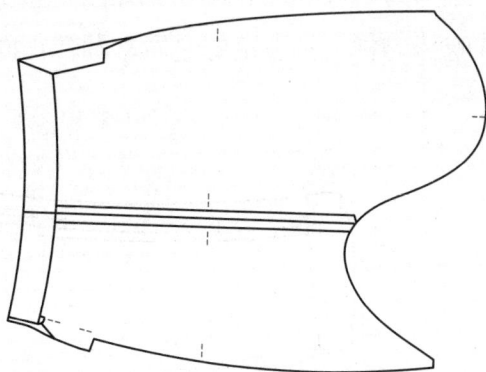

图6-117

（4）缉后袖缝，只要缉到贴边处，见图6-118。

（5）分烫后袖缝，装袖里等均与一般做袖衩方法相同，做、装袖里可参照女西服章节的详细方法。由于袖衩在袖口贴边部位已做光，就不需要锁毛边，而且在贴边部位袖衩能翻开。全开的袖衩可参考裙装变化章节的开衩方法。

（二十二）装袖

1. 检查装袖对档标记

2. 撩袖子　先撩左袖，定撩时胸衬、垫肩、夹里都要移开，避免撩进去，撩好后检查袖子是否符合要求，合格后用同样方法撩右袖，见图6-119。

3. 缉袖子、轧烫袖窿　在撩线里侧兜缉一周将袖子缉上袖窿，然后轧烫一周。也可以把肩缝前后各5～7 cm的袖窿两端剪一刀眼，这一段袖窿缝头烫分开缝，见图6-120。

4. 装袖山垫条　装袖山垫条可以采用女西服的方法。只是由于男西服大袖片无后偏袖，所以垫条要装到后袖缝向下6 cm左右，见图6-121。

下面再介绍一种新的袖山垫条的裁配方法和材料的选用。袖山垫条用针刺棉和全毛黑碳衬组合而成。垫条组合后缉线固定。垫条分前后，缝缉时注意垫条放置的前后位置，宽的一端对前袖装垫条起点，窄的一端对后袖装垫条止点。图中裁配垫条的长短数据供参考，根据规格大小调节，见图6-122。缝缉时，垫条的针刺棉与衣袖相贴，缝缉方法同前。

5. 胸衬、垫肩与衣身袖窿固定　将前身胸部放在布馒头上，向肩端和袖窿捋平面子，靠近袖窿边沿处将衣身胸衬、垫肩一起撩固定，见图6-123。然后翻转袖窿在缉线处将衣身胸衬、垫肩撩牢。

6. 固定肩头袖窿夹里　将肩头袖窿夹里捋平，将前肩、前后袖窿先与衣身撩固定。撩时适当把夹里带紧些，接着把后肩缝扣转盖过前肩缝撩线固定，针距均为1 cm，见图6-124。

7. 缲肩、袖夹里　先将肩头夹里暗针缲牢。缲袖里前先将袖里山头缝头扣倒，缝一圈，缝头为0.8 cm。然后用撩线把袖里山头按面子对档撩到袖窿上去。要求袖里山头圆顺，撩线吃势匀称。袖里定好之后，翻转正面，用手托起检查袖里是否有起吊现象。然后再用

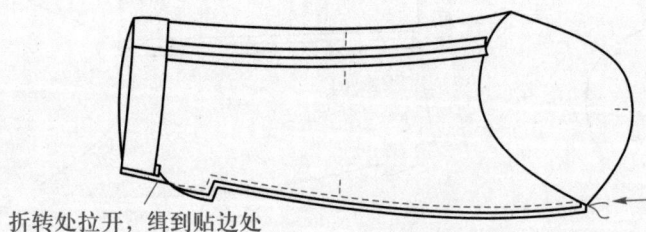

折转处拉开，缉到贴边处

图6-118

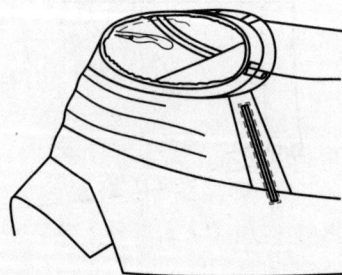

图6-119

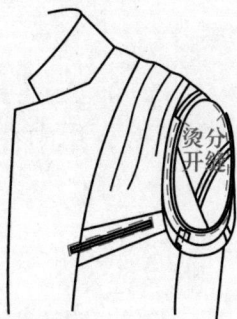

图6-120

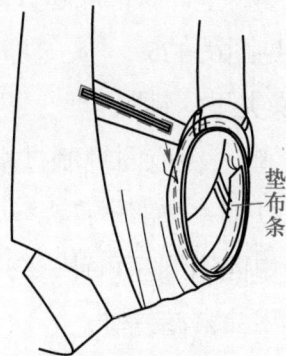

图6-121

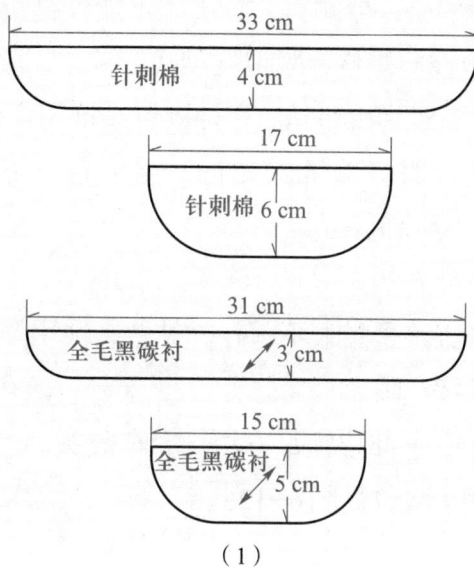

33 cm

针刺棉 4 cm

17 cm

针刺棉 6 cm

31 cm

全毛黑碳衬 3 cm

15 cm

全毛黑碳衬 5 cm

（1）

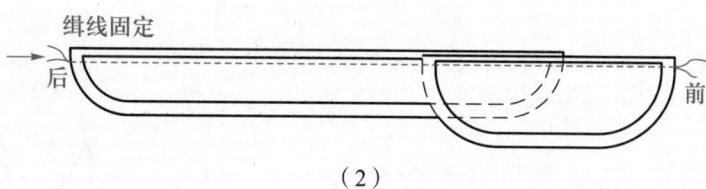

缉线固定

后

前

（2）

图6-122

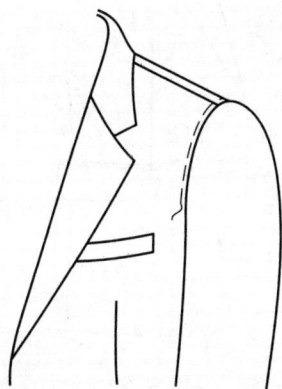

图6-123

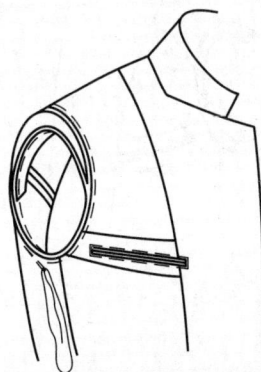

图6-124

本色丝线缲袖夹里，从袖底起针缲暗针，针脚为0.3 cm一针。不可将面子缲牢，以免影响外观效果，见图6-125。

（二十三）缲夹里、锁眼

1. 缲夹里　在前面缝制过程中，有时手缝部位也可以先不做，集中在最后一起完成。主要有以下一些部位：

（1）领里四周绷三角针，约0.3 cm一针。

（2）夹里肩缝暗缲针。

（3）夹里袖窿暗缲针。

（4）底边圆角处缲针补洞。

以上手缝部位要求拉线要松，要顺直，针迹印不能外露。

2. 锁扣眼　西服的眼位在门襟格，眼位按照线钉确定。眼位的进出按照叠门线朝止口方向移出0.3 cm。纽眼大一般为2.3 cm。在袖衩钉装饰纽位处，也有锁装饰扣眼的。

3. 插花眼　插花眼是西服驳头的装饰眼。插花眼一般应在驳头的左面，离上3.5 cm，进出约1.5 cm，眼大约1.8 cm。

插花眼工艺一般可有三种方法：

（1）锁眼机锁眼：这种方法是扣眼不剪开，纯做装饰用。

（2）用打线襻的方法做插花眼。

（3）手工锁眼方法：扣眼上部按锁眼方法，锁牢驳头，下半部腾空锁扣，不带牢驳头。门襟格扣眼位，驳头插花眼位见图6-126。

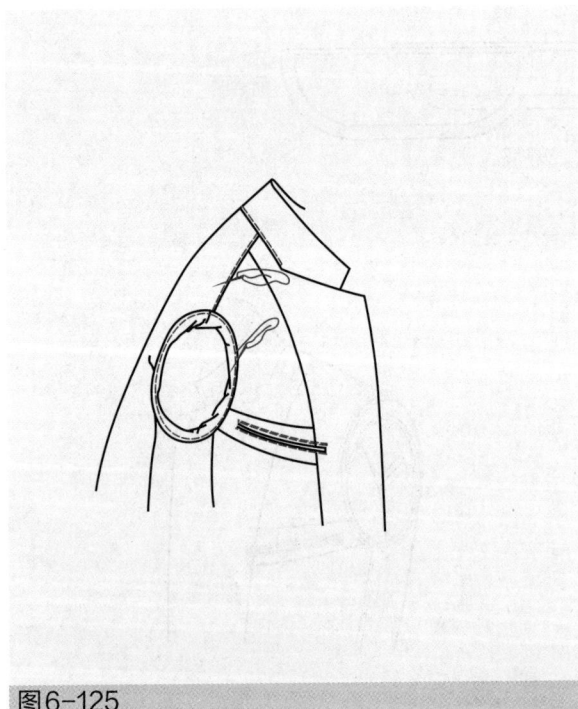

图6-125

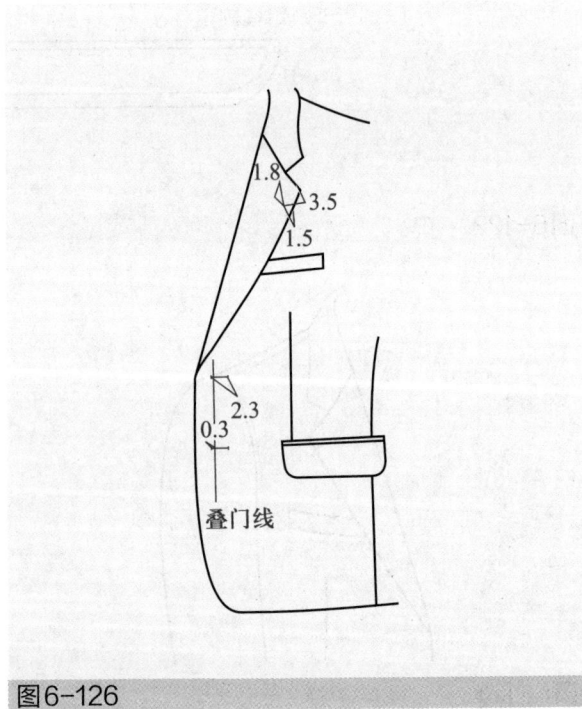

图6-126

（二十四）整烫

俗话说西服的质量是"三分做工，七分烫工"。此话虽有些夸张，但也说明整烫工艺在西服制作工艺过程中的重要性。整烫工艺是包括了熨烫技巧和手势，熨烫温度，熨斗压力及区别面料性能等的综合技能。在这里我们仅介绍整烫西服的工艺方法及步骤。

整烫西服之前先把西服上的擦线及其他辅助线全部拆掉。整烫前准备好干、湿两块烫布及布馒头、圆烫凳、烫板等工具。

（1）轧烫袖窿：将西服翻转反面，把袖底及无垫肩部位放在圆烫凳上，盖湿布熨烫，注意有垫肩部位不能轧烫。

（2）烫袖子：在装袖之前已把袖子烫好，故在整烫时只要检查一下袖子是否有不平服之处，可放在布馒头上盖布，喷水熨烫，见图6-127。

（3）烫肩缝肩头、袖山头及肩胛部位：将肩胛部位放在布馒头上，将干、湿两块烫布放在上面熨烫，随后把湿布拿掉，再在干布上熨烫，把潮气烫干。烫袖山头处，一定要将袖山轧圆、烫平，使袖山头饱满、圆顺，见图6-128（1）（2）。

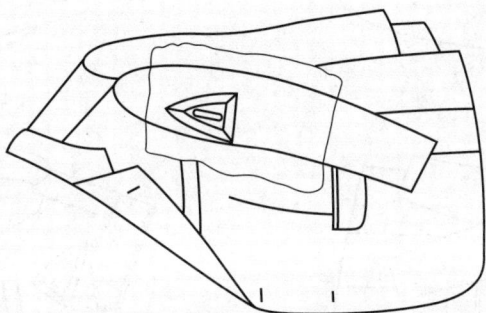

图6-127

（1）　　　　　　　　　　　　　　（2）

图6-128

（4）烫胸部、前肩：烫胸部和前肩时要放在布馒头上一半一半熨烫。要注意大身丝绺的顺直，胸部饱满，使胸部无瘪落现象，使肩头平挺窝服，符合人体造型，见图6-129。

（5）烫腰吸及袋口位：烫腰吸时把前身放在布馒头上，腰吸丝绺放平、推弹，按西服推门时的要求将腰烫平、烫挺。注意腰吸处一定不能起吊，直丝一定要向止口方向推弹。烫袋口部位时，注意袋口位的胖势。要放在布馒头上，同烫胸部一样地一半一半熨烫。缝制时两袋角丝绺很容易凹进，所以熨烫时要把袋角丝绺向外拉出一些，见图6-130。

（6）烫摆缝：烫摆缝时必须把摆缝放平、放直，注意摆缝不能拉还，见图6-131。

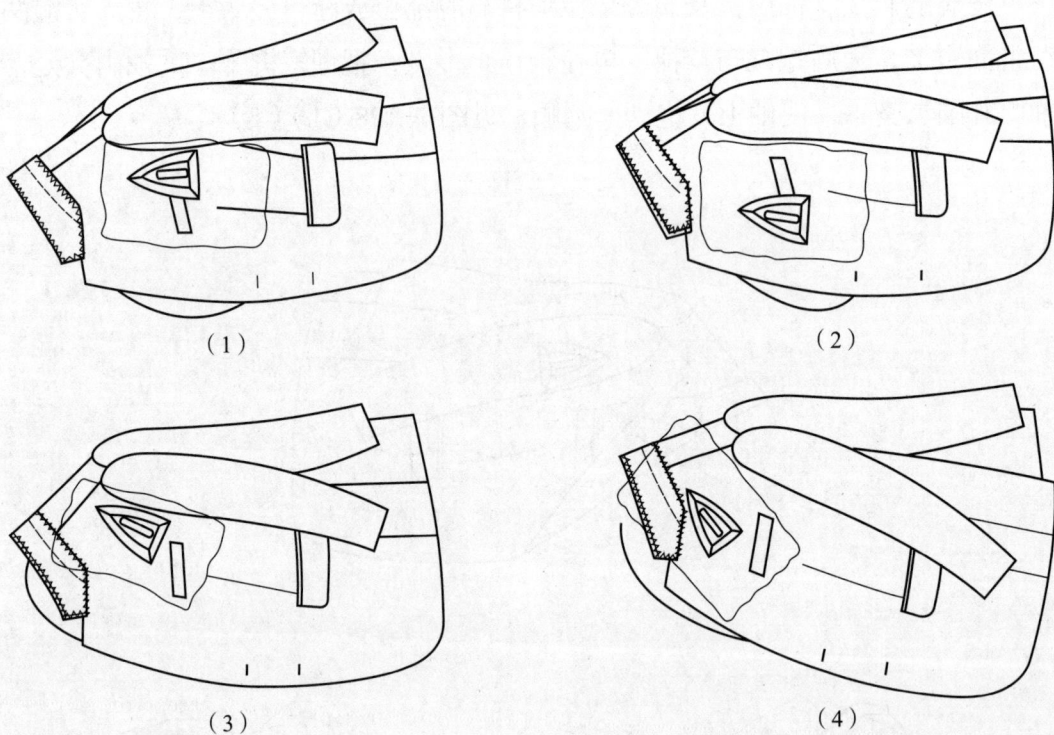

（1）　　　　　　　　　　　　　　　（2）

（3）　　　　　　　　　　　　　　　（4）

图6-129

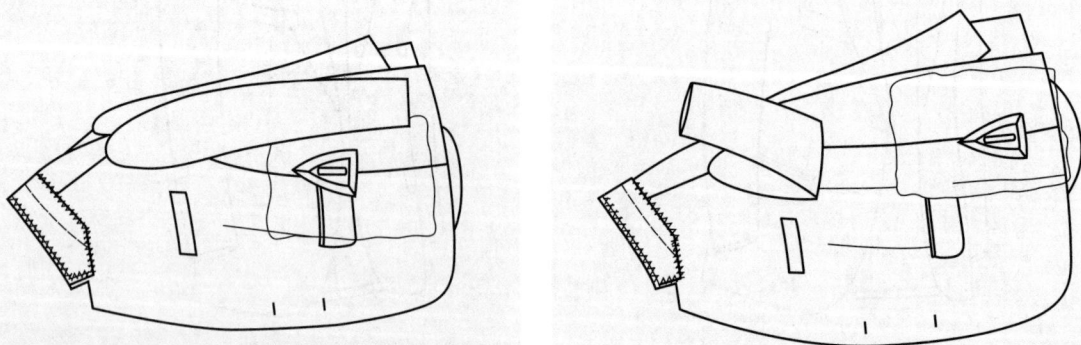

图6-130　　　　　　　　　　　　　　　图6-131

（7）烫后背缝、背胛部：烫后背缝时，腰节处要略拔开一些，但在后背宽处侧面要略微归拢一些。烫后背时要注意丝绺顺直，烫好之后自然平服。烫背胛部时，应把背胛部放在布馒头上整烫。要注意背胛部横、直丝绺，使背部更符合人体，见图6-132。

（8）烫底边：烫底边分两步：首先烫底边的反面，要使反面底边夹里的坐势宽窄保持一致；然后再将底边翻转正面，放在布馒头上一段一段熨烫，熨烫之后使底边产生里外匀。

（9）烫前身止口：将止口朝自己身体一侧放在桌板上。先烫挂面和领面一侧。烫止口时熨斗要用力向下压。干、湿布烫好之后，还要用烫板用力压止口，使止口薄、挺。烫止口时应注意止口不能倒露。然后翻转止口，用同样方法熨烫止口反面，见图6-133。

（10）烫驳头、领头：将驳头放在布馒头上，按驳头样板或驳口线线钉，翻转烫煞。在烫领子驳口线时，要注意领驳头线的转弯，要将领驳头线归拔，防止拉还而影响领头造型。驳头线正、反两面都要烫煞、烫平。驳口线烫至驳头长的2/3，留出1/3不要烫煞，以增加驳头的立体感，见图6-134。

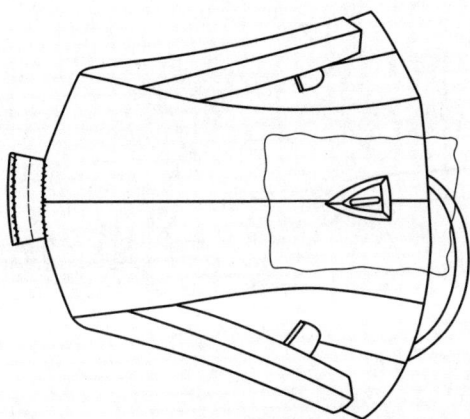

图6-132

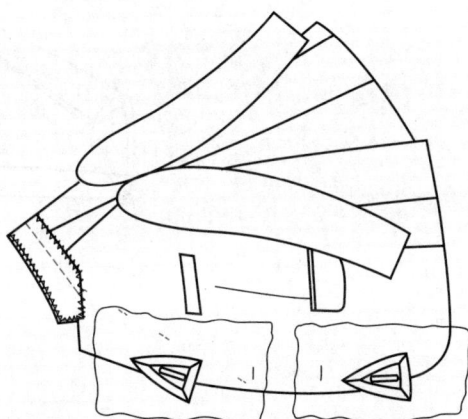

图6-133

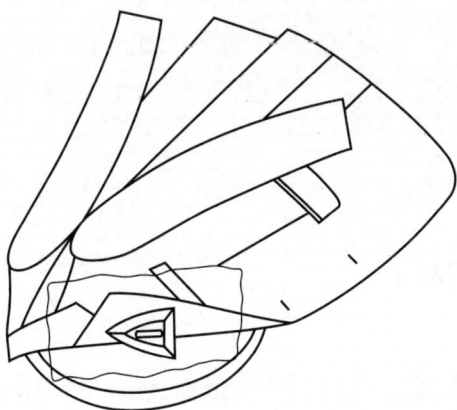

（1）

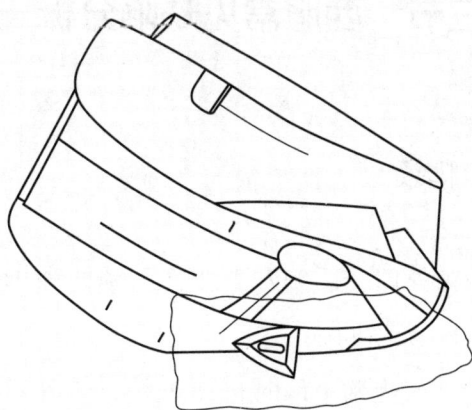

（2）

图6-134

（11）烫夹里：西服面子烫好之后，翻到反面，将前后身夹里起皱的部位，用熨斗轻轻烫平。

（二十五）钉纽扣

钉纽扣的方法有两种：一种是"十字形"针法；另一种是"平行线"针法。"十字形"针法容易将线磨断，所以一般都采用"平行线"针法。

1. 钉里襟格纽扣

（1）画钉纽印：钉纽扣前，先将里襟格用画粉做好钉纽标记。纽扣的高低、进出位置要与扣眼相符。

（2）钉纽扣：钉纽扣要用双股粗丝线，钉纽线两上两下。纽脚长短可按面料厚薄作相应增减。纽脚要绕实、绕均匀。线结头不能外露，要引入夹层中间。

2. 钉袖衩纽扣　袖衩部位钉装饰纽扣三粒，不需要绕纽脚，第一粒纽扣中心位置为袖衩进 1.5 cm、袖口向上 3.5 cm，两粒纽扣中心相距 1.8 cm，见图 6-135。

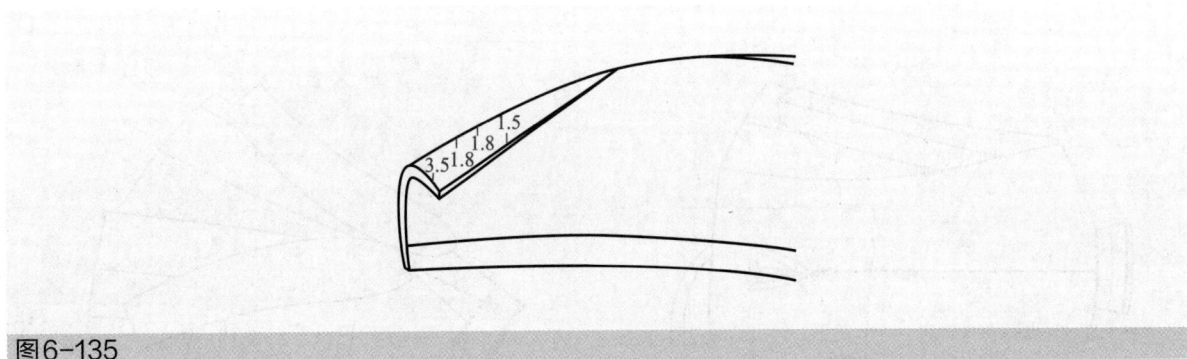

图6-135

第三节　西服常见缺陷分析

一、爬领

领外口紧后领向上爬，后领处领脚外露，见图 6-136。

1. 产生原因：

（1）拔领下口时拔得过长、领外口肩缝处未略拔开或装领时领圈拉还，都会使后领外口紧于领圈而向上爬。

（2）领里后中缝拼接时外口缝份多缉，或敷领面时领面外口过急，都会使后领外口变短紧于领圈而向上爬。

2. 修正方法：

（1）领下口拔量要适度。领外口肩缝处略拔开，在装领时衣片肩缝处要略放层势，使外领在此有余量从前肩平服地转向后肩。在装领时应将领圈横直丝缕归正，层势要适量，防止领圈拉还。

（2）拼缉领里后中线时，缝份量按要求而且必须保持上下一致。敷领面时领面外口要松紧适度。

二、领荡开

领不贴脖颈，起空，见图6-137。

1. 产生原因：

（1）领翻折线没有归拢，使领不能向里倾斜达到符合人体颈部特征。

（2）装领时后领圈装还，使领向外豁开。

2. 修正方法：

（1）领翻折线处的归缩量较大，所以一定要归拢到位。

（2）装领时不能拉还后领圈，领圈横直丝缕要归正，肩缝处领略放层势。

三、驳角高低

左右驳角有高低，见图6-138。

1. 产生原因：

（1）驳头、门里襟敷牵带左右两边有松紧而产生长短，钉纽时又把底边对齐，使左右驳角产生高低。

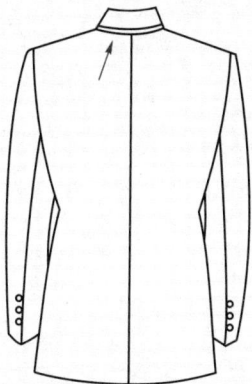

图6-136

图6-137

图6-138

（2）绱肩缝时左右肩缝缝份有大小，或前领圈有长短，使装领左右有偏差产生驳角高低。

2. 修正方法：

（1）驳头、门里襟敷牵带按要求松紧适度左右一致。

（2）绱肩缝时左右肩缝缝份一致。检查左右领圈长短一致。

四、领串口不直

领串口弯曲、不顺，见图6-139。

1. 产生原因：

（1）划串口时挂面横丝未回直。

（2）领面串口与挂面串口缉缝时，上下层有松紧、缉线不直或分缝不足。

（3）串口缉线与驳头缺嘴缉线未接顺。

（4）滴串口时滴线不顺或过紧过松。

2. 修正方法：

（1）挂面驳头外口经过归拔，直丝是拔长拔弯的，划串口前检查挂面横丝是否回直。

（2）领面串口与挂面串口缉缝时，要保持上下层松紧一致缉线顺直，缉后分缝要分足烫开。

（3）串口缉线与驳头缉线要接顺在一条直线上，不能错开。

（4）缲面、里串口时要对齐，缲线松紧适度。

五、驳头起壳

驳头外口或里口起壳不平服，见图6-140。

（一）驳头外口起壳，见图6-140（1）

1. 产生原因：

（1）挂面驳头未按衣片驳头的弧形进行归拔。

（2）复挂面时驳头中段层势太多。

2. 修正方法：

（1）挂面驳头外口直丝拔弯的弧形与衣片驳头弧形要一致。

（2）复挂面时驳头部位层势要适度。

（二）驳头里口起壳，见图6-140（2）

1. 产生原因：

（1）挂面驳头里口没有归拢。

（2）复挂面时里外匀放太多。

2. 修正方法：

（1）归拔挂面驳头外口直丝要拔弯，在里口要归拢归足。

（2）复挂面时将挂面横丝归正，里外匀要适度，不宜太松。

六、驳头不到位

驳头外口松或紧，见图6-141。

（一）驳头未到纽位，系上纽扣驳头外口松，见图6-141（1）

1. 产生原因：

（1）驳头止口牵带未敷急，使驳头外口长了。

（2）领肩缝处未归拢，外口拔还，或整烫时领外口和驳头外口烫还，增加了领与驳头外口的长度。

图6-139

（1）　　　　　　　　　　　　（2）

图6-140

2. 修正方法：

（1）驳头止口牵带敷急。

（2）注意正确掌握领的归拔，整烫时不要把领和驳头的外口烫还。

（二）驳头超过纽位，系上纽扣驳头外口紧，见图6-141（2）

1. 产生原因：

（1）驳头止口牵带敷太紧，使驳头外口短了。

（2）受爬领缺陷影响，使驳头牵紧。

2. 修正方法：

（1）驳头止口牵带在中间部位适当拉紧0.5 cm左右，不能太紧。

（2）排除爬领缺陷，即可解决驳头外口紧。

七、肩缝不顺直

肩缝弯曲不顺，见图6-142。

1. 产生原因：

（1）肩缝缉线不顺直，缝份有宽窄，或肩缝缉还。

（2）后肩缝无吃势或吃势不匀或吃势部位未放准。

（3）肩缝与衬定撬线太紧或未撬直。

（4）前袖窿上端斜丝处拉宽。

2. 修正方法：

（1）肩缝缉线要顺直，缝份宽窄要一致，肩缝不能缉还。

（2）后肩层势要放匀，部位放准，一般里肩放0.6 cm左右，中肩放0.3 cm左右，外肩过平。

（1）　　　　　　　　　（2）

图6-141

（3）肩缝与衬定撬松紧适度，肩缝要顺直。

（4）前袖窿上端斜丝不能拉宽，如已拉宽要熨烫归拢。

八、前肩头起涟

后肩头板紧，前肩面不平起涟形，见图6-143。

1. 产生原因：

（1）前肩缝横丝未归拢或拉宽。

（2）后肩缝三分之一处吃势不足或不匀。

（3）装领吃势不当或前领圈拉还。

2. 修正方法：

（1）前肩缝横丝归拢不要拉宽。

（2）后肩吃势部位、吃势量要准确。

（3）装领在肩缝处肩胛位要放吃势要放匀，装领不要把前领圈拉还。

九、后领处起涌

后领圈横丝不平涌起，肩胛部位后肩缝起急，前肩宽还，见图6-144。

1. 产生原因：

（1）后肩缝处吃势不足。

（2）后肩里子太紧，或垫肩太厚。

图6-142

图6-143

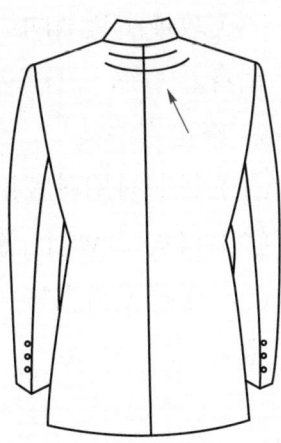
图6-144

（3）装领时后领斜势处装还，或领圈装得不圆顺。

（4）推门对里外肩缝横丝处理不当。

2. 修正方法：

（1）后肩缝处吃势量要放足，要放对部位。

（2）后肩里子不能太紧，垫肩改薄。

（3）装领要缉圆顺，后领斜势不能缉还。

（4）推门时里肩横丝要推下，外肩端横丝要拔上。

十、摆缝起吊

摆缝吊紧，两边起斜形，见图6-145。

1. 产生原因：

（1）缉面子或夹里摆缝前后有松紧，上下有偏差。

（2）叠攘摆缝时里子未放层势或攘线抽太紧。

2. 修正方法：

（1）缉面子或夹里摆缝上下端要放齐，前后松紧要一致。

（2）叠攘摆缝时里子要放层势，攘线要松。

十一、手巾袋还口

袋爿起空不贴身，见图6-146。

1. 产生原因：

（1）袋爿做还，袋爿衬用料丝绺错误。

（2）缉袋口线时缉线不直，两角向上翘。

（3）攻或缉袋爿两边丝绺未放正，袋口向里倾斜，使衣身袋口尺寸小了，袋爿就起空不贴身。

2. 修正方法：

（1）袋爿衬用料应该用直丝，因为斜丝横丝都有伸缩性易还口。

（2）缉袋口线时注意缉顺直，两角不能向上翘。

（3）手攻或机缉袋爿两边丝绺要放正，不能向里倾斜，使袋爿与衣身的袋口尺寸大小一致。

十二、袋盖出现皱形

袋盖皱拢不平服，见图6-147。

1. 产生原因：

（1）袋盖与袋口不相符，袋盖比袋口大或袋口大未按袋盖略放宽。

（2）缉装嵌线时嵌线缉太急，使衣身袋口部位层拢袋口缩小。

（3）缉装嵌线时袋口大未缉足，使袋口小了。

2. 修正方法：

（1）检查袋盖与袋口大是否相符。因为袋盖有厚度，所以袋口大一般比袋盖放宽0.2 cm左右，袋盖放进袋口就能平服。

（2）缉装嵌线时要防止下层衣身袋口部位层拢，缉时下层衣身稍带紧，上层嵌线稍向前推送使上下松紧达到一致。

（3）缉装嵌线要按袋口大标记两头缉到位，袋盖与袋口大小相符，才能使袋盖平服。

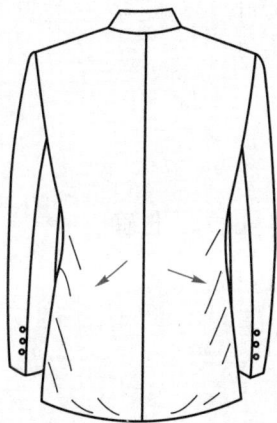

图6-145

图6-146

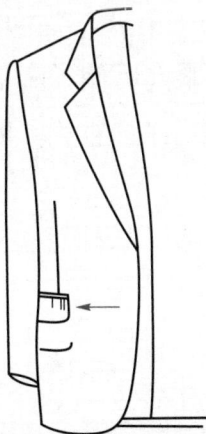

图6-147

十三、袋盖偏小于袋口

袋盖盖不住嵌线封口处，见图6-148。

1. 产生原因：

（1）缉上下嵌线定袋口大时，袋口尺寸缉大了。

（2）袋盖角度与衣身袋位的角度不符。衣身袋口线是前低后高与底边起翘一致，所以袋盖角度要与衣身袋位倾斜的角度一致，袋盖上口线是斜的。

2. 修正方法：

（1）缉上下嵌线前核对一下所定的袋口尺寸与袋盖尺寸是否相符。

（2）裁配袋盖时，袋盖上口线要与衣身袋口线斜度一致。

十四、袖山头横丝绷紧

袖山头横丝处拉紧不饱满，见图6-149。

1. 产生原因：

（1）袖山头吃势放少了，袖山头缉缝太多也会使吃势减少，吃势少会使袖山头尖而瘦狭产生绷紧。

（2）垫肩厚，装得太出都会使山头绷紧不饱满。

2. 修正方法：

（1）袖子在袖山头附近部位吃势较多要放足，放吃势部位要准确。

（2）垫肩改薄，垫肩在肩缝处比袖窿净线装出1.0 cm左右。

十五、袖子前后位置不符

（一）袖子偏前，见图6-150（1）

1. 产生原因：

（1）袖山头刀眼未对准肩缝，刀眼向后偏了。

（2）袖山头刀眼对准肩缝了，但后半只袖山头吃势太少，使后袖部位横丝未归正向下偏，袖子就向前偏了。

（3）袖里的后半只袖山头吃势太少，与袖面山头吃势不符，袖子受到向前牵拉就向前偏了。

2. 修正方法：

（1）袖山头刀眼要对准肩缝。

（2）增加后袖山头吃势，归正横丝。

（3）增加袖里后袖山头吃势，使其与袖面后袖山头吃势相符。

（二）袖子偏后，见图6-150（2）

1. 产生原因：

（1）袖山头刀眼未对准肩缝，刀眼向前偏了。

（2）袖山头刀眼对准肩缝了，但前半只袖山头吃势太少，使前袖部位横丝未归正向下偏，袖子就向后偏了。

（3）袖里的前半只袖山头吃势太少，与袖面山头吃势不符，袖子受到向后牵拉就向后偏了。

2. 修正方法：

（1）袖山头刀眼要对准肩缝。

（2）增加前袖山头吃势，归正横丝。

（3）增加袖里前袖山头吃势，使其与袖面前袖山头吃势相符。

图6-148

图6-149

（1）

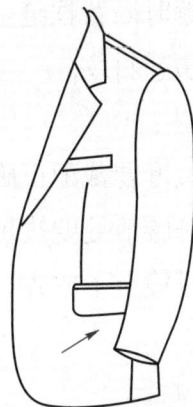

（2）

图6-150

十六、两袖有前后

两袖一前一后，见图6-151。

1. 产生原因：

（1）装袖刀眼未对准有前后。

（2）装袖前后吃势分布不一致。

（3）左右垫肩位置有前后。

（4）两袖归拔不一致。袖片通过归拔，做成袖子形成符合手臂的弯势形状，如果两袖归拔的弯势不一致，袖子装上后就会一前一后。

2. 修正方法：

（1）缝制要求高的服装，袖子和袖窿上的装袖对档标记往往会做三个，前袖缝对前袖窿对档位、袖山头对肩缝、后袖缝对后袖窿对档位。这样就能方便左右袖子安装对称。

（2）装袖前后吃势分布要一致，两袖吃势要对称。

（3）要正确安装垫肩，垫肩居中按肩缝偏后1 cm，并在肩缝处比袖窿净缝装出1.0 cm左右，垫肩安装位置要对称一致。

（4）两袖归拔要一致，归拔后比较一下两片效果是否一样。

十七、后背起吊

后背吊紧，两边起斜纹，见图6-152。

1. 产生原因：

（1）背里比背面短或背里中缝缉急，面子受牵拉起吊。

（2）面子背中缝腰节处没有拔足而吊紧。

（3）缉摆缝时后背摆缝上端向下缩进没对齐前摆缝，使横丝在背中缝向上而后摆缝向下，形成两边起斜纹。

2. 修正方法：

（1）里子长度要裁配正确，在底边处还应该放有余量。背里中缝缝缉后不应缩短。

（2）背中缝腰节处要拔足。

（3）前后摆缝上下放齐、腰节对齐，可以撩针固定后再缝缉。

十八、后背不方登

后袖窿下沉，后袖窿戤势不足，袖底起涟不平，见图6-153。

1. 产生原因：

（1）后背归拔不足，肩胛骨处未拔宽，里肩回势未归拢。后袖窿未归拢，牵带未敷急。

（2）后肩在里肩1/3处吃势不足。

（3）缉摆缝时后片上端没有略放层势。

（4）缉后袖缝时大袖片后袖缝上没放吃势。

（5）装袖时后袖缝山头处吃势太少。

（6）垫肩太薄或装垫肩未按里外匀装。

（7）面子与夹里的袖山头吃势不相符。

（8）面子与夹里侧缝上端的位置不相符。

2. 修正方法：

（1）后背归拔要到位。后背上段归拔围绕肩胛骨部位，归拔后要推成胖势以符合人体背形，从而使后袖窿登起。为巩固归拔效果，后袖窿归拔后敷上牵带定型，防止其回伸。

（2）后肩在里肩1/3处吃势要放足，还要防止肩缝缉还。

（3）缉前后摆缝时，后片上端10 cm处要放0.5 cm左右吃势。

（4）缉后袖缝时，大袖片上端10 cm处要放松略有吃势。女西服有后偏袖则大袖片在袖肘偏上一段要放松略有吃势。

（5）装袖时后袖山斜丝部位吃势要足，防止袖缝处瘪下。

（6）垫肩加厚使袖窿不下沉。装垫肩要向下窝服做出里外匀后与衣身袖窿撬线固定。

（7）面子与夹里的袖山头吃势要相符。

（8）面子与夹里侧缝上端的位置要相符。

图6-151

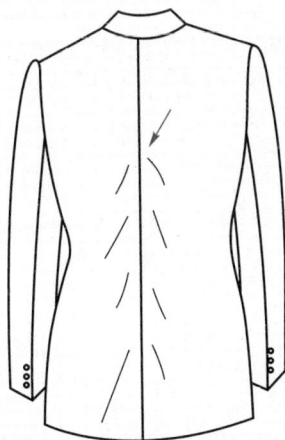

图6-152

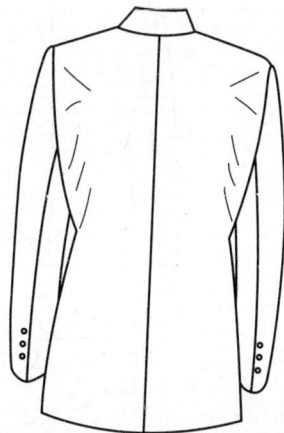

图6-153

十九、背衩搅或豁

背衩向里偏斜搅拢或背衩向外偏斜豁开，见图6-154。

（一）背衩搅，见图6-154（1）

　　1. 产生原因：

（1）后背中缝腰节处未拔足，起吊后会使背衩向里偏斜搅拢。

（2）背衩牵带敷太紧，背衩就会向里偏。

（3）摆缝烫还或缉还，摆缝两边后片会向中间偏斜，使衩口搅拢。

　　2. 修正方法：

（1）后背中缝腰节处要拔足。

（2）背衩牵带在背衩上段5 cm处略敷急，下段都敷平。

（3）摆缝不能烫还或缉还。

（二）背衩豁，见图6-154（2）

　　1. 产生原因：

（1）后背中缝腰节处拔太宽，拔太宽会使背衩向外偏斜豁开。

（2）背衩牵带未敷紧，背衩就会向外偏。

（3）摆缝缉线紧，摆缝两边后片会向外偏斜，使衩口豁开。

　　2. 修正方法：

（1）后背中缝腰节处要拔足，但不能拔太宽。

（2）背衩牵带要敷紧。

（3）摆缝缉线松紧适当。摆缝缉紧衩口会豁。

以上缺陷分析也可以借鉴运用在其他上装类服装中。

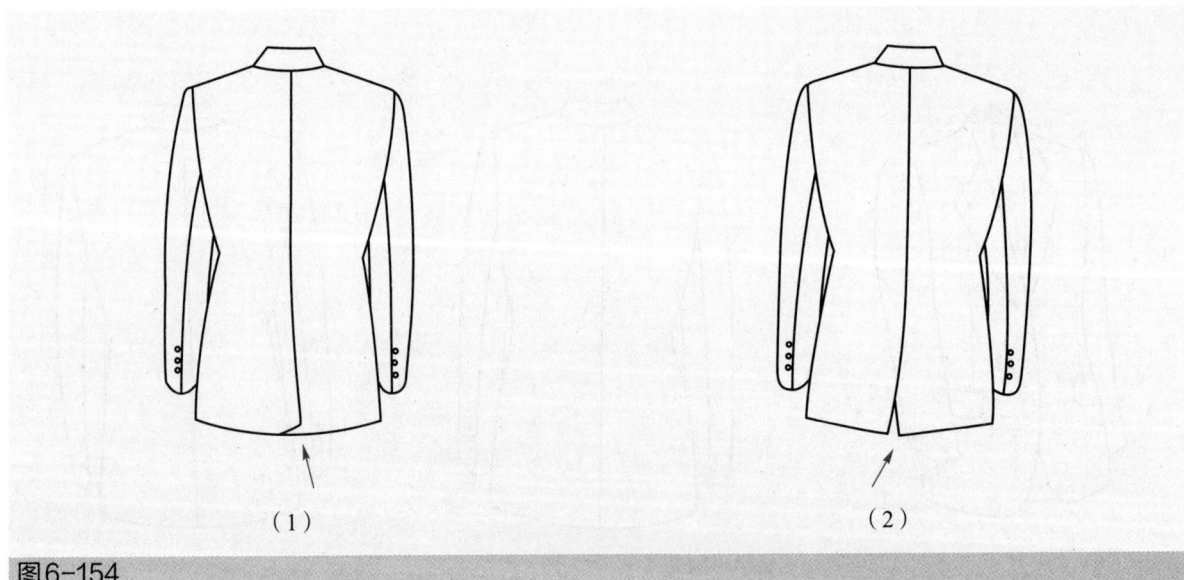

图6-154

第四节　西服局部变化与款式变化

一、驳头的平翘

平驳头、戗驳头见图6-155。

戗驳头为防止领头与驳头豁开，领头与驳头相邻的边在裁剪处理上要交叉0.2cm左右，使做好后的领头与驳头完全拼拢。

二、叠门的宽窄

单排扣西服门里襟下端止口通常是圆角，双排扣西服门里襟下端止口通常是方角。门里襟宽度变化后配领角度要做调整，翻领与驳头才能平服。

三、门里襟扣眼、钉纽的处理

单排扣西服扣眼一到三个，钉纽一到三粒。

双排扣西服有扣眼一个，钉纽四粒、扣眼二个，钉纽四粒、扣眼二个，钉纽六粒、扣眼三个，钉纽六粒。其中不扣进扣眼的纽扣均为装饰纽。

四、袖口的开衩与钉纽

袖口的开衩与钉纽，见图6-156。

（1）开衩的方式可以开真衩也可以开假衩。真衩的袖口在开衩处能完全分开。

（2）开衩的长度根据钉纽多少适当调节。

（3）开衩处钉纽可以一粒到四粒。

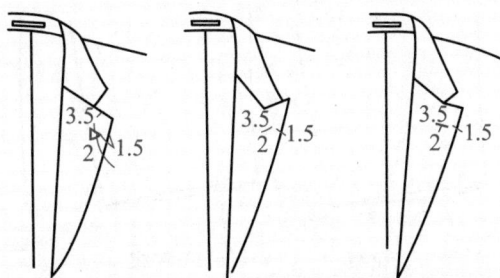

图6-155

（4）钉纽相对应位置可以锁扣眼，也可以不锁扣眼直接钉纽。一般真纽都选择锁扣眼。

五、休闲西服贴袋

西服衣身表面的衣袋一般是两个双嵌线开袋和一个手巾袋。休闲西服常采用贴袋造型，贴袋缝制方法可参照第五章第三节四袋变化中的贴袋工艺。装贴袋的西服前片就不需要设肚省。

六、西服衣身的开衩方式

西服衣身的开衩方式，见图6-157。

西服衣身开衩可以在背部背缝处开背衩，也可以在两侧摆缝处开摆衩。摆衩后片侧缝为门襟格，前片侧缝为里襟格。背衩、摆衩的缝制工艺是相同的，下面以背衩为例介绍开衩的缝制工艺。

方法一：

（1）背衩门襟格黏合衬超过贴边线1 cm，在黏合衬靠近背衩止口边上粘上牵带，在衩下5 cm这段要拉急，接近底边处要略急，其余部位平粘。里襟格靠衩边粘上牵带，见图6-158（1）。

（2）背衩的缝制方法可以参照第二章西服裙开衩的方法，此方法手工操作比较多，对于初学者较容易掌握，背衩容易做平服。

方法二：

目前一般采用更多的是用机缉替代手工操作，以提高工作效率。机缉就需要将夹里配准到位，不然就会面、里松紧不符，面、里错位就会产生不平服、起皱、起吊等弊病。所以先学习方法一有助于我们先把面、里相配的关系搞清楚，便于方法二的学习。

（1）背衩门襟格、里襟格粘衬粘牵带同方法一，见图6-158（1）。

（2）将门襟格背衩角修去。见图6-158（2）。

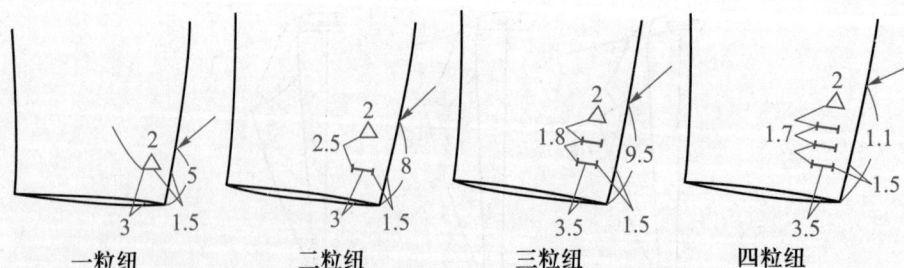

一粒纽　　二粒纽　　三粒纽　　四粒纽

图6-156

（3）后衣片夹里分别按后衣片面子大小修去阴影部分。见图6-158（3）。

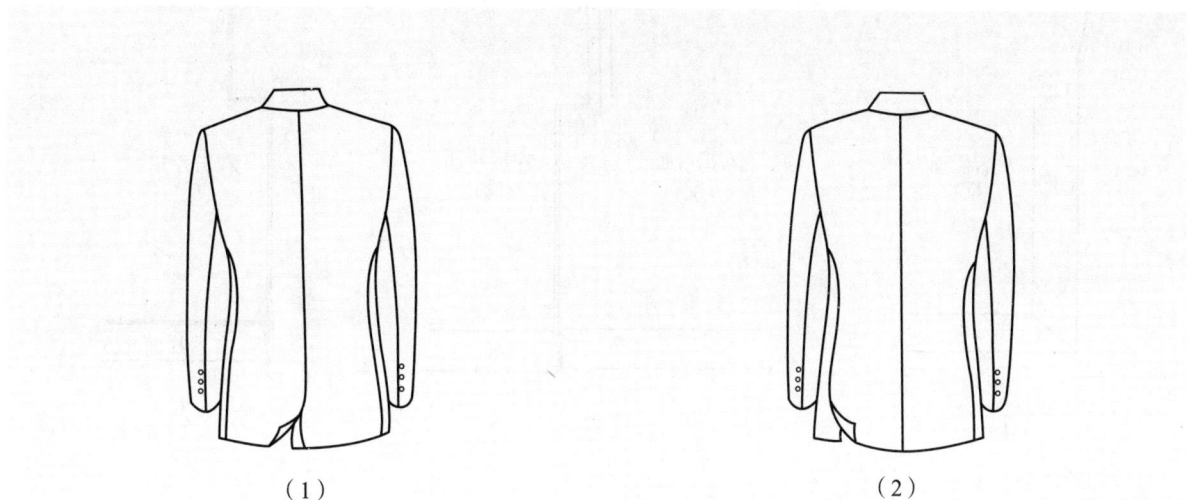

（1）

（2）

图6-157

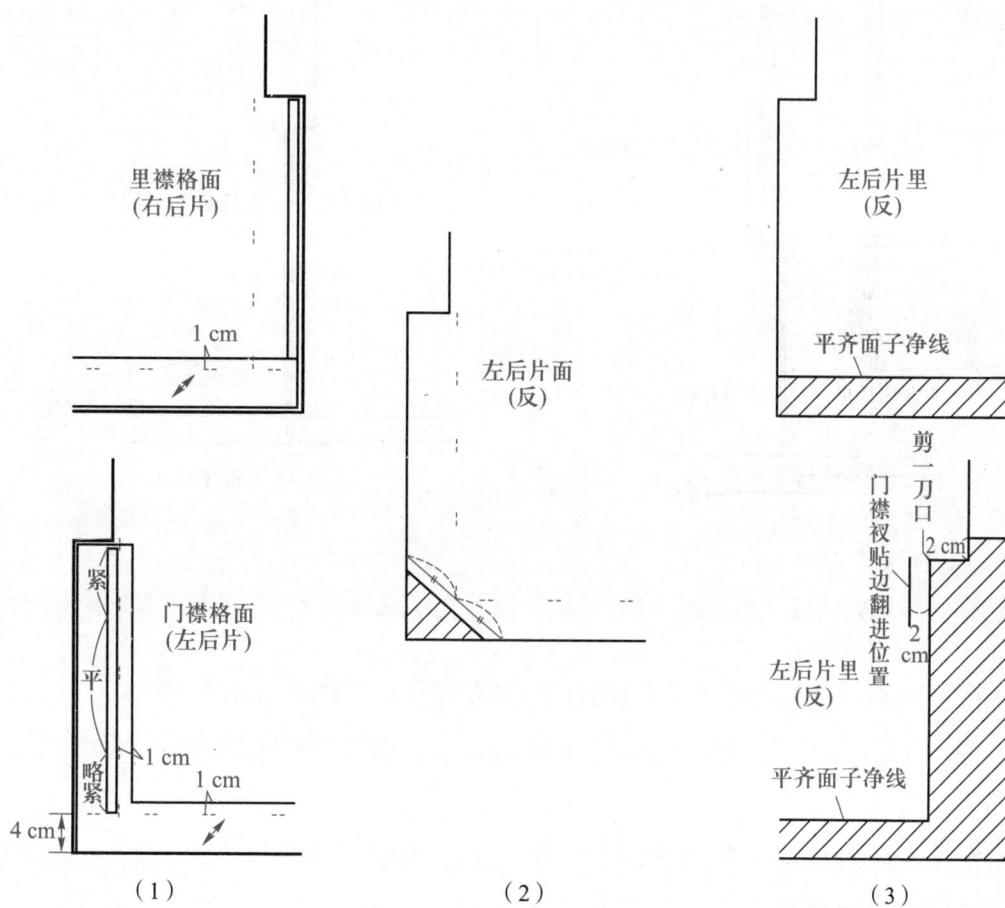

里襟格面
(右后片)

1 cm

门襟格面
(左后片)

紧

平

略紧

1 cm

1 cm

4 cm

（1）

左后片面
(反)

（2）

左后片里
(反)

平齐面子净线

剪一刀口

门襟衩贴边翻进位置

2 cm

2 cm

左后片里
(反)

平齐面子净线

（3）

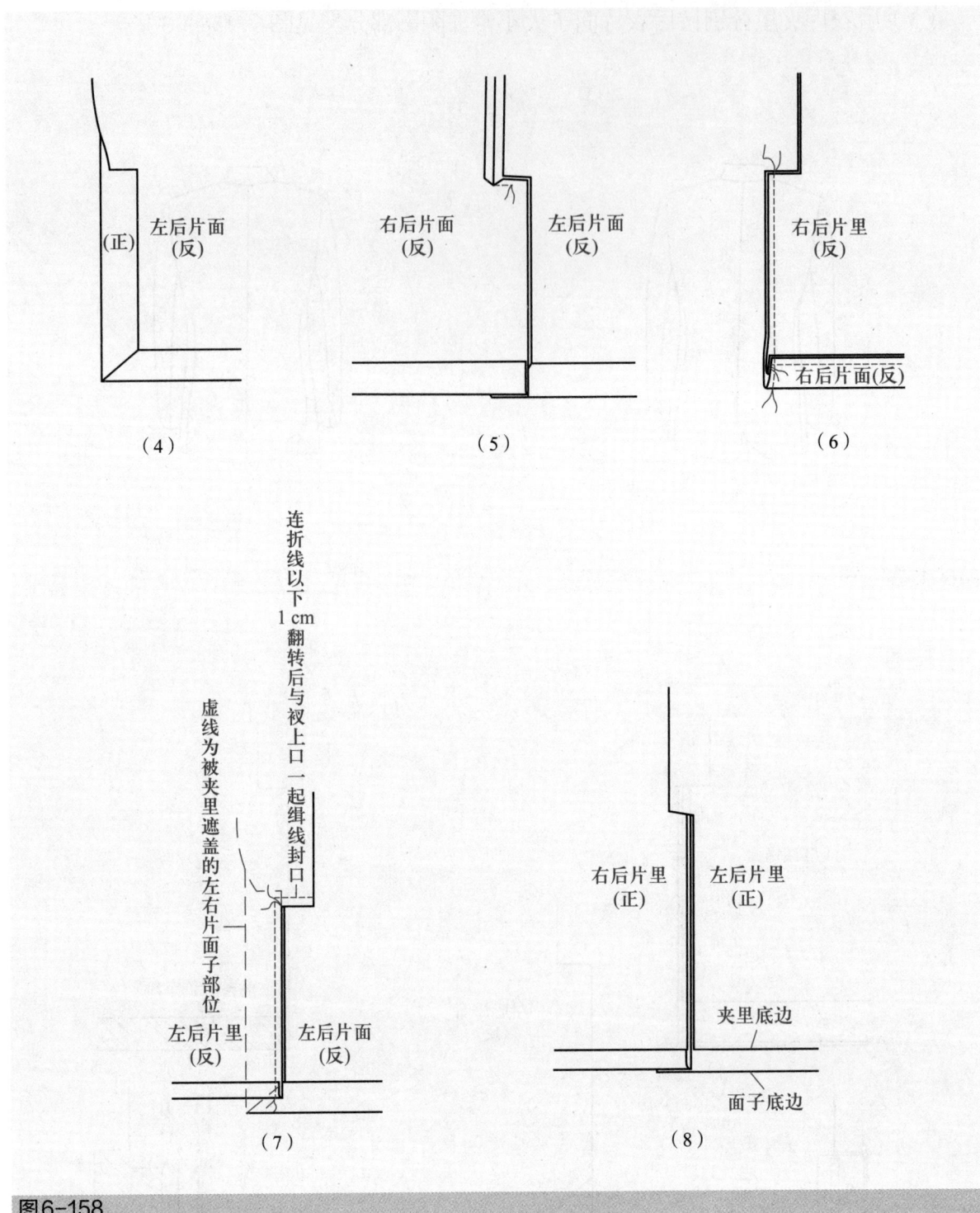

（4）

（5）

（6）

左后片面（正）

左后片面（反）

右后片面（反）

左后片面（反）

右后片里（反）

右后片面（反）

连折线以下1 cm翻转后与衩上口一起缉线封口

虚线为被夹里遮盖的左右片面子部位

左后片里（反）

左后片面（反）

（7）

右后片里（正）

左后片里（正）

夹里底边

面子底边

（8）

图6-158

（4）将左后衣片门襟格背衩贴边与底边贴边缝合，见图6-158（4）。

（5）将后衣片背中缝缉合至衩高后转缉几针，里襟格剪刀眼后分缝烫平，见图6-158（5）。

（6）先将右后衣片面、里底边缝合，再将面、里贴边向夹里方向折转，注意夹里坐势放平，然后沿衩边缝合。见图6-158（6）。

（7）先将左衣片面、里放衩边对齐，夹里底边折上2 cm处平齐面子贴边，从夹里刀眼处向下缝合，再将面里底边缝合，接着把夹里衩以上的衣身翻下。夹里衩上口连折线以下1 cm缝分翻转与衩上口一起缉线封口。见图6-158（7）。

（8）完成的背衩部位。见图6-158（8）。

七、其他西服局部变化

如驳头的宽窄、平斜，肩宽窄、平翘，腰部的直、吸，中腰的高低，衣身的长短等。

八、西服款式变化

（一）女西服

1. 女西服的外形概述　平驳头，门里襟止口下端斜角，双排单粒纽扣，前身直开刀分割，左右斜形双嵌线袋各一个，后身有背缝，装圆袖，袖口开衩，钉一粒装饰纽。见图6-159。

2. 缝制提示

（1）前身开刀分割处做好对档缝制标记。

（2）门里襟止口下端斜角注意不要拉还口。

（3）斜形双嵌线袋参照西裤双嵌线后袋的缝制方法。注意在斜丝绺上开袋时，袋口嵌线要略带紧，防止袋口豁开。

（4）装夹里不用手工缲针，用机器兜缉方法缝制。

（二）休闲男西服

1. 休闲男西服的外形概述　平驳头，门里襟下端止口圆角，单排二粒纽，左右贴袋各一个，左胸手巾袋一个，后身做背衩装圆袖，袖口处开衩，并有三粒装饰纽。见图6-160。

图6-159

图6-160

2. 缝制提示

（1）休闲类男西服前身可以不做挺胸衬，粘一层大身黏合衬即可。

（2）夹里装袖也可配准后机器兜缉。

（3）贴袋参照第五章第三节四袋变化中的贴袋工艺。

（4）除袖口外，所有止口均缉0.4 cm宽的明线。

（三）戗驳领男西服

1. 戗驳领男西服的外形概述　戗驳头，驳头锁插花眼一只，门里襟止口下端直角，双排四粒纽，其中三粒为装饰纽，左右有袋盖双嵌线袋各一个，左胸手巾袋一个，后身做背缝，装圆袖，袖口处开衩，并有四粒装饰纽。见图6-161。

2. 缝制提示

（1）前身配衬参照第二节男西服配衬方法，在戗驳头驳角处增加一层驳角衬。

（2）戗驳领与平驳领的缝制工艺基本相同，区别在于驳角处。在复挂面的时候，戗驳头的驳角处应适当放吃势，以保持驳角的里外匀窝势。另外戗驳头的驳角造型比较尖，在止口兜缉时，驳角处的留缝要小，使之翻出后平薄、服帖。见图6-162。

（3）其余工艺均参照第二节男西服的缝制工艺。

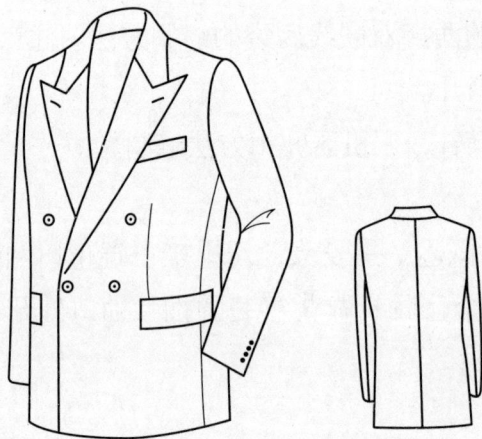

图6-161

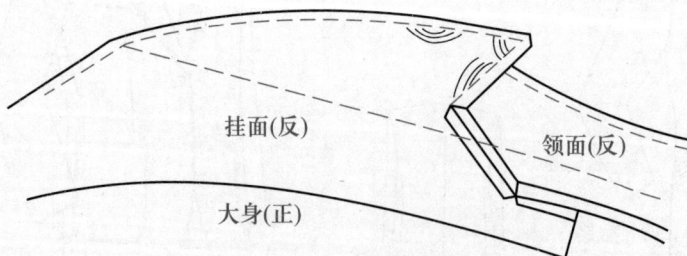

挂面(反)　　领面(反)

大身(正)

图6-162

第五节　西服背心的缝制工艺与款式变化

一、西服背心的外形概述

　　西服背心是男西服的配套成品，前身面料与西服面料相同，后身面料用西服的里料。外形为V形领，前身单排钉五粒纽扣，四开袋，底边尖角。摆缝下端开衩，前后身均收腰省，后身做背缝，后腰束腰带，见图6-163。

二、西服背心的成品规格

单位：cm

号型	前衣长	后衣长	胸围	领围	肩宽	前腰节长
170/88 A	60	52	96	40	38	42.5

三、西服背心的质量要求

　　（1）各部位规格正确。
　　（2）面、里松紧适宜，黏合衬平服。
　　（3）胸部饱满，条格顺直，止口不搅不豁，长短一致。
　　（4）开袋方正，条格相符，袋口不紧不松，两格对称。
　　（5）肩部平服，丝绺顺直，袖窿不紧不松。

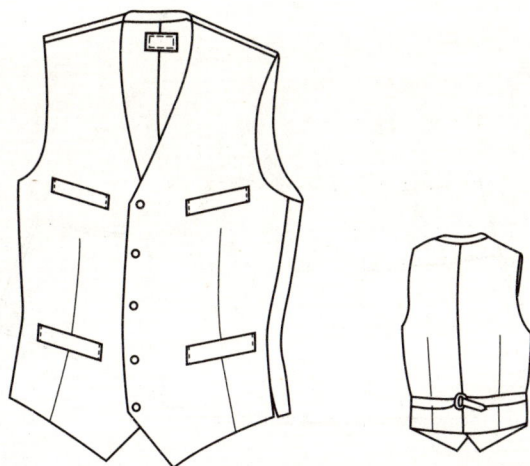

图6-163

（6）背部平挺，背缝顺直，不起吊，摆衩高低一致。

（7）各部位整烫平服，整洁美观。

四、西服背心的部件

1. 面料类　前衣片、挂面、袋爿、领贴条。

2. 夹里类　前身夹里、后身、袋布、后腰带。

3. 衬料类　前衣片用薄型软性有纺黏合衬，袋爿用硬性有纺黏合衬。

4. 其他　拉芯扣、纽扣、丝线。

五、西服背心的工艺流程

粘衬、做缝制标记→收省→推门→做袋爿、开袋→敷牵带→复挂面、翻止口→装领贴条、做摆衩→复前身夹里→做后背、做腰带→拼摆缝、肩缝、兜底边→封腰带、装拉芯扣→缲夹里、锁眼→整烫→钉纽扣。

六、西服背心的缝制

西服背心缝制中的重点和难点是开袋和装领贴边。

1. 粘衬、做缝制标记　主要部位是前片。前片可以全部粘衬，也可以靠摆缝一部分不粘衬。粘衬做缝制标记部位见图6-164。

2. 收省　收省操作方法参照男西服。

3. 推门　推门示意图见图6-165。操作方法参照男西服推门工艺。

4. 做袋爿、开袋　做袋爿与开袋均可参照男西服手巾袋工艺。

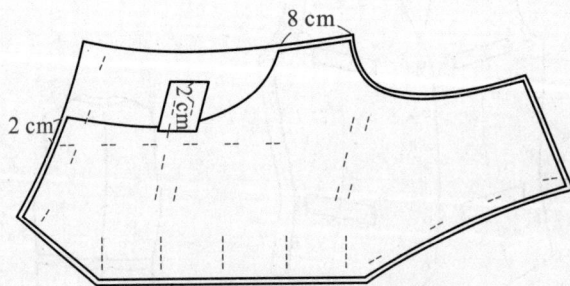

图6-164

5. 敷牵带　敷牵带部位及要求见图6-166。

6. 复挂面、翻止口　上眼位处略紧，止口处平复，腰节处略松，下角处略紧，见图6-167（1）。缉挂面、翻止口方法与西服工艺方法相同。同时将挂面与领贴边交叉部位用缭线定好，见图6-167（2）。

7. 装领贴条、做摆衩

（1）在领贴条内粘斜丝薄黏合衬，对折后用熨斗将其烫弯，以符合领圈造型。然后将领贴条同前身肩缝拼接、分烫，并且将挂面、底边与衬头缭牢。

（2）做摆衩：在摆衩位反面粘上薄黏合衬，以防剪刀眼时角毛出。剪刀眼时注意两格衩长短一定要保持一致。然后将摆衩缝处扣转，烫平，用丝线缲牢，见图6-167（2）。

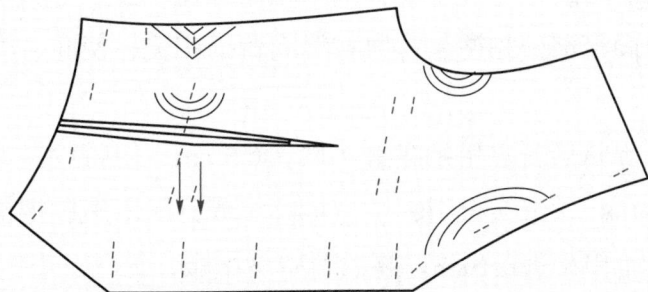

图6-165

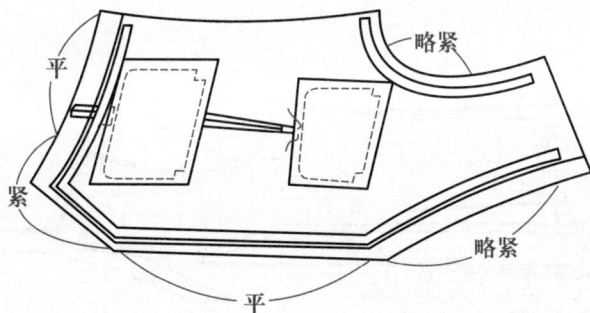

图6-166

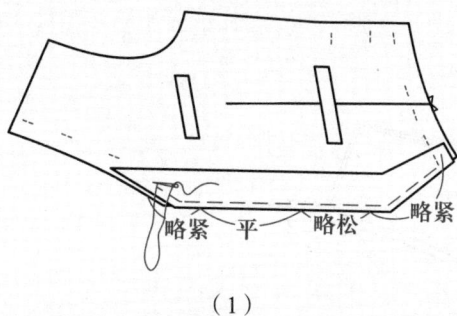

（1）

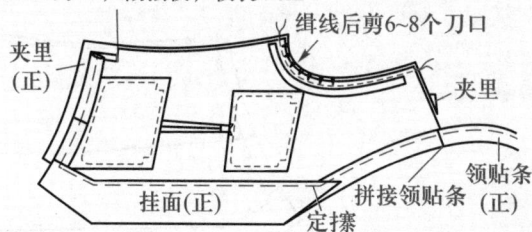

（2）

图6-167

8. 复前身夹里

（1）将前身袖窿与夹里袖窿面对面相合，注意夹里丝绺不能放斜，袖窿攘线一道，使夹里固定。然后沿袖窿净缝缉线，要求缉线圆顺，上下松紧一致，见图6-167（2）。

（2）缉线之后将袖窿缝头朝衬面扣烫，袖窿凹处可剪刀眼，接着将夹里翻转在袖窿上攘线一道，针脚为1 cm，见图6-167（2）、图6-168。

（3）按领口边、挂面、底边、摆衩将夹里扣转并且攘好。注意夹里要顺直，攘线时夹里要略微松一些，以防夹里起吊，影响外观质量，见图6-169。

9. 做后背、做腰带

（1）收省缝：按样板定位收省缝，一般中腰收省1.2 cm，下摆收省0.8 cm，省头要尖，省尖高低一致。

（2）缉背缝：缉后背时由上向下缉，两格松紧保持一致，缝头0.8 cm。然后将背缝坐倒扣烫，背面省缝向摆缝处扣烫。背里省缝向背缝扣烫，使面、里省缝交叉坐倒，避免省缝重叠。

（3）合缉袖窿：先将后背夹里袖窿缝头修去0.3 cm，使后背夹里产生里外匀。接着把后背面、里袖窿按0.8 cm缝头合缉，注意袖窿缉线圆顺。然后把袖窿缝头向背里坐倒扣烫，并翻转正面，背里坐进0.1 cm。将后背熨烫平服，见图6-170。

（4）做腰带：后腰带为一长一短两根腰带。长腰带要做三角宝剑头，短腰带无须封口。机缉之后，分缝烫平翻出。

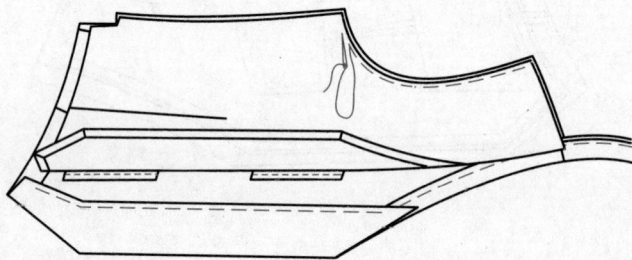

图6-168

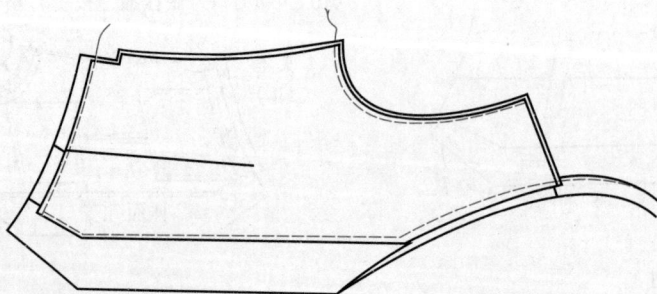

图6-169

10. 拼摆缝、兜底边、拼肩缝

（1）拼摆缝前把长腰带缉在门襟格腰节线居中的位置，短腰带缉在里襟格腰节线居中的位置上。然后把前衣片放在后背缝的夹层中间，用手工撬线一道，再缉线，缉至底边按前身摆衩长转弯。注意前后身摆衩长短一致，摆缝松紧一致，后背底边顺直，见图6-171。

（2）拼肩缝：先把前身肩缝放在后背肩缝的夹层中间，注意外肩点一定要包实包足。然后用手工撬线一道，再缉线。缉时由外肩向里肩缉线，要求肩缝顺直，松紧适宜，肩缝丝绺不歪斜，见图6-172。

（3）翻背里，撬后领：将背里从后领口翻转，肩缝向后背坐倒，后领贴条留出1 cm宽，用手针将后领面、里撬顺，针脚为1 cm，见图6-173。

11. 封腰带、装拉芯扣　将后背腰带放平，高低位置放正，在后腰省缝处缉封口，将拉芯扣装在短腰带上，见图6-173。

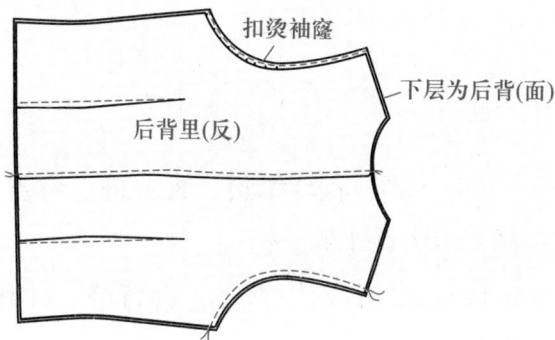

图6-170

图6-171

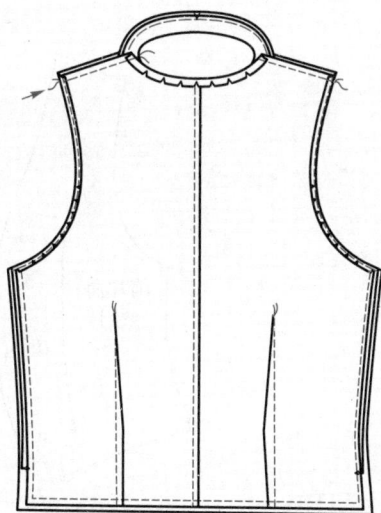

图6-172

图6-173

12. 缲夹里、锁眼

（1）缲夹里部位：前身挂面、底边、摆衩及领圈。然后，将门里襟止口及前袖窿拱针，以防止口倒露，同时在摆衩处打套结。

（2）在门襟格锁横扣眼五个，眼位高低按照线钉，进出离止口约1.3 cm，扣眼大约1.5 cm。

13. 整烫　整烫之前将攃线拆掉，准备好干、湿两块烫布，及圆烫凳、布馒头等熨烫工具。

整烫步骤：

（1）熨烫前衣片。将前身放在布馒头上，从肩胛部、袖窿至胸部、袋口，再到底边熨烫。要求熨烫平服，丝绺顺直，胸部饱满。

（2）熨烫止口。把前身平放在桌板上，将止口烫薄、烫煞。

（3）熨烫后身。将后身放在布馒头上，熨烫平服。

14. 钉纽　纽位与扣眼平齐。钉纽方法与西服钉纽方法相同。

七、背心的简易做法

（1）挂面、领贴、前后衣片的底边粘衬。

（2）做面子：① 前衣片缉省、烫省，见图6-174；② 后衣片缉省、合背缝、烫省、烫背缝，见图6-175；③ 前后衣片合肩缝、烫肩缝，见图6-176。

（3）做里子：① 前衣里与挂面缝合，见图6-177；② 后衣里缉省，合背缝，并和领贴缝合，见图6-178；③ 前后衣里合肩缝，见图6-179。

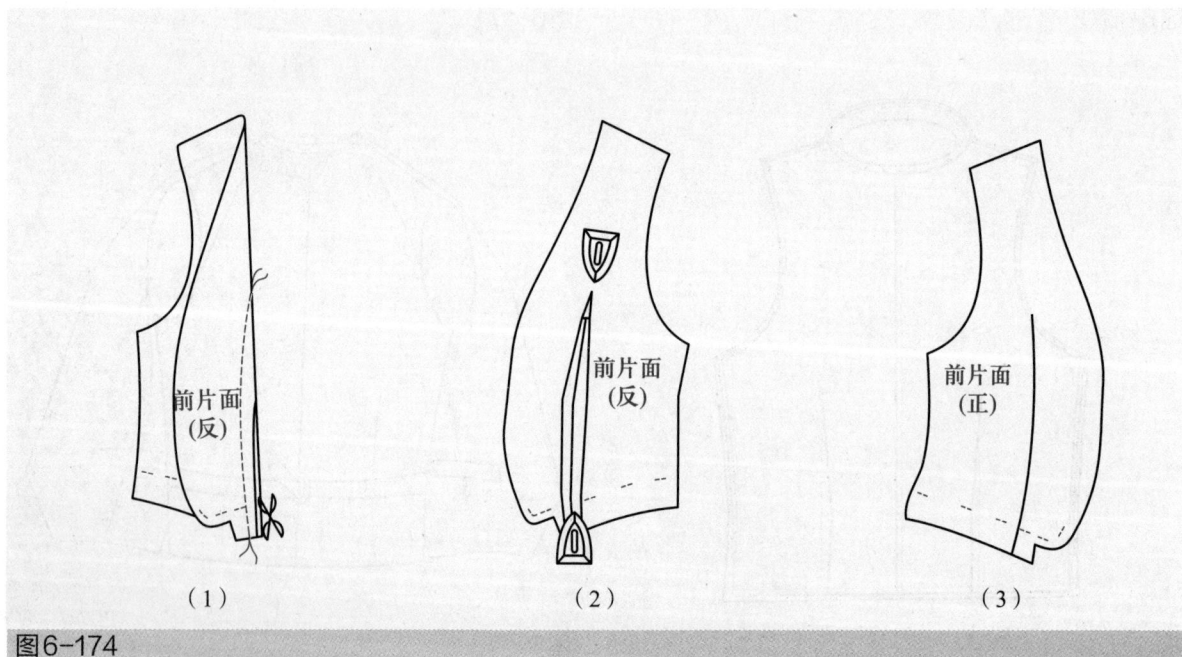

前片面（反）　前片面（反）　前片面（正）

（1）　　　（2）　　　（3）

图6-174

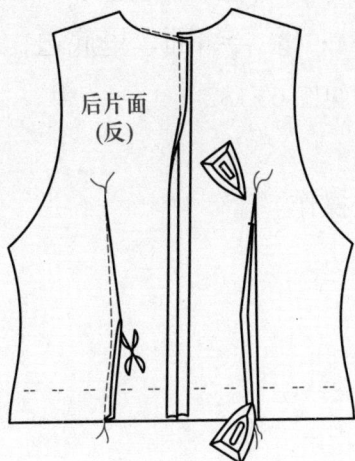

（1）

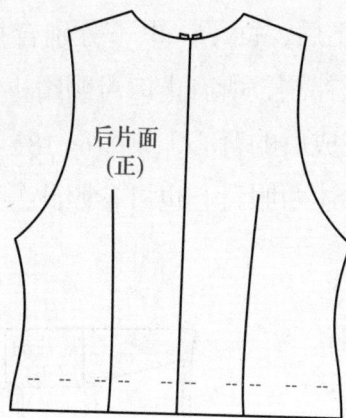

（2）

图6-175

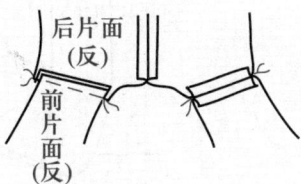

图6-176

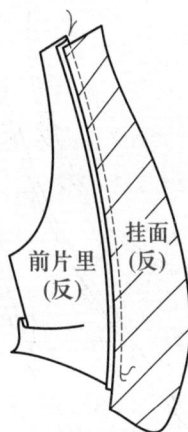

图6-177

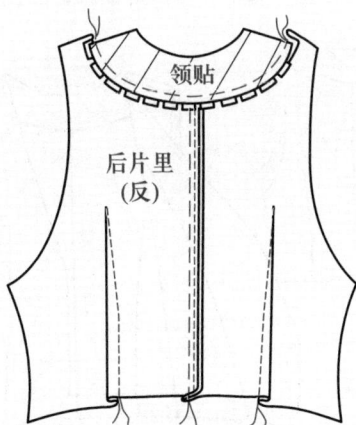

图6-178

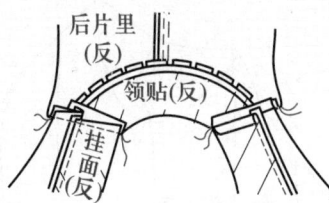

图6-179

（4）装里子：① 面、里门里襟，领圈止口缝合，面里袖窿缝合，见图6-180；② 面里翻正后，面子、里子分别合摆缝，见图6-181；③ 合绱面、里底边，留洞翻转后手工暗缲补洞，所有止口可明缲止口，也可不缲，见图6-182。

（5）完成后的背心，见图6-183。

前面所述西服背心也可参照此方法适当减少手工操作。

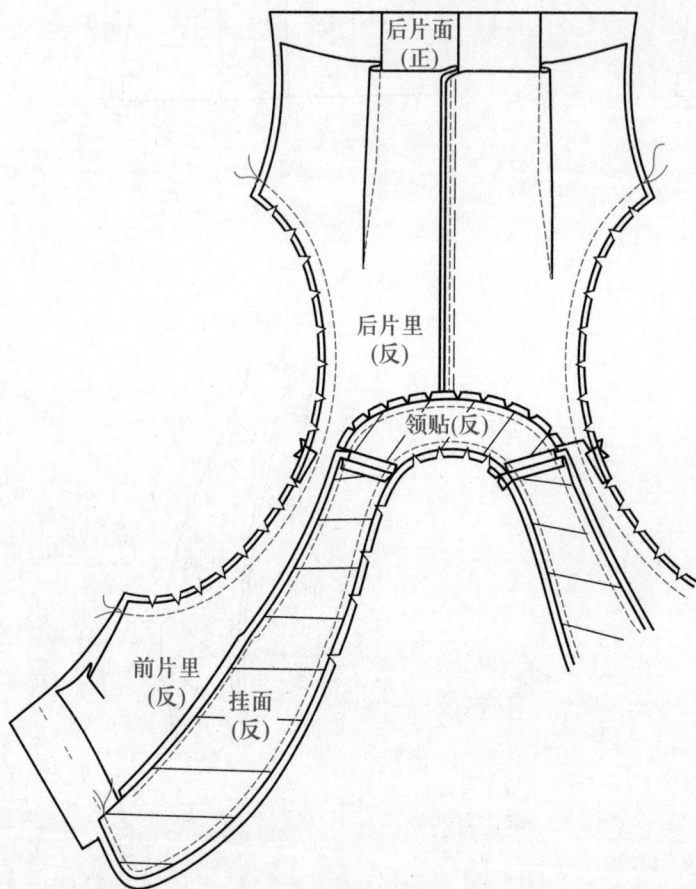

图6-180

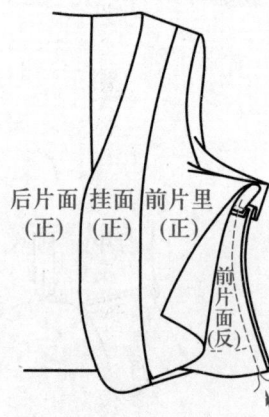

图6-181

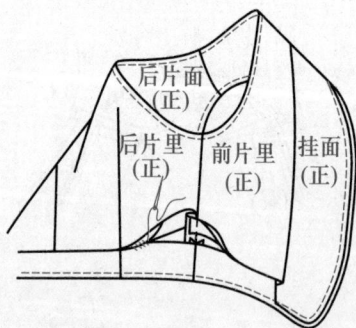

图6-182

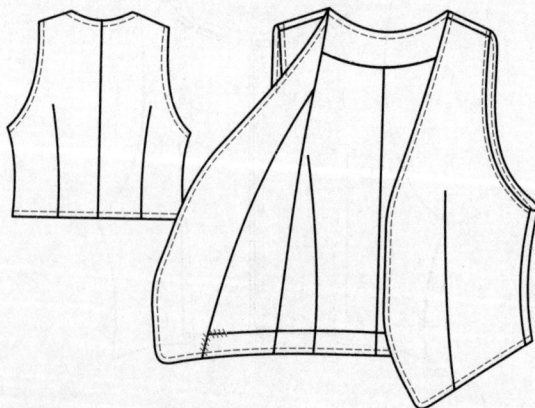

图6-183

（6）西服背心的款式变化

① 双排扣有领背心，见图6-184（1）。

② U形领礼服背心，见图6-184（2）。

③ V形领礼服背心，见图6-184（3）。

④ 骑马用背心，见图6-184（4）。

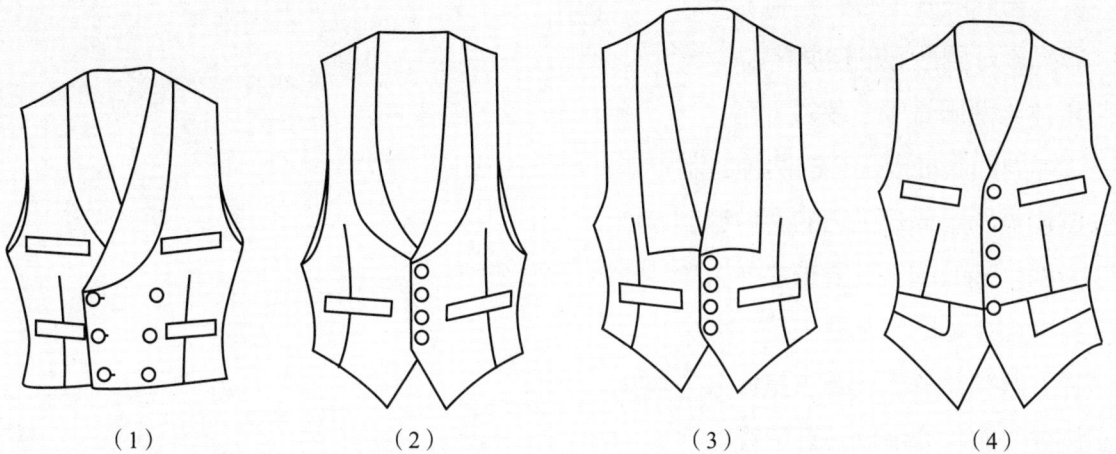

图6-184

思考题

1. 叙述女西服缝制工艺流程。

2. 西服工艺中打线钉起什么作用？打线钉的要求是什么？

3. 怎样做好省缝？

4. 女西服工艺中前衣片、后衣片及袖片的归拔要求是什么？为什么要这样要求？

5. 敷牵带的作用和要求是什么？

6. 简述肩缝抹大的作用。

7. 领里的哪些部位要归？哪些部位要拔？

8. 怎样复好领面和挂面？

9. 试述做袖子的工艺顺序。

10. 装好一副袖子的关键是什么？

11. 试述女西服的整烫顺序及要求。

12. 试述男西服缝制工艺流程。

13. 试述男西服推门工艺的要求和方法。

14. 男西服的胸衬由哪些材料组成的？

15. 试述男西服胸衬的缝制和复衬的方法。

16. 怎样开男西服的手巾袋？

17. 男西服的开大袋工艺要求是什么？

18. 试述男西服开里袋的缝制工艺。

19. 怎样复好男西服的挂面？

20. 试述男西服做领、装领工艺。

21. 试述男西服袖衩工艺的两种缝制方法。

22. 试述男西服背衩工艺的两种缝制方法。

23. 男西服装领的工艺要求是什么？

24. 男西服装袖的工艺要求是什么？

25. 男西服整烫的工艺要求是什么？

26. 试述西服背心缝制工艺流程。

27. 试对西服款式变化中的一款独立进行制作。

第七章

中山服的缝制工艺

第一节 中山服的缝制工艺

一、中山服的外形概述

关门领，领头由翻领和底领组成，前中钉五粒纽扣，前身四贴袋，装袋盖，收腰省、腋下省、领头、袋盖，胸贴袋，门里襟止口均缉明线，袖型为圆装袖，袖口开衩钉装饰纽扣三粒，见图7-1。

二、中山服的成品规格

单位：cm

号型	衣长	胸围	领围	肩宽	袖长	袖口	前腰节长
170/88 A	75	110	41	45	59	15	42.5

三、中山服的质量要求

（1）中山服各部位规格正确，面、里松紧适宜。

（2）领头窝服，装领平服，不歪斜，领角长短一致。

（3）胸部饱满，大身平挺，止口顺直，不搅不翘，腰吸平服。

（4）左右袋位对称，袋角圆顺、方正，袋盖与袋相符。

（5）后背方登平服，肩缝顺直，肩头平挺。

（6）装袖圆顺，前圆后登，前后适宜，无涟、无吊紧现象。

（7）所有明缉线顺直，窄阔一致。

（8）外形整洁美观，熨烫平服，无极光、水花、折痕。

四、中山服的部件

1. 面料类　前衣片，后衣片，大袖片，小袖片，挂面，翻领面，底领面，大袋盖，小袋盖，小袋布，大袋布，耳朵片（薄料翻领里、底领里也用面料）。中山服排料图，见图7-2。

2. 里料类　前衣里，后衣里，大袖里，小袖里，大、小袋盖里，大、小袋口滚条，里袋嵌线、垫头（厚料翻领里、底领里用里料）。

3. 衬料类　大身衬，领衬，挺胸衬，领角衬，袖口衬，袋盖衬，贴边衬，牵带。

4. 其他　绒布斜条，垫肩，领扣，纽扣，线。

五、中山服的工艺流程

粘衬→做缝制标记→收省→推门→做袋→装袋→敷牵带→开里袋→复挂面→翻、缉止口→归拔后背→缉摆缝→兜缉底边固定夹里→拼肩缝→做领→装领→做袖→装袖→缲夹里→锁眼→整烫、钉纽

六、中山服的缝制工艺

中山服在我国享有"国服"之称，是高档男式服装的典型品种之一。学习本章内容时要以中山服的做袋、装袋及做领、装领为重点和难点。

图7-1

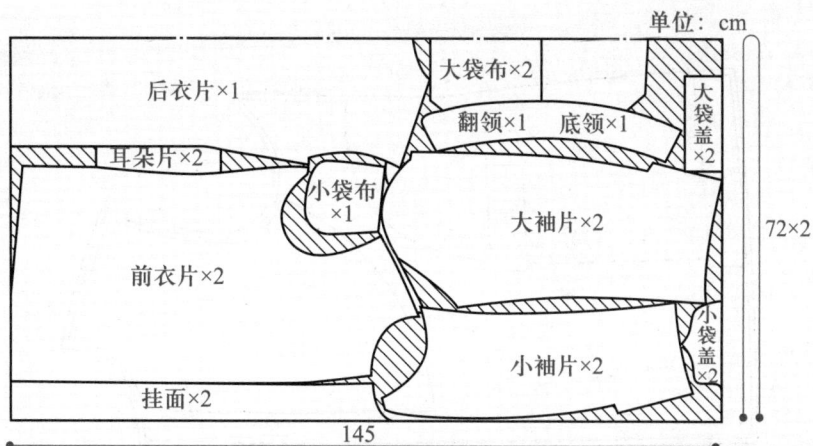

图7-2

（一）粘衬

　　前衣片的大身衬按常规配制。胸衬用薄黏合衬，衣片前居中部位离开叠门线1 cm，下端离开腰节1.5 cm，腋下要离开腋下省缝，见图7-3。前衣片也可以如男西服一样配用精制的组合胸衬，领片用净缝的硬性黏合衬，翻领两角粘领角衬。底领粘衬须把领钩襻缝上后再粘，其余部件粘衬参照男西服。

（二）做缝制标记

　　（1）前衣片：纽位，领缺嘴线，叠门线，腰节线，大袋位，小袋位，胸省线，袖窿装袖对档位，底边线，见图7-3。

　　（2）后衣片：背高线，腰节线，底边线。

　　（3）大、小袖片：偏袖线，袖肘线，袖山对档位，袖衩线，袖口线。

　　（4）大、小袋：净线，对方向标记。大小袋盖，对方向标记。

（三）收省

　　腋下省在腋下10 cm略放0.5 cm吃势。剪、撬、缉、烫腰省、腋下省均参照男西服工艺。

（四）推门

　　推门是中山服缝制工艺的重要手段之一。因为中山服在缝制过程中最容易产生止口搅，腰胁起涟和后背起吊等毛病，而这些质量问题的主要原因除了裁剪因素外，就是衣片的推门工艺的问题了。

　　中山服因有劈门而在腰节线以上止口产生弧线，归拔时必须把胸部胖势向胸部中间归烫，把止口归直，归平。其余部位参照男西服，推门示意图，见图7-4。

（五）做袋

　　1. 做大、小袋盖　袋盖圆角略放层势，夹里不能外露，缉袋盖止口0.4 cm，中间不接线。门襟格小袋盖做插笔洞一个，按小袋盖前端离进1 cm、宽度4 cm，面与里剪刀眼，将面里扣进缲光，再缉笔洞止口，见图7-5。

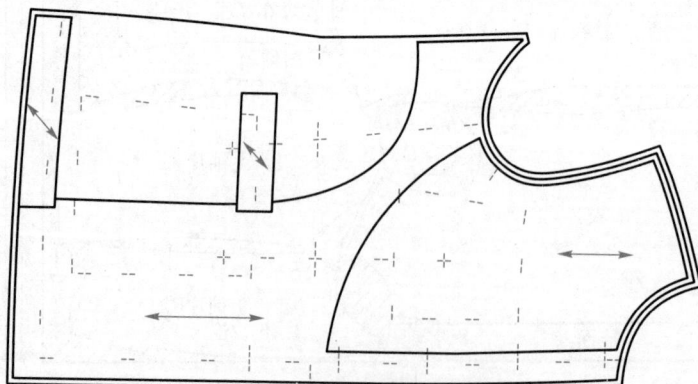

图7-3

2. 做大、小袋　大、小袋袋口用直丝里料滚边，反面中间垫本色料一块，以增加钉纽牢度。袋布其他三边锁边。大袋下角机缉分缝烫开，翻转后三边缝头按袋净缝扣转烫平。小袋底及圆角处缝线抽层势，使小袋圆角自然扣转缝头后烫平，见图7-6。

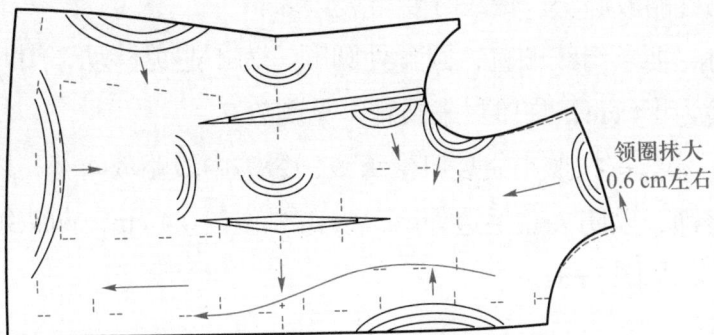

图7-4

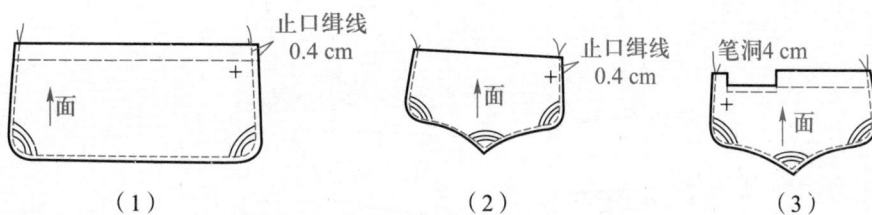

止口缉线
0.4 cm

（1）

止口缉线
0.4 cm

（2）

笔洞4 cm

（3）

图7-5

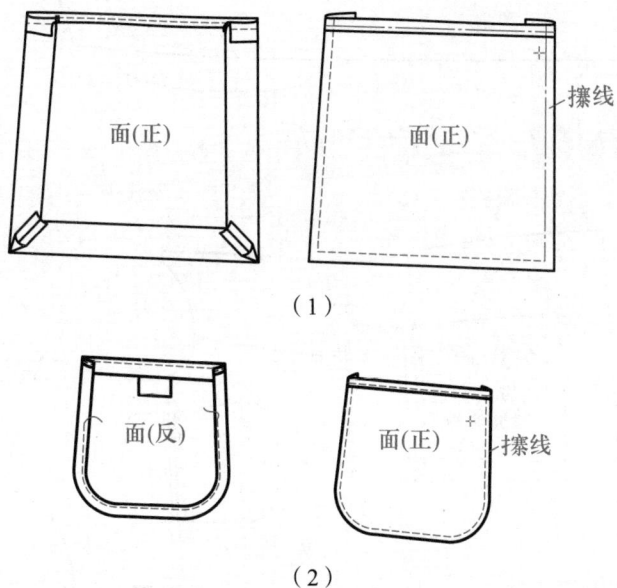

面(正)

面(正)

搀线

（1）

面(反)

面(正)

搀线

（2）

图7-6

（六）装袋

中山服要求左右两格对称，口袋是主要的对称部位。经过推门、复衬之后，衣片丝绺有了变化。所以，在贴袋前必须重新复核袋位，及时调整。

1. 撩、缉小袋

（1）小袋的位置在胸部胖势部位，撩小袋时应将布馒头垫在胸部之下，使小袋有相应的胖势，两圆角处略放层势。撩线时要沿袋边缘。

（2）缉小袋时，要求缉线顺直，圆角处圆顺。为了避免移动，缉时可将薄纸板压在上面缉。止口缉线为 0.4 cm，袋口封来回针，见图7-7。

2. 缉小袋盖　小袋盖按照小袋袋口位缉线，袋盖中段略放吃势，以免胸部瘪落。缉好后把多余缝头修净，以防袋盖毛边外露。袋盖缉止口 0.4 cm，两头缉倒回针封牢，把线头引向反面打结，见图7-8。

3. 撩、缉大袋

（1）将大袋位胖势放在布馒头上撩大袋，使大袋有相应的胖势，两袋角略放吃势，撩线离进袋边约1 cm左右，见图7-7。

（2）沿袋贴边暗兜一周。缉线顺直，松紧一致。缉好之后，前后袋角封口，封口长

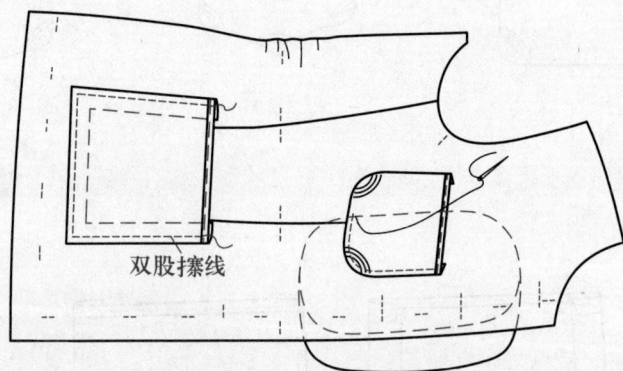

双股撩线

图7-7

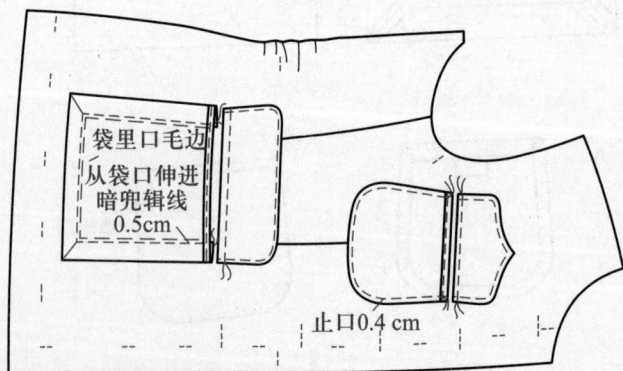

袋里口毛边
从袋口伸进
暗兜缉线
0.5cm

止口0.4 cm

图7-8

1 cm，离进袋口边0.5 cm，见图7-8。

4. 缉大袋盖　大袋盖按袋口位缉线，袋盖中段略放吃势，保持袋口胖势。缉好之后，把多余缝头修净，以防袋盖毛边外露。袋盖缉止口0.4 cm，两头来回针封牢，把线头引向反面打结，见图7-8。

（七）敷牵带

先把贴袋的攥线拆除，然后放在布馒头上，熨烫胸部、大小袋、腰吸及止口，要求饱满、平挺。然后画好止口净线用1.2 cm宽的直斜料黏合牵带，按净线离进0.2 cm敷牵带。在胸部处牵带紧些，在腰节部位牵带平敷，底边下角处牵带略紧，见图7-9。

（八）开里袋（做滚嵌里袋）

（1）先将夹里省缝收好，然后把耳朵片粘上黏合衬，同前身夹里拼接，缝子朝夹里坐倒烫平，省缝朝摆缝夹里坐倒烫平。拼接挂面时，先将夹里同挂面攥牢，夹里在腰节处略放吃势，以防夹里吊紧。然后在耳朵片处挂面剪刀眼分烫。按拼接缝离进耳朵片1 cm，居中画袋口线，袋口大14 cm，见图7-10。

（2）里袋嵌线为斜丝绺：里料如有斜纹，斜丝绺要断斜纹取料。将嵌线粘上薄黏合衬。在嵌线上用粉印画上袋口大位置，然后缉线，缉嵌线宽为0.6 cm，两头缉三角形，

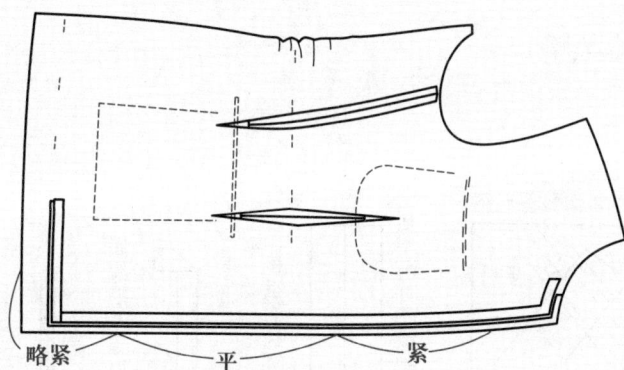

图7-9

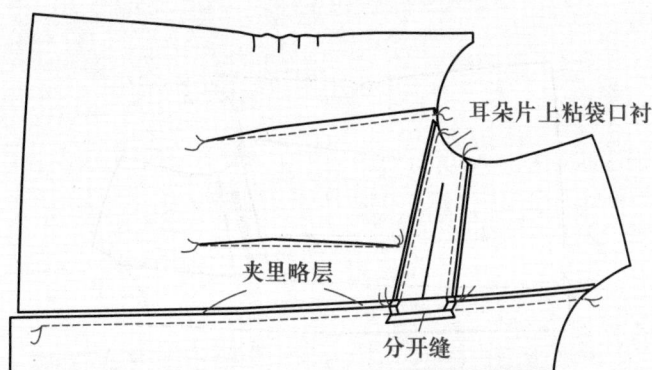

图7-10

两条缉线要保持平行。嵌线中间剪开后将滚条布折转，嵌线密实，滚条宽窄对称，嵌线上缉0.1 cm止口。三角处封来回针。见图7-11。

接袋布方法与西服开里袋工艺相同。

（九）复挂面

1. 先复里襟格挂面 挂面与前片止口放齐，攥线由上向下，离进止口1.5 cm，针脚1.5 cm。攥线时在领嘴及下角处挂面拉紧，产生里外匀，在腰节中段挂面略放吃势，以免止口因挂面过紧引起面子起皱。复门襟格时要注意挂面两格位置高低一致，见图7-12。

2. 缉止口 按照止口净线合缉顺直。门襟格由上向下缉线，里襟格则相反。缉好之后把攥线抽掉，吃势烫平，见图7-13。

（十）翻、缉止口

中山服的修止口、翻攥止口、定挂面、修夹里均可参照男西服工艺。中山服止口烫平、烫煞后要缉止口明线，从领缺嘴至底边转弯至大袋口前端平齐，止口宽度0.4 cm，见图7-14。

（十一）归拔后背

中山服归拔后背与男西服归拔后背相同，中山服后身不做背缝，所以更应在背中部位加大归拔量，在腰节处拔开，同时把肩胛部位推胖。归拔部位、方法均参照男西服工艺。

（十二）缉摆缝

同男西服工艺，本节略。

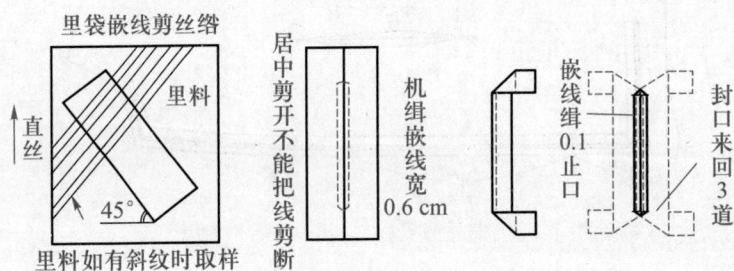

（1）

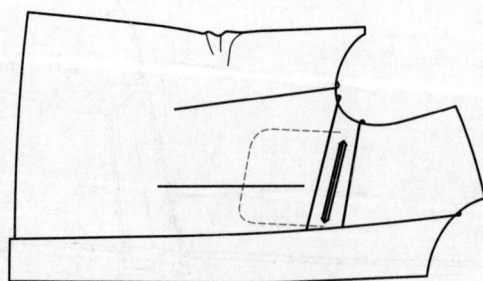

（2）

图7-11

（十三）兜缉底边、固定夹里

同男西服工艺，本节略。

（十四）拼肩缝

缉、烫肩缝同男西服工艺。中山服装领与男西服装领工艺不同，所以在拼肩缝完成后要将衣里翻出，反面朝外挂在胸架上，夹里放平，在近里肩处攥定4 cm左右留出垫肩部位，然后将领圈部位面、里用倒钩针合扎，针距1 cm左右，见图7-15。

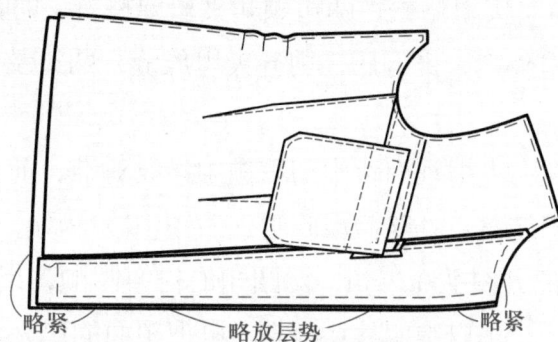

略紧　　略放层势　　略紧

图7-12

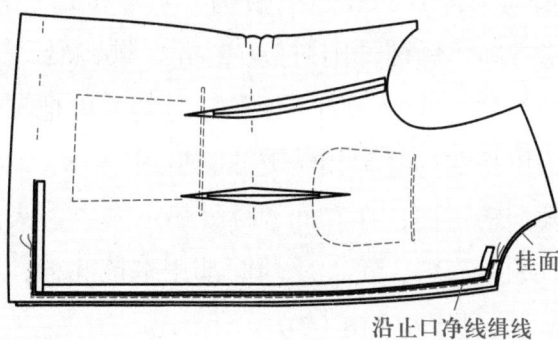

挂面

沿止口净线缉线

图7-13

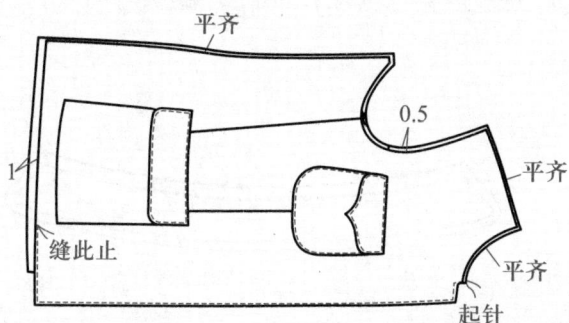

平齐

0.5

平齐

1

平齐

缝此止

起针

图7-14

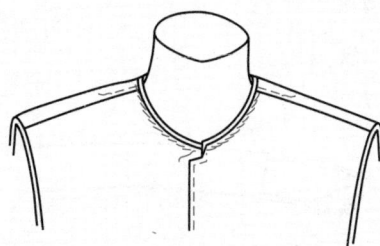

图7-15

（十五）做领

领头的质量对整件中山服造型是非常重要的，做领时一定要注意领角的窝服及领角的对称。

中山服的领衬取净样，采用硬性的黏合黄衬或树脂衬，翻领、底领领衬用横丝绺，翻领领角衬用斜丝绺。

中山装立翻领

1. 做翻领

（1）将剪准确的翻领领角衬无黏胶一面与翻领衬有黏胶一面相叠，位置放准后擦牢或缉线一周固定。然后一起粘上领里，注意黏烫时领里在上，从领中心部位向两边熨烫，领中心的10 cm左右夹里略松，两边领角夹里要捋挺，略带紧烫出，使翻领衬自然卷曲窝服，有足够的里外匀，烫好后，剪齐夹里放缝，两边及外口放0.8 cm，上口放1.5 cm，见图7-16。

（2）擦、缉、翻领面：先把领面背中与后领中条纹对准，前角两边条纹对称。复擦两领角要略放吃势，过肩转折点处略微放吃势，后领中段平敷。擦线针脚为1 cm，擦好后将吃势烫平。缝缉时离开衬头0.1 cm，两圆角沿衬缉圆顺，缉好后把缝头修剪圆顺，留出缝头0.3 cm。翻好后，止口缉明线0.4 cm。再把领面的里外匀窝势扣转，上口缉线固定，见图7-17。

2. 做底领

（1）将底领衬比原样板裁窄0.2 cm。把领钩、领襻机缉在衬头上面。注意领钩为左，领襻为右，不要钉错方向，领襻伸出衬头0.2 cm，领钩沿口平齐，见图7-18（1）。

（2）粘底领：将底领衬粘上底领，为了使领角薄匀，可把领角衬及领角面料修剪一些，四周留0.6 cm缝头，再将四周缝头扣转烫煞，见图7-18（2）。

（3）缉底领：将底领翻转正面，在右面领袢处垫上领小舌头。小舌头宽约2 cm，长约1.5 cm，做成小圆头。如是薄料，正、反两面都用本色面料；如是呢料，则反面用夹里，然后缉0.5 cm止口一周，见图7-18（3）。

3. 合翻领、底领

（1）先将翻领、底领居中做好刀眼。机缉时把底领压在翻领反面缝头上，离开翻领衬0.15 cm。注意离开距离大了会产生翻领、底领落空现象，而离开距离小了则会产生

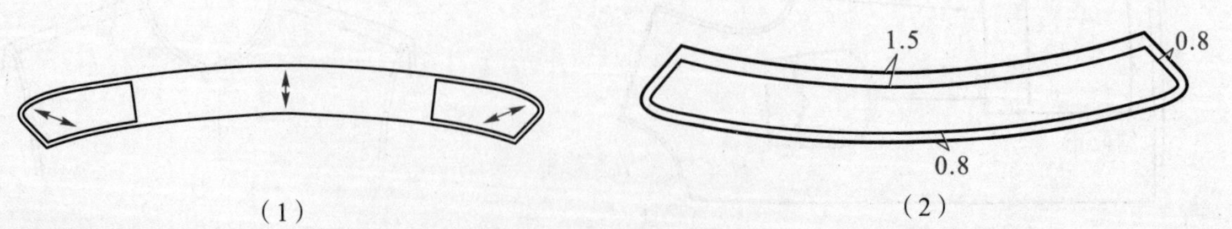

（1）　（2）

图7-16

翻领翻不下来的现象和翻领外翘现象。把前领角上下对齐，在肩胛转弯处翻领放吃势约0.6 cm，后中对准，缉止口线为0.15 cm。合缉后，将领钩钩好，检查领头是否端正，见图7-19。

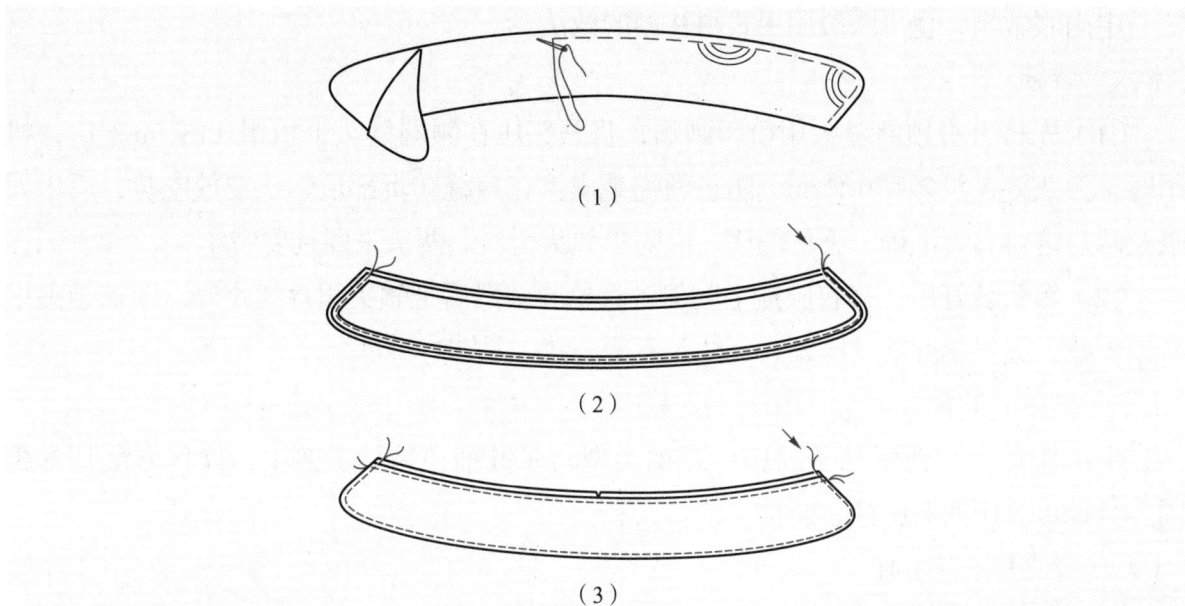

（1）

（2）

（3）

图7-17

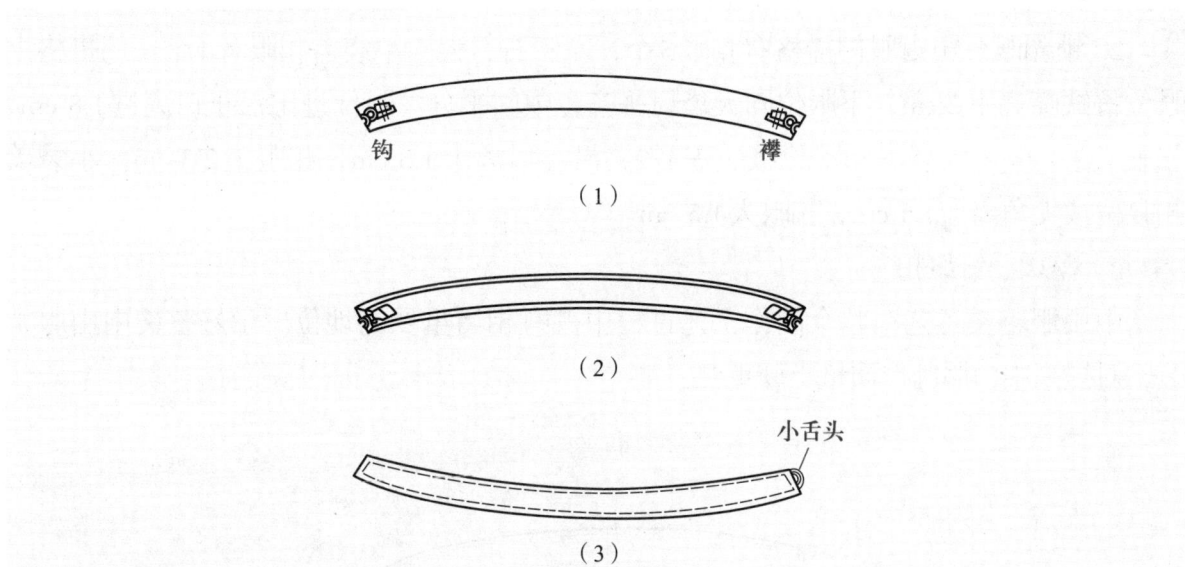

钩　　　　襻

（1）

（2）

小舌头

（3）

图7-18

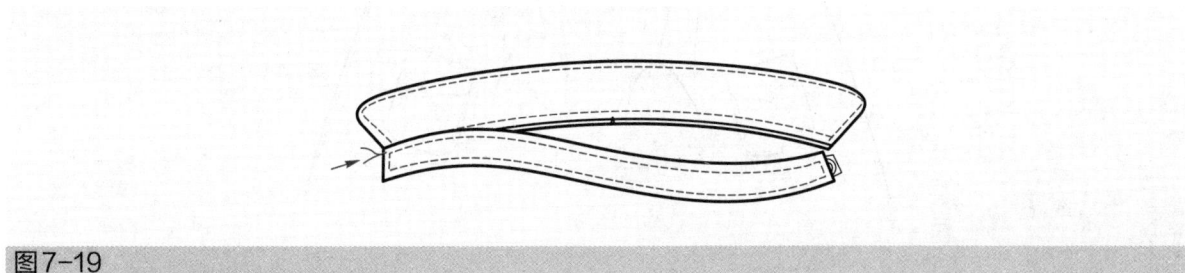

图7-19

（2）将底领夹里扣转0.8 cm，烫平。领中对准，按合翻领、底领的缉线，缉领夹里，止口为0.15 cm。领夹里要略拉紧，缉线要顺直。

（3）将底领放平，领夹里三面各放0.8 cm，多余的修剪掉。同时做好底领对肩缝粉印记号。

中山服做领，也可以参照男式衬衫领的做法。

（十六）装领

（1）先将大身领圈缝头用粉印画顺，将领头压在领圈缝头上机缉0.15 cm止口，机缉时，领头要盖没领嘴0.1 cm，防止领嘴毛出。在肩缝转折部位领头要放吃势，后中刀眼及两肩缝对刀要准确，不可偏移，以防止领头歪斜。两头来回针要缉牢。

（2）领头装好后，将衣服挂上胸架进行检验。然后把领夹里攘线定好。要求领夹里拉紧一些，夹里正好盖没压领线，两头宽窄一致，见图7-20。

（十七）做袖、装袖

中山服袖子与西服袖子同属于圆袖类型，在做袖、装袖工艺上，操作方法基本相同。具体可参照西服做袖、装袖工艺。

（十八）缲夹里、锁扣眼

1. 缲夹里　中山服缲夹里部位有底领夹里、肩缝夹里、袖窿夹里。底边挂面处缲针时，要求线迹整齐、顺直，抽线松紧适度，针距每3 cm为10针或12针。

2. 锁扣眼　中山服门襟格有扣眼5个，左、右、大、小袋盖扣眼各1个。门襟格上眼位按缺嘴离下2 cm，下眼位同大袋口平齐，中间平分。眼位进出沿止口离进1.8 cm，扣眼大2.3 cm。大袋盖扣眼位按袋盖1/2，沿止口离上1.5 cm，扣眼大2.3 cm。小袋盖扣眼位按尖角离上1.5 cm，扣眼大1.5 cm。

（十九）整烫、钉纽扣

中山服整烫工艺在整个制作工艺过程中占有相当重要的地位。学好整烫中山服工艺，对提高中山服制作质量十分重要。

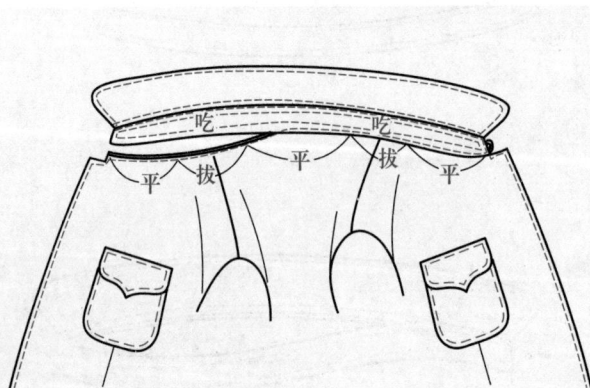

图7-20

（1）整烫步骤：① 烫袖缝；② 轧袖窿；③ 烫肩缝、烫袖山头；④ 烫胸部；⑤ 烫大、小袋及省缝；⑥ 烫摆缝；⑦ 烫后背；⑧ 烫止口、挂面；⑨ 烫底边；⑩ 烫领头；⑪ 烫夹里。

（2）整烫工艺：中山服整烫工艺中，如袖窿、袖子、肩缝、胸部及后背等部位的整烫，与西服整烫工艺要求相同，故在此不赘述。

以下介绍其他部位的整烫工艺：① 烫大、小袋。熨烫时要将大、小袋放在布馒头上，上盖干、湿两块烫布。熨烫后要注意袋盖的窝服。② 烫止口。将止口敷平在桌板上。熨烫后用硬木块压止口，使止口既薄又挺。如有止口不顺直之处，用熨斗将其拔烫顺直。要求两格止口长短一致，然后翻转，把挂面烫平服。③ 烫领头。熨烫领头主要是烫两领角。将翻领放平，在反面盖湿布熨烫。然后将两领角卷起，使领角产生窝势，见图7-21。

（3）钉纽扣：钉纽扣位置根据扣眼位来确定，袖衩上左、右各钉三粒装饰纽。注意不能将袖夹里钉牢，见图7-22。

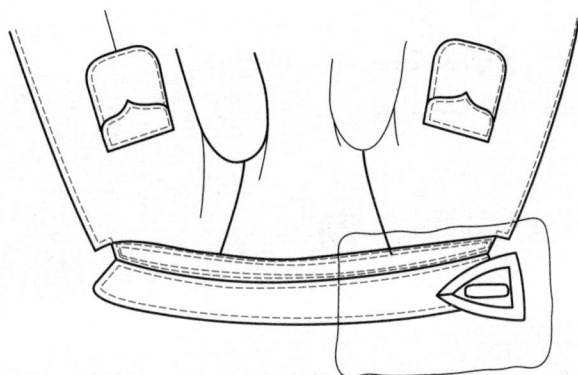

图7-21

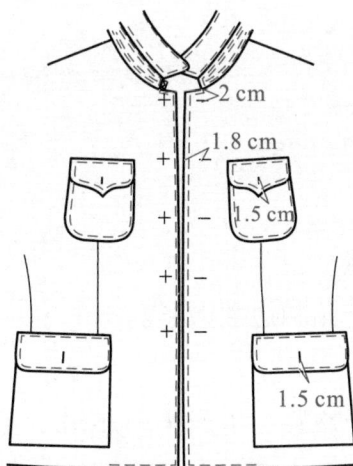

图7-22

第二节　中山服常见缺陷分析

一、领偏斜

系上纽扣后，领头单边偏斜，扣位不居中，见图7-23。

1. 产生原因：

（1）装领缺嘴有大小或两边肩缝有大小。

（2）装领对档错位。

2. 修正方法：

（1）装领前检查左右领缺嘴大小是否一致，左右领圈长短是否一致。

（2）装领前检查领与领圈的对档标记是否正确。

二、门里襟止口弯曲起宽

门里襟止口不直还口，见图7-24。

1. 产生原因：

（1）缉止口不直。

（2）敷牵带太松或烫止口时把止口拔宽。

2. 修正方法：

（1）缉止口要直不要缉还。

（2）敷牵带时不能太松，在胸部处还要带紧。烫止口时要把止口烫薄烫煞，但不能把止口烫长，要向下用力压烫。

三、门里襟止口下角起翘

门里襟止口下角不平，见图7-25。

1. 产生原因：

（1）缉止口时下角挂面太松。

（2）敷牵带时松紧不当，下角两边敷太紧。

2. 修正方法：

（1）缉止口下角两边挂面要略紧，可产生里外匀。

（2）敷牵带在止口下角两边要略紧，使下角自然向里窝服，但不能太紧，太紧就会起翘不平。

四、门里襟止口搅、豁

（一）门襟止口搅，门里襟止口向里偏，见图7-26（1）

1. 产生原因：

（1）敷止口牵带太急，复挂面在腰部太紧。

（2）前衣片归拔不到位。

（3）后衣片摆缝有松度，后摆缝松了摆缝就向前片方向偏，使门里襟止口也向里偏。

（4）垫肩厚度不足使肩部向下塌落，袖窿下沉影响到门里襟止口向里偏。

2. 修正方法：

（1）敷止口牵带在胸部处要带紧些，但在腰部一段都要平敷。复挂面时挂面在腰部一段要略放吃势。

（2）前衣片腰节胁势要推出，胸省腰胁以下及门里襟直线伸长不足，关门领前胸部位直丝拔推不足。

（3）前后衣片摆缝应松紧一致。

（4）垫肩加厚使肩部平挺。

（二）门里襟止口豁，门里襟止口向外偏，见图7-26（2）

1. 产生原因：

（1）敷止口牵带太松，复挂面在腰部太松。

（2）前衣片归拔太过。

（3）前衣片摆缝有松度。前摆缝松了摆缝就向后片方向偏，使门里襟止口向外偏。

（4）垫肩太厚使肩部向上抬高，袖窿向上牵拉影响到门里襟止口向外偏。

2. 修正方法：

（1）敷止口牵带在胸部处要带紧些，腰部平敷但不能松。复挂面在腰部吃势不能

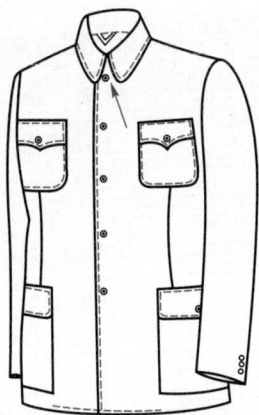

图7-23

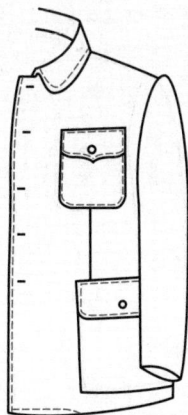

图7-24

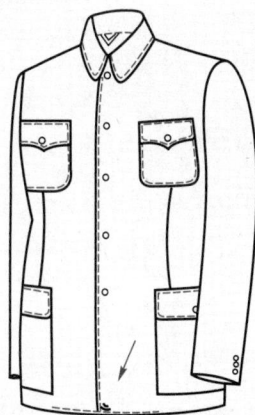

图7-25

过多。

（2）前衣片归拔应到位，但不能太过。

（3）前后衣片摆缝应松紧一致。

（4）垫肩改薄，使肩部放平。

五、袋盖角外翘

袋盖角起翘不平服，见图7-27。

1. 产生原因：

（1）袋盖面、里的裁配或缝缉处理不当，都会使袋盖面子紧夹里松。

（2）熨烫不当，熨烫时面里没有烫出里外匀。熨烫温度过高使袋盖面料收缩。

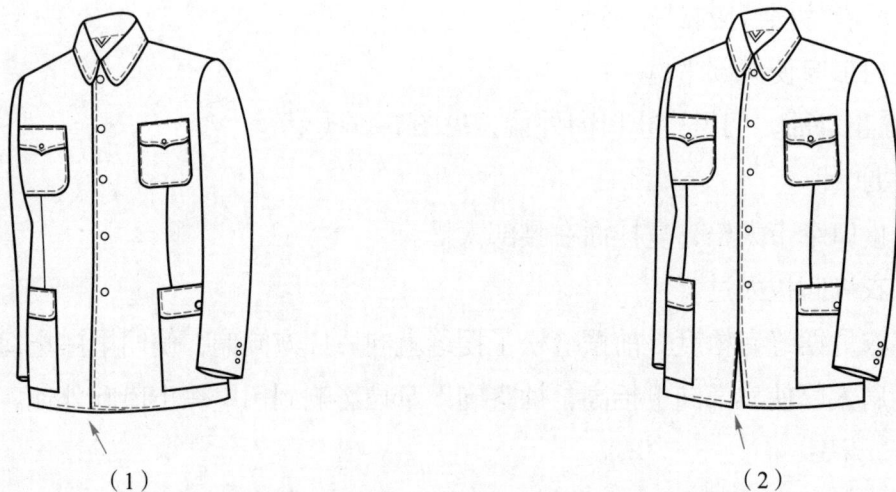

（1）　　　　　　　　　　　　　（2）

图7-26

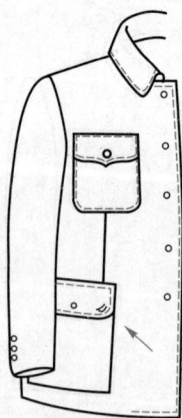

图7-27

2. 修正方法：

（1）裁配袋盖面子要宽于夹里，袋盖圆角处面子要放吃势，使圆角向里窝服，袋盖止口夹里也不会外露。

（2）熨烫温度要根据不同面料的耐热度进行调节，温度过高会使织物收缩变形甚至烫脆、烫化。温度过低又达不到定型的效果，所以要正确掌握熨烫技术。

以上缺陷分析也可借鉴运用于其他上装类服装。

第三节　中山服款式变化

中山服款式变化，其基本造型不变。仍以三开身关门领，圆袖为主要特征。在局部如领、袋、门襟等部位作变化。

运用前面章节中学习过的工艺方法就可以完成其局部变化的缝制。

一、中山服款式变化之一——军便服

军便服的外形概述：立翻领，门襟开扣眼五个，前身开袋四个，装袋盖，收胸腰省、腋下省，装圆袖，袖口无袖衩，门里襟、袋盖、领头止口均缉明线，见图7-28。

图7-28

二、中山服款式变化之二——学生服

学生服的外形概述：立领，门襟开扣眼五个，前身开袋三个，两个大袋装袋盖，收胸腰省、腋下省，装圆袖，袖口无袖衩，门里襟、袋盖、袋片、领头止口均缉明线，见图7-29。

三、中山服款式变化之三——青年服

青年服的外形概述：立翻领，暗门襟，前身贴袋三个，收胸腰省、腋下省，装圆袖，门里襟、贴袋、领头止口均缉明线，见图7-30。

图7-29

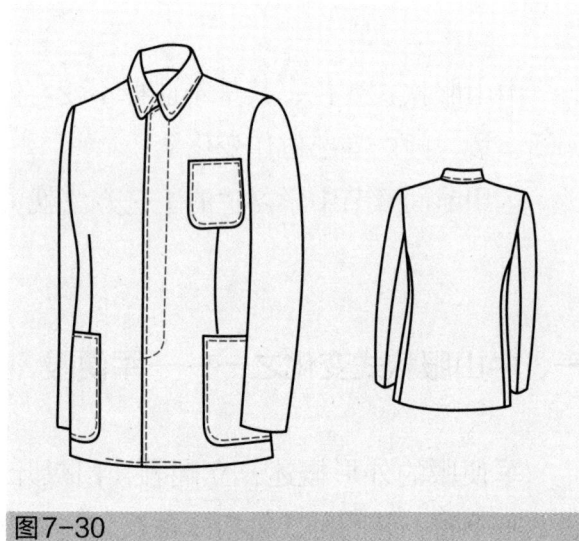

图7-30

思考题

1. 试述中山服缝制工艺流程。
2. 中山服推、归、拔的工艺要求是什么？
3. 中山服做袋、装袋的工艺要求是什么？
4. 试述中山服滚嵌里袋的缝制方法。
5. 中山服做领、装领的工艺要求是什么？

6. 中山服复挂面要注意什么？

7. 中山服的对称要求高，在缝制工艺过程中要注意哪些环节？

8. 试分析中山服缝制工艺与西服缝制工艺的异同。

9. 试对中山服款式变化中的一款独立进行制作。

第八章

大衣的缝制工艺

第一节　女大衣的缝制工艺

一、女大衣的外形概述

立翻两用领，前身暗门襟、钉暗纽扣五粒，领口钉一粒明纽扣，左右贴袋各一个，直腰身，袖型为插肩袖，见图8-1。

二、女大衣的成品规格

单位: cm

号型	衣长	胸围	领围	肩宽	袖长	袖口	前腰节长	胸高位
180/84 A	105	110	40	44	56	16	41	25

三、女大衣的质量要求

（1）各部位规格正确，面里松紧适宜。

（2）外观清晰，线条顺直。

（3）肩头平挺，袖子平整，中缝不吊不涟。

图8-1

（4）暗门襟平服，门里襟长短一致，丝绺顺直，不搅不豁，两袋对称，后背平整。

（5）里外整洁平整，无污渍、无极光、无水花等。

四、女大衣的部件

1. **面料类**　前衣片，后衣片，前袖片，后袖片，领面，领里，贴袋，挂面。

2. **里料类**　前衣里，后衣里，前袖里，后袖里，暗门襟贴边，贴袋里，滚条。

3. **衬料类**　前衣片大身衬，后领圈衬，领衬，袖片衬，贴袋衬，贴边衬，牵带。

4. **其他**　垫肩一副，纽扣一大五小，线。

五、女大衣的工艺流程

粘衬→做缝制标志→做装贴袋→前后衣片敷牵带→做门襟格暗门襟→做前身夹里→复挂面、翻止口→合缉摆缝、做底边→做袖→装袖→做、装领→缉暗门襟明线→固定面、里→整烫、钉纽扣

六、女大衣的缝制要点

本节以装袖工艺及暗门襟工艺为重点和难点：

（1）插肩袖是袖型变化造型之一，具有优美的外观和独特的装袖工艺。学好插肩袖的装袖工艺对增加袖型结构变化的了解和提高装袖制作工艺都会有很大的帮助。

（2）暗门襟的一般做法在春秋衫变化章节中学习过，但是大衣的暗门襟做法有所不同，由于大衣的面料一般较厚，所以暗门襟处为减少止口厚度，要错开缝制，要把暗门襟做平服也是非常重要的。

（一）粘衬

1. **前衣片**　大身衬至少要超过前衣片胸围的1/2，袋位衬超过贴袋四周2 cm。底边贴边向上1 cm粘衬。

2. **挂面和暗门襟挂面贴边**　挂面全部粘衬，暗门襟大身贴边和挂面贴边全部粘薄黏合衬。

3. **后衣片**　后领圈向下10～12 cm粘衬，底边贴边及向上1 cm粘衬。

4. **袖片**　前后袖片插肩部位及肩点向下6～7 cm，袖底向下3～4 cm粘衬。前后袖片贴边及向上1 cm粘衬。袖片上段也可不粘衬，在插肩部位缝份上敷上牵带即可。

5. **领片**　领面、领里全粘衬，前片大身衬略厚，其余部位均用薄黏合衬。

（二）做缝制标记

1. 前衣片　叠门线，暗门襟止口线，袋位，腰节线，底边线，装袖对档位。

2. 后衣片　腰节线，底边线，装袖对档位。

3. 袖片　外肩点，袖口线，装袖对档位。

（三）做门襟格暗门襟

（1）装暗门襟挂面贴边：将暗门襟挂面贴边缉上挂面，注意上下层松紧一致，缉线顺直。接着在上下两角对准缉线止点剪刀眼，见图8-2。

（2）缉止口，锁扣眼：将贴边翻转到正面。缉0.15 cm止口。并机锁或手工锁扣眼，见图8-3。

（3）固定暗门襟大身贴边：将暗门襟大身贴边与挂面暗门襟上下两端封口固定，并把上口二层贴边也缉线固定，见图8-4。

（4）将上述固定暗门襟大身贴边处的集中缝头分开，以减少止口厚度，再用来回针

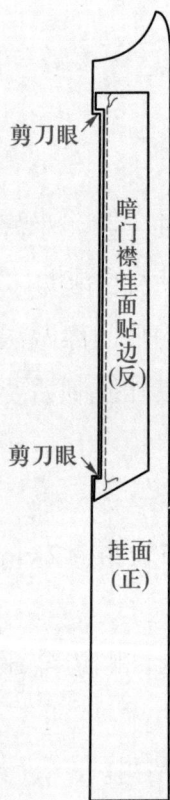

图8-2

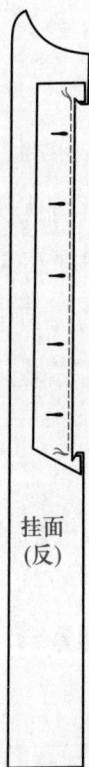

图8-3

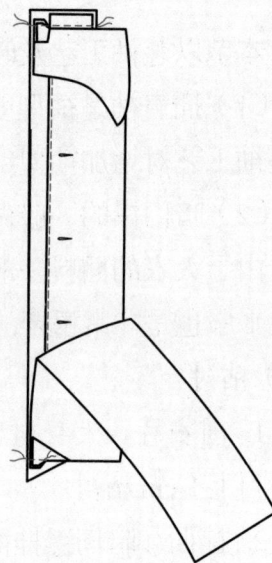

图8-4

封缉，见图8-5。

（四）做前身夹里

1. 挂面滚边　滚条用夹里45°斜料，注意斜纹料均要断丝取斜料，毛宽2.5 cm左右。滚条正面与挂面正面叠合，沿边缉线约0.5 cm。滚条略带紧一点，缉线顺直。接着把沿边留下0.3 cm修齐，将滚条驳转，用右手食指与拇指将滚条密紧，包足。下面略带紧，以免滚条起涟形。再按原缝缉暗针，在正面不要缉住滚条，也不要距离滚条太远，以免影响美观，为避免挂面与插肩袖缝、肩缝、装领缝重叠而导致接缝处太厚，大衣挂面上端常采用圆头造型，见图8-6。

2. 做里袋

（1）裁配里袋袋布：袋布两片含缝份的尺寸为长25 cm，宽14 cm，袋口大17 cm，袋口斜度按衣片袋位，大袋布袋口处按净线放出1.5 cm，小袋布按净线放1 cm，见图8-7。

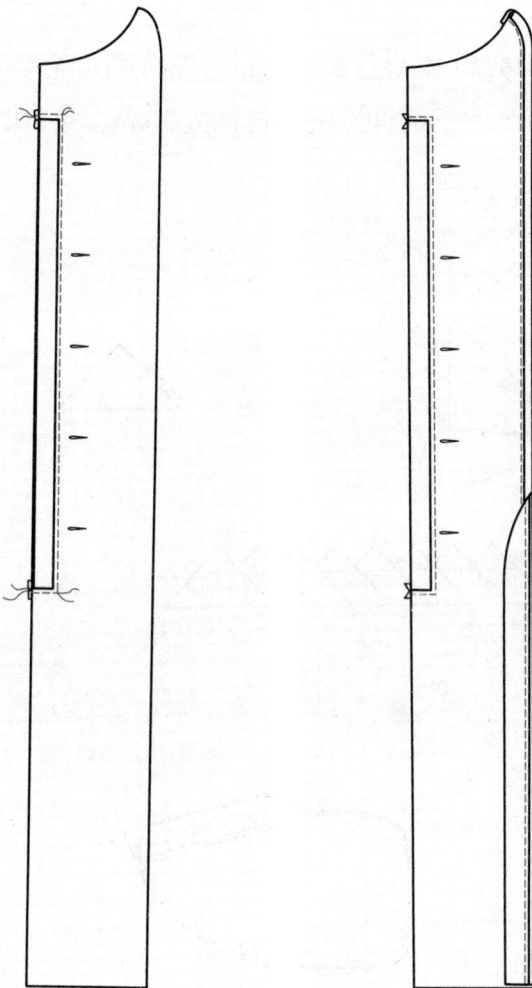

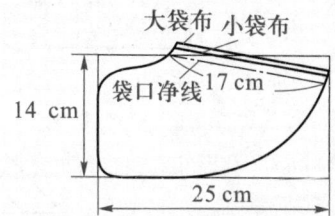

图8-5　　　　　　　　　　图8-6　　　　　　　　　　图8-7

（2）做嵌线：里袋嵌线做锯齿形，以增加衣里的美观。齿口用正方形夹里料，宽3 cm，斜纹料要断丝对折后再对折成三角形，直丝在齿口底共需14块。将第一只齿口张开把第二只夹进，依次相叠，齿口间距1 cm。机缉一道固定，缉缝0.9 cm。注意三角大小相同，间距相等，见图8-8。

（3）装嵌线：做好的锯齿形嵌线与小袋布袋口正面叠合，沿锯齿口原缉线机缉一道，缉线顺直。锯齿口翻上，齿尖与离开大袋布袋口0.5 cm左右，见图8-9。

3. 装里袋　将锯齿袋口与右襟夹里放准位置，夹里缝比锯齿袋口放出0.5 cm，仍紧靠锯齿口原缉线机缉一道，缉线长短按袋口大14 cm，两头齿口留对称。上下齿口起止处在夹里上剪好刀眼，将里袋复进摆平。也可在锯齿口处，沿大身夹里缉0.1 cm止口一道。注意不要将大袋布缉牢，见图8-10。

4. 挂面与前身夹里缝合　先将前身夹里底边向反面折转3 cm后再折转3 cm，扣转后烫平。将前身夹里正面与挂面滚条口反面搭合1.5 cm，用攘线定攘后，在正面原滚条缉的暗线上再缉一道，把挂面与前身夹里缝合。然后喷水熨烫，使滚条平薄。注意右襟格有里袋，挂面在里袋袋口处要缉平服，见图8-11。

（五）做底边

1. 装底边压条　底边压条用夹里的45°斜条，毛宽3.5 cm。先将底边毛缝口修齐，斜条正面和底边正面叠合，沿底边0.5 cm缉线，各伸进两端挂面处2 cm。缉合时斜条略带紧，缉线要顺直，见图8-12。

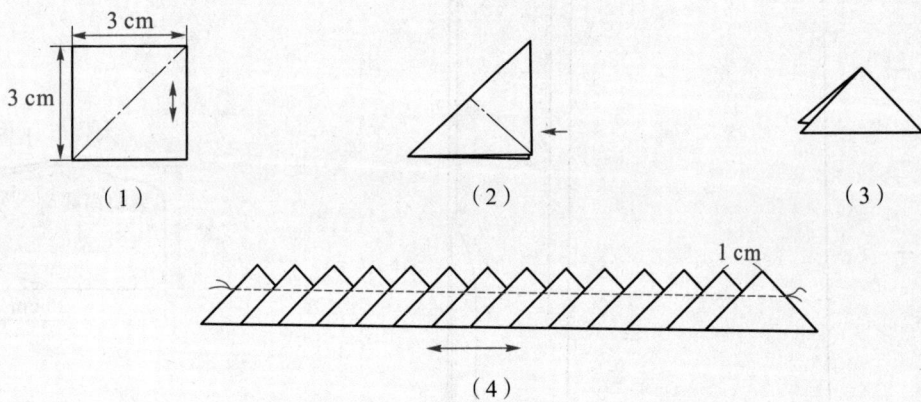

图8-8

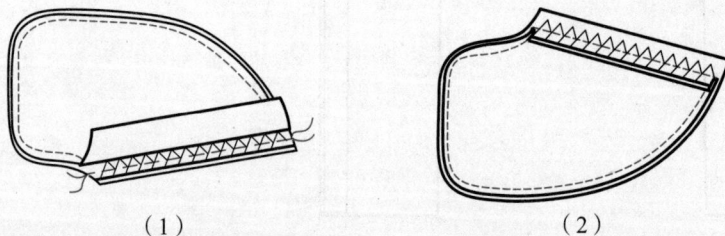

图8-9

把斜条按缉线驳转，压0.1 cm明止口。再将斜条按1 cm宽向反面折转，正面压0.1 cm明止口，双止口间距0.8 cm。缉第二条明止口时，下略带紧，以防压条起涟形。压条缉线要顺直，宽窄一致，见图8-13。

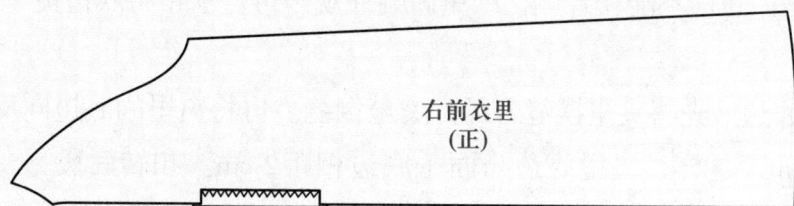

图8-10

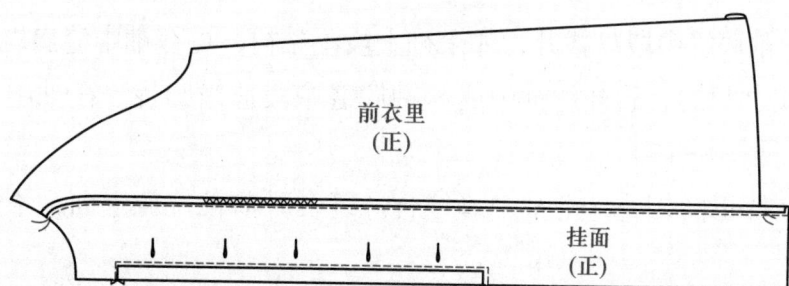

图8-11

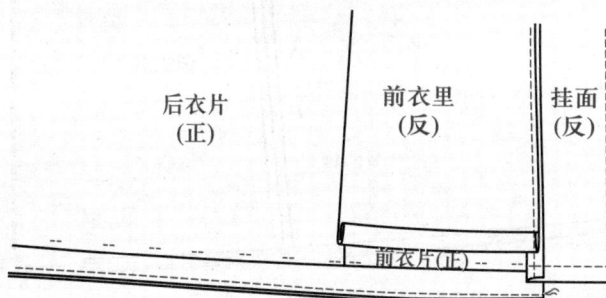

图8-12

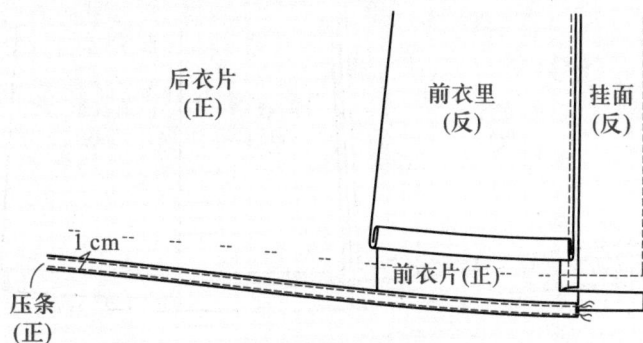

图8-13

缉压斜条后，需在压条反面略拔烫，使贴边翻转平服，不会扳紧。烫平后，沿底边压条止口0.8 cm，用攃线将压条毛边与底边口攃牢。针脚1.5 cm，不要攃穿正面压条，此攃线不拆，攃好后烫平，见图8-14。

2. 暗缲定底边　把底边按线钉翻上，沿压条0.3 cm攃牢。然后将压条翻开，用本色丝线长针暗缲。正面不能露针脚，以免影响外观。再盖水布将底边烫平、烫煞，见图8-15。

3. 做夹里底边　先将夹里摆缝合缉，烫坐倒缝。再将夹里的底边向反面扣转3 cm，然后再扣转3 cm。这样，夹里底边与面子底边相距2 cm。扣转后烫平，用攃线定好。然后用本色中粗丝线，从右到左在夹里贴边正面绷杨树花针，针脚穿过夹里贴边，使贴边固定。也可以机缉夹里底边，见图8-16。

（六）做袖

（1）前袖片袖底缝中段略拔开，如果袖上段不粘衬，可在袖中缝肩端敷上牵带。牵带要紧一些，使之归拢。后袖片袖中缝和袖底缝中段适当归拢。在袖中缝肩头敷上牵带，使之归拢，见图8-17。

（2）前后袖片正面相叠，把袖中缝缝合。缝合时前袖片放上面，不可将袖中缝拉

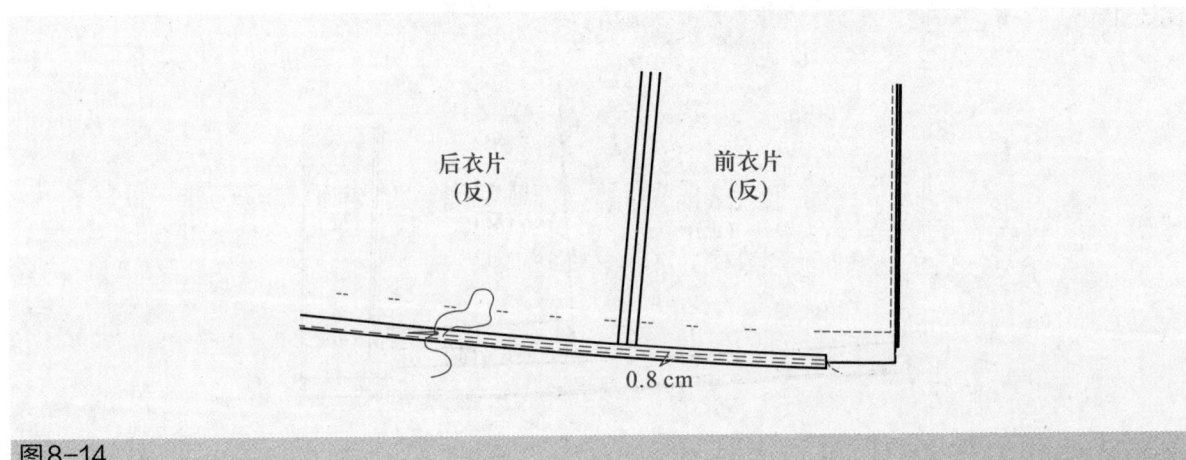

图8-14

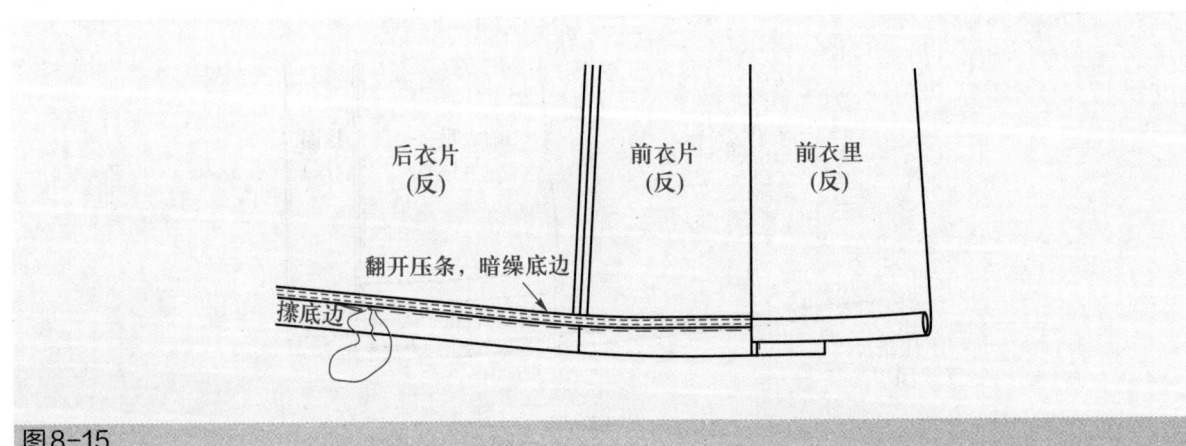

图8-15

还。袖中缝缝合后烫分开缝,肩头胖势处要放在圆烫凳上烫圆顺。并将袖口贴边折转、烫平。然后将前后袖片的袖底缝正面相叠后缝合,并烫分开缝。

(3)前后袖片夹里的袖中缝和袖底缝同面子一样缝合,缝头向后袖片方向烫坐倒缝。

(4)袖子面、里正面相叠,袖口处的袖中缝和袖底缝对准后兜缉一周,缉缝0.8 cm,然后袖贴边折转绷三角针固定,见图8-18。

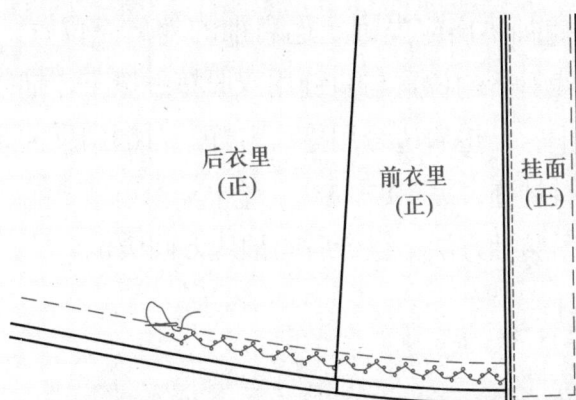

后衣里
(正)

前衣里
(正)

挂面
(正)

图8-16

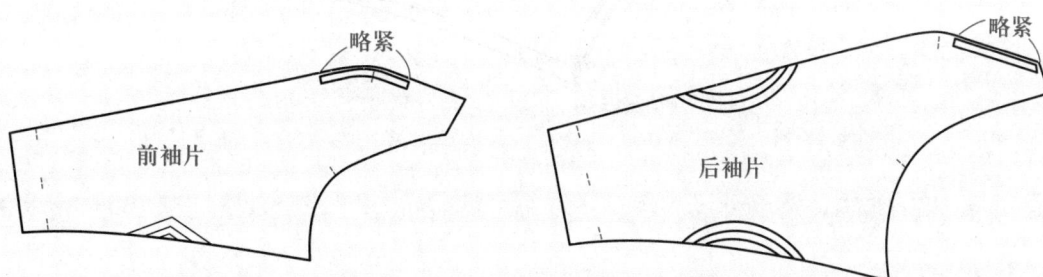

略紧

前袖片

略紧

后袖片

图8-17

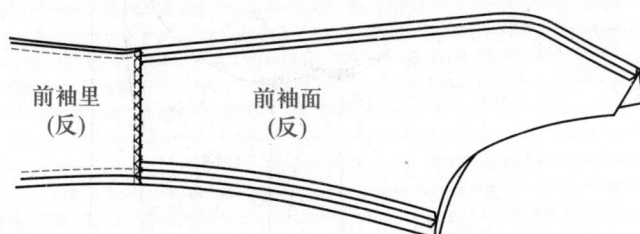

前袖里
(反)

前袖面
(反)

图8-18

（5）面、里的袖中缝和袖底缝分别在中段用搌线定搌。袖子翻到正面，将袖口处夹里坐势搌好。袖窿以下10 cm处定搌一周，然后将夹里与面子修齐，见图8-19。

（七）装袖

（1）将袖子和衣片的装袖对档对准，毛缝对齐，袖底缝对准摆缝，用搌线定搌。然后缝合，缉线0.8 cm，见图8-20、图8-21。

（2）在前后袖片装袖缝的上半段，即坐缝部位，正面压明止口。明止口宽度为0.7 cm，左右缉线顺直，止口不能起涟形，见图8-22。如面料较厚，压止口处内缝缝份应修小。

（3）装垫肩：装连肩袖垫肩应先确定连肩袖的外肩点位置，垫肩外肩点与袖子外肩点要吻合，按垫肩中线对折的位置与肩缝用双股搌线搌牢，抽线要放松。然后翻到正面，将肩部搁在圆烫凳上，沿垫肩边缘用搌线定好。再翻到反面，用本色线将垫肩边缘与衣片缭牢，正面不能有针迹，见图8-23。

（4）夹里装袖按面子装袖方法：缝合后向袖片方向烫倒。

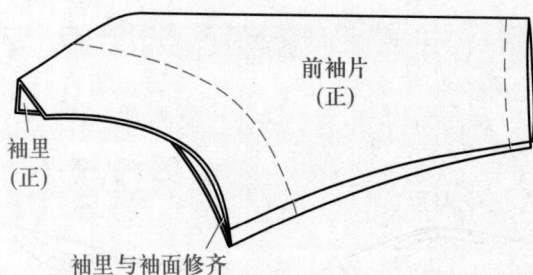

图8-19

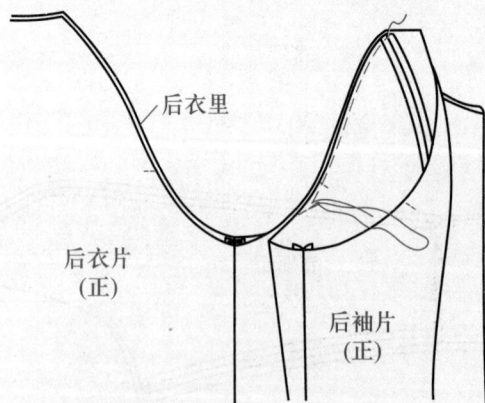

图8-20

（八）做、装领

立领的缝制工艺在第五章第三节领款变化中已做过详细的介绍，下面对本款大衣的立领制作再作简单介绍。

（1）立领的面、里要裁配准确，使领子能做出里外匀。

（2）大衣采用分缝装立领的方法。领里与衣身领圈分缝，领面与挂面领圈分缝，在夹里领圈部位缝份坐倒，领里绲上挂面与夹里领圈时，在后领居中夹进吊襻，吊襻长6 cm，宽0.6 cm。凡是缝份扳紧处要剪刀眼，再烫分开缝。

（3）立领在门襟格领圈叠门进去2.7 cm一段不缉线，作为第一粒明纽扣的扣眼。再用暗缲针把面、里扣眼位固定。

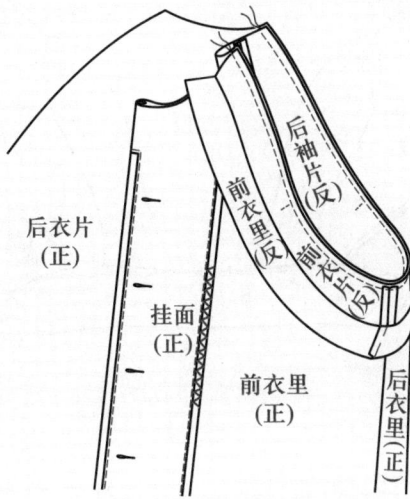

图8-21

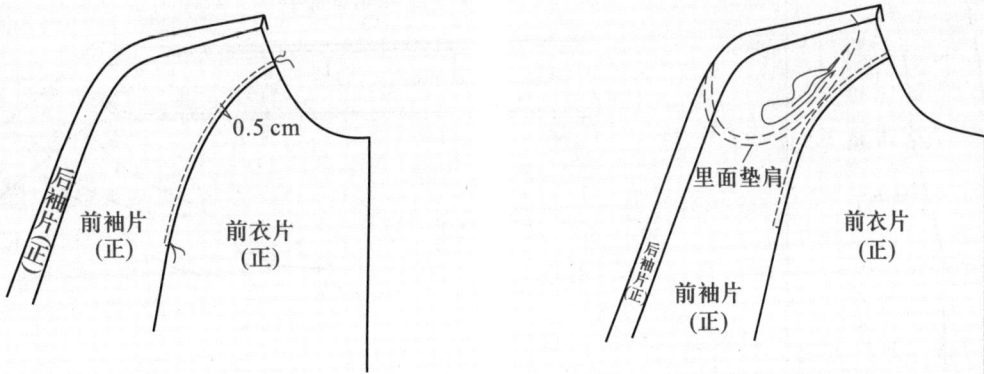

图8-22   图8-23

（4）领圈正面攃固定后，翻起衣片夹里，把面、里领圈正式攃牢固定，见图8-24。

（九）缉暗门襟明线

暗门襟明线宽6 cm，由领圈开始向下缉，下口成尖形，缉好后翻到反面，将扣眼间隔居中外口用丝线暗针缲牢，见图8-25、图8-26。

（十）固定面与里

面和里的装袖缝、摆缝用攃线定攃固定。下摆在摆缝和背中的贴边处，拉线襻与夹里吊牢，线襻长3 cm左右。

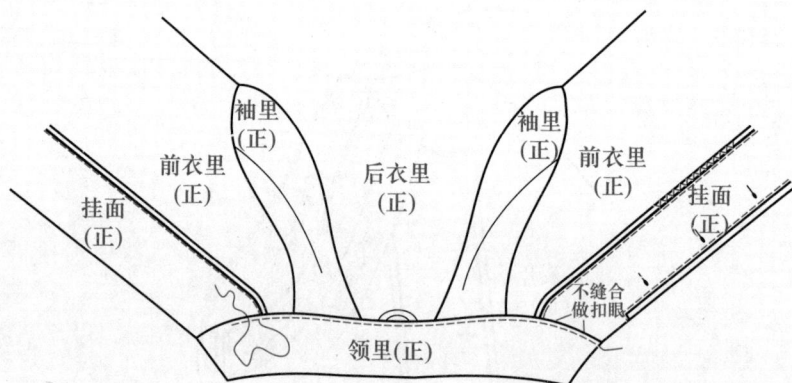

图8-24

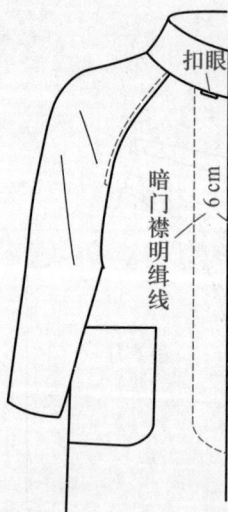

图8-25

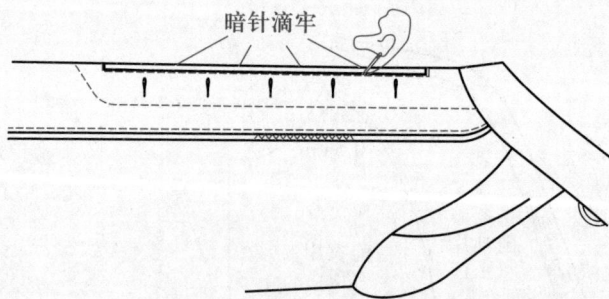

图8-26

第二节 男大衣的缝制工艺

一、男大衣的外形概述

平驳头倒挂领，前中单排钉纽扣三粒，前身左右斜插袋各一个，腰节处收腋下省，后中开背缝，下端设背衩，袖型为圆装袖，袖口钉装饰纽扣三粒，门里襟、驳头、领头、肩头、袋爿、摆缝、背缝、后袖缝、底边均缉止口，见图8-27。

二、男大衣的成品规格

单位：cm

号型	衣长	胸围	领围	肩宽	袖长	袖口	前腰节长
170/88 A	110	116	46	47	63	17.5	43

三、男大衣的质量要求

（1）各部位规格正确，面、里松紧适宜。

（2）驳头、领头窝服、平整、对称。

（3）胸部饱满，大身平挺，止口顺直，不搅不豁。袋口平服，左右对称。

（4）肩头平挺，左右对称，袋角方正。

（5）装袖圆顺，前圆后登，无涟无吊现象。

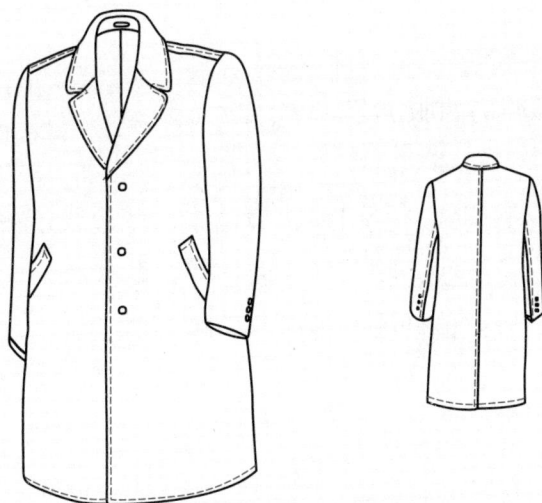

图8-27

（6）背部方登、平服，背缝顺直，背衩不搅不豁。

（7）止口缉线顺直，宽窄一致，滚条不起涟形。

（8）外观整洁，熨烫平服，无极光，无水花，无折印。

四、男大衣的部件

1. 面料类　前衣片、后衣片，大袖片、小袖片，挂面，领面，袋牙。

2. 夹里类　前身里、后身里，大、小袖片里，袋里，里袋垫头，里袋嵌线，挂面滚条，吊带等。

3. 衬料类　大身衬，挺胸衬，领衬，袋牙衬，袖口衬，袋口衬，背衩衬，牵带。

4. 其他　绒布斜条，垫肩，纽扣，线。

五、男大衣的工艺流程

粘衬→做缝制标记→收省推门→开插袋→敷牵带→滚挂面、前衣片底边→开里袋→复挂面及前身夹里→缉、翻止口→归拔后背、做后背衩→缉摆缝、装后背夹里→拼肩缝→做领→装领→做袖→装袖→缉止口明线、缲夹里→锁眼、整烫→钉纽扣

六、男大衣的缝制要点

男式大衣也是男式高档服装的典型品种之一。它的缝制工艺同西服、中山装的缝制工艺有许多相似之处。因此，在学好西服、中山服缝制工艺基础上学习大衣的缝制工艺就容易多了。但男式大衣的缝制工艺也有其特定的要求。本节仍以修、翻、烫止口，装领，装袖为重点和难点。

（一）粘衬

男大衣的粘衬部位参照男西服工艺。

（二）做缝制标记

1. 前衣片　纽位线，叠门线，驳口线，袋位线，底边线，袖窿对档位，腰节线。

2. 后衣片　背缝线，背高线，腰节线，底边线，背衩线。

3. 大、小袖片　袖口线，偏袖线，袖肘线，袖山对档位。

（三）收省、推门

均参阅男西服工艺。

（四）开插袋

大衣开插袋方法可以根据具体工艺要求，采用前面章节中介绍的较简单的开插袋方

法，或西服开手巾袋的精做方法。

（五）敷牵带

男大衣敷牵带工艺与西服敷牵带工艺基本相同。大衣牵带宽1.8 cm左右。敷牵带时在领串口和驳角处平敷，在驳头外口中段要略敷紧些，在驳头扣眼以下止口平敷，下角、底边及驳口牵带略敷紧。袖窿处在净线外用0.6 cm宽直料黏合牵带，前段平粘，后段中间带紧粘，见图8-28。

（六）滚挂面及前衣片底边

（1）先将挂面及底边丝绺修剪顺直。羽纱滚条一般采用45°斜丝，宽一般为2 cm左右。

（2）将滚条放在挂面上，上下平齐，缉0.4 cm止口。滚条在耳朵片凹势处转弯要略拉紧，以免凹势处滚条还口起涟和密不实等弊病，在凸处要略放松，防止在圆头部位抽紧起涟。

（3）将滚条止口修剪顺直，保持整条挂面宽窄一致，把滚条布包转包实、密紧、在滚条布上缉0.1 cm止口。

（4）前衣片底边滚条方法与挂面滚条方法相同。

（七）开里袋

男大衣里袋一般采用滚嵌方法，开里袋方法与中山服开里袋方法相同。男大衣开里袋的耳朵皮是连在挂面上的，里袋在袋口中间缝上三角袋衣襻，三角袋襻料由

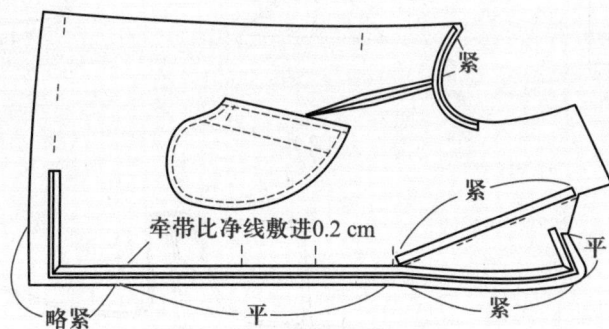

图8-28

边长10 cm左右的方块里料折成，再固定上嵌线，上袋布的同时将袋襻夹进固定，见图8-29。三角袋襻在男西服里袋中也有应用。

（八）复挂面及前身夹里

（1）复挂面：先将前身止口及挂面熨烫平服。将挂面放在大衣上，驳头外口按止口放出0.5 cm，然后沿驳口线从串口处起针擦下，在驳头扣眼处离进止口2 cm直线擦至底边挂面处，针脚2 cm。擦驳头时针脚为1 cm。并且在驳角及胖势处要放一定吃势，见图8-30。

（2）复前身夹里：先将夹里腋省收好，坐倒烫平。然后把夹里敷在前身上，按面子肩缝放出0.5 cm，袖窿放出1 cm，摆缝平齐，位置放准后沿滚条边擦线一道。注意夹里在中段要略放吃势，以免夹里起吊。同时，将夹里贴边离上底边止口2.5 cm，扣光、烫平。前身夹里贴边宽2.5 cm，缉线固定。夹里底边与大身底边分开处理，见图8-31。夹里里袋袋口修去多余部分并将里袋袋布拉出放平。夹里与挂面固定是沿挂面滚条边沿缉一周别落缝。

（九）缉、翻止口

参照男西服工艺。翻好止口的左前片，见图8-32。

（十）归拔后背、做后背衩

归拔后背参阅男西服工艺，先缉后背缝，由后领口至背衩高。然后里襟格缝头扣转缉0.8 cm，接着将底边扣烫擦好，门襟格缉1 cm左右背衩明止口，再缉背中缝明止口与背衩接轨，在背衩处缉来回三道封口。背衩做好后止口烫平，见图8-33。

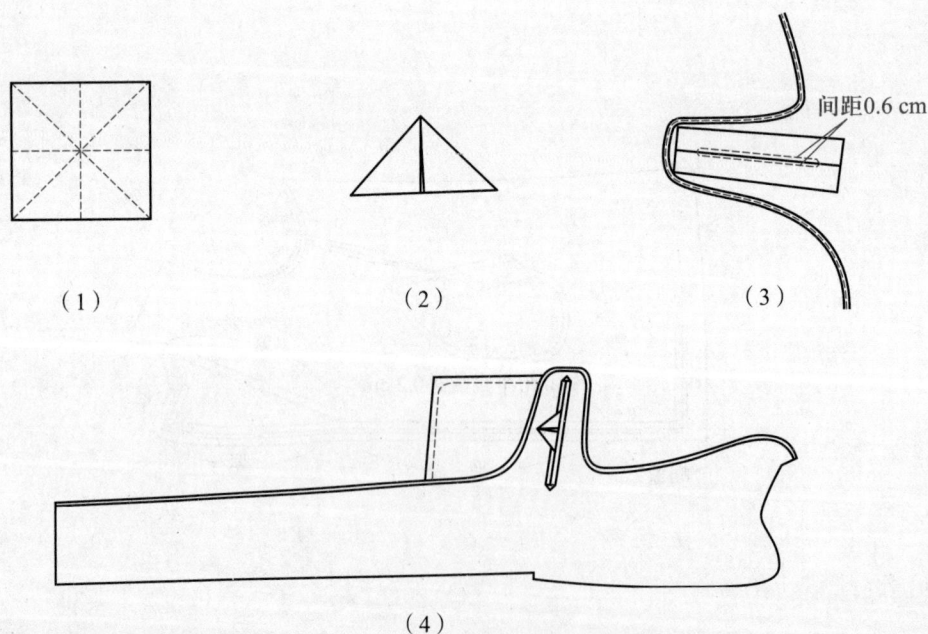

（1）　　　　　　　（2）　　　　　　　（3）

间距0.6 cm

（4）

图8-29

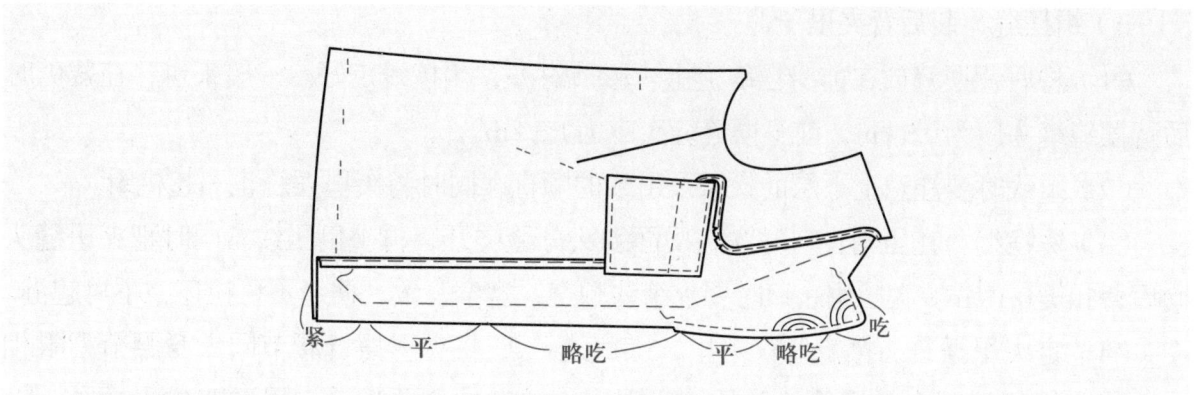

紧　　平　　　　略吃　　　平　略吃　吃

图8-30

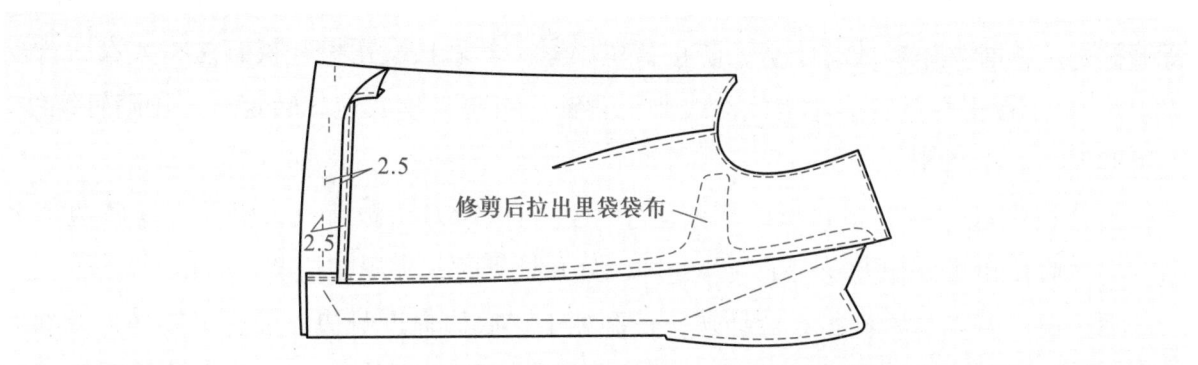

2.5

2.5

修剪后拉出里袋袋布

图8-31

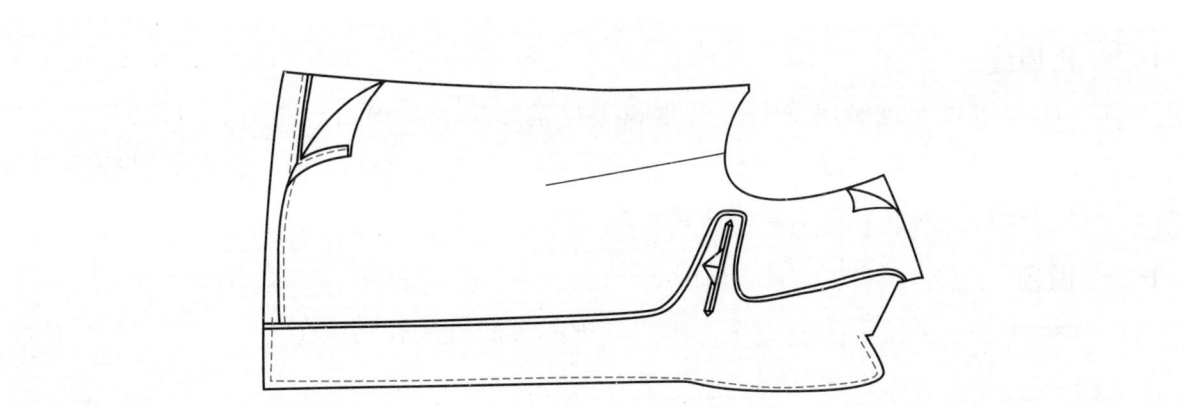

图8-32

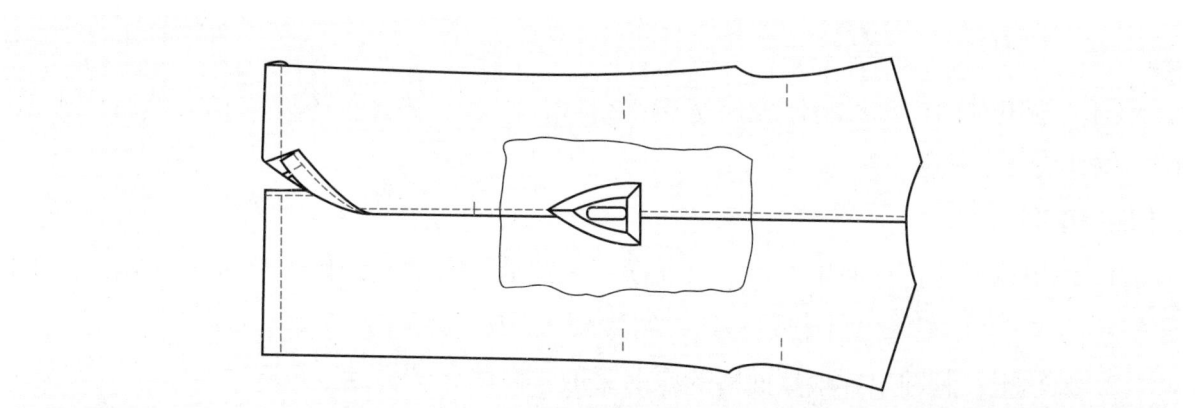

图8-33

（十一）缉摆缝，装后背夹里

（1）将后背摆缝放在前身摆缝之上，腰节对齐，用撩线定好。一般来讲，在裁剪时后背摆缝缝头应为0.5 cm，前身摆缝缝头应为1.5 cm。

（2）缉线时要注意上下层的松紧及缉线的顺直，同时将夹里摆缝也一起机缉。

（3）烫摆缝：在压明止口时先将反面缝头分缝烫开，再坐倒压线。同时把夹里缝头向后背扣烫0.1 cm。在压明止口时要求缉线顺直，宽窄一致，摆缝不可拉还，不可起涟。

（4）定夹里摆缝，撩定背衩夹里，缲底边：① 将夹里摆缝腰节同大身腰节刀眼相对，将夹里摆缝同大身摆缝缝头用撩线固定，注意抽线要松，夹里要略松于面子，针迹不可外露。② 把夹里后背缝缉好，缉至背衩位抬高2 cm，将背中坐势烫平，同面子背缝撩好。撩时夹里要放些吃势，防止背里吊紧。然后按女裙撩开衩方法将大衣后背衩夹里定好。③ 将后背底边用本色丝线绷三角针。再将夹里底边扣转定牢，用暗针缲线，夹里要保持1 cm坐势。

装背衩和底边处夹里也可以用前面学习过的机缉方法做背衩，机缉大身底边与夹里。夹里底边也可以和大身面子分开处理，分开处理时，夹里贴边宽2.5 cm，缉线固定。

（5）撩后背面、里：将衣片翻转，正面朝上，底边靠近身边，面、里放平，沿袖窿离下5 cm左右至后背肩胛骨处撩八字形撩线一道。针迹长约3 cm一针，抽线要松，然后把多余的里子修齐。

（十二）拼肩缝

撩、缉肩缝：大衣撩肩缝方法与西服撩肩缝方法基本相同，但由于肩缝要压明线，所以在撩肩缝时，后身肩缝缝头只有0.5 cm，而前身缝头有1.5 cm。缉肩缝时要求缉线顺直，层势匀称，然后在后身肩缝上压1 cm明线。

（十三）做领

（1）领里中缝拼接后分缝烫平，再将领里的领底缝头扣转缉牢。

（2）归拔领里，领面参阅男西服工艺。

（3）领里、领面正面相叠，先沿翻折线撩线一道，再沿领头外口撩线一道，撩线时在领面领角及肩缝放吃势，以保持领角的窝势及颈肩部位的里外匀。注意后领中段不可放吃势。

（4）领里领面撩合后将领面层势烫平缉线，注意层势部位不要移动，然后修止口，翻正领头烫平、烫煞。

（十四）装领

1. 缉串口　先把挂面串口横、直丝摆正，缺嘴刀眼对准，将挂面串口同领面串口正面相对撩线一道。注意上下松紧一致，缉线顺直，喷水后分开缝烫平。

2. 装领里　装领里要根据面料的厚薄采取不同的工艺方法。

薄呢料的操作方法是先将领圈缝头用粉印画准，再将已扣转缝份的领里串口及领底沿粉印攘顺，攘线时在串口处领里要紧，在肩缝领里要松，在后中处要平，左右对称，然后缉0.1 cm止口。

厚呢料的操作方法是领里串口及领底没有缝头。因此，将领圈缝头用粉印画准后，用双股攘线沿领圈缝头把领里攘定牢。攘线要求与薄呢料的操作方法相同。然后用本色中粗丝线将领里缲牢，针距要密，一般针脚为0.2 cm，抽线略紧，见图8-34、图8-35。

3. 攘定领面夹里，封吊带　① 将领头、肩头部位反面向上放在布馒头上，用攘线先把颈肩处夹里攘牢。然后把后领圈夹里同领衬攘牢，注意面、里相符，夹里不宜太紧。最后把领面扣转0.8 cm缝头，攘线一道，见图8-36。② 用里料做一根长约7 cm、宽为0.8 cm两面扣光的丝里吊带，缉到后领上。吊带长做净为5.5 cm左右，两头封来回针三道。如果是厚呢大衣吊带，也可用金属链，两头用粗丝线钉牢。

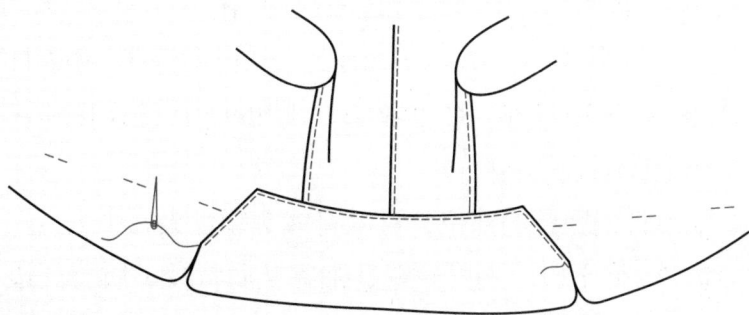

图8-34

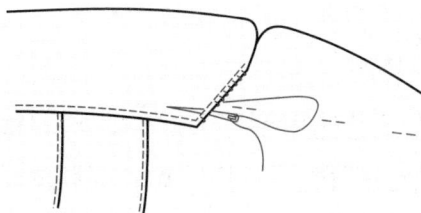

图8-35

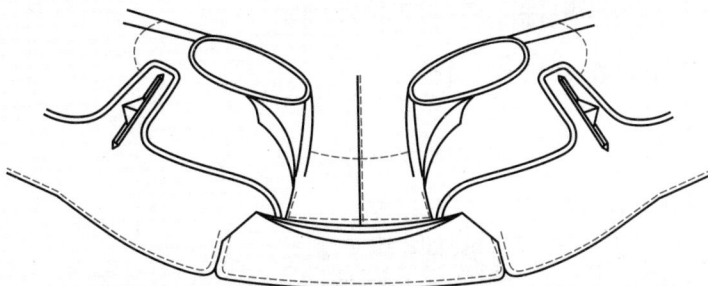

图8-36

（十五）做袖

男大衣做袖工艺方法与西服、中山服做袖工艺方法基本相同，不同之处主要是大衣是先拼接后袖缝，大袖片缝头为0.5 cm，小袖片缝头为1.5 cm，缝份向大袖片方向坐倒，在大袖片正面缉1 cm明止口。其余步骤的缝制方法均参阅男西服工艺。

（十六）装袖

男大衣装袖工艺方法与西服、中山服介绍的装袖及装垫肩工艺方法基本相同，但因大衣的面料或厚或薄的因素，装袖吃势可以适当增减。

（十七）缉止口明线，缲夹里

（1）缉止口明线包括门里襟、底边、驳头、领头，都要在正面缉明线，缉线宽1 cm。

① 缉门里襟和底边止口明线：大身向上，从里襟格驳头第一粒纽扣位开始向下缉，经过底边到里襟开衩止，再从门襟开衩起经过底边到门襟格驳头第一粒扣眼位止。

② 缉驳头、领头止口明线：挂面、领面向上，从里襟格第一粒纽扣位开始向上缉。注意与里襟格止口缉线相衔接整齐，经过驳角，领角缺嘴缉到门襟格第一粒扣眼位止，注意与门襟格止口缉线相衔接整齐。

③ 缉线起落针如不打倒回针的部位，可以将线头缝进夹层中去。

（2）缲夹里部位有领面下口、夹里肩缝、袖窿及后背衩、后背底边。缲夹里要求各部位吃势匀服，针脚平齐，夹里松紧适度。熟悉工艺后，也可将有些部位的手缝改为机缉以提高工作效率。

（十八）锁眼、整烫

（1）按线钉确定眼位，按纽扣大小确定扣眼大小，大衣扣眼大一般为3 cm。如果大衣采用厚呢面料，要用粗丝线锁眼。

（2）大衣整烫是大衣制作工艺的重要环节之一，它的整烫步骤与要求同西服整烫工艺基本相似。如果大衣采用厚呢面料，在正面盖水布熨烫后，还要用圆烫凳底冷压，使止口平服，又薄又挺。

（十九）钉纽扣

（1）里襟格钉纽扣要与门襟格扣眼位相符。钉纽扣的反面可衬上垫纽，以防衣料受损。钉纽扣的纽脚线长短要根据面料的厚薄来确定。

（2）袖口钉装饰纽，左、右各三粒。

第三节 大衣款式变化

一、女大衣款式变化

1. 女大衣的外形概述

驳领，圆袖，单排三粒明纽扣，前后身直形刀背缝，前身开刀缝做插袋，袋口缉明线，紧腰身，波浪形大下摆，见图8-37。

2. 缝制提示

（1）腰节要拔开，避免缝制牵吊。

（2）大衣缝子较长，拼缉前做好对档标记。

（3）驳领的缝制工艺可参照第五章第三节六衣领变化中青果领的方法。

（4）此款大衣为波浪形大下摆，稍有缝制不当，大衣下摆会产生波浪不等，波浪不匀，波浪有高有低等缺陷。产生原因有多种因素，如左右片归拔程度不等，缉分割缝、两侧摆缝时上下层有松紧或对档错位，缉缝有宽有窄，缝子烫宽，缉底边压条时压条有松紧。所以缝制的每一步都要严格按照要求规范操作，才能避免出现以上缺陷。

图8-37

二、男大衣款式变化

1. 男大衣的外形概述

关门领，暗门襟，插肩袖，前身左右有袋爿斜插袋各一个，开后背衩，袖口处钉三粒装饰纽，门里襟、领头、插肩袖中缝、摆缝、袋爿、背缝、底边和前后袖窿的上半段均缉1.2 cm明止口，见图8-38。

2. 缝制提示

（1）暗门襟、插肩袖的缝制工艺参照第一节女大衣的缝制工艺。

（2）插袋的缝制工艺参照第五章第三节"四、袋变化中"有袋爿斜插袋的方法，袋爿里可用薄的里料。也可用男西服开手巾袋的精做方法。

（3）背衩的缝制工艺参照第二节男大衣的缝制工艺。

（4）前袖窿缉止口从前领圈至胸宽处，后袖窿缉止口从后领圈至后背宽处。

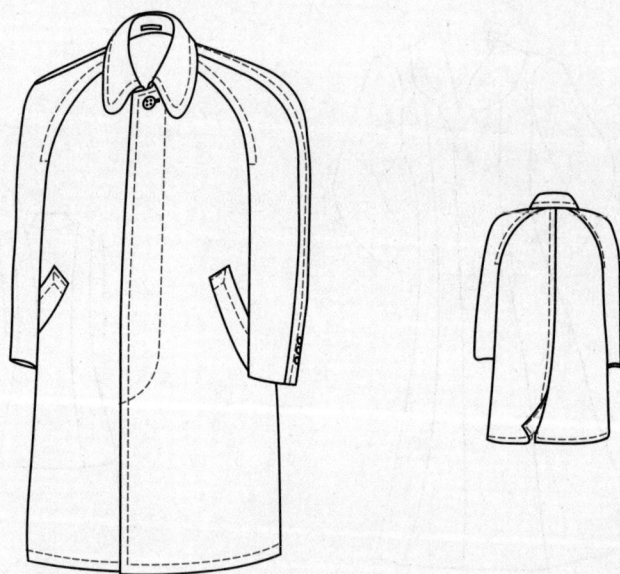

图8-38

思考题

1. 试述女大衣缝制工艺流程。
2. 大衣的质量要求是什么?
3. 试对大衣独立排料裁剪。
4. 试述女大衣的暗门襟工艺。
5. 试述女大衣的装领工艺。
6. 大衣缉羽纱滚条时要注意哪些问题?
7. 试述男大衣制作工艺流程。
8. 男式倒挂领大衣的装领工艺与西服装领工艺有什么不同之处?
9. 插肩袖装袖工艺与圆袖装袖工艺有什么不同之处?
10. 试对大衣款式变化中的一款独立进行制作。

第九章

旗袍的缝制工艺

第一节　无夹里旗袍的缝制工艺

一、旗袍的外形概述

立领，无袖，偏襟，钉琵琶纽，前身收侧胸省及腰省，后身收腰省，开摆衩，领头、领圈、褊襟、袖口、摆衩、底边均绲边，见图9-1。

二、旗袍的成品规格

单位：cm

号型	衣长	胸围	领围	肩宽	腰围	臀围	前腰节长	胸高位
160/84 A	108	90	34	39	70	96	39	24

三、旗袍的质量要求

（1）符合规格要求。
（2）领头两边圆顺对称，装领两端平齐。
（3）绲边宽窄一致，顺直平服。
（4）开衩平服，长短一致。

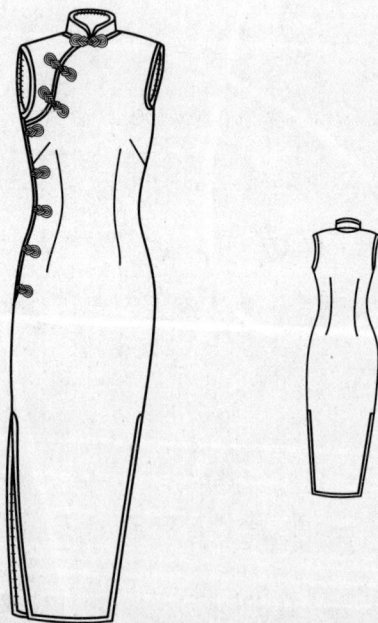

图9-1

四、旗袍的部件

前衣片一片，小襟一片，小襟贴边一片，后衣片一片，领面、里、衬各一片，牵带若干，绲条若干，领钩一副。

五、旗袍的工艺流程

做缝制标记→缉、烫省→归拔→敷牵带→烫包缝条→做小襟、大襟开襟部位→合肩缝→绲边→做、装领→合摆缝→滚袖窿→做盘扣→钉盘扣→钉领钩→整烫

六、旗袍的缝制

旗袍缝制的重点和难点是归拔、绲边和装领。

（一）做缝制标记

前、后衣片，腰节线，臀围线，开襟止点，开衩位，前后领圈中心，胸省位，腰省位，见图9-2、图9-3。

（二）缉、烫省

1. 缉省　按省位标记缉省，缉腰省时要带有橄榄形，使之与人体的起伏变化相吻合。

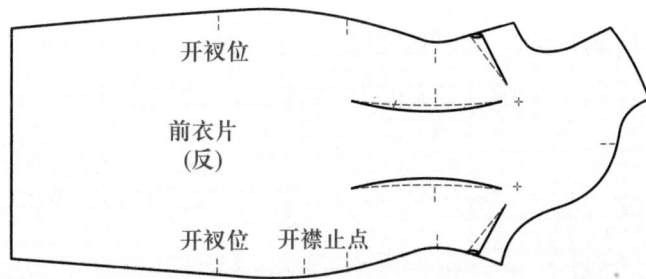

图9-2

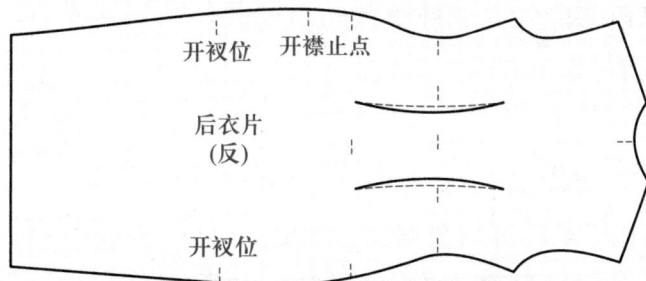

图9-3

2. 烫省　腰省向前后中心线方向烫倒，胸部烫出胖势，腰部拔宽，使省缝平服，不吊紧。侧胸省向上烫倒，并烫实，省尖要烫散。有时也可根据需要将省缝居中分开烫，居中处要缝针使其固定，见图9-2、图9-3。

有的面料喷水熨烫会留有水渍，因此不能喷水。对尚不了解性能的面料应先用碎料试验后再决定熨烫方法。

（三）归拔

传统的旗袍仅靠腰节摆缝造型很难达到合体，改良后的旗袍针对体型特征进行收胸省、腰省、肩省等。但由于前、后片中线均不能裁开造型，所以还不能使衣片完全符合人体，只有通过归拔进一步造型，使衣片与体型特征完全吻合。

1. 前衣片归拔

（1）在乳峰点位置斜向拉拔，拔开胸部，使胸部隆起。如果腹部略有隆起，也可斜向拉拔。在以上部位拉拔的同时归拔前腰部，使前片中线呈曲线型。

（2）摆缝腰节拔开，归到腰节处，摆缝臀部归拢，使前身的腰部均匀地吸进，臀部均匀隆起。

（3）拔开前肩缝，使肩缝自然朝前弯曲，符合人体特征，见图9-4。

2. 后衣片归拔

（1）在背部位置斜向拉拔，拔开背部，使背部隆起。臀部位置斜向拉拔，拔开臀部，使臀部隆起。在以上部位拉拔的同时归拢后腰部，使后片中线也呈曲线型。

（2）摆缝腰节拔开，归到腰省处，摆缝臀部归拢，使后身腰部均匀地吸进，臀部均匀隆起。

（3）归拢后肩缝，满足凸出的肩胛部位需要，也可以采用收肩省的方法来解决。

（4）后袖窿弧线处稍作归拢，使袖窿圆顺不回口，见图9-5。

（四）敷牵带

用宽1.2 cm左右的薄型直料黏合牵带，需敷牵带部位以净缝居中粘贴，敷牵带的松紧要符合归拔要求。

（1）前片牵带敷在开襟一边，开襟上口是斜丝绺容易还口，所以要敷牵带。开襟摆缝处从袖窿开始沿摆缝粘到开襟止点以下1.2 cm处，见图9-6。

（2）后片牵带敷在摆缝处，从袖窿开始沿摆缝粘贴到开衩口，开衩以下不用敷牵带，见图9-7。

（五）烫包缝条

包缝条的作用是将毛缝包光，在没有夹里遮盖毛缝的情况下，这样处理比锁边看上去协调、美观。需要包缝条的部位有肩缝、摆缝，所取包缝条的长度丝绺与所包部位的长度丝绺基本一致，包缝条宽度为3.5 cm左右，先将包缝条一边毛缝扣光，扣转缝份0.8 cm。如不用包缝条，则可采用锁边缝后，烫分开缝处理。

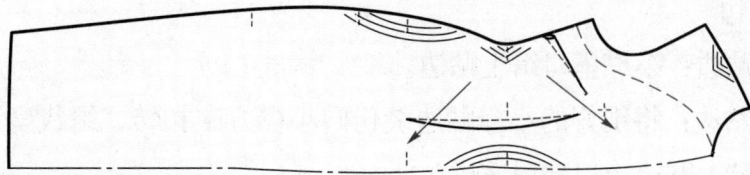

图9-4

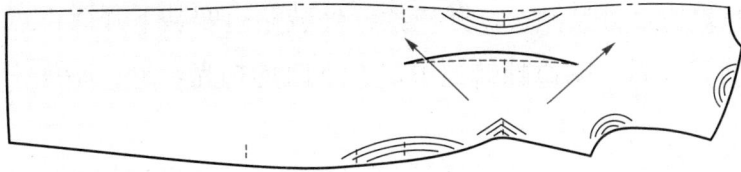

图9-5

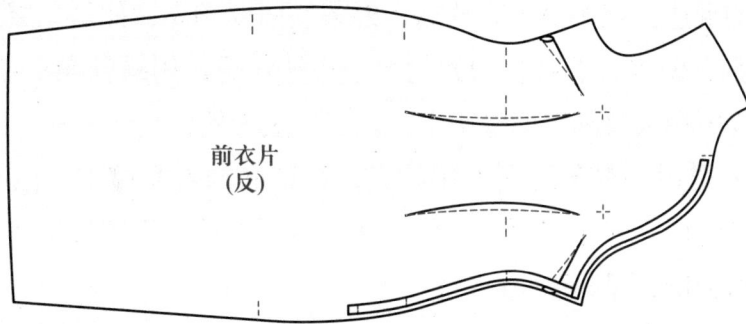

前衣片
(反)

图9-6

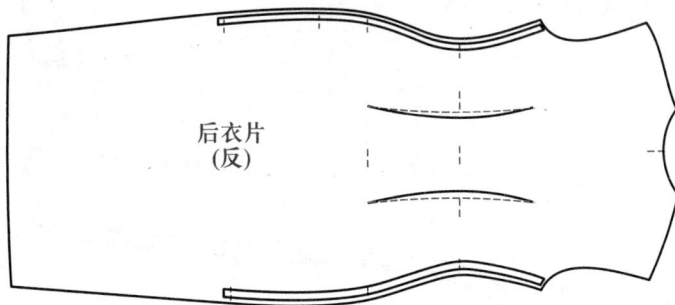

后衣片
(反)

图9-7

（六）做小襟、大襟开襟部位

1. 装小襟贴边

（1）缉小襟贴边：小襟里口缉上贴边。

（2）烫小襟贴边：将缉好的小襟贴边缝份向小襟方向扣转，缉线坐进0.1 cm进行熨烫，然后贴边翻转，贴边止口向里烫进0.1 cm。

（3）贴边里口缝头扣光，缲上小襟，见图9-8。

2. 小襟夹里　小襟有时也可以采用装夹里。

3. 做大襟开襟部位　旗袍的大襟开襟部位处理，可采用全绲边或全装贴边，也可开襟上口处绲边，开襟摆缝处装贴边。开襟摆缝处装贴边要装下开襟止点2 cm，摆缝贴边缝合到开襟止点剪刀眼后，贴边翻转，里口、下口均扣光毛缝，暗缲上大襟衣片，方法同装小襟贴边。

（七）绲边

绲边有大襟开襟部位、开衩部位，底边、领圈、袖口、领头等部位。绲边的进行应根据合理的顺序先后穿插进行。本款旗袍绲边宽度0.4 cm左右。

1. 绲边方法

（1）无衣里的绲边：绲条缉上衣片后，绲条反面要扣光，如是三层滚、四层滚衣片毛缝也要沿缉线翻转做光，然后将扣光的绲条包转包足，用缲针缲牢在大身缉线里侧。三层绲、四层绲缲牢在大身翻转的缝头上。以三层滚为例，见图9-9。

（2）有衣里的绲边：绲条反面不用做光，在反面与衣身擦牢，但不能擦到衣身正面，或在正面漏落缝中用拱止口的针法将滚条固定，然后夹里盖过擦线或拱针线迹与绲条缲牢。以三层滚为例，见图9-10。

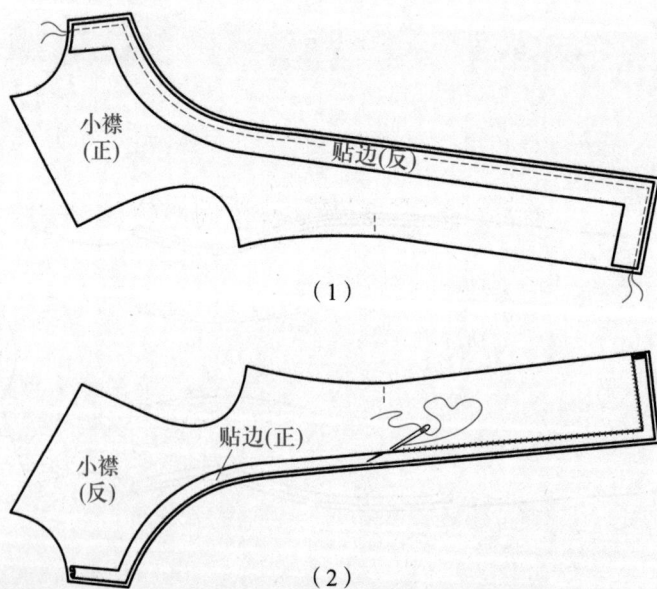

（1）

（2）

图9-8

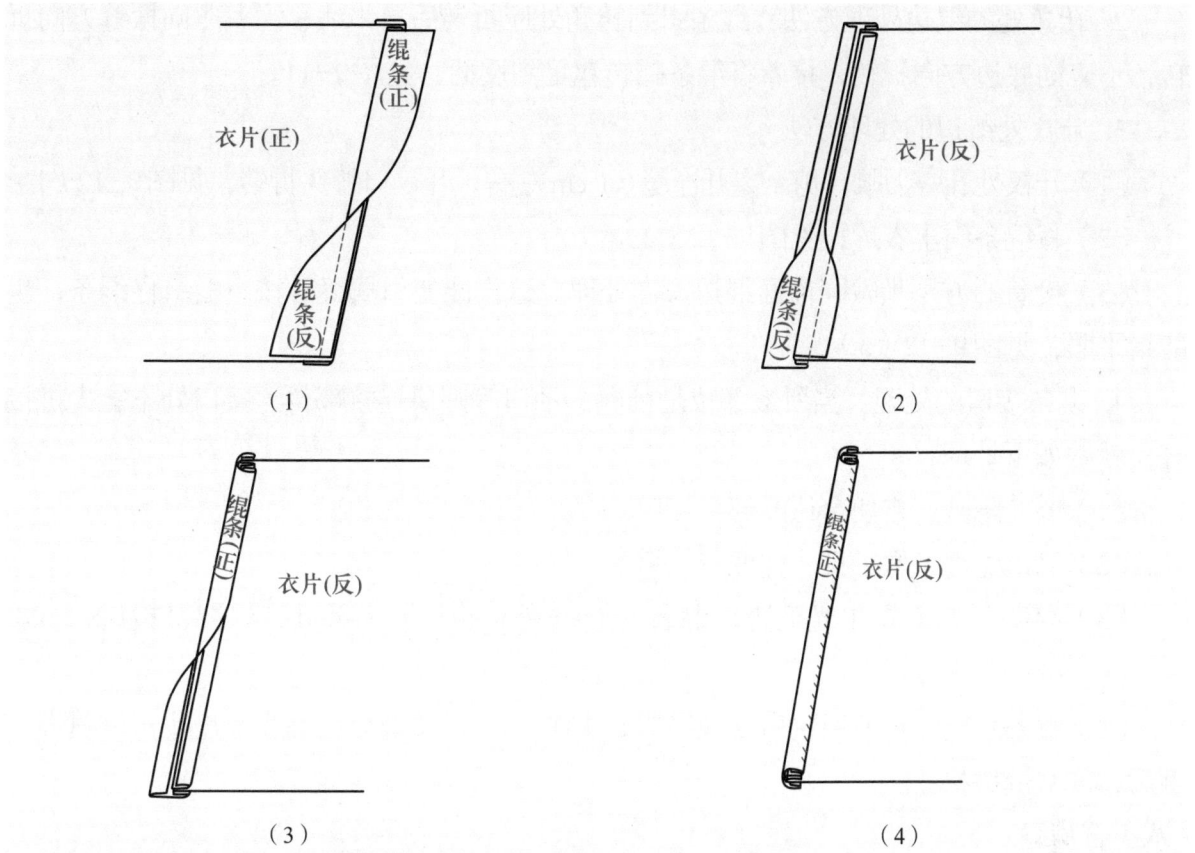

图9-9

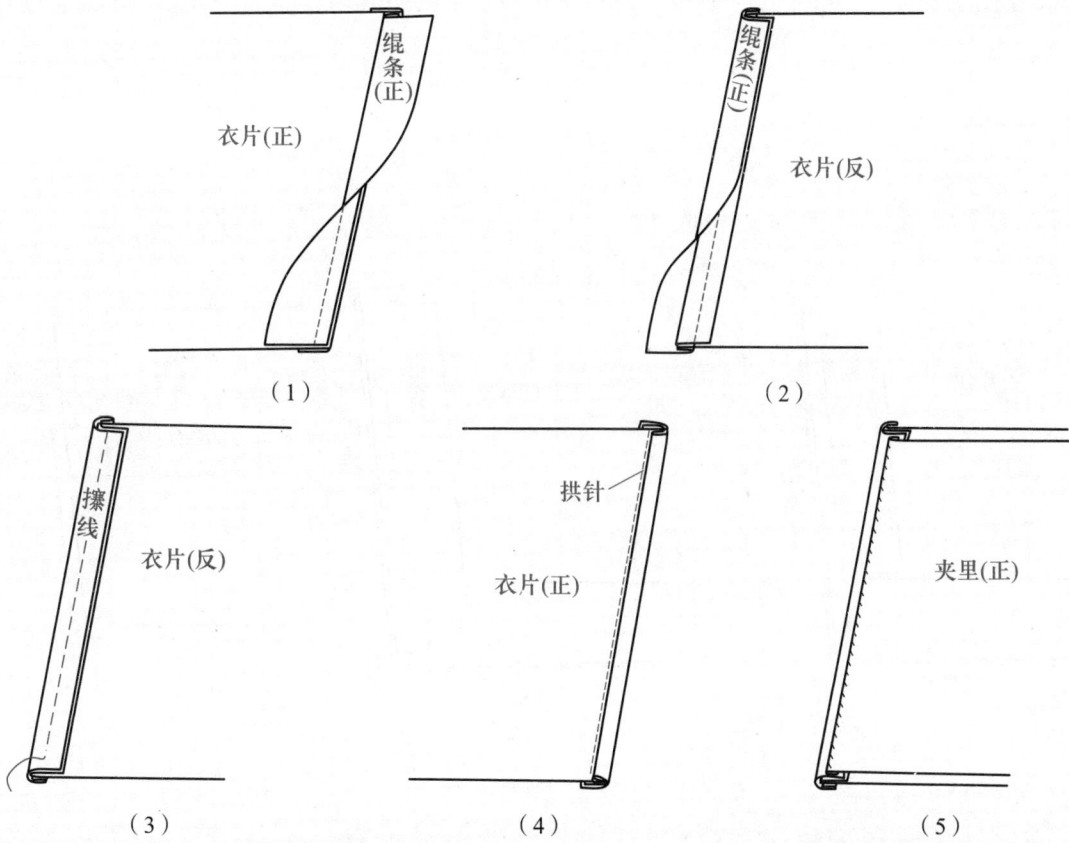

图9-10

2. 转角处的绲边处理方法　绲条绲到转角处应折转后再绲线，注意应向摆缝方向折转，不应向底边方向折转，接着将绲条翻转包足到反面，见图9-11。

3. 开衩处绲边的处理方法

（1）开衩处开一刀眼，剪至离开净缝0.1 cm左右，开衩口缝头折转，见图9-12（1）。

（2）将绲条绲上衣片，见图9-12（2）。

（3）接着的方法步骤同前面绲边一样处理。这样能使绲摆缝时按净缝绲住绲条，也能绲平服，见图9-12（3）。

4. 绲条接口的处理　当所滚部位是袖窿、袖口等圆口连接部位，接口处不能先拼接好，就做如下处理：

（1）要在隐蔽、方便合适的部位接口。

（2）接口处绲条像拼接一样取直丝缕。

（3）绲条开始就先扣光毛缝，绲条一圈绲到开始扣光毛缝处，只要交接0.8 cm左右，多余绲条修去即可。

（4）绲条包转一定要将接口处包平服，见图9-13。接口处为减少厚度也可以算准长度后，分开缝拼接。

（八）合肩缝

（1）将后衣片放在下层，正面向上，前衣片放中层与后衣片正面相对，肩缝对齐，包缝条放在上层，反面向上。毛口一边与肩缝对齐后用搽线固定后绲线，绲缝1 cm，见图9-14。

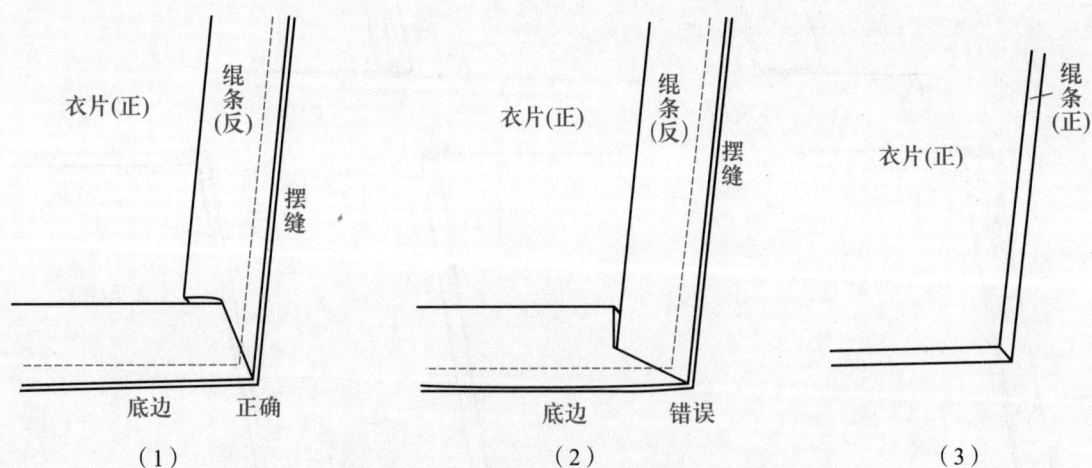

图9-11

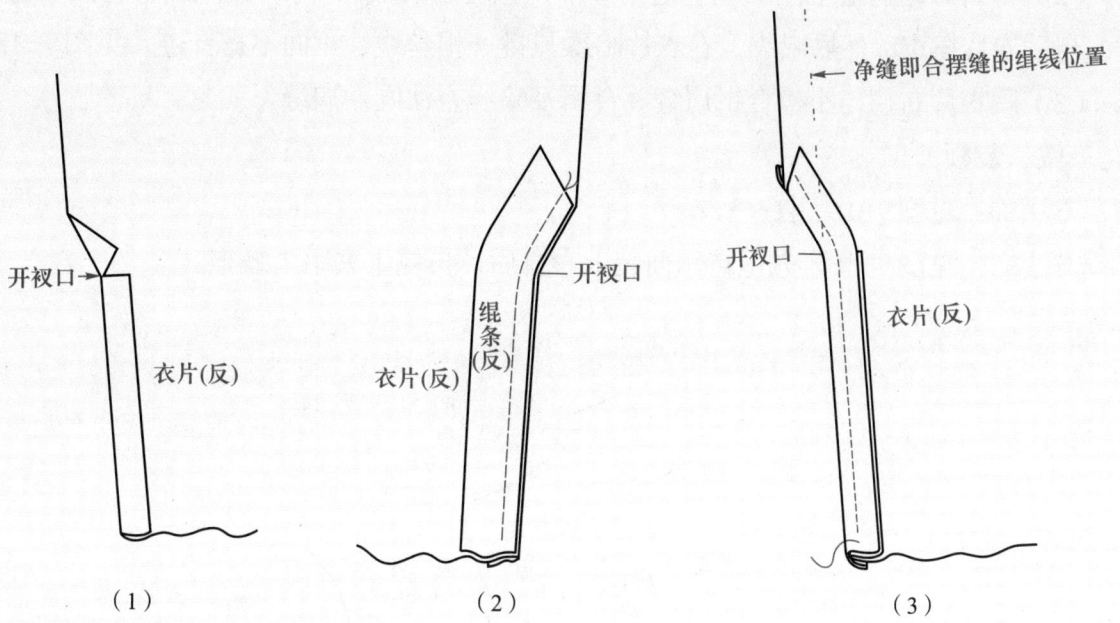

净缝即合摆缝的缉线位置 ←

开衩口 ←

衣片(反)

衣片(反)

绲条(反)

开衩口

开衩口

衣片(反)

（1）

（2）

（3）

图9-12

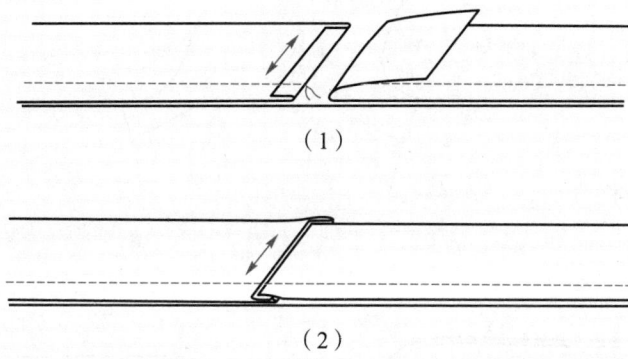

（1）

（2）

图9-13

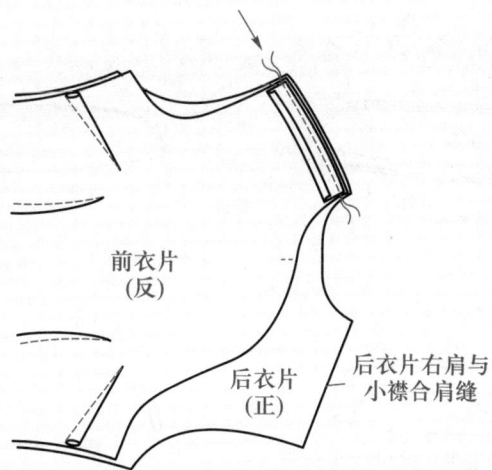

前衣片
(反)

后衣片
(正)

后衣片右肩与
小襟合肩缝

图9-14

（2）将缉好的肩缝上两层缝头适当修窄，包缝条向后衣片扣转、烫平，要求宽度一致，与后衣片攃牢，然后暗缲，在衣片暗缲只挑一根丝线，正面不露针迹，见图9-15。

（3）后衣片右肩与小襟合缉肩缝。合缉及暗缲方法同左肩缝。

（九）做、装领

方法一：见图9-16、图9-17。

方法二：见图9-18。领里待领面装上衣身后，再复上去手工缲牢。

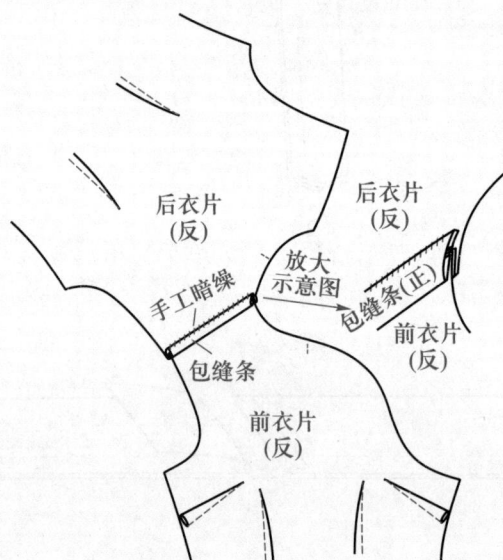

图9-15

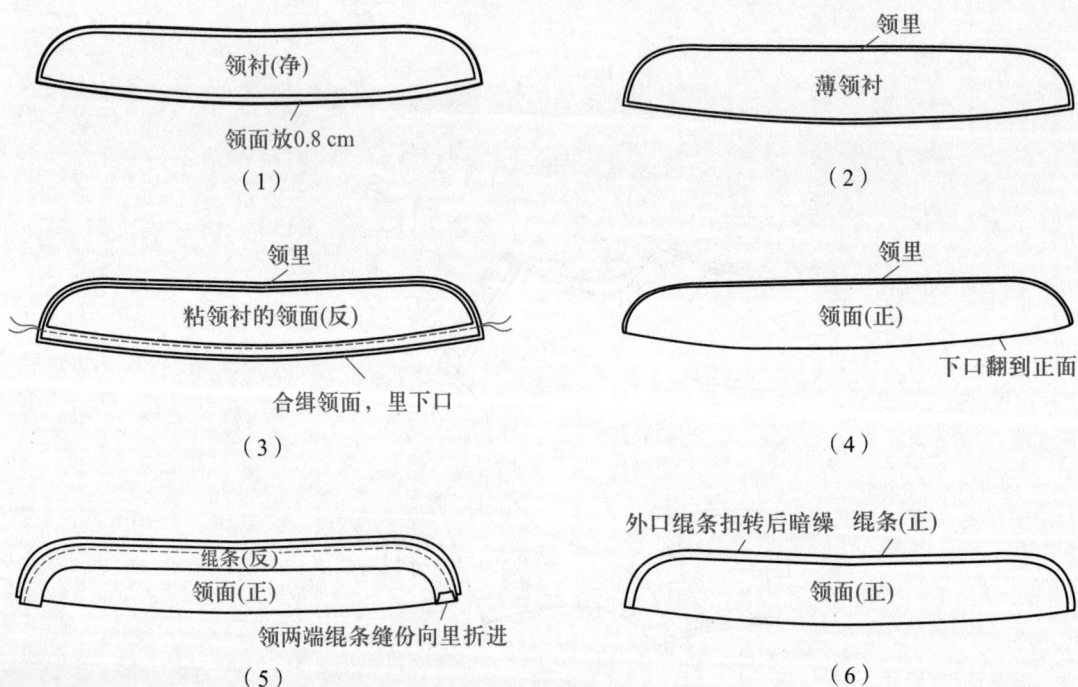

图9-16

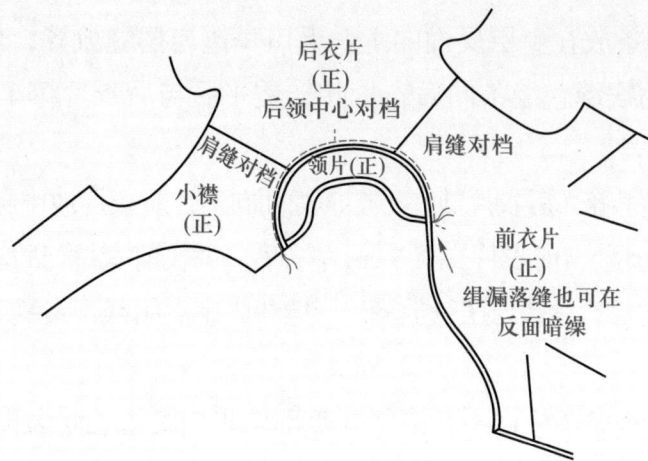

后衣片
(正)
后领中心对档
肩缝对档   领片(正)   肩缝对档
小襟
(正)
前衣片
(正)
绱漏落缝也可在
反面暗缲

图9-17

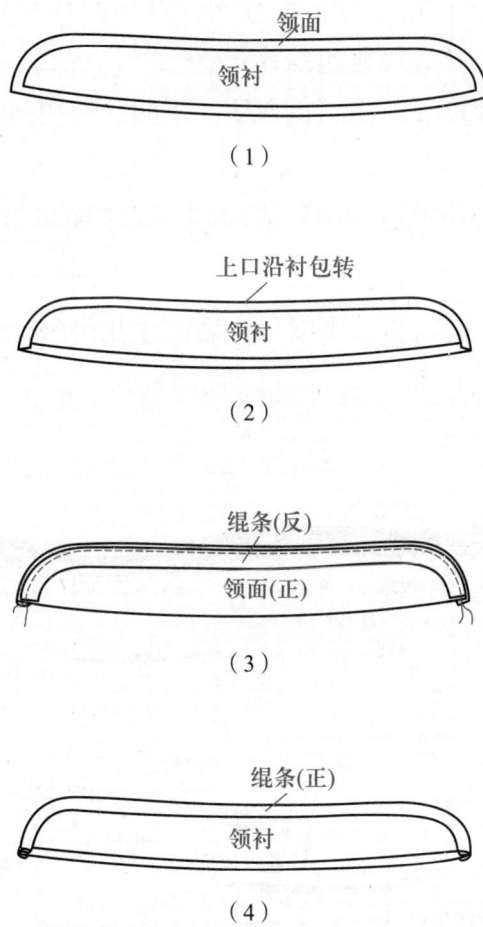

领面
领衬

（1）

上口沿衬包转
领衬

（2）

绲条(反)
领面(正)

（3）

绲条(正)
领衬

（4）

图9-18

（十）合摆缝

1. 左侧开衩以上摆缝 后衣片在下层，正面向上，前衣片放中层，与后衣片正面相对摆缝对齐，包缝条放在上层反面向上。毛口一边与摆缝放齐，用攥线固定后缉线，缉缝1 cm，将缉好的摆缝包缝条向后衣片扣转烫平后与后衣片攥牢后暗缲，同合肩缝工艺。

2. 右侧开衩以上摆缝 后衣片放在下层，正面向上，前衣片放中层与后衣片正面相对，摆缝放齐，开襟部位小襟与前衣片交叉5 cm左右后，替代前衣片与后衣片正面相对，包缝条放上层，反面向上，毛口一边与摆缝放齐，用攥线固定后缉线，缉缝1 cm，其余做法同左侧，见图9-19。

右侧摆缝由于有开襟部位，不管摆缝开襟部位采用绲边还是装贴边，在开襟开衩止点都要处理平服。开衩处理高的摆缝，采用绲边的可以连续绲边滚到底边。

（十一）滚袖窿

方法同前，注意绲条接口处要包平服。

（十二）做盘扣

传统的盘扣是用呢、绒、绸、缎、棉等织物开成斜布条制成的。随着轻工业的发展，不断推出新型材料，如丝、麻等机织织带、丝带，现已广泛用于盘扣。这种织带色彩丰富，有宽有窄，可塑性较好，使用也方便。下面介绍用斜布条制作盘扣的方法。

1. 制作扣带条

（1）方法一：将斜条两边毛口向里折成四层，手工缲牢。如果是薄料可在斜条中衬几根纱线，使其坚硬耐用。如厚料就不必衬纱线了，见图9-20。

（2）方法二：用斜条正面对折，缉线一道后翻正扣带条，见图9-21。

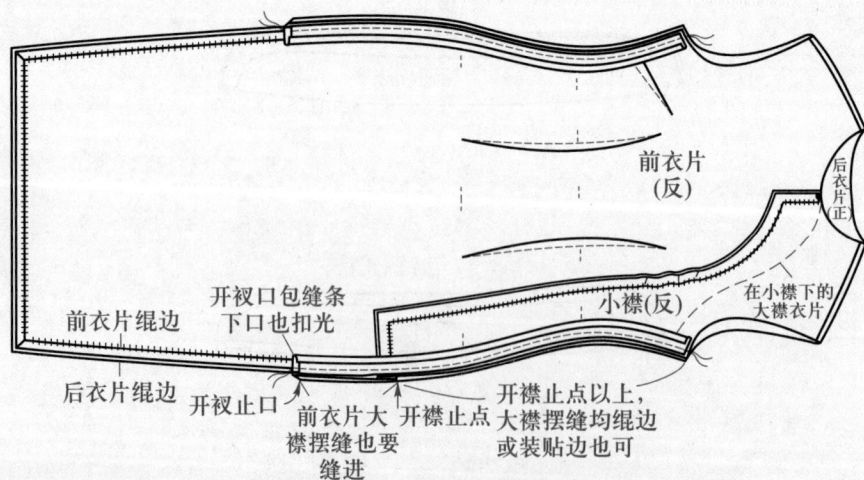

前衣片（反）

后衣片正

在小襟下的大襟衣片

小襟（反）

开衩口包缝条下口也扣光

前衣片绲边

后衣片绲边 开衩止口 开襟止点

前衣片大襟摆缝也要缝进

开襟止点以上，大襟摆缝均绲边或装贴边也可

图9-19

（3）方法三：将斜条两边毛口向里折成四层，然后沿边机缉明线一道，见图9-22。

（4）方法四：薄斜料反面先刮浆晾干，毛口向里折成四层。并用细铜丝夹进四层中间里口，再刮浆烫干，见图9-23。

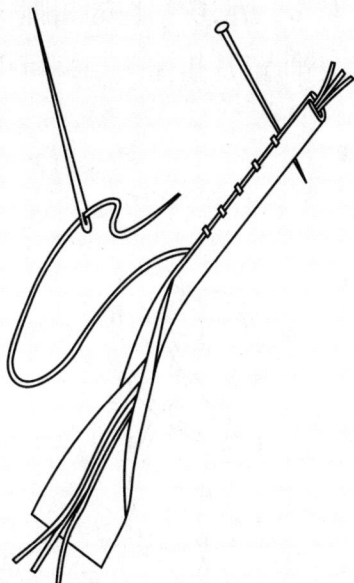

图9-20

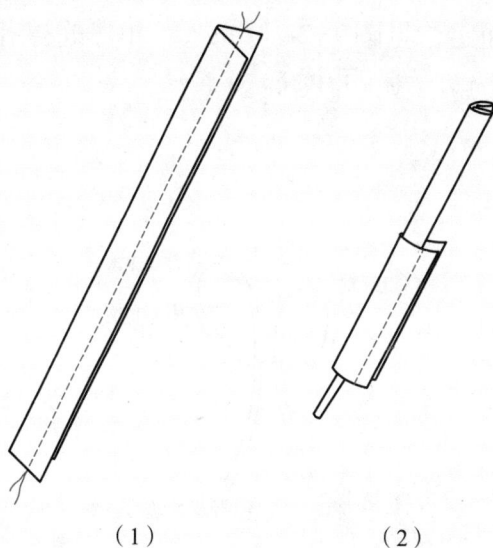

（1）　　　　　　　　（2）

图9-21

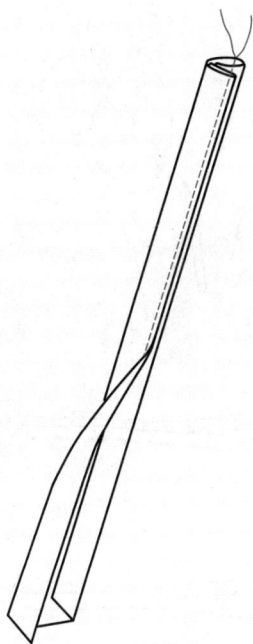

图9-22

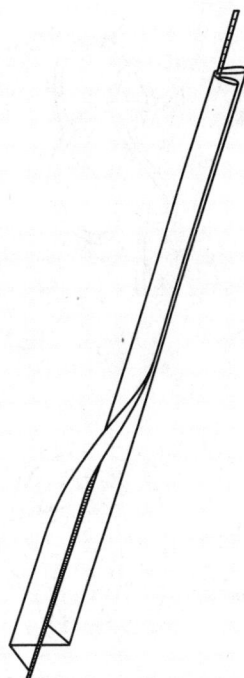

图9-23

2. 制作盘扣

盘扣的花形很多，下面介绍常见的三种盘扣。

（1）直脚纽：① 将右扣带圈的左面部分穿入左扣带圈内，注意右扣带圈的右面部分不要穿入，带黑点的位置为扣坨的中心位置，见图9-24（1）；② 将扣带条右端穿入右扣带圈在左扣带圈内的部分，见图9-24（2）（3）；③ 将扣带条的左、右端分别绕一圈后穿入中心圈内，再进行盘缩，抽紧，见图9-24（4）（5）；④ 扣坨的扣脚长根据需要而定，见图9-24（6）；⑤ 扣襻的襻孔根据扣襻的大小而定，扣襻的扣脚与扣坨的扣脚长短一致，见图9-24（7）。

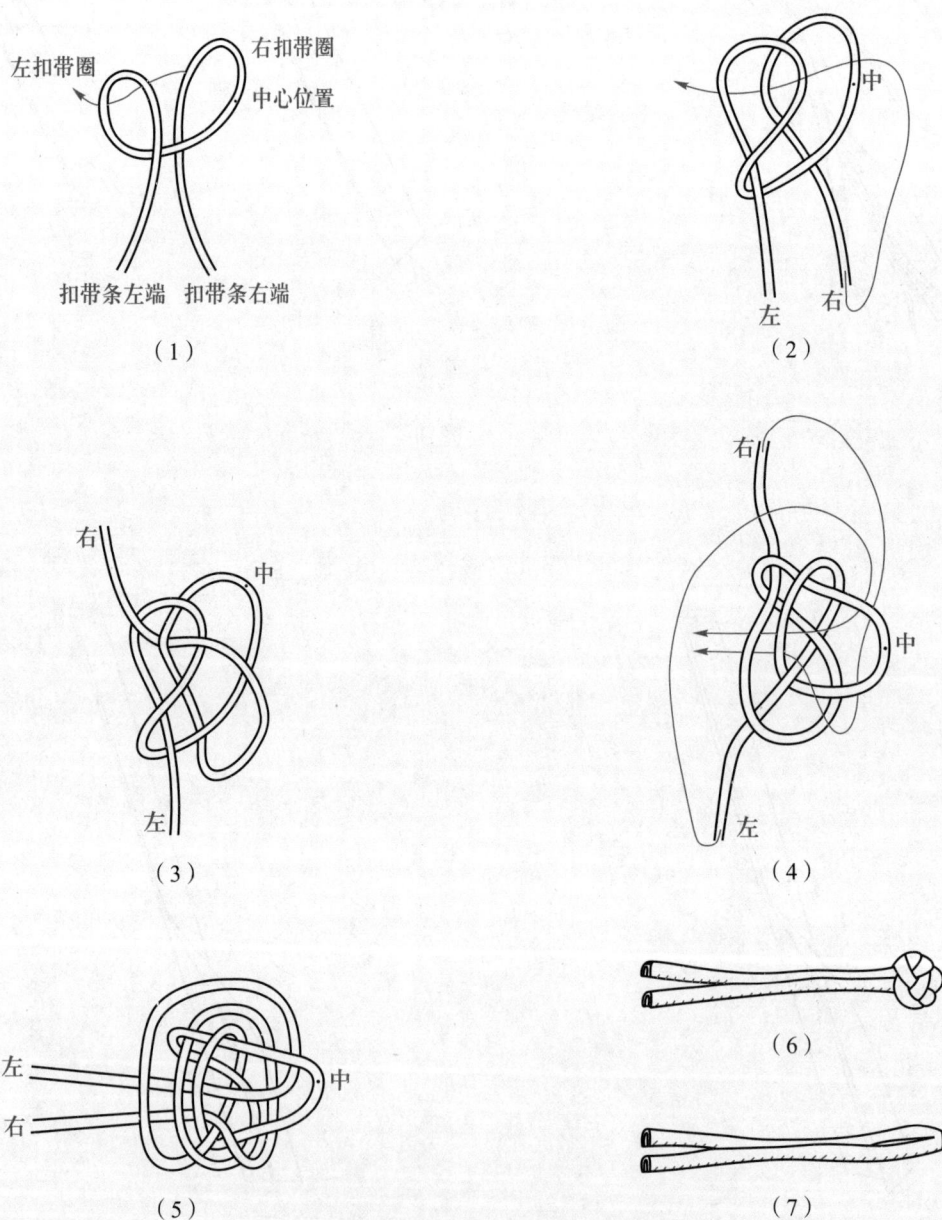

图9-24

（2）琵琶纽：① 扣襻襻头缝好后，分别留出一长一短的扣带条，长的一般为25 cm左右，短的一般为3～4 cm。拿长的扣带条绕着扣襻成"8"字形盘绕3～4回，最后将长布扣条尾部拉入反面，再用手缝固定，见图9-25；② 扣坨可先做成像直脚纽的扣坨，再像盘扣襻一样制作。

（3）花形纽，见图9-26。

盘花扣的花式虽多，但其式样之间的差异主要是尾部变化。尾部造型可以仿花草、树叶、画类、昆虫等，可以自行随意设计。

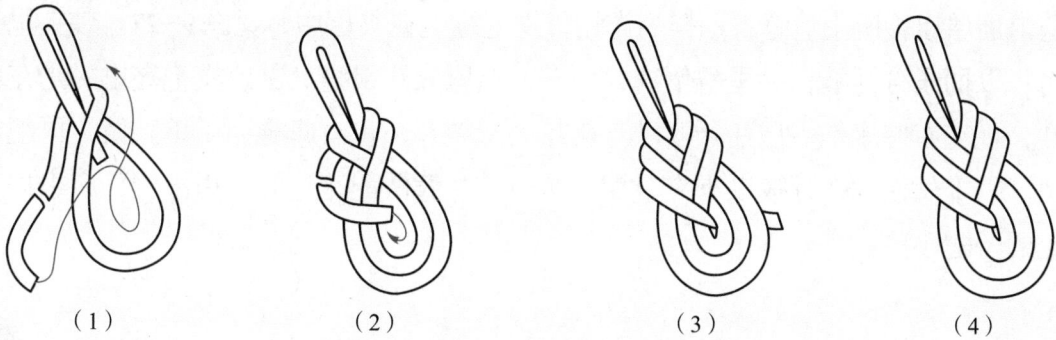

（1）　　　　（2）　　　　（3）　　　　（4）

图9-25

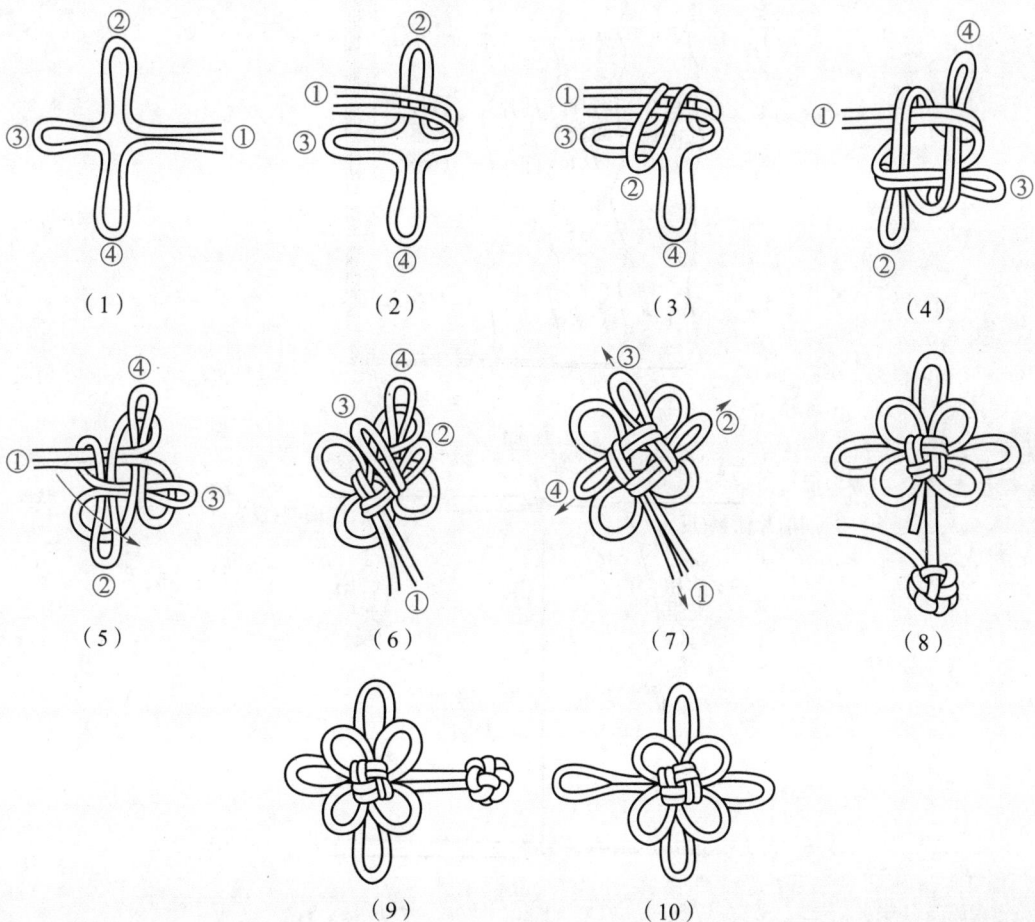

（1）　　　　（2）　　　　（3）　　　　（4）

（5）　　　　（6）　　　　（7）　　　　（8）

（9）　　　　（10）

图9-26

（十三）钉盘扣、钉领钩

　　1. 钉盘扣　先定好盘扣位置，然后再钉盘扣，每组盘扣要对称不露线迹，要钉牢固。

　　2. 钉领钩　有钩的一边钉在大襟的圆领角上，半弯的一边钉在小襟的圆领角上。

（十四）整烫

　　旗袍的整烫应根据不同的面料选用不同的熨烫方法，如丝绸面料不适宜喷水熨烫，而适宜在反面熨烫。主要熨烫部位是省缝、开衩和衣领部位。

　　以上旗袍是不装夹里的单旗袍，大多数旗袍是装夹里的，装上滑爽的夹里能使穿着更舒适。装夹里可以在合摆缝时，前后面里按一定的顺序放好缉线，实际上使后片夹里起到与前面单旗袍所用包缝条一样的作用，把毛缝包在夹层中，见图9-27。装夹里在摆缝处也可以面子分开缝，夹里坐倒缝，面子、夹里分开缉缝。以前旗袍夹里只是在底边处脱开，现在有些旗袍夹里在开衩以下就与大身脱开，也有旗袍面子单独做，再配以旗袍衬裙。以上做法均在开衩以下夹里配上花边。注意做配花边的夹里部位，应根据花边阔度比面子配小些。

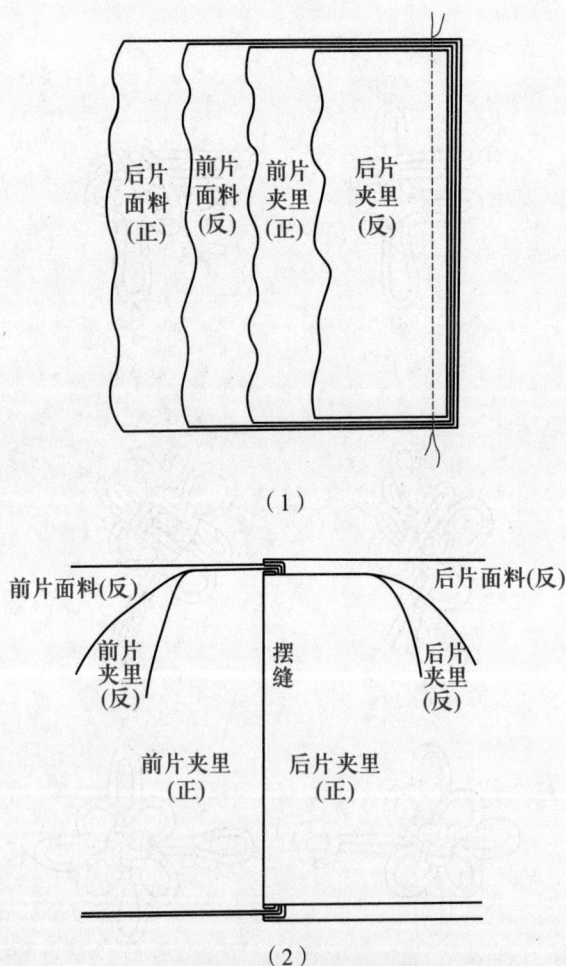

（1）

（2）

图9-27

另外旗袍开门处可以钉盘扣，也可以装拉链。领圈可以不绲边，装领可以将领圈夹进领面领里中间，缉合后领面领里翻正合并后外口再绲边，等等。旗袍的传统工艺以手工为主，目前可以根据具体情况减少手工操作，运用新工艺，以提高效率。

第二节　旗袍款式变化

旗袍是中国民族服装的经典之作，旗袍以其典雅、高贵的神韵，历久不衰，为女性所瞩目。旗袍独特的工艺除了绲边工艺之外，还有镶、嵌、荡、缕、雕、绣等各种装饰性工艺。旗袍的中式立领、大襟、花式盘扣、装饰工艺等也被运用在现代服饰中，成为具有现代民族特色的中式服装，备受人们的青睐。

一、旗袍款式变化之一

外形概述：立领，装袖，偏襟，钉两副琵琶纽，前身收侧胸省及腰省，后身收腰省，摆缝装拉链，开摆衩，装夹里，领头、偏襟、袖口、摆衩、底边均绲边，见图9-28。

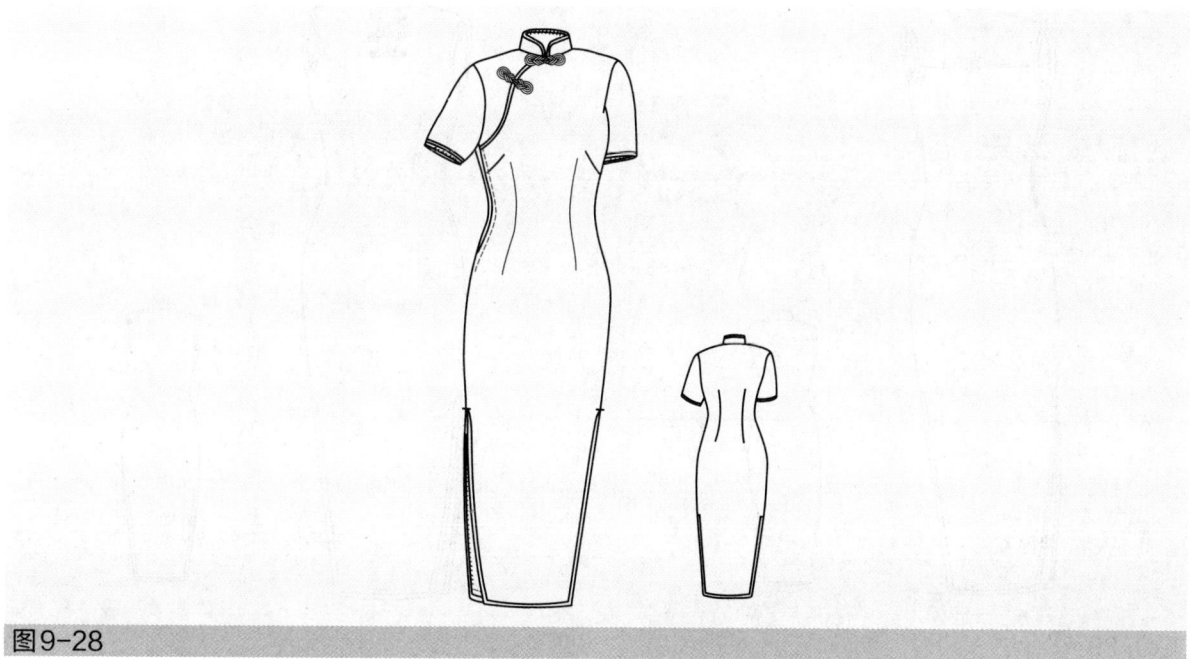

图9-28

二、旗袍款式变化之二

外形概述：立领，无袖，前胸横向分割后，上段开门，钉两副琵琶纽，前身收侧胸省及腰省，后身收腰省，摆缝装拉链，开摆衩，装夹里，领头、袖口、摆衩底边均绲边，见图9-29。

三、旗袍款式变化之三

外形概述：立领，无袖，前胸开门，钉三副花色盘纽，前身收侧胸省及腰省，后身收腰省，摆缝装拉链，开摆衩，领头、前开门部位、袖口、摆衩、底边均绲边，见图9-30。

四、旗袍款式变化的应用

（一）中式短袖衫
外形概述：立领，装袖，偏襟，钉六副花式盘纽，前身收侧胸省及腰省，后身收腰省，领头、偏襟、底边、袖口、均绲边，见图9-31。

（二）中式背心
外形概述：立领，前开门，钉八副直脚纽，前身收侧胸省及腰省，后身收腰省，开摆衩，装夹里，领头、袖窿、摆衩、门里襟、底边均绲边，见图9-32。

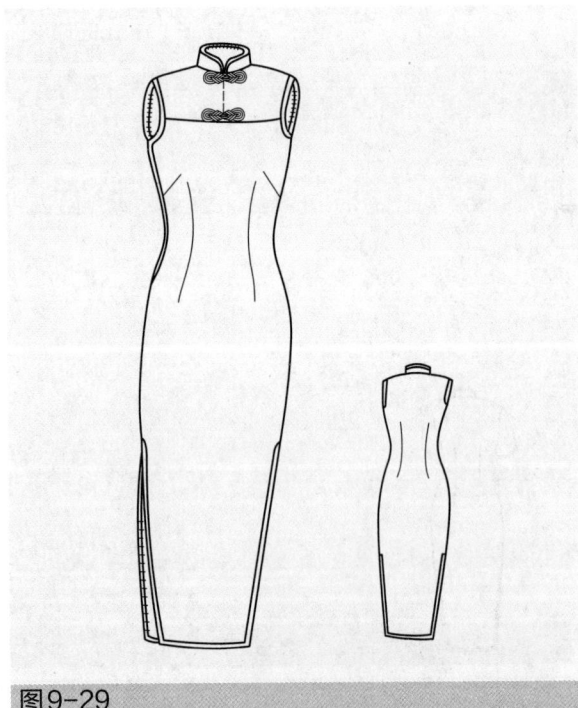

图9-29

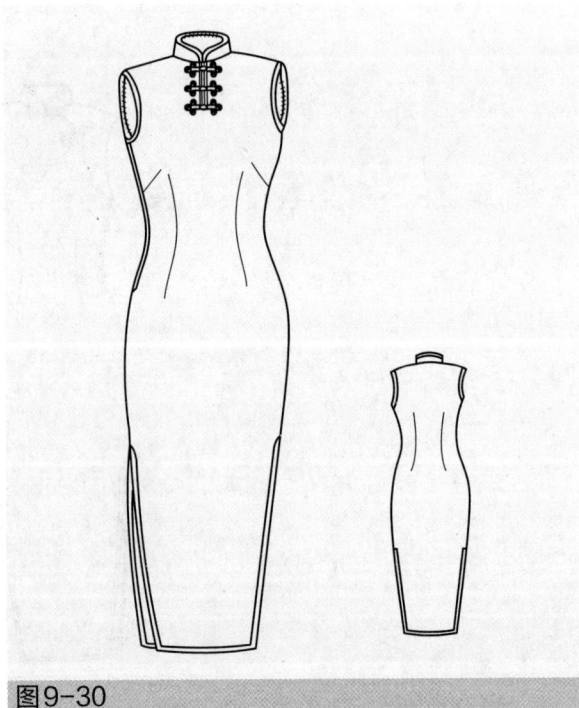

图9-30

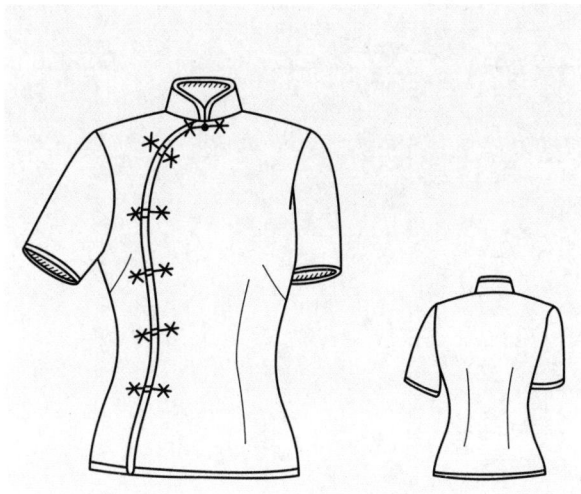

图9-31

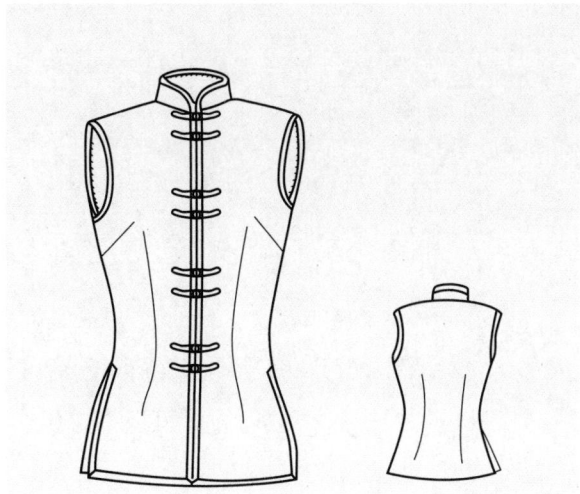

图9-32

思考题

1. 试述旗袍缝制工艺流程。

2. 旗袍的质量要求是什么？

3. 试对旗袍独立排料裁剪。

4. 旗袍的前后衣片是如何进行归拔的？

5. 旗袍的绲边有哪几种方法？

6. 旗袍绲边在开衩和转角处应如何处理？

7. 试述旗袍的做领、装领工艺。

8. 如果领圈不绲边，做领、装领的方法应怎样改变？

9. 试对旗袍款式进行变化，并分析工艺流程和主要部位的工艺方法。

10. 试对旗袍款式变化中的一款独立进行制作。

郑重声明

高等教育出版社依法对本书享有专有出版权。任何未经许可的复制、销售行为均违反《中华人民共和国著作权法》，其行为人将承担相应的民事责任和行政责任；构成犯罪的，将被依法追究刑事责任。为了维护市场秩序，保护读者的合法权益，避免读者误用盗版书造成不良后果，我社将配合行政执法部门和司法机关对违法犯罪的单位和个人进行严厉打击。社会各界人士如发现上述侵权行为，希望及时举报，我社将奖励举报有功人员。

反盗版举报电话 （010）58581999 58582371
反盗版举报邮箱 dd@hep.com.cn
通信地址 北京市西城区德外大街4号 高等教育出版社法律事务部
邮政编码 100120

读者意见反馈

为收集对教材的意见建议，进一步完善教材编写并做好服务工作，读者可将对本教材的意见建议通过如下渠道反馈至我社。

咨询电话 400-810-0598
反馈邮箱 zz_dzyj@pub.hep.cn
通信地址 北京市朝阳区惠新东街4号富盛大厦1座
高等教育出版社总编辑办公室
邮政编码 100029

防伪查询说明

用户购书后刮开封底防伪涂层，使用手机微信等软件扫描二维码，会跳转至防伪查询网页，获得所购图书详细信息。

防伪客服电话
（010）58582300

学习卡账号使用说明

一、注册/登录

访问http://abook.hep.com.cn/sve，点击"注册"，在注册页面输入用户名、密码及常用的邮箱进行注册。已注册的用户直接输入用户名和密码登录即可进入"我的课程"页面。

二、课程绑定

点击"我的课程"页面右上方"绑定课程"，在"明码"框中正确输入教材封底防伪标签上的20位数字，点击"确定"完成课程绑定。

三、访问课程

在"正在学习"列表中选择已绑定的课程，点击"进入课程"即可浏览或下载与本书配套的课程资源。刚绑定的课程请在"申请学习"列表中选择相应课程并点击"进入课程"。

如有账号问题，请发邮件至：4a_admin_zz@pub.hep.cn。